中等职业教育教学改革创新规划教材
数控技术应用专业教学用书

机 械 制 图

主　编　桑玉红　张晓灵　毕永良
副主编　孙传瑜　王金生　于连福
参　编　石锦秀　曲学光　于治策　于海滨
　　　　张　玲　杜冬明　柳军燕　梁艳霞
　　　　龙雪梅　鞠　勇

机械工业出版社

本书是根据教育部《中等职业学校机械制图教学大纲》《中等职业学校数控技术应用专业教学指导方案》和中华人民共和国人力资源和社会保障部颁发的"国家职业技能鉴定标准"，并结合笔者二十多年的教学实践编写而成的。本书主要内容包括制图的基本知识和技能、正投影作图基础、基本体及其切割体的三视图、基本体叠加的三视图、轴测图、组合体、图样的基本表示法、图样的特殊表示法、零件图、装配图等。本书既是数控技术应用专业学生必修的专业基础课程教材，又是山东省数控技术应用专业教学指导方案的规划配套用书。

为便于教学，本书配套有相关教学资源，选择本书作为教材的教师可登录 www.cmpedu.com 网站，注册、免费下载。

本书文字叙述简明扼要，通俗易懂，既可作为中等职业学校数控技术应用专业用书，又可作为相关专业的岗位培训教材或自学用书。

图书在版编目（CIP）数据

机械制图/桑玉红，张晓灵，毕永良主编．—北京：机械工业出版社，2019.7

中等职业教育教学改革创新规划教材　数控技术应用专业教学用书

ISBN 978-7-111-63195-8

Ⅰ.①机…　Ⅱ.①桑…②张…③毕…　Ⅲ.①机械制图-中等专业学校-教材　Ⅳ.①TH126

中国版本图书馆 CIP 数据核字（2019）第 140700 号

机械工业出版社（北京市百万庄大街22号　邮政编码100037）
策划编辑：汪光灿　责任编辑：汪光灿　张亚捷
责任校对：陈　越　封面设计：陈　沛
责任印制：郜　敏
涿州市京南印刷厂印刷
2019年9月第1版第1次印刷
184mm×260mm·19.75印张·488千字
0001—1900册
标准书号：ISBN 978-7-111-63195-8
定价：49.00元

电话服务　　　　　　　　网络服务
客服电话：010-88361066　机　工　官　网：www.cmpbook.com
　　　　　010-88379833　机　工　官　博：weibo.com/cmp1952
　　　　　010-68326294　金　书　网：www.golden-book.com
封底无防伪标均为盗版　　机工教育服务网：www.cmpedu.com

前　言

在《国家中长期教育改革和发展规划纲要（2010—2020年）》中，推进职业教育课程改革和教材建设，是不可缺少的一项任务。数控技术应用专业作为重点支持建设专业，以培养技术应用型人才为目标，突出培养学生的实践能力，使之成为具有"复合职业能力"的专门人才。为此，山东省教育厅组织编写了数控技术应用专业的系列课程改革教材。本书既是数控技术应用专业学生必修的专业基础课程教材，又是山东省数控技术应用专业教学指导方案的规划配套教材。

本书的主要特色有：

1）以"工学结合、校企合作、顶岗实习"的人才培养模式作为总的指导原则，将整个课程教学贴近企业的岗位需求，打破原有课程的章节，并本着"实用、够用"的原则进行删减，以"体"为基础，将"线""面"的投影化简为体上"点"的投影，并且将其完全附着在体上，这样删去了工程实际中应用较少的部分内容（分析特殊位置直线、平面的投影规律），以强化应用、培养技能为教学重点展开教学，使"点"的投影知识成为绘制体的三视图的一种工具，不但降低了难度，而且适合中职教育培养目标的要求。

2）密切联系学生的实训教学、企业对技术工人的具体需求及行业新标准，注重学生职业能力的培养。

3）本书内容以能力为本位、以职业实践为主线，按职业能力要求，以典型工作任务为教学课题，以实践活动为主要学习方式。

4）以大量直观图作为文字内容的补充，更能吸引和提高学生的学习兴趣。

5）每个课题完成后，都有相关的课后思考题来总结巩固知识，检验学习成效。

本书文字叙述简明扼要，通俗易懂，主要围绕培养中职数控技术应用专业学生应该掌握的绘图和识图两大技能所编写，既可作为中等职业学校数控技术应用专业用书，又可作为相关专业的岗位培训教材或自学用书。

全书以教学单元形式展现，除绪论外共分为10个单元，单元下设课题，每一个课题就是实际的工作任务，学习及实践就是学生自主管理式学习的过程，做就是学，学就是做，在学习中发现、探讨并解决出现的问题，通过课后思考来体验并反思学习的过程，最终获得完成相关职业活动所需的知识和能力。

本书建议学时为106学时，学时分配与教学建议详见下表：

单元名称		参考学时	单元名称		参考学时
绪论		2	单元六	组合体	8
单元一	制图的基本知识和技能	12	单元七	图样的基本表示法	14
单元二	正投影作图基础	10	单元八	图样的特殊表示法	10
单元三	基本体及其切割体的三视图	12	单元九	零件图	18
单元四	基本体叠加的三视图	6	单元十	装配图	10
单元五	轴测图	4			

本书由威海市职业中等专业学校桑玉红、张晓灵、威海市职业教育教学研究室毕永良担任主编，威海市职业中等专业学校孙传瑜、德州市齐河职业中等专业学校王金生、乳山市职业中等专业学校于连福任副主编，威海市职业中等专业学校石锦秀、杜冬明、于治策、于海滨、柳军燕、梁艳霞、龙雪梅、鞠勇，烟台理工学校曲学光、乳山市职业中等专业学校张玲参编。在本书的编写过程中，威海市职业中等专业学校数控技术应用专业的实习指导教师宫伟华提供了大量与本专业相关的资料，在此表示衷心的感谢。

由于编者水平有限，书中难免有错误和不足之处，恳请广大读者批评指正。

编　者

目 录

前 言
绪论 ·· 1

单元一 制图的基本知识和技能 ······ 8
课题一 认识制图基本规定 ············ 9
课题二 图形上的尺寸注法 ··········· 15
课题三 绘制由直线、圆弧组成的图形 ··· 22
课题四 绘制带有斜度、锥度的图形 ··· 30
单元总结 ······························· 33

单元二 正投影作图基础 ··············· 34
课题一 绘制单面正投影图 ··········· 35
课题二 绘制三视图 ···················· 38
课题三 点的三面投影图与三视图 ··· 43
单元总结 ······························· 49

单元三 基本体及其切割体的三视图 ··· 51
课题一 绘制棱柱的三视图 ··········· 52
课题二 绘制棱柱切割体的三视图 ··· 57
课题三 绘制圆柱的三视图 ··········· 60
课题四 绘制圆柱切割体的三视图 ··· 64
单元总结 ······························· 71

单元四 基本体叠加的三视图 ········· 72
课题一 绘制表面交线为平面直线或曲线时的三视图 ················· 73
课题二 绘制两正交回转体的三视图 ··· 77
课题三 绘制表面相交或相切时的三视图 ··· 84
单元总结 ······························· 89

单元五 轴测图 ···························· 90
课题一 轴测投影的基本知识 ······· 91
课题二 绘制正等轴测图 ·············· 94
课题三 绘制斜二轴测图 ············· 100
课题四 绘制轴测草图 ················ 103
单元总结 ······························ 104

单元六 组合体 ··························· 106
课题一 绘制组合体的三视图 ······ 107
课题二 标注组合体的尺寸 ········· 110
课题三 读组合体的三视图 ········· 117

课题四 组合体模型测绘 ············· 130
单元总结 ······························ 131

单元七 图样的基本表示法 ··········· 133
课题一 绘制机件的视图 ············· 134
课题二 绘制剖视图 ··················· 141
课题三 剖视图的各种剖切平面 ··· 151
课题四 绘制断面图 ··················· 157
课题五 其他表达方法 ················ 162
单元总结 ······························ 171

单元八 图样的特殊表示法 ··········· 172
课题一 绘制并识读带螺纹结构的图形 ··· 173
课题二 绘制螺纹紧固件的连接图 ··· 178
课题三 绘制并识读直齿圆柱齿轮
        零件图 ····················· 184
课题四 识读其他齿轮零件图 ······ 191
课题五 绘制键和销连接图 ········· 197
课题六 绘制圆柱螺旋压缩弹簧的图形 ··· 204
课题七 绘制滚动轴承的图形 ······ 207
单元总结 ······························ 209

单元九 零件图 ··························· 211
课题一 认识零件图 ··················· 212
课题二 零件图上的尺寸标注 ······ 215
课题三 零件图上的表面结构要求 ··· 223
课题四 零件图上的尺寸加工要求 ··· 232
课题五 零件图上的几何公差要求 ··· 238
课题六 零件图上的材料及热处理要求 ··· 243
课题七 绘制零件图 ··················· 244
课题八 识读零件图 ··················· 247
课题九 零件测绘 ······················ 255
单元总结 ······························ 261

单元十 装配图 ··························· 262
课题一 认识装配图 ··················· 262
课题二 装配图的表达方法 ········· 266
课题三 装配图上的尺寸标注 ······ 274

课题四　装配体测绘与装配图画法 ………… 275
课题五　识读装配图 ………………………… 282
课题六　由装配图拆画零件图 ……………… 287
单元总结 …………………………………… 290

附录

附表 1　普通螺纹牙型、直径与螺距（摘自 GB/T 192—2003、GB/T 193—2003）………………………………… 291
附表 2　六角头螺栓 ………………………… 292
附表 3　1 型六角螺母 ……………………… 293
附表 4　双头螺柱（摘自 GB/T 897～900—1988）………………………………… 294
附表 5　螺钉（一）………………………… 295
附表 6　螺钉（二）………………………… 296
附表 7　内六角圆柱头螺钉（摘自 GB/T 70.1—2008）……………… 296
附表 8　垫圈 ………………………………… 297
附表 9　标准型弹簧垫圈（摘自 GB/T 93—1987）………………… 298
附表 10　圆柱销（不淬硬钢和奥氏体不锈钢）（摘自 GB/T 119.1—2000）……… 298
附表 11　圆锥销（摘自 GB/T 117—2000）………………………………… 299
附表 12　开口销（摘自 GB/T 91—2000）………………………………… 299
附表 13　普通型平键及键槽各部分尺寸（摘自 GB/T 1095—2003、GB/T 1096—2003）………………… 300
附表 14　滚动轴承 ………………………… 301
附表 15　标准公差数值（摘自 GB/T 1800.1—2009）………………… 302
附表 16　轴的基本偏差数值（摘自 GB/T 1800.1—2009）………………… 303
附表 17　孔的基本偏差数值（摘自 GB/T 1800.1—2009）………………… 305
附表 18　基孔制优先、常用配合（GB/T 1801—2009）………………… 307
附表 19　基轴制优先、常用配合（GB/T 1801—2009）………………… 307

参考文献 ………………………………… 309

绪 论

一、图样及其在生产中的作用

1. 什么是图样

在工程技术中,为了准确地表达机械、仪器、建筑物等的形状、结构和大小,根据投影原理、标准或有关规定画出的图形,称为图样。

2. 图样在生产中的作用

在工程技术中,一个待加工的零件用文字进行表达时,需要表达的内容包括:零件的名称、材料、各部分的结构形状和大小尺寸、各表面的加工方法和加工质量、各部分结构的测量要求和精度等。这样,仅仅用文字将零件所有的制造过程完整、准确地表达清楚,就显得非常困难,而且零件越复杂,表达越困难。在图 0-1 零件图所示的图样中,采用一组图形来

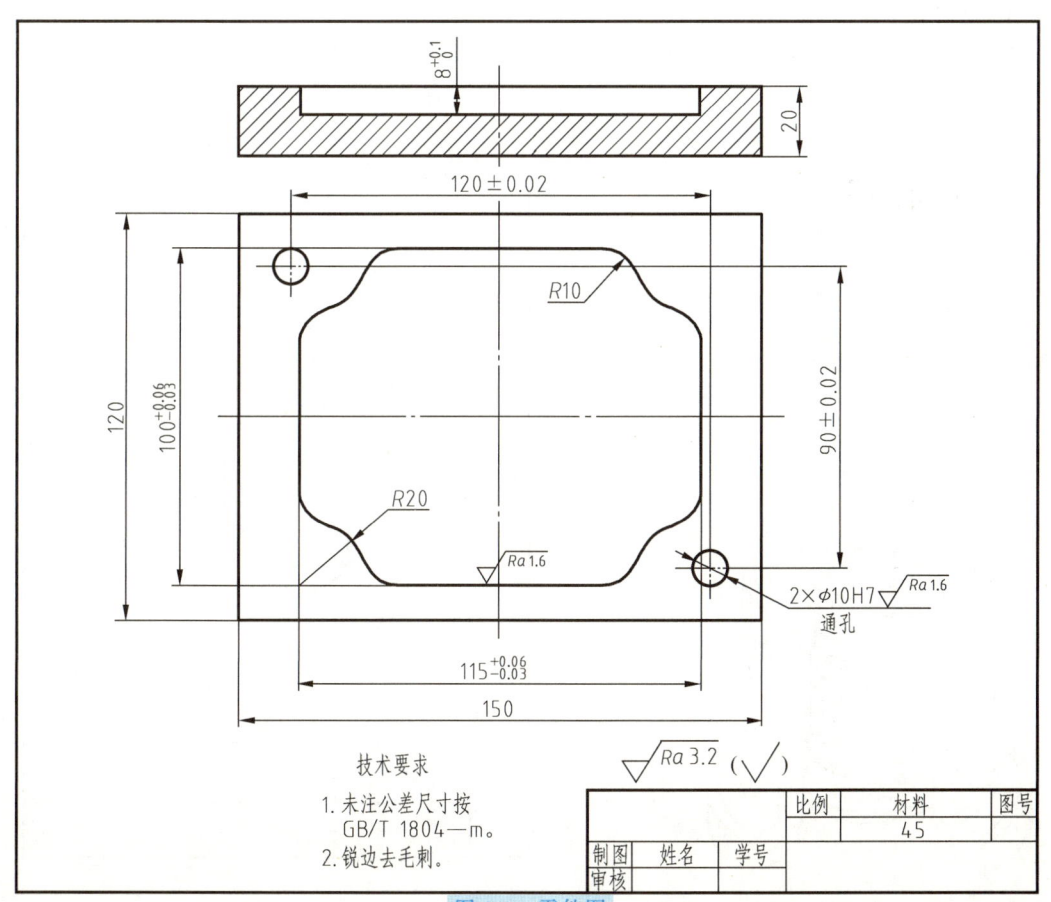

图 0-1 零件图

表达零件的结构形状和大小尺寸，用一些简单的符号、代号和标注来表达各种加工、测量和检验等方面的要求，这样不仅可以完整、真实、清晰地表达设计意图，还避免了用文字叙述的烦琐，便于识读。

可见，图样和文字、数字一样，也是人类用来表达、交流思想和分析事物的基本工具。人类的许多生产活动中，如机器、仪器等的设计、制造，船舶、房屋、桥梁等的设计和建造等，都必须有图样：设计部门用图样表达设计意图，而制造或施工部门依照图样了解设计要求并进行制造或建造，所以图样是生产活动中的基本技术文件，是人类借以表示和交流技术思想的媒介工具之一，俗称为"工程界的技术语言"。因此，从事生产技术工作的工程技术人员必须掌握这种"语言"，即必须具备绘图和读图的能力。

3. 图样的分类

图样是制造工具、机器、仪表等产品和进行建筑施工的重要技术依据。不同的生产部门对图样有不同的要求和名称，如建筑工程中使用的图样称为建筑图样，机械制造业中的图样称为机械图样等。

二、本课程的研究对象

"机械制图"就是研究机械图样的图示原理、读图和画图方法及有关标准的课程。在机械制图中常见的图样是零件图和装配图。

1. 零件图

零件图由图形、符号、文字和数字等组成，是表达设计意图和制造要求以及交流经验的技术文件。零件图是表达零件的结构、形状、大小及有关技术要求的图样，是加工零件的依据，如图 0-1 和图 0-2b 所示。

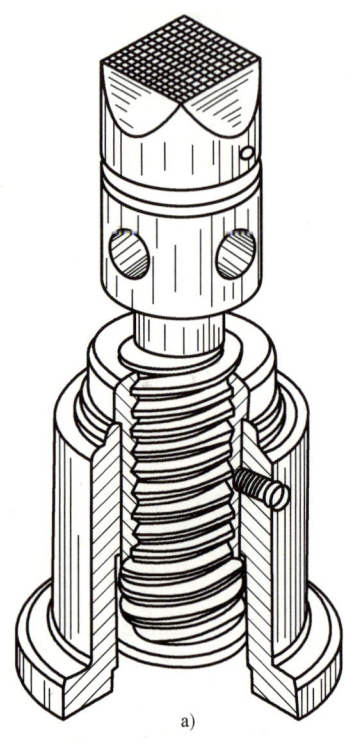

a)

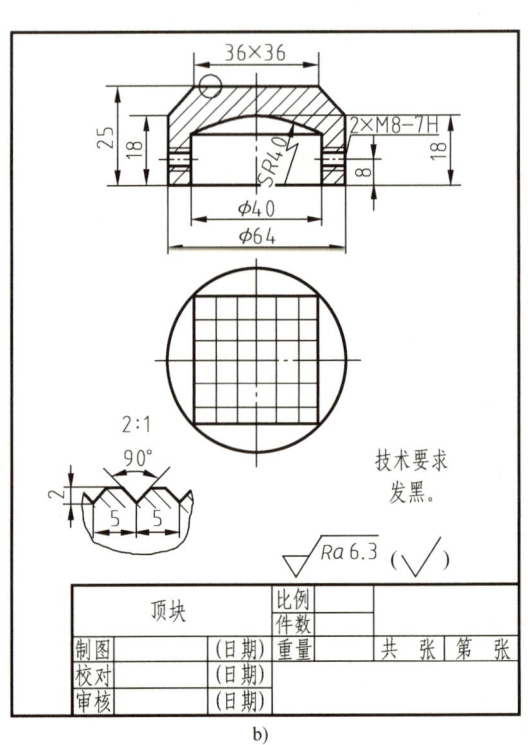

b)

图 0-2 顶块零件图

2. 装配图

装配图是表示组成机器各零件之间的连接方式和装配关系的图样。图 0-3 所示为千斤顶装配图。

另外，在机械制图还经常看到轴测图，又称为立体图或直观图。这种图形具有较强的立体感，能够形象、直观地表达零件或机器的立体形状，可以辅助工程技术人员看懂零件图和装配图。如图 0-2a 所示，可以非常直观地观察到千斤顶的组成情况，而图 0-4 可使我们对图 0-1 所表达的零件形状一目了然。

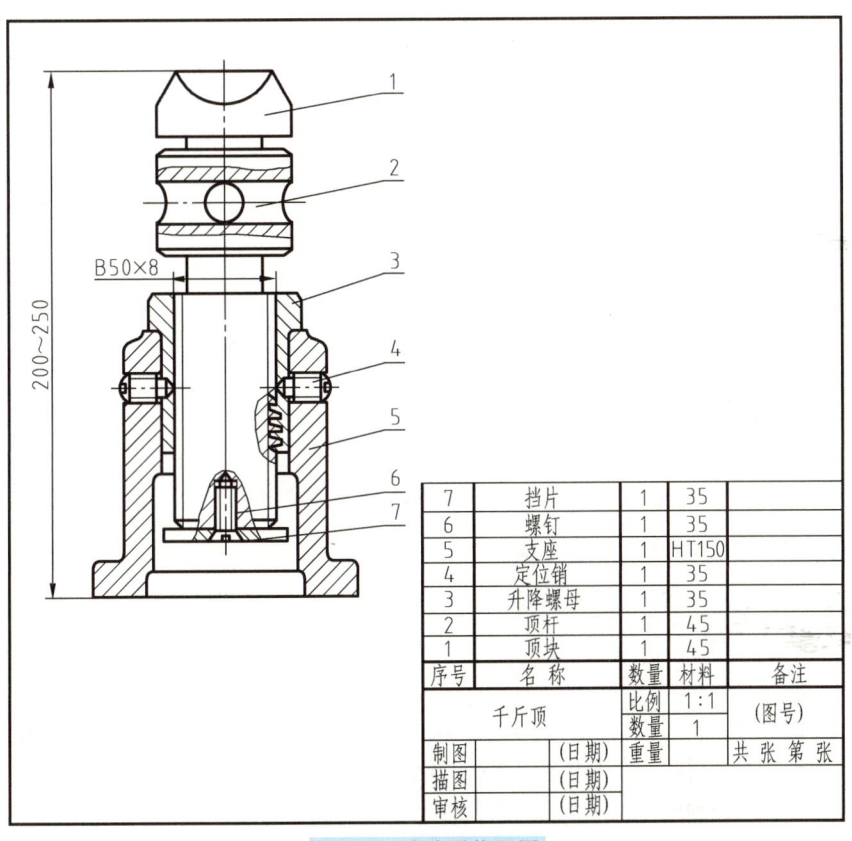

图 0-3　千斤顶装配图

三、本课程的主要内容和基本要求

1. 主要内容

（1）制图的基本知识和技能　主要介绍基本制图标准、绘图工具、几何作图等。

（2）正投影与三视图　主要介绍机械图样的图示原理和方法。

（3）机械图样　主要介绍机械图样读图、画图的规则和方法。

2. 基本要求

1）掌握正投影法的基本原理和作图

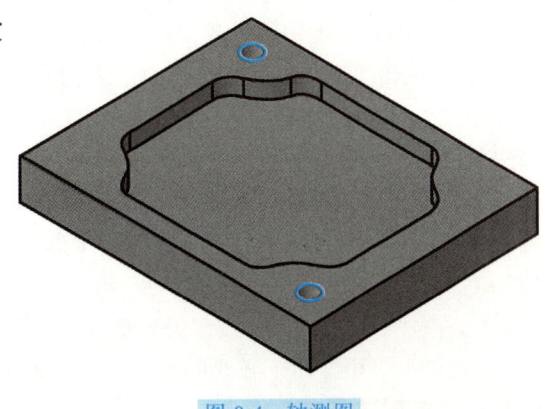

图 0-4　轴测图

方法，能绘制简单的零件图，识读中等复杂程度的零件图和简单的装配图。

2）掌握机械制图国家标准和相关的行业标准中的基本规定，能适应制图技术和标准变化的需要。

3）具备一定的空间想象和形象思维能力，形成由图形想象物体、以图形表现物体的意识和能力，养成规范的制图习惯。

4）培养耐心细致的工作作风以及认真负责的工作态度。

四、本课程的学习方法

本课程是一门既有系统理论，又有较强实践性的专业基础课，在空间想象及动手能力相结合方面与其他基础课有很大的不同，因此必须做到：

1）重视基本理论，掌握投影法的特性，注意视图投影规律的对应关系。

2）练好基本功，由物到图，由图想物，反复训练，边看边想边画，眼到心到手到，力求达到手随心欲、心随手至之境界。

3）严格遵守《技术制图》和《机械制图》国家标准中的有关规定，学会查阅资料和有关标准。

4）自觉培养自学能力、创新能力，以及分析问题和解决问题的能力。

工程图的历史与发展

自从劳动开创人类文明史以来，图形与语言文字一样，是人类认识自然、表达和交流思想的基本工具。早在远古时代，人类在制造简单工具、营造建筑物时，就以直观、写真的画图方法来表达意图。随着生产发展，社会进步，这种简单的图形不能满足技术的需求。18世纪欧洲的工业革命，促进了许多国家科学技术的迅速发展。法国科学家蒙日在总结前人经验的基础上，根据平面图形表示空间形体的规律，应用投影方法创建画法几何学，奠定了图学理论的基础，使工程图的表达与绘制实现了规范化。200年来，经过不断地完善和发展，工程图在工业生产中得到了广泛的应用。

在图学发展史上，我国人民也有着杰出的贡献。"没有规矩，不成方圆"，反映了我国古代人民对尺规作图已有深刻的理解和认识，如春秋时代的《周礼·考工记》已有规矩、绳墨、悬锤等绘图工具运用的记载。我国历史保存下来的最著名的建筑图样为宋代李明仲所著的《营造法式》（刊印于1103年），书中记载的各种图样与正投影、轴测图、透视图的画法非常接近。宋代以后，元代王桢所著《农书》（1313年）、明代宋应星所著《天工开物》（1637年）等书中都附有上述类似图样。清代徐光启所著《农政全书》中，画有许多农具的图样，包括构造细部的详图，并附有详细的尺寸和制造技术要求注解。虽然我国图学方面很早就有相当高的成就，但长期的封建社会制约了科学技术的发展，所以未能形成专著留传下来。

20世纪50年代，我国著名的学者赵学田教授，简明而通俗地总结了三视图的投影规律"长对正、高平齐、宽相等"。1959年，我国正式颁布国家标准《机械制图》，1970年、1974年、1984年相继做了必要的修订。为了尽快地与国际标准接轨，1992年以来，我国又陆续制定了多项适用于各行业的国家标准《技术制图》，对1984年颁布的《机械制图》国家标准分批进行全面的修订工作。

20世纪50年代，世界第一台平台式自动绘图机诞生。70年代后期，随着微型计算机的出现，计算机绘图进入高速发展和广泛普及的新时期。跨入21世纪，CAD技术推动了几乎所有领域的设计革命，并且已经基本上替代了手工绘图。

知识拓展二

常用手工绘图工具及使用方法

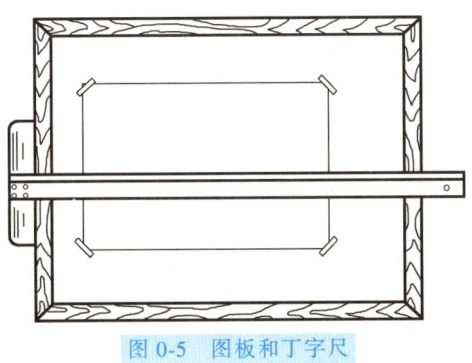

图0-5 图板和丁字尺

1. 图板和丁字尺（图0-5）

图板：铺放图纸。

丁字尺：尺头和尺身组成，用于画一系列的水平线，如图0-6所示。

2. 铅笔

绘图时建议按如下原则选用铅笔：2B用于画粗线；HB用于圆规、写字、画箭头和细线。铅笔的削法如图0-7所示。

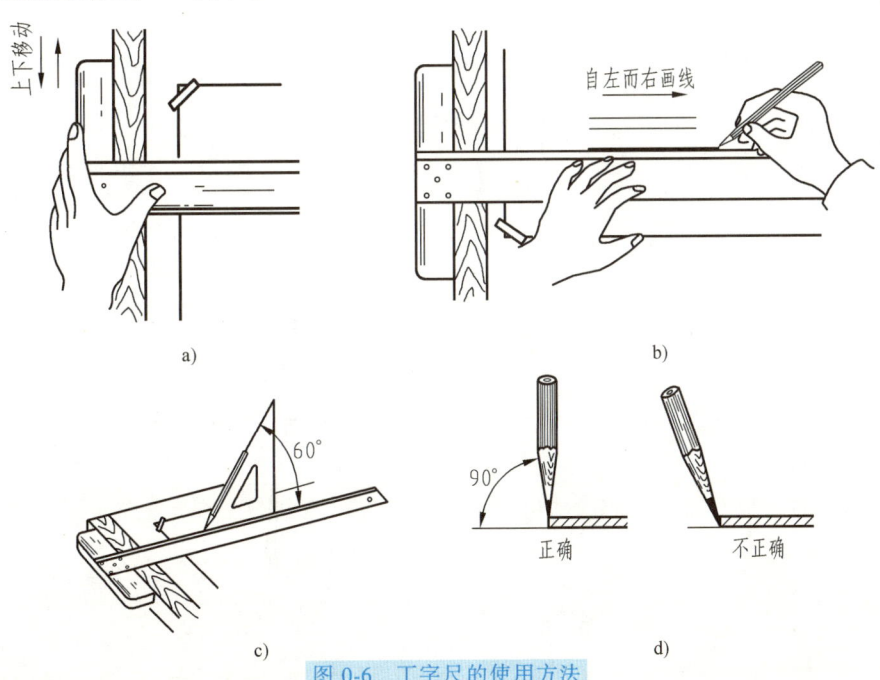

图0-6 丁字尺的使用方法

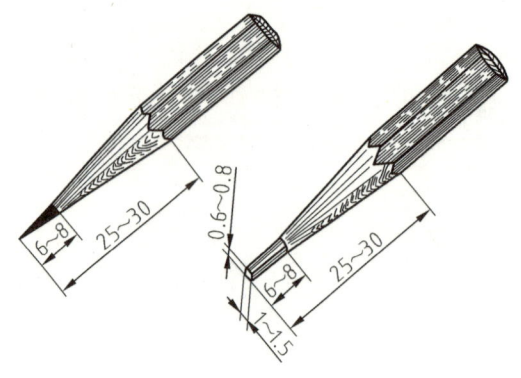

图 0-7　铅笔的削法

3. 三角板

三角板画直线的具体方法如图 0-8 所示。

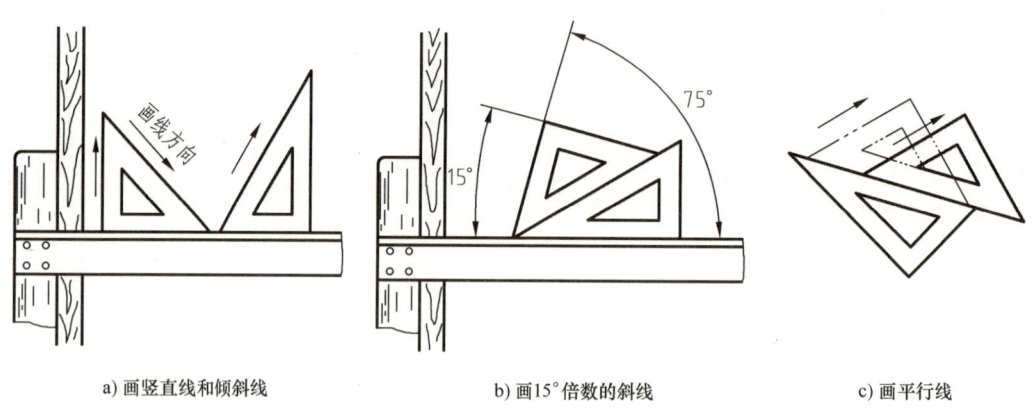

a) 画竖直线和倾斜线　　　b) 画15°倍数的斜线　　　c) 画平行线

图 0-8　三角板的使用

4. 圆规

圆规的使用方法如图 0-9 所示。

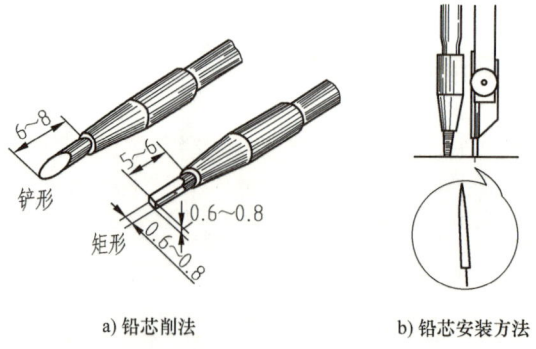

a) 铅芯削法　　　b) 铅芯安装方法

图 0-9　圆规的使用方法

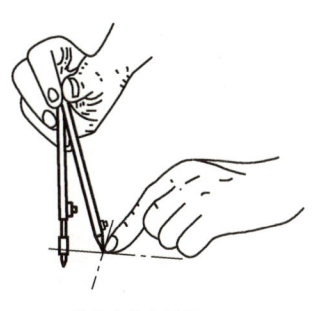 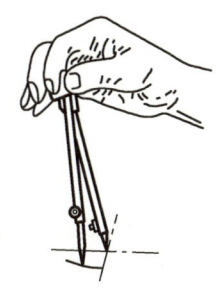 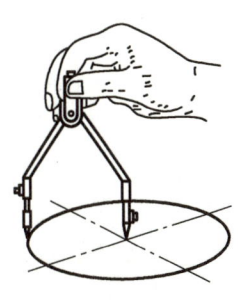

将针尖扎入圆心　　　　　圆规向画线方向倾斜　　　　画大圆时圆规两脚垂直纸面

c) 圆规画圆及圆弧

图 0-9　圆规的使用方法（续）

单元一
制图的基本知识和技能

工程技术人员要在数控铣床上把如图 1-1a 所示的方形毛坯加工成如图 1-1b 所示的零件，他们的加工依据是什么呢？就是图样，如图 1-2 所示。

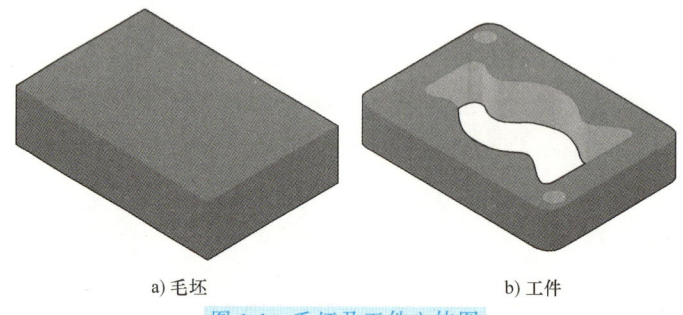

a) 毛坯　　　　　　　b) 工件

图 1-1　毛坯及工件立体图

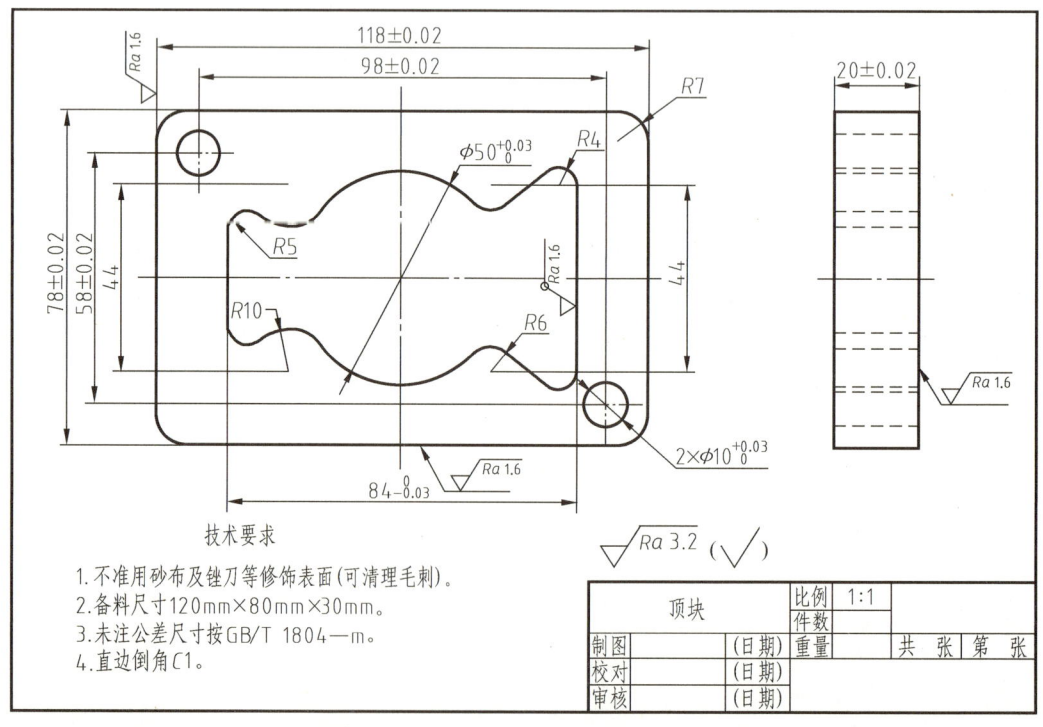

技术要求
1. 不准用砂布及锉刀等修饰表面（可清理毛刺）。
2. 备料尺寸120mm×80mm×30mm。
3. 未注公差尺寸按GB/T 1804—m。
4. 直边倒角C1。

图 1-2　零件图

图样是数控加工工人编制程序、加工工件的重要依据，也是工件加工完毕后检验该工件是否合格的重要技术文件，在实际生产中有着重要作用，是设计人员和技术工人之间进行交流的一种"语言"。

如果说图样是一种"语言"，由图 1-2 可以看出，组成这一"语言"的内容有：

1）图框和标题栏　填写零件的相关资料，如名称、材料、比例等。
2）直线、圆弧组成的几何图形　表示零件的结构和形状。
3）必要的尺寸、文字及符号

尺寸表示零件的大小和各部分之间的相对位置关系。

文字及符号用来表示零件加工、检验过程中的要求，称为技术要求。

为了满足交流的要求，必须对图样的所有内容做出统一的规定，为此国家质量技术监督局发布实施了《机械制图》的一系列国家标准，制图国家标准是每位工程技术人员在绘制、识读图样时必须严格遵守和执行的。

知识链接

国家标准由编号和名称两部分组成，如 GB/T 14691—1993《技术制图字体》。

"GB/T"为推荐性国家标准代号，其中"GB"是"国标"二字的汉语拼音字头，"T"为"推"字汉语拼音字头。

"14691"为标准顺序号。

"1993"为标准发布的年号。

学习目标

1）熟悉和掌握国家标准机械制图和技术制图有关的基本规定。
2）掌握常用几何作图的方法及平面图形的画法。

能力目标

学会绘制平面图形及标注尺寸。

课题一　认识制图基本规定

相关知识

一、图纸幅面和格式（GB/T 14689—2008）

1. 图纸幅面尺寸

绘制图样时，应根据机件的大小和复杂程度选用合适的图纸幅面，优先选用表 1-1 中规定的五种基本幅面。

从表 1-1 中可看出基本幅面的尺寸关系：将上一号幅面的长边对裁，即为次一号幅面的大小。

表 1-1　图纸的幅面　　　　　　　　　　　　（单位：mm）

幅面代号		A0	A1	A2	A3	A4
尺寸 $B×L$		841×1189	594×841	420×594	297×420	210×297
边框	a	25				
	c	10			5	
	e	20		10		

2. 标题栏

为了便于图样的识别、保管和交流，每张图纸上必须在右下角画出标题栏。国家标准规定的标题栏的格式和尺寸如图 1-3 所示。

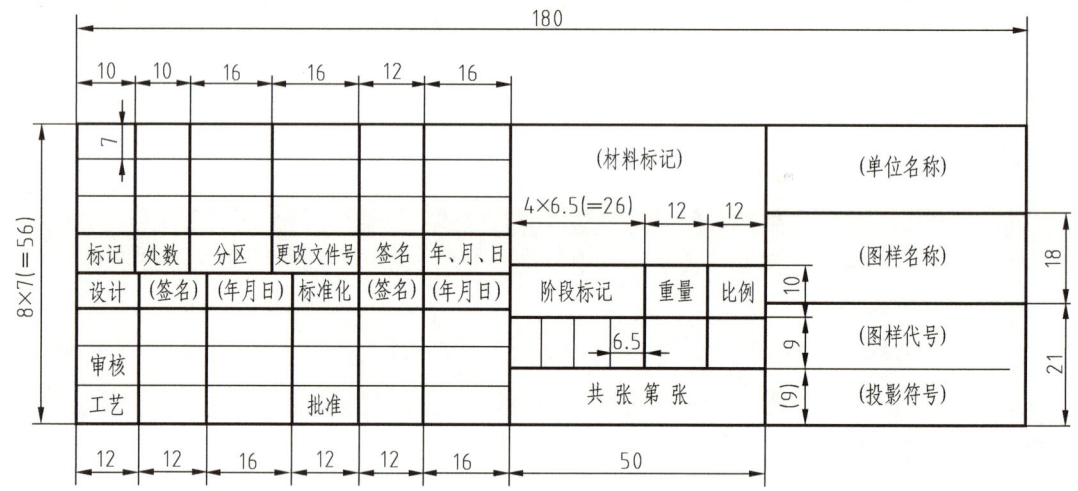

图 1-3　国家标准规定的标题栏格式

为了学习方便，在学校制图作业中建议用简化的标题栏，格式如图 1-4 所示。

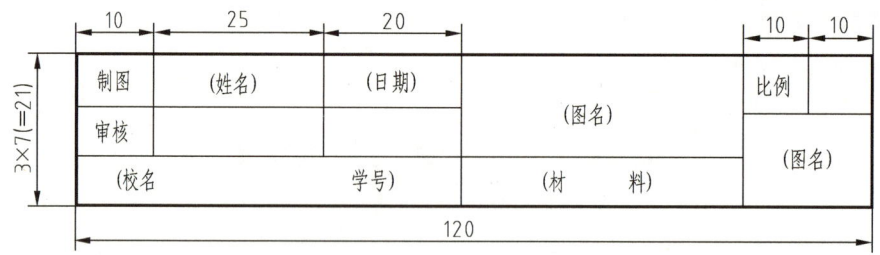

图 1-4　简化的标题栏格式

3. 图框格式

绘图时必须用粗实线画出与图纸边缘相距一定距离的矩形线框，称为图框。

提示

图框与纸边距离尺寸可根据图幅大小查阅表 1-1 中的边框尺寸。

根据边框尺寸不同，图框可分为留有装订边和不留装订边两种格式。同一产品的图样只能采用一种格式。

不留装订边的图纸，其图框格式如图1-5所示。留装订边的图纸，其图框格式如图1-6所示。

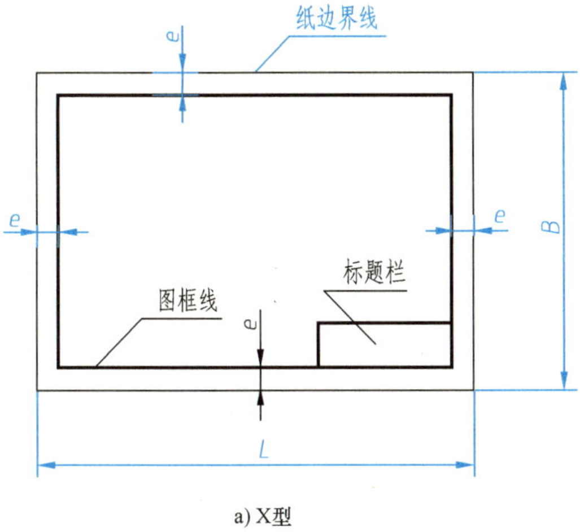

图1-5 不留装订边的图框格式 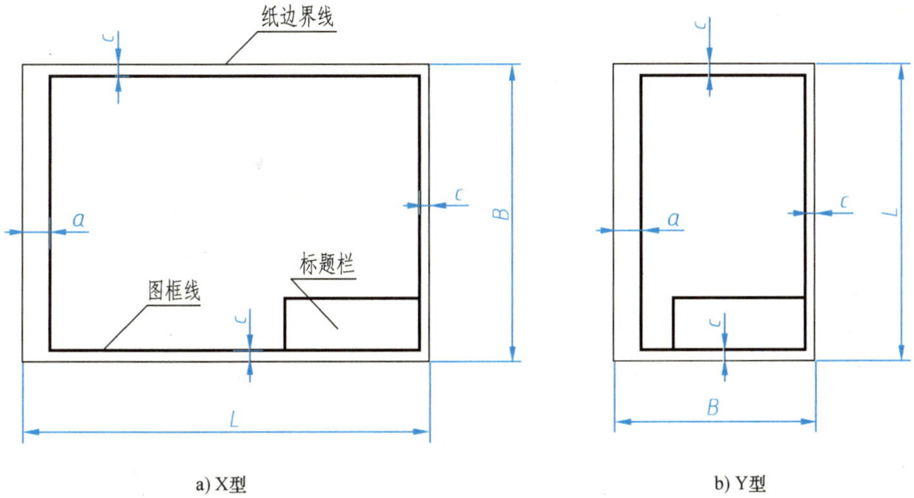
a) X型 b) Y型

图1-6 留装订边的图框格式
a) X型 b) Y型

如何确定看图方向

规定：
1）标题栏里的文字方向即为看图方向。
2）若文字方向与看图方向不一致，则要画出方向符号，如图1-7a、b所示。方向符号是用细实线绘制的等边三角形，其大小和位置如图1-7c所示。

二、比例（GB/T 14690—1993）

1. 比例定义

比例是指图样中图形与其实物相应要素的线性尺寸之比。

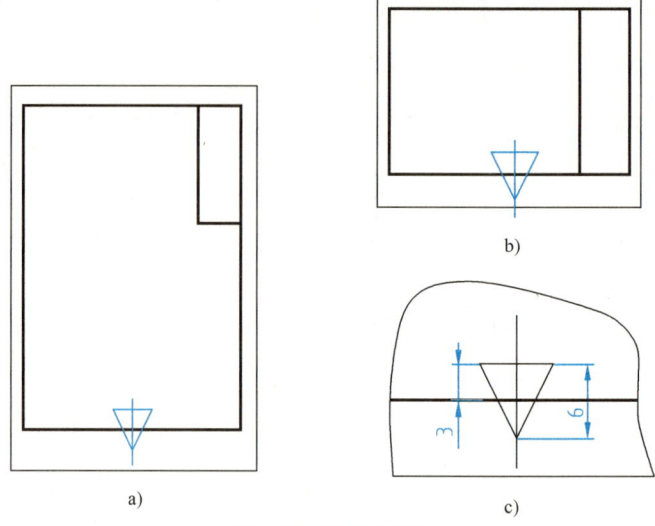

图 1-7 方向符号

2. 比例分类

原值比例：比值为 1 的比例（即 1∶1），称为原值比例。原值比例是最常用的比例，如图 1-8a 所示。

放大比例：比值大于 1 的比例（书写形式：$n∶1$），如图 1-8b 所示。

缩小比例：比值小于 1 的比例（书写形式：$1∶n$），如图 1-8c 所示。

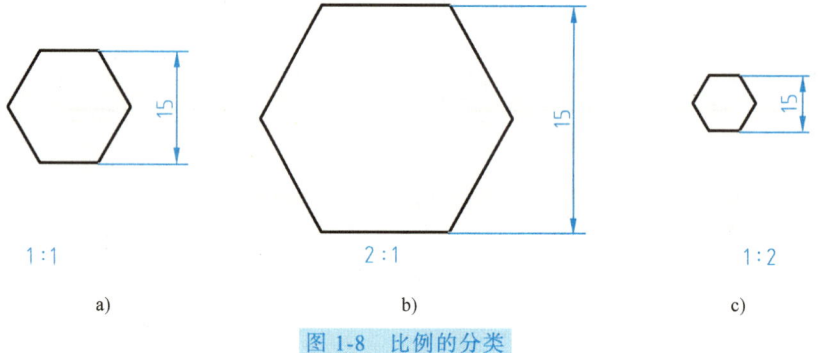

图 1-8 比例的分类

当需要按比例绘图时，应从表 1-2 中规定的系列中选取。

表 1-2 比例系列（n 为正整数）

种类	比例	
	第一系列	第二系列
原值比例	1∶1	
缩小比例	1∶2　1∶5　1∶10　1∶10^n　1∶2×10^n 1∶5×10^n	1∶1.5　1∶2.5　1∶3　1∶4 1∶1.5×10^n　1∶2.5×10^n 1∶3×10^n　1∶4×10^n　1∶6×10^n
放大比例	2∶1　5∶1　10^n∶1　2×10^n∶1 5×10^n∶1	2.5∶1　4∶1　2.5×10^n∶1 4×10^n∶1

 提示

1) 图样不论放大还是缩小绘制,图中所标注的尺寸,均为零件的实际尺寸,与绘图的精确程度和比例大小无关。

2) 绘制同一个物体的各个视图时应尽量采用相同的比例,当某个视图需要采用不同的比例时,必须另行标注。

3) 比例一般应标注在标题栏中的"比例"栏内。必要时,可在视图的下方或右侧标注比例。

三、字体(GB/T 14691—1993)

图样中的字体有:

汉字:用于填写标题栏中相关内容及技术要求等。

数字、字母:用于标注尺寸及必要的加工要求等。

书写要求:必须做到字体工整、笔画清楚、间隔均匀、排列整齐。

字体的号数:即字体的高度(用 h 表示)分为 8 种,依次为 20mm、14mm、10mm、7mm、5mm、3.5mm、2.5mm、1.8mm。

1) 汉字应写成长仿宋体,并采用国家正式颁布的《汉字简化方案》中规定的简化汉字。汉字的高度不应小于 3.5mm,其字宽一般为 $h/\sqrt{2}$。示例如下。

字体工整 笔画清楚 间隔均匀 排列整齐

横平竖直 结构均匀 注意起落 添满方格

2) 数字和字母可写成斜体或直体。斜体字字头向右倾斜,与水平基准线成 75°,示例如下。

abcdefghijklmnopqrstuvwxyz φ

ABCDEFGHIJKLMNOPQRSTUVWXYZ

0123456789   0123456789

四、图线及其画法(GB/T 4457.4—2002)

1. 图线的宽度

分粗线和细线两种线宽。粗线的宽度 d 应按图样的大小和复杂程度,在 0.25mm、0.35mm、0.5mm、0.7mm、1mm、1.4mm、2mm 系列中选择。细线的宽度约为 $d/2$。

粗线宽度的推荐系列为:0.25mm、0.35mm、0.5mm、0.7mm。

2. 图线的线型及应用

图样中用来表达零件结构形状的图形,是由各种不同的图线组成的,每种图线都有其规

定画法和应用范围，具体见表 1-3。各种图线的应用举例如图 1-9 所示。

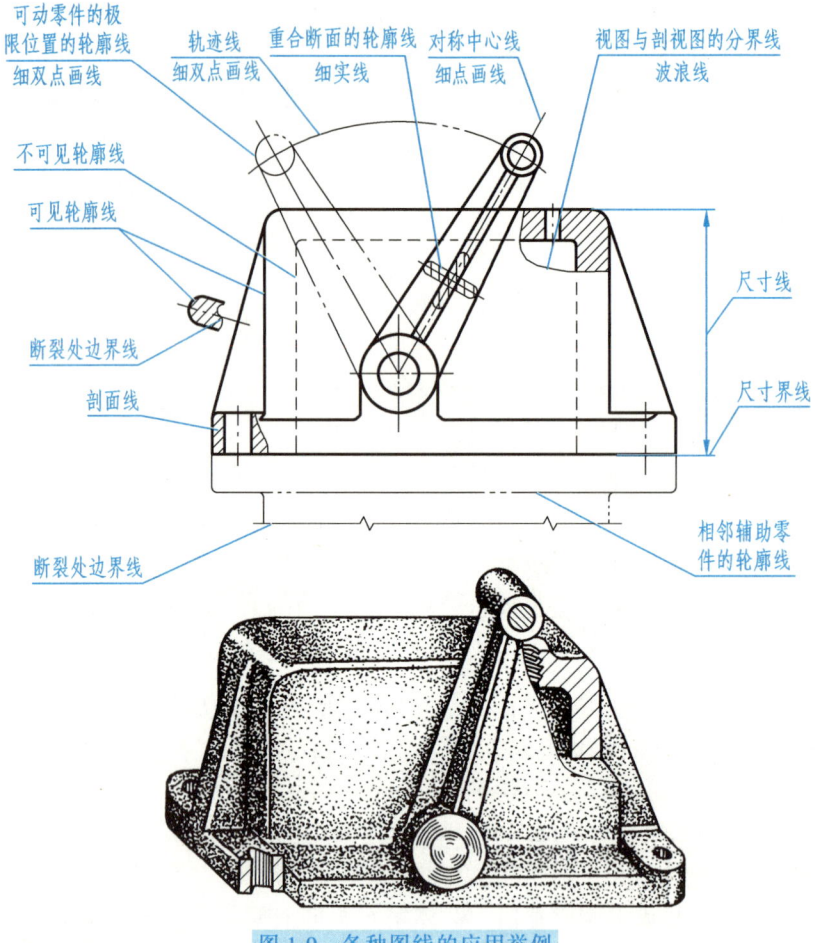

图 1-9　各种图线的应用举例

3. 图线的画法规定

1）同一图样中同类图线的宽度应该基本一致。虚线、点画线及双点画线的线段长度和间隔应各自大致相等。

2）点画线、双点画线的首末两端，应是线段而不是短画，并超出相应图形轮廓线 3~5mm，如图 1-10 所示。

表 1-3　常用的图线（GB/T 4457.4—2002）

图线名称	线　型	图线宽度	一般应用举例
粗实线	———————	粗	可见轮廓线
细实线	———————	细	尺寸线及尺寸界线 剖面线 重合断面的轮廓线 过渡线
细虚线	- - - - - - -	细	不可见轮廓线
细点画线	— · — · — · —	细	轴线 对称中心线

(续)

图线名称	线型	图线宽度	一般应用举例
粗点画线		粗	限定范围表示线
细双点画线		细	相邻辅助零件的轮廓线 轨迹线 可动零件的极限位置的轮廓线 中断线
波浪线		细	断裂处边界线 视图与剖视图的分界线
双折线		细	
粗虚线		粗	允许表面处理的表示线

3) 画圆时首先画对称中心线，圆心应为线段的交点，在较小的圆上绘制点画线或双点画线有困难时，可以用细实线代替，如图 1-10 所示。

4) 图线相交的画法。图线应相交于画线处，而不应交于点或间隔处。

5) 图线重叠的画法。线型不同的图线相互重叠时，一般按实线、虚线、点画线的顺序，只画出排序在前面的图线。

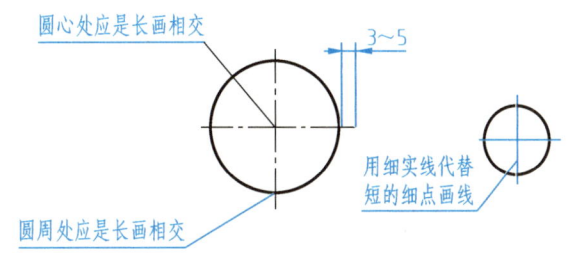

图 1-10 圆的中心线画法

课后思考

1) 图纸的基本幅面有哪几种？5 种基本幅面间的尺寸有什么规律？

2) A3 图纸幅面的尺寸是多少？不留装订边的图框尺寸是多少？

3) A3 与 A4 幅面的尺寸关系是什么？

4) 图框线的线宽有什么要求？

5) 国家标准中规定常用的放大和缩小的比例有哪些？

6) 若图上尺寸为零件实际尺寸的 1/3，则该图绘图比例为多大？这是一个放大的比例还是一个缩小的比例？

7) 粗实线的线宽是否可以任意选取？

8) 当粗实线的线宽取 0.5mm 时，图形中细线的线宽应取多少？

9) 虚线、细点画线和双点画线是否可以在点或间隔处相交？

10) 粗实线和虚线重叠时应该画什么线？

课题二　图形上的尺寸注法

图形只能表达物体的形状，而尺寸才能确定物体的大小，国家标准对图样中的尺寸注法做了统一规定。

 **相关知识**

一、尺寸标注的基本规则（GB/T 4458.4—2003）

1) 物体的大小是通过图样上长、宽、高三个方向的尺寸数值来表达的，与图形的大小及绘图的准确度无关。

2) 图样中的尺寸，以毫米为单位。若采用其他单位，则必须注明相应的计量单位的代号或名称。若角度为30°，图样上则应注写"30°"。

3) 物体每一方向的尺寸，一般只标注一次，不能重复标注。

4) 标注尺寸时，应尽量使用符号和缩写词，常用的符号和缩写词见表1-4。

表1-4 常用的符号和缩写词

名 称	符号或缩写词	名 称	符号或缩写词
直径	φ	均布	EQS
半径	R	正方形	□
球直径	Sφ	深度	↓
球半径	SR	沉孔或锪平	⊔
厚度	t	埋头孔	∨
45°倒角	C	斜度	∠

二、尺寸的组成

任何一个尺寸都有以下三部分组成，如图1-11所示。

尺寸界线：表示所注尺寸的起始和终止位置。

尺 寸 线：表示所注尺寸的方向。

尺寸数字：表示所注尺寸的大小。

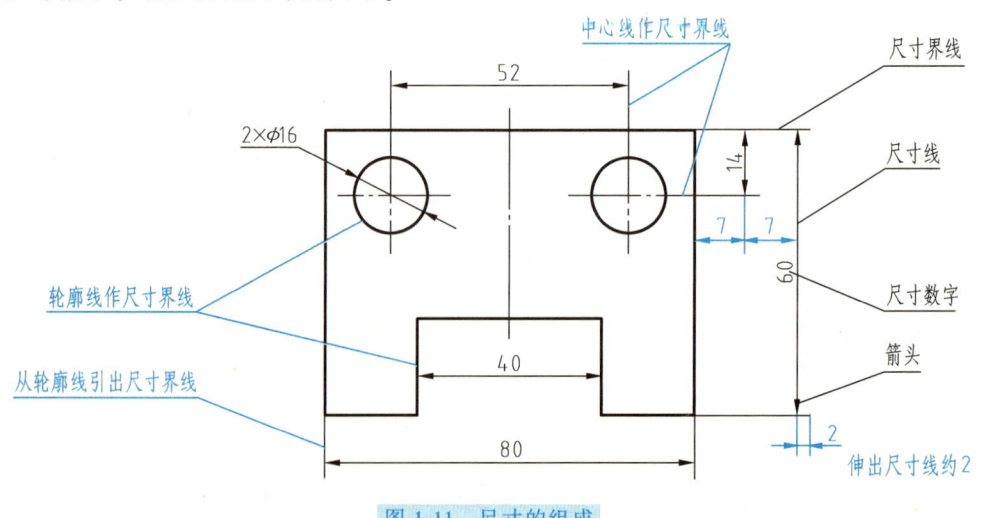

图1-11 尺寸的组成

各要素的具体规定如下：

1. 尺寸界线

尺寸界线一般是互相平行的两条细实线，可以自图形的轮廓线、轴线或对称中心线处引出，尽量引画在图形的外面，并超出尺寸线外约 2mm。图形中的轮廓线、中心线和轴线均可代替尺寸界线，如图 1-11 所示。

2. 尺寸线

尺寸线是与所注线段平行的细实线。尺寸线不可被任何图线或其延长线代替，必须单独画出，不可伸出尺寸界线外。尺寸线到轮廓线的距离及相互平行的尺寸线间距约为 7mm，如图 1-11 所示。

 提示

1) 尺寸界线与尺寸线一般互相垂直。

2) 尺寸线终端有两种形式：箭头和细斜线。箭头尖端与尺寸界线接触，不得超出也不得离开。尺寸线终端形式及用途如图 1-12 所示。

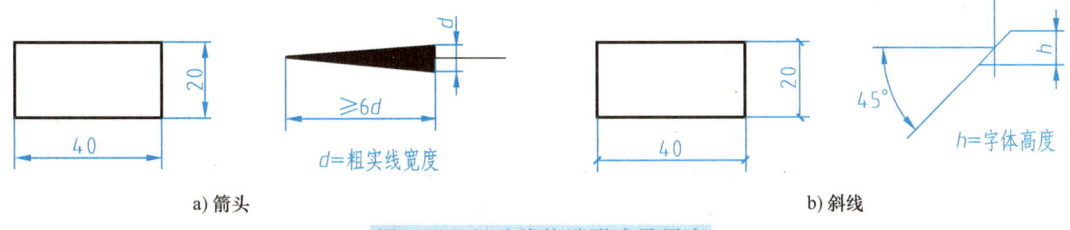

图 1-12　尺寸线终端形式及用途

3) 当没有足够的位置画箭头时，可用小圆点或斜线代替，一个小圆点（斜线）可代替两个箭头，如图 1-13 所示。

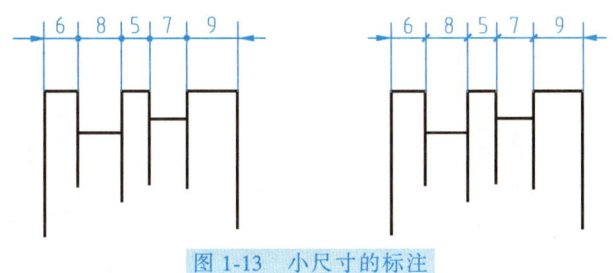

图 1-13　小尺寸的标注

3. 尺寸数字

位置：一般注写在尺寸线的上方或左方，也允许写在中断处，如图 1-14 所示。

方向：尺寸线的方向不同时，数字的书写方向也不同，如图 1-15 所示。

水平方向：由左向右书写，字头朝上。

竖直方向：由下向上书写，字头朝左。

倾斜方向：字头保持朝上的趋势。

30°范围内尺寸不可避免时的尺寸注法，如图 1-16 所示。

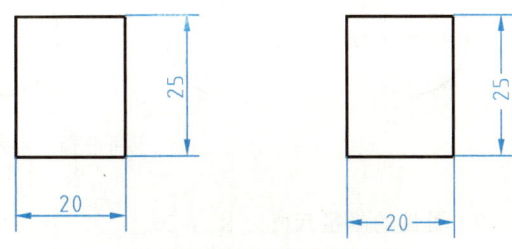

图 1-14　尺寸数字的位置

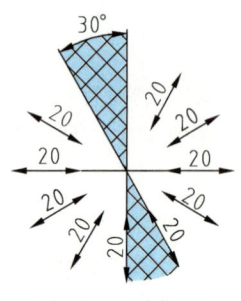
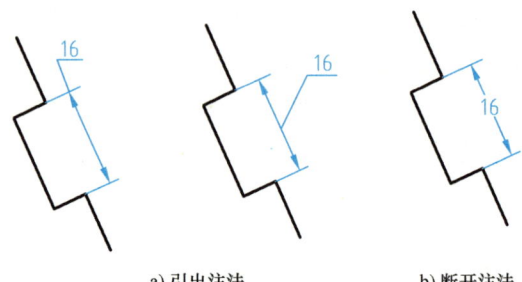

图 1-15　尺寸数字的书写方向　　　　图 1-16　30°范围内的尺寸注法

三、常见尺寸的标注示例

1. 圆或圆弧的直径尺寸（图 1-17）

尺寸界线：圆周。

尺寸线：过圆心的直径线。

尺寸数字：前加注符号"φ"。

几种特殊情况：

1）当尺寸线的一端无法画出箭头时，尺寸线要超过圆心一段，如图 1-17 所示的 φ23。

2）直径尺寸可以标注在非圆视图上，如图 1-18 所示。

3）当直径比较小时，可采用如图 1-19 所示的几种标注方式。

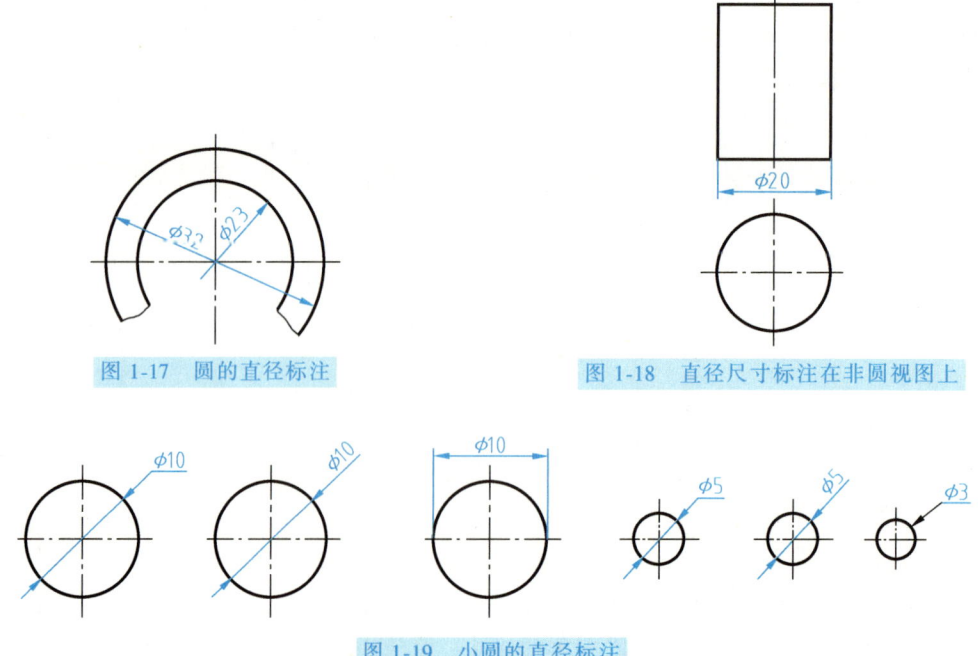

图 1-17　圆的直径标注　　　　图 1-18　直径尺寸标注在非圆视图上

图 1-19　小圆的直径标注

2. 圆弧的半径尺寸（图 1-20）

尺寸界线：圆弧。

尺寸线：半径线（单箭头）。
尺寸数字：前加注符号"R"。

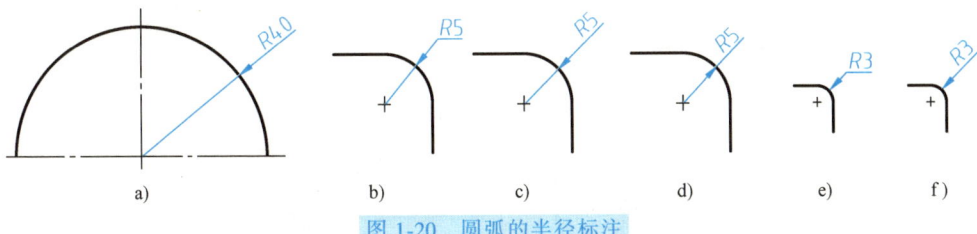

图 1-20 圆弧的半径标注

 提示

圆弧直径、半径标注的界限是以圆弧的大小为准，超过一半的圆弧，必须标注直径；小于或等于一半的圆弧只能标注半径。

1）圆弧半径较小时，可引出标注，如图 1-20b~f 所示。
2）当圆弧半径过大或在图纸范围内无法注出圆心位置时，标注方法如图 1-21 所示。
3）半径尺寸应标注在是圆弧的视图上，如图 1-22 所示。

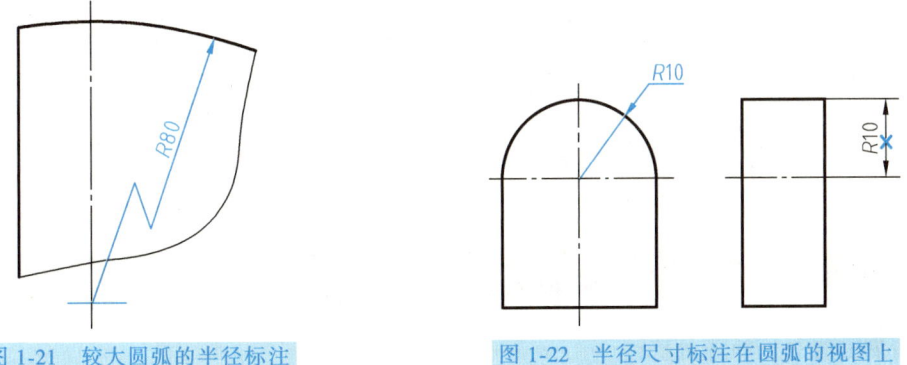

图 1-21 较大圆弧的半径标注　　　图 1-22 半径尺寸标注在圆弧的视图上

3. 球径的标注

标注球面直径时，在尺寸数字前应加注球面直径符号"Sϕ"；标注球面半径时，在尺寸数字前应加注球面半径符号"SR"，如图 1-23 所示。

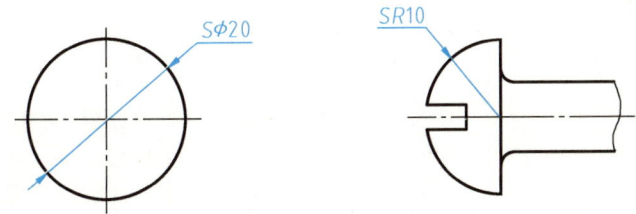

图 1-23 球径的标注

4. 对称机件的尺寸注法

对称机件的尺寸注法如图 1-24 所示。

5. 均布孔的尺寸注法

均匀分布的相同要素（如孔）的尺寸标注，如图 1-25 所示（图中"EQS"表示均布）。

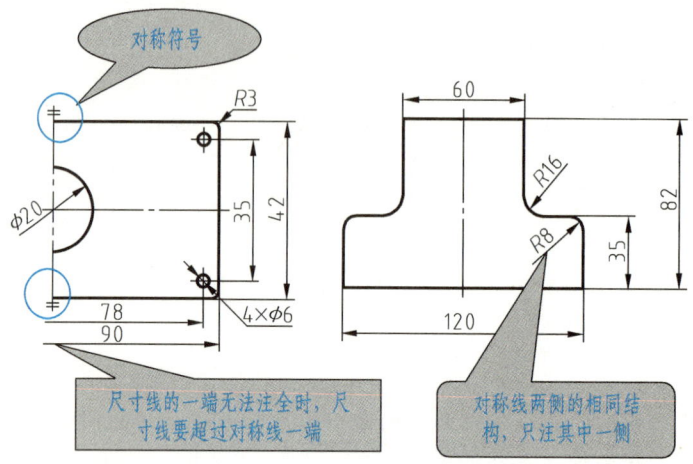

图 1-24　对称机件的尺寸注法

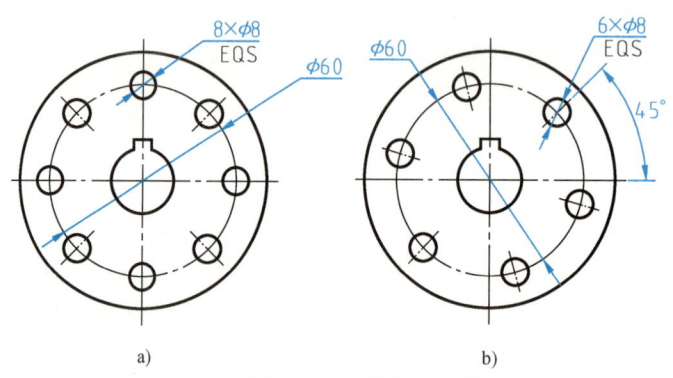

图 1-25　均布孔的尺寸注法

6. 角度、弦长、板厚的标注

角度、弦长、板厚等的标注见表 1-5。

表 1-5　角度、弦长、板厚等的标注

项目	图　例		说　明
角度尺寸	60°	90° 60° 25° 5°	标注角度的尺寸界线沿径向引出,尺寸线是以角度顶点为圆心的圆弧,角度数字一律水平书写,一般注写在尺寸线的中断处,必要时也允许在尺寸线的上方或外边,或引出标注
弦长和弧长尺寸	30 a)	⌒30 b)	150 ⌢495 R170 150 c)	标注弦长和弧长的尺寸界线均应平行于该弦的垂直平分线,如左图 a、b 所示;当弧度较大时,也可沿径向引出,如左图 b 所示标注弧长时,在尺寸数字前加注"⌒"

(续)

项目	图 例	说 明
板状零件的厚度	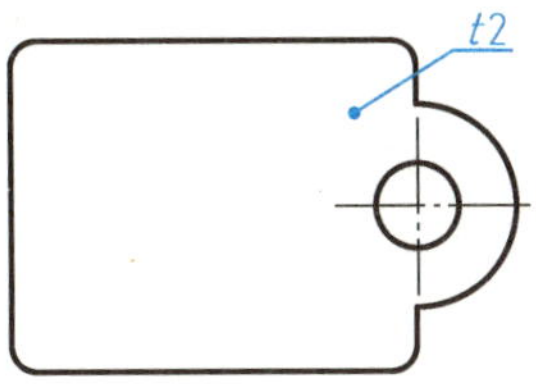	标注板状零件的厚度时,可在尺寸数字前加注符号"t"
半径尺寸有特殊要求时的注法	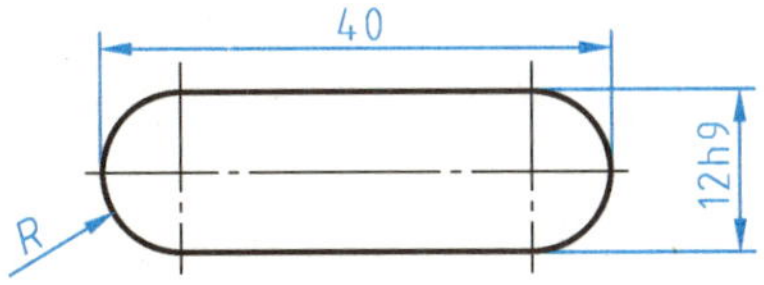	当需要指明半径尺寸是由其他尺寸所确定时,应用尺寸线和符号"R"标出,但不要注写尺寸数字
大小不同的同类要素的尺寸标注	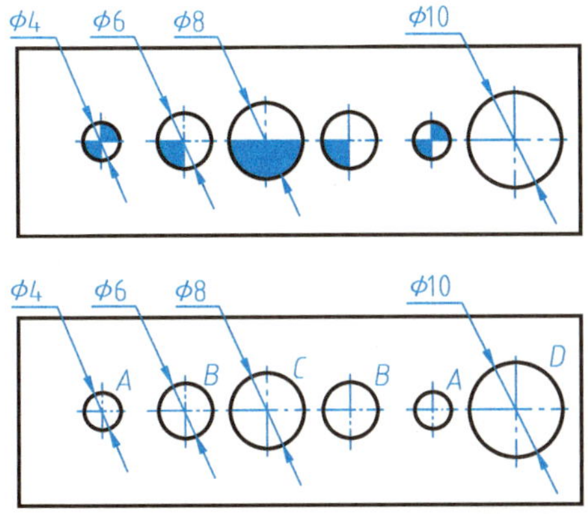	有的零件具有多组不同尺寸的孔,其中某些孔的尺寸相差不大,给看图带来一些困难。此时,可对直径不同的各组孔用涂色、字母、阴影线等来加以区别,如左图所示

四、尺寸的分类与尺寸基准

图形中的尺寸按其作用可分为定形尺寸和定位尺寸。

1. 定形尺寸

确定图形中各几何要素形状大小的尺寸,如图 1-11 中的 80、60、2×ϕ16 等。

2. 定位尺寸

确定图形中各组成部分之间相对位置的尺寸,如图 1-11 中所示尺寸 52、14 确定 2×ϕ16 的圆心位置;图 1-25 中 ϕ60 和 45°确定了 6×ϕ8 的圆心位置。

3. 尺寸基准

尺寸基准是标注定位尺寸的起始点。平面图形上有水平和竖直两个方向,所以平面图形上的基准分为水平基准和竖直基准,一般为图形的轴线、中心线或较长的轮廓线,如图 1-11 所示图形的水平和竖直两个方向尺寸基准分别为图形的上下、左右对称中心线。

课后思考

1) 零件的大小与绘图比例大小有关吗?与绘图的准确度有关吗?
2) 一个角度分别是 70°、60°、50°的三角形,放大两倍画出后各角度分别是多少?

3）尺寸标注的三要素是什么？
4）尺寸界线和尺寸线分别用什么线型绘制？
5）图形中的"EQS"表示什么意思？
6）平面图形中的尺寸按作用分哪两种？
7）凡是数字前带有符号"φ"的尺寸都是定形尺寸吗？
8）什么是尺寸基准？一个图形中的尺寸基准有几个？
9）根据图 1-26a 中分析的尺寸注法上错误，在图 1-26b 的图形中进行正确标注。

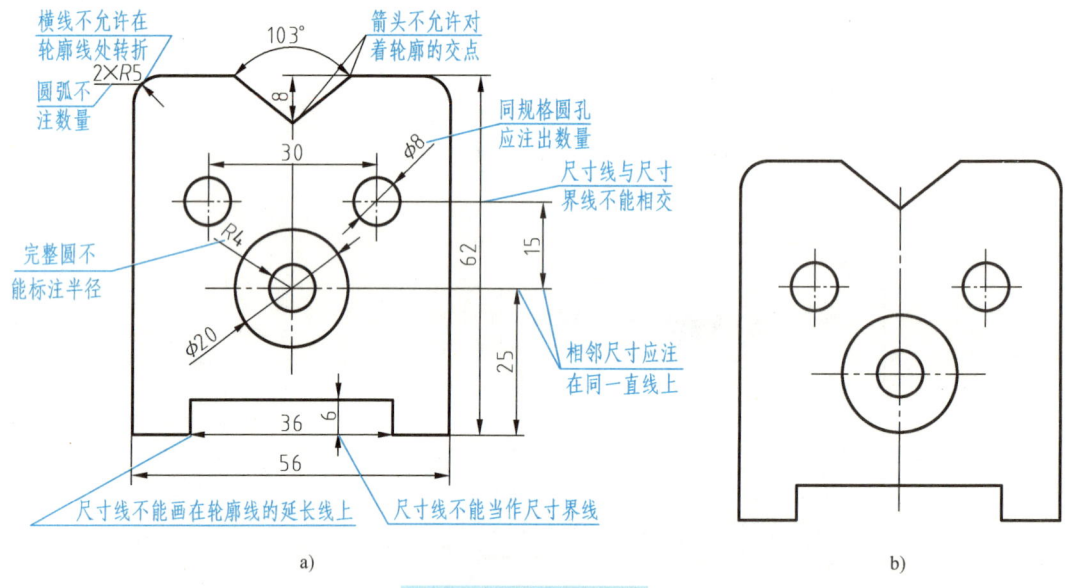

图 1-26　尺寸注法练习

课题三　绘制由直线、圆弧组成的图形

图形一般都是由直线、圆弧线段连接而成的，而直线与圆弧、圆弧与圆弧之间往往都是非常光滑过渡的，如图 1-27 所示。

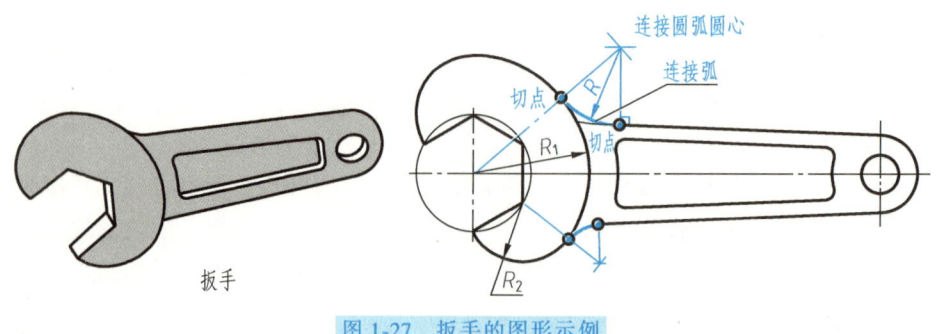

图 1-27　扳手的图形示例

用一段圆弧光滑地连接相邻两线段的作图方法称为圆弧连接。从图 1-27 可以看出圆弧连接的实质就是使连接圆弧与相邻线段相切，以达到光滑连接的目的。

 **相关知识**

一、圆弧连接的作图原理

圆弧连接时首先求出连接圆弧的圆心;然后求切点;最后在两切点之间画出连接圆弧,其作图原理见表1-6。

二、常见圆弧连接的画法和步骤

1) 两直线间的圆弧连接,具体作图步骤见表1-7。

表 1-6 圆弧连接的作图原理

类 别	圆弧与直线连接(相切)	圆弧与圆弧连接(外切)	圆弧与圆弧连接(内切)
图例			
连接弧的圆心轨迹及切点位置	连接弧的圆心轨迹是平行于已知直线,且相距为R的直线 切点为由连接弧的圆心向已知直线作垂线的垂足T	连接弧的圆心轨迹是已知圆弧的同心圆弧,其半径为R_1+R 切点为两圆心连接与已知圆弧的交点T	连接弧的圆心轨迹是已知圆弧的同心圆弧,其半径为R_1-R 切点为两圆心连接的延长线与已知圆弧的交点T

表 1-7 两直线间的圆弧连接作图步骤

类 别	用圆弧连接锐角或钝角(圆角)	用圆弧连接直角(圆角)
图例		
作图步骤	1)分别作与已知角两边相距为R的平行线,交点O即为连接弧圆心 2)过O点分别向已知角两边作垂线,垂足T_1、T_2即为切点 3)以O为圆心,R为半径在两切点T_1、T_2之间画连接圆弧,即为所求	1)以直角定点A为圆心,R为半径作圆弧,交直角两边于T_1和T_2,得切点 2)分别以T_1和T_2为圆心,R为半径作圆弧,相交于点O,得连接弧圆心 3)以O为圆心,R为半径在两切点T_1和T_2之间连接弧,即得所求
实例		

2) 两圆弧及直线与圆弧间的圆弧连接，具体作图步骤见表 1-8。

表 1-8 两圆弧及直线与圆弧间的圆弧连接作图步骤

名称	外连接	内连接	混合连接	圆弧连接直线与圆弧
	已知连接圆弧半径 R，外连接已知圆弧（R_1，R_2）	已知连接圆弧半径 R，内连接俩已知圆弧（R_1，R_2）	已知连接圆弧半径 R，外连接已知圆弧（R_1）与已知内连接圆弧（R_2）	已知连接圆弧半径 R，外接已知圆弧（R_1）和直线
作图步骤	1. 分别以 O_1、O_2 为圆心，R_1+R 与 R_2+R 为半径画圆弧相交于 O，得连接圆弧的圆心	1. 分别以 O_1、O_2 为圆心，$R-R_1$ 与 $R-R_2$ 为半径画圆弧相交于 O，得连接圆弧的圆心	1. 分别以 O_1、O_2 为圆心，R_1+R 与 R_2-R 为半径画圆弧相交于 O，得连接圆弧的圆心	1. 以 O_1 为圆心，$R+R_1$ 为半径画圆弧，作距离已知直线为 R 的平行线，与圆弧交于 O，得连接圆弧的圆心
	2. 作连心线 OO_1、OO_2 与已知两圆弧相交于点 A、B，得切点	2. 作连心线 OO_1 与 OO_2 并延长，与已知两圆弧相交于点 A、B，得切点	2. 作连心线 OO_1、OO_2 并延长，与已知两圆弧相交于点 A、B，得切点	2. 作连心线 OO_1 和过 O 点作已知线的垂直线得切点 A、B
	3. 以 O 为圆心，R 为半径在两切点 A、B 间作连接弧，即得所求	3. 以 O 为圆心，R 为半径在两切点 A、B 间作连接弧，即得所求	3. 以 O 为圆心，R 为半径在两切点 A、B 间作连接圆弧，即得所求	3. 以 O 为圆心，R 为半径在两切点 A、B 间作圆弧，即得所求
实例				

三、平面图形的分析方法（以如图 1-28 所示的起重钩为例）

1. 尺寸分析：确定作图基准线

尺寸是作图的依据，根据起重钩中标注的定位尺寸 15、9，可以确定起重钩水平和竖直两个方向的尺寸基准，如图 1-28 所示，也就是确定了水平和竖直方向的作图基准线。

2. 线段分析：确定作图顺序

确定好作图基准线后，图中的轮廓线应该先画谁？

（1）已知线段　基准线确定后，可直接作出的线段，如图 1-28 起重钩中的 $\phi 40$、$R48$ 等。

尺寸特点：定位尺寸齐全（两个）。

（2）连接线段（连接弧）　作图时，需要根据与两端已知线段相切才能作出的圆弧，如图 1-28 起重钩中 $R40$、$R60$、$R3.5$。

尺寸特点：无定位尺寸，只有圆弧的半径尺寸。

作图方法：找圆心、定切点、作连接弧。

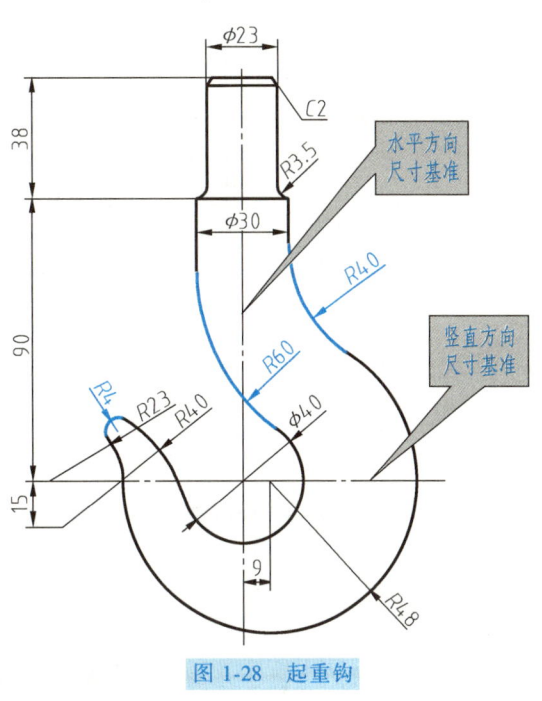

图 1-28　起重钩

（3）中间线段（中间弧）　作图时需要根据与一端已知弧相切才能画出的圆弧，如图 1-28 起重钩中的 $R40$ 和 $R23$。

尺寸特点：一个定位尺寸加定形尺寸，如 $R40$ 的圆心在距水平中心线 15 的线上；而 $R23$ 的圆心就在水平中心线上。

作图方法：与已知弧相切来确定圆心，找出切点，如 $R40$ 与 $\phi 40$ 外切；$R23$ 与 $R48$ 外切。

四、平面图形的作图步骤

1. 准备

1）根据图形大小选择比例及图纸幅面。
2）绘制图框及标题栏。
3）分析尺寸及线段。

2. 底稿

1）布图。
2）画基准线，如轴线或对称中心线。
3）画轮廓线，已知线段—中间线段—连接线段。
4）检查，清理辅助线，标注尺寸。

3. 描深

按照线型要求，达到均匀、美观。

【练习】 按 1∶1 的比例抄画图 1-29（图框和标题栏省略）。

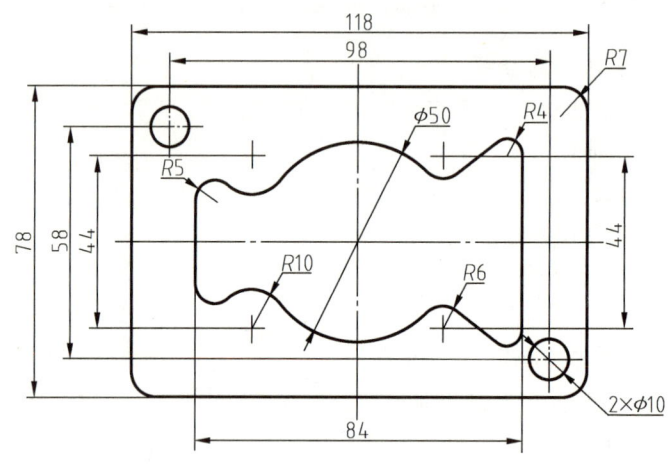

图 1-29 平面图形示例

（1）分析尺寸及线段　图中的定位尺寸有：98 和 58 是两个小孔 ϕ10 的定位尺寸，44 是 4 个圆弧的定位尺寸，由此确定基准线为图形的两条对称中心线。

该图形中，ϕ10 和 ϕ50 及机件外廓是已知线段，R10 和 R6 为中间线段，其余为连接线段。

（2）画底稿

1）作基准线，绘制小孔 ϕ10、花形槽的外廓定位线及圆弧 R4 的定位线，如图 1-30 所示。

2）绘制尺寸完整的已知线段，如图 1-31 所示。

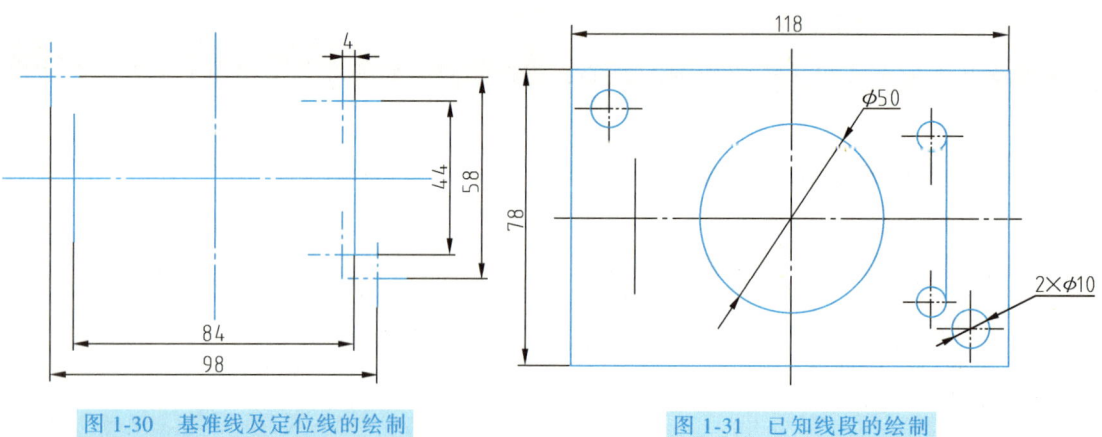

图 1-30　基准线及定位线的绘制　　　　图 1-31　已知线段的绘制

3）确定中间线段 R10 和 R6 的圆心位置，如图 1-32 所示。

4）确定弧 R10、R6 与圆 ϕ50 的切点位置，并绘制弧 R10、R6，如图 1-33 所示。

5）作圆弧 R6、R4 的公切线，绘制连接弧 R7、R5，完成全图，如图 1-34 所示。

6）检查全图，清理图线，并按规定描深全图，如图 1-35 所示。

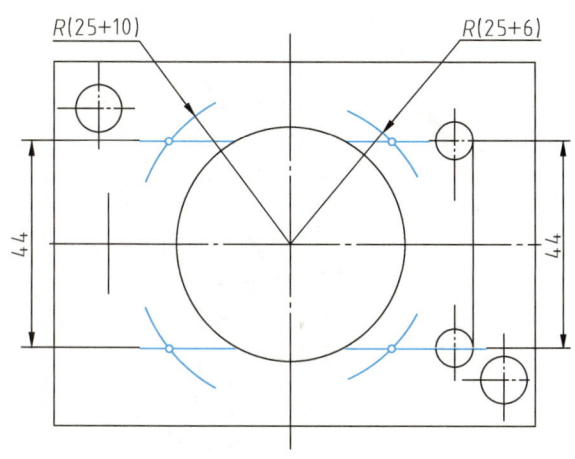

图 1-32　确定中间线段的圆心位置

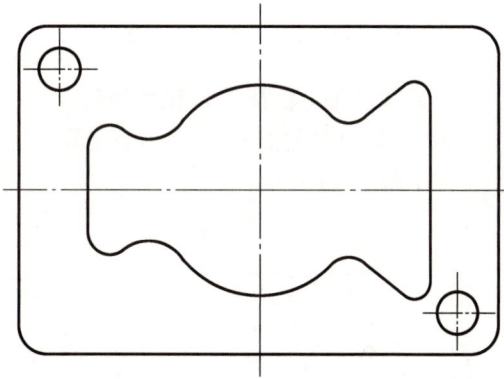

图 1-33　中间线段的绘制

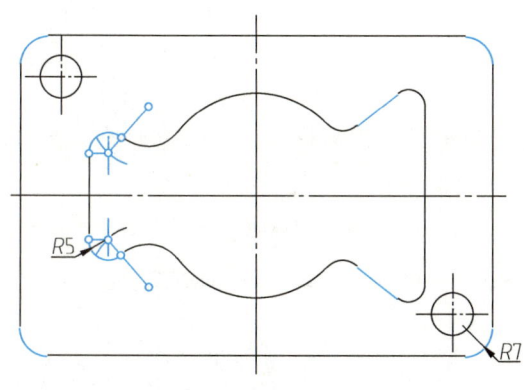

图 1-34　公切线及连接弧的绘制

图 1-35　清理图线并描深

常用等分法

一、线段等分

1. 分规试分法

如图 1-36a 所示，要将直线 AB 四等分，先用目测法将分规调整到 AB 长度的 1/4，然后在 AB 上试分，得点 Ⅳ（点 Ⅳ 也可能在端点之外），然后再调整分规，使其长度增加（或缩小）$e/4$，然后重新试分，通过逐步逼近，即可将线段四等分。

2. 辅助平行线法

如图 1-36b 所示，将线段 AB 五等分。先过端点 A 任作一射线 AC，在 AC 上以适当长度截取 1、2、3、4、5 各等分点，连接 $5B$，再过各点作 $5B$ 的平行线，即得线段 AB 的五个等分点。

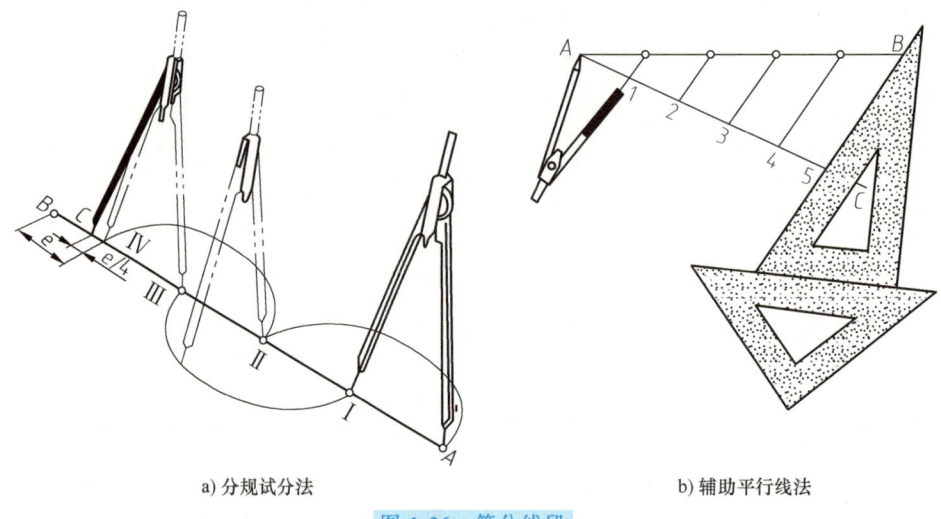

a) 分规试分法   b) 辅助平行线法

图 1-36 等分线段

二、圆周等分及作正多边形

1. 用圆规等分圆周及作正多边形

用圆规对圆周进行三、六、十二等分并作正三角形、正六边形、正十二边形的示意图，如图 1-37 所示。

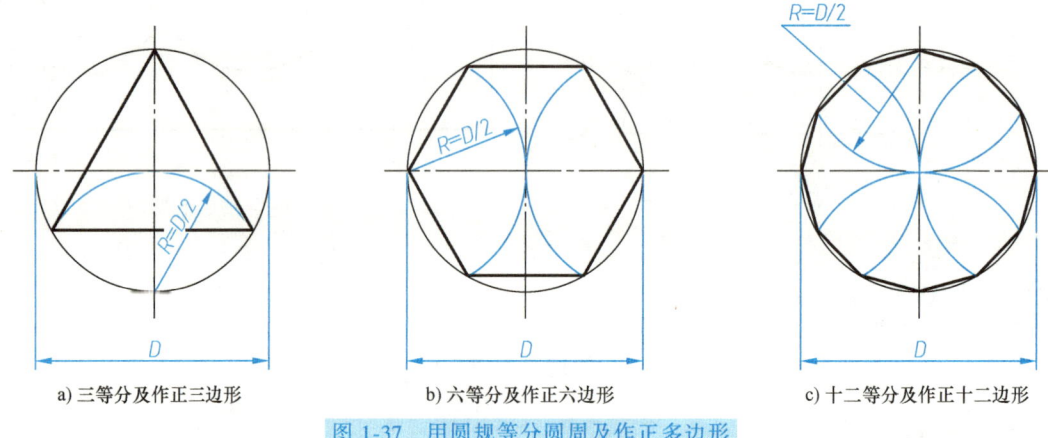

a) 三等分及作正三边形   b) 六等分及作正六边形   c) 十二等分及作正十二边形

图 1-37 用圆规等分圆周及作正多边形

2. 用丁字尺和三角板配合作正六边形

图 1-38 所示为用丁字尺和三角板配合作正六边形的示意图。

3. 五等分圆周及作圆的内接正五边形

1）作 OB 的中点 E，如图 1-39a 所示。

2）以 E 为圆心，EC 为半径作圆弧与 OA 交于点 F，线段 CF 即为圆周五等分的弦长，如图 1-39 b 所示。

3）用 CF 弦长依次截取圆周的五个等分点，如图 1-39c 所示。

4）连接相邻各点，即得圆内接正五边形，如图 1-39d 所示。

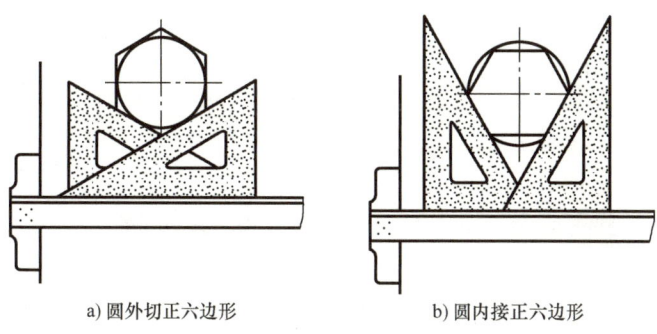

a) 圆外切正六边形　　　b) 圆内接正六边形

图 1-38　丁字尺和三角板配合作正六边形

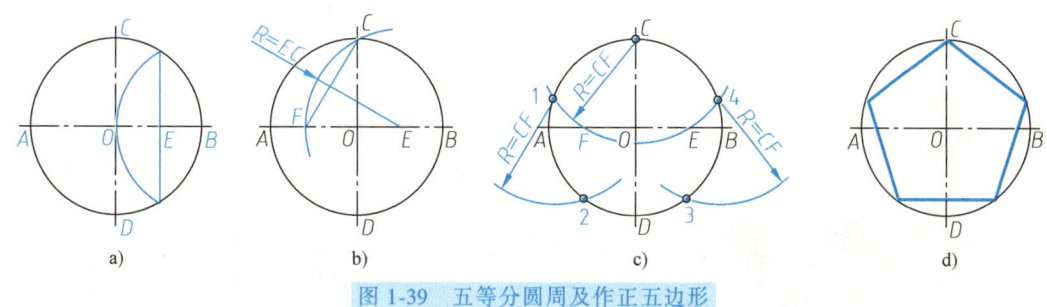

图 1-39　五等分圆周及作正五边形

4. 任意等分圆周

圆周的任意等分可采用等分规试分法或利用弦长表（表 1-9），算出每一等分所对应的弦长，然后在圆周上等分。

表 1-9　弦长表

等分数	弦长	等分数	弦长	等分数	弦长
7	0.434D[①]	14	0.223D	21	0.149D
8	0.383D	15	0.208D	22	0.142D
9	0.342D	16	0.195D	23	0.136D
10	0.309D	17	0.184D	24	0.131D
11	0.282D	18	0.174D	25	0.125D
12	0.259D	19	0.165D	26	0.121D
13	0.239D	20	0.156D	27	0.116D

① D 为直径。

【例】　已知圆的直径为 $\phi50$，用弦长表作正七边形。

作图步骤如下：

1）圆的等分数 $n=7$，由表 1-9 查得弦长为 $0.434D$。

2）计算弦长。$0.434\times 50 = 21.7$。

3）用圆规画 $\phi50$ 的圆，按弦长 21.7 用分规在该圆上依次截取 7 个等分点，相邻点连直线，即得所求的正七边形，如图 1-40 所示。

课后思考

1) 圆弧连接的实质是什么？
2) 圆弧连接的作图步骤是什么？
3) 圆弧连接分哪三类？
4) 平面图形中的线段分哪几种？作图时应该先画哪种线段？
5) 只有一个定形尺寸的线段称为什么线段？
6) 有定形尺寸和一个定位尺寸的线段是什么线段？作图时应该先画还是最后画？

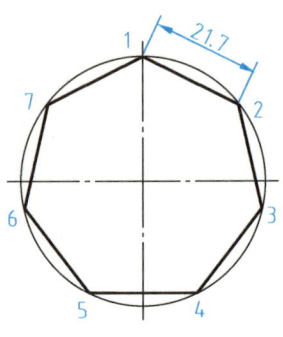

图 1-40　七等分圆周和作正七边形

课题四　绘制带有斜度、锥度的图形

在铣削过程中，经常会遇到带有斜度与锥度的零件。图 1-41 所示为检测定值斜度和锥度的专用量具，其图样如图 1-42 所示。

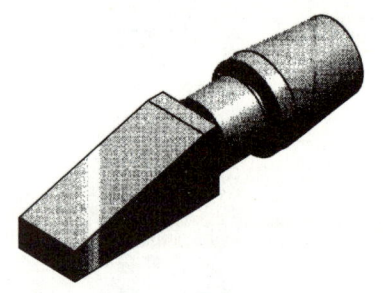 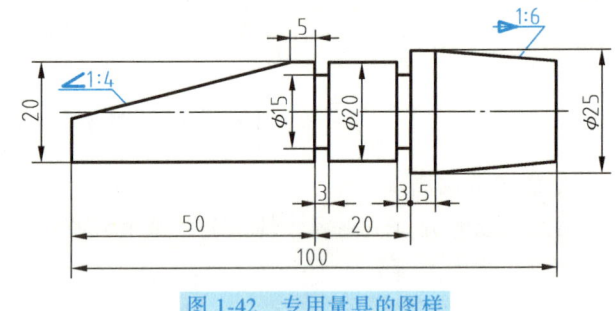

图 1-41　专用量具　　　　图 1-42　专用量具的图样

一、斜度

1. 斜度定义及计算

斜度是指一直线（或平面）对另一直线（或平面）的倾斜程度，用符号"S"表示，其计算方法如图 1-43 所示。斜度值写成 $1:n$ 的形式。

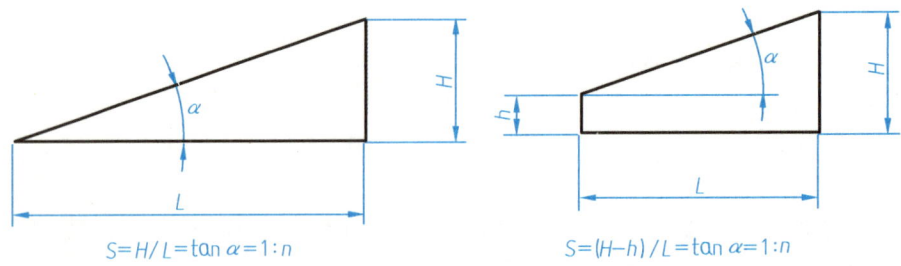

图 1-43　斜度的定义及计算

2. 斜度的标注方法及画法

斜度在图样中采用斜度符号,从有斜度的轮廓线上引出标注,斜度符号的倾斜方向应与斜度方向一致,如图1-44a所示。斜度的画法如图1-44b所示。

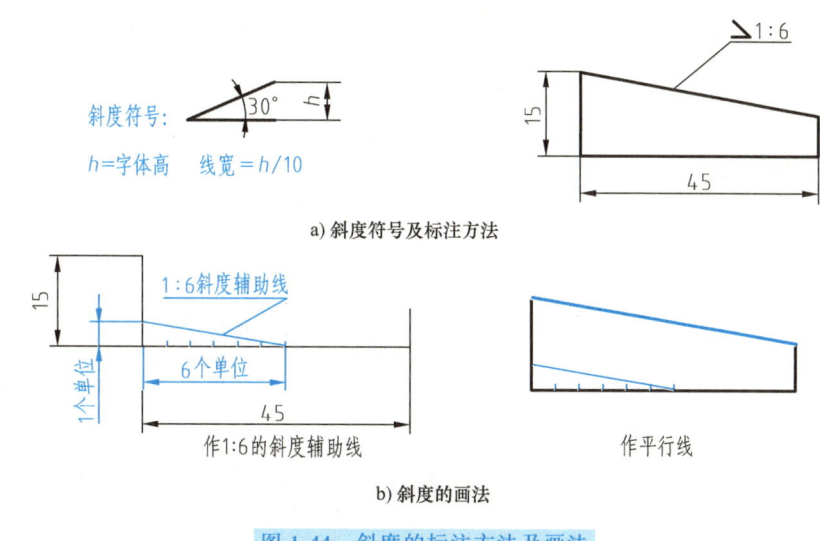

图1-44 斜度的标注方法及画法

二、锥度

1. 锥度的定义及计算

锥度是指圆锥或圆台的尖锐程度,用符号"C"表示,其计算方法如图1-45所示。锥度值写成1∶n的形式。

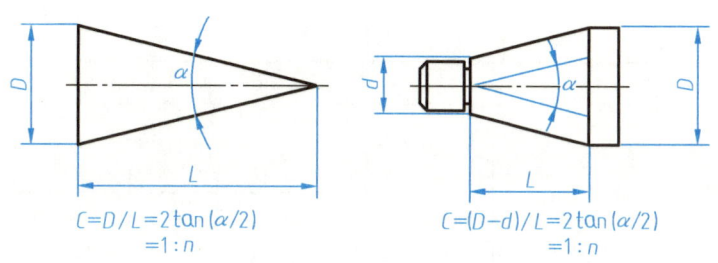

图1-45 锥度的定义及计算

2. 锥度的标注方法及画法

锥度在图样中采用锥度符号,从有锥度的轮廓线上引出标注。锥度符号的倾斜方向应与锥度方向一致,如图1-46a所示。锥度的画法如图1-46b所示。

【练习】 用1∶1的比例抄画图1-42所示的专用量具(图框和标题栏省略)。

1. 尺寸分析

(1) 定形尺寸 图1-42中的φ25、φ15(两处)、φ20、20(竖直方向)、3(两处)、100等为定形尺寸。

(2) 定位尺寸 图1-42中的5(左、右两侧)、20(水平方向)、50(左侧)、100等为

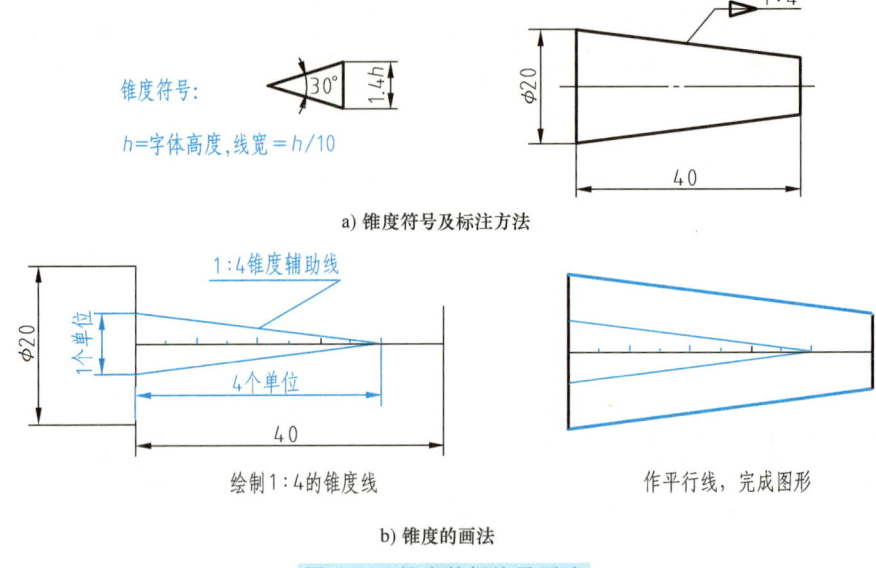

图 1-46 锥度的标注及画法

定位尺寸。

2. 线段分析

（1）已知线段　尺寸为 φ25 与 5、φ20、φ15 与 3、20 与 5 及 50 等确定的线段为已知线段。

（2）中间线段　表达斜度和锥度的线段为中间线段。

（3）连接线段　最左、最右两条垂直线。

绘制专用量具图样的方法和步骤见表 1-10。

表 1-10　绘制专用量具图样的方法和步骤

步骤	图示
根据尺寸 100、50、20 绘制基准线和定位线	
根据各段圆柱直径及长度尺寸绘制已知线段	
绘制 1∶4 的斜度线	

(续)

步骤	图示
绘制1∶6的锥度线	
检查图形,描深图线并标注尺寸,完成专用量具图样	

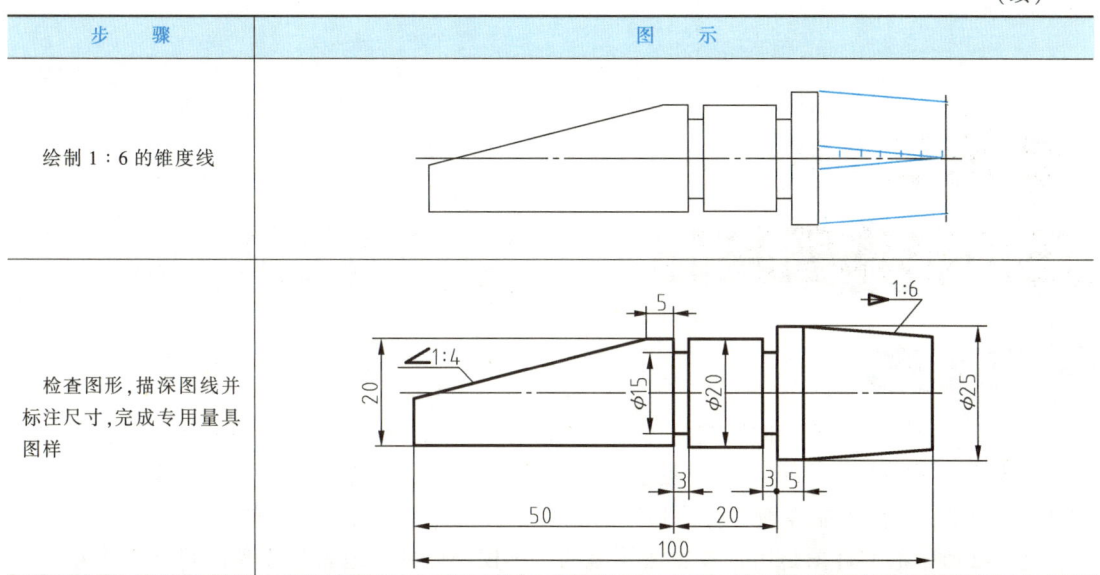

课后思考

1) 什么是斜度?斜度的符号是什么?
2) 什么是锥度?锥度的符号是什么?
3) 斜度和锥度在图形上如何标注?

单元总结

图样是工人加工零件、检验是否合格的重要依据,在实际生产中有着重要作用,是设计人员和技术工人之间进行交流的一种"语言"。因此,掌握制图国家标准的规定和一些基本技能对每个数控加工人员来说都是非常重要的。

本单元要求在正确使用常用绘图工具的前提下,重点掌握以下内容:

1) 了解国家标准中对图纸幅面和格式的规定,能够根据图形大小选择合适的图纸幅面,并根据要求绘制正确的图框格式。
2) 掌握比例的定义,能采用符合国家标准的比例绘制图形。
3) 了解图样中字体的要求,做到图形中的字体符合国家标准。
4) 了解国家标准中图线的有关规定,并掌握常用图线的用途,做到绘制图形时线型要符合国家标准。
5) 掌握国家标准中尺寸注法的相关规定,学会正确标注图形中的尺寸。
6) 掌握平面图形的绘制方法和步骤,能按要求抄画由直线、圆弧组成的平面图形。

本单元中的规定要求同学们要严格遵守,保证绘制的图样符合国家标准,便于相互之间的交流。

单元二
正投影作图基础

在单元一图1-1中所示的工件立体图虽然富有立体感,给人以直观的形象,但在表达工件时,某些结构发生了变形(矩形被表达成为平行四边形、圆和圆弧被表达成为椭圆和椭圆弧),所以立体图不能准确地表达物体的真实形状和大小,且作图比较复杂。

图1-2所示的零件图是用正投影法绘制的,不仅可以准确地表达零件的形状和大小,还可以很方便地得到直线与圆弧的分界点,方便数控工人编制加工程序。

正投影法绘制的图形能真实地反映物体的形状和大小,且作图简便、度量准确。因此,国家标准规定绘制机件的图形采用正投影法,且使用第一角画法,必要时允许采用第三角画法。

第一角画法与第三角画法

1. 空间的分角

如图2-1所示,用三个相互垂直的平面将空间分为八个分角,分别称为第一角(Ⅰ)、第二角(Ⅱ)、第三角(Ⅲ)、…、第八角(Ⅷ)。

2. 第一角画法与第三角画法

国际上目前使用两种投影制:第一角画法和第三角画法。第一角画法是欧洲人创造的,现广泛使用在中国和俄罗斯等国家。第三角画法是美国人创造,现广泛使用在美国、日本、加拿大和新加坡等国家。根据国家标准(GB/T 17451—1998)规定,我国工程图样按正投影绘制,并采用第一角画法。

本单元主要介绍投影法的基本概念,三视图的形成原理及投影规律,介绍点、线的投影规律,初步培养空间思维和想象能力。

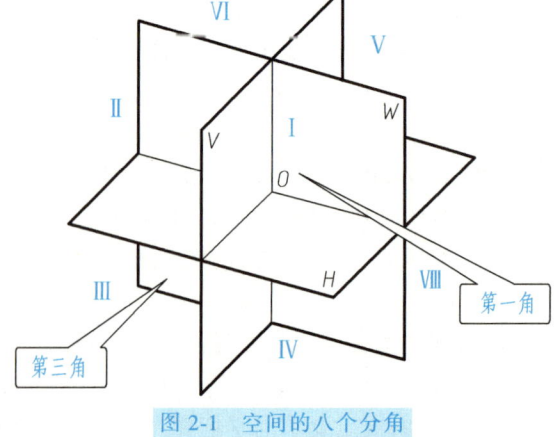

图2-1 空间的八个分角

学习目标

1）理解投影法的基本原理。
2）掌握三视图的形成原理和投影规律。
3）认识点、线的投影规律。

能力目标

1）学会运用正投影法绘制正投影图（视图）。
2）学会三视图的绘制方法和技巧。
3）学会利用点的三面投影规律完成几何体的三视图。

课题一　绘制单面正投影图

由图 2-2 可以看出，立体图虽有立体感，但不能准确地表达物体的真实形状和大小，而正投影图能真实地反映出长方体某一个方向的形状和大小。所以，在机械图样中，为了满足实形性和度量性的要求以及作图方便，一般采用正投影法来绘制机件的图形。

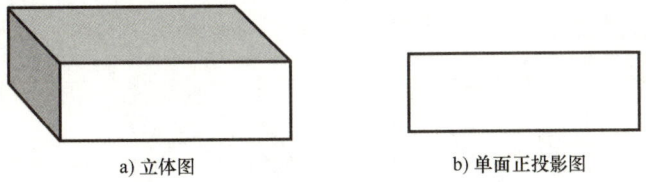

a) 立体图　　　　b) 单面正投影图

图 2-2　长方体的立体图与单面正投影图

相关知识

一、投影法的基本概念

1. 投影现象

日常生活中，物体被灯光或日光照射时，在地面或墙面上会出现影子，如图 2-3a 所示，这种现象称为投影现象。

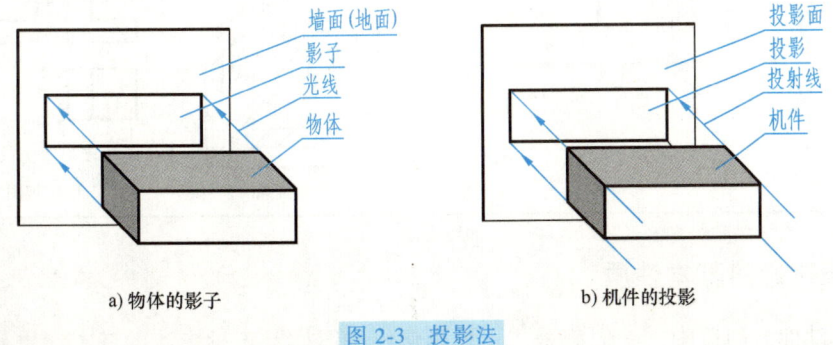

a) 物体的影子　　　　b) 机件的投影

图 2-3　投影法

2. 投影法

人们在长期的生活实践中，根据投影现象的提示，科学地总结出：假想光线（称为投射线）能通过物体，将物体内外所有边界轮廓向一个平面（称为投影面）投射，得到一个由线条组成的平面图形（称为投影或投影图），来表达物体的形状和大小，如图 2-3b 所示，这种将物体进行投射并在投影面上得到图形的方法称为投影法。

二、投影法的分类及应用

由于物体、投射线和投影面之间的相互关系不同，因而产生了不同的投影法。工程上常用的投影法有中心投影法和平行投影法两种。表 2-1 列出了工程上常用的几种投影法。

表 2-1 投影法的分类及应用

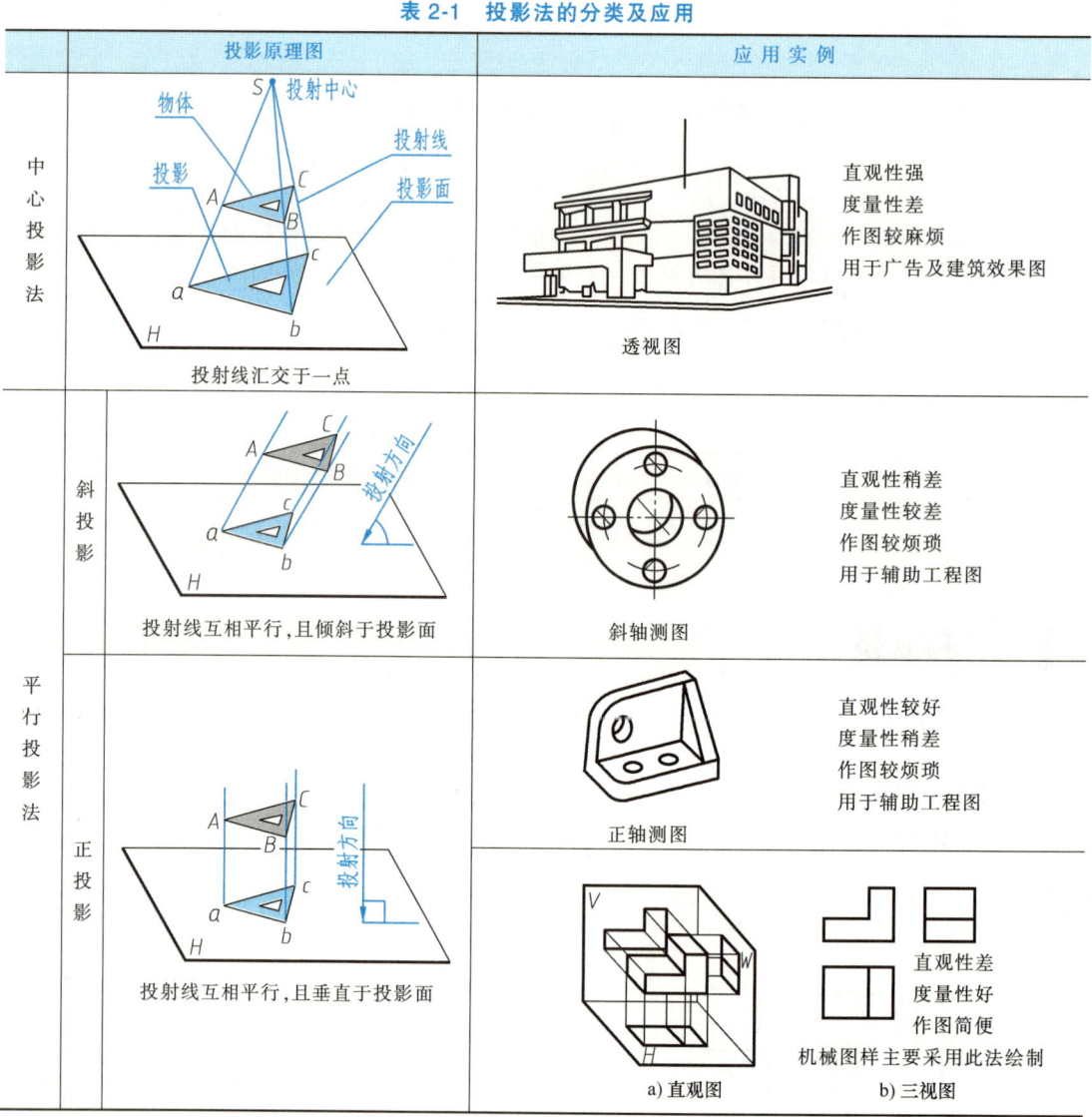

三、正投影的基本性质

在机械设计与制造中，一般都采用正投影法绘制图样。正投影法的基本性质见表 2-2。

表 2-2 正投影法的基本性质

性质	物体上的直线和平面的投影图	投影特性
显实性		当平面图形（或直线）与投影面平行时，其投影反映平面的实形（或直线的实长）的性质，称为显实性（又称实形性），即 　平面平行投影面，该面投影显实形 　直线平行投影面，该面投影显实长
积聚性		当平面图形（或直线）与投影面垂直时，其投影积聚成直线（或积聚成点）的性质，称为积聚性，即 　平面垂直投影面，该面投影聚成线 　直线垂直投影面，该面投影聚成点
类似性		当平面图形（或直线）与投影面倾斜时，其投影与空间图形类似，但面积缩小（直线的投影仍然是线段，但长度缩短）的性质，称为类似性（又称收缩性），即 　平面倾斜投影面，投影类似往小变 　直线倾斜投影面，该面投影长变短

四、正投影图的形成

国家标准规定：将机件用正投影法向投影面进行投射所得的图形称为正投影图（又称为视图）。

在实际绘图时，通常用人的视线模拟投射线，按人、物体、投影面的关系，用正投影法将物体向投影面进行投射，从而在投影面上得到物体的投影。正投影图的名称由此而来，如图 2-4 所示。

五、绘制正投影图的方法和步骤（以长方体为例）

1. 放置长方体：确定长方体相对投影面的位置

由正投影法的显实性和积聚性，长方体放置时应保证大部分的线、面与投影面平行或垂直，如图 2-4 所示。这样绘制的正投影图能反映真实形状并且绘图

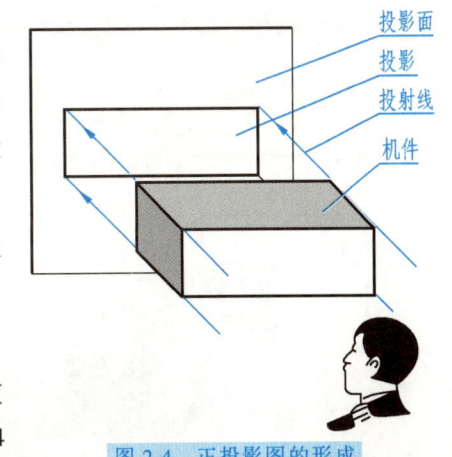

图 2-4 正投影图的形成

最简单。

2. 测量长方体的尺寸

长方体有长度、宽度和高度三个方向的尺寸，其测量方法如图 2-5 所示。

3. 绘制长方体正投影图

根据测得的尺寸（长和高）绘制长方体的正投影图，如图 2-6 所示。

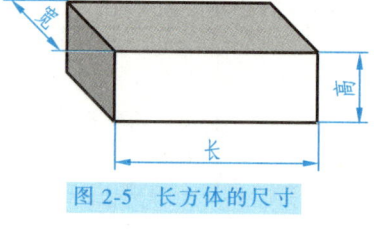

图 2-5　长方体的尺寸

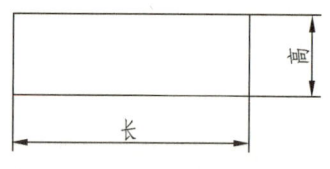

a）根据长和高绘制长方体的正投影图

b）按规定描深图线

图 2-6　长方体正投影图的绘图步骤

课后思考

1）什么是投影法？投影法分哪两大类？

2）正投影法的基本性质有哪些？

3）采用正投影法绘制投影图时，为什么要保证物体上大部分的轮廓线和平面与投影面平行或者垂直？

课题二　绘制三视图

从课题一中可知，物体的一个视图只能表达物体一个方向的形状，反映出两个方向的尺寸。因为空间物体有三个方向的尺寸，所以只用一个视图不能完整、准确地表达出物体的形状。图 2-7 所示为两个形状不同的物体，但它们在一个投影面上投射所得的视图是相同的。为了准确、完整地表达出物体的全部形状，必须从物体的不同方向进行投射，工程上常用三个视图来表达物体的形状，如图 2-8 所示。

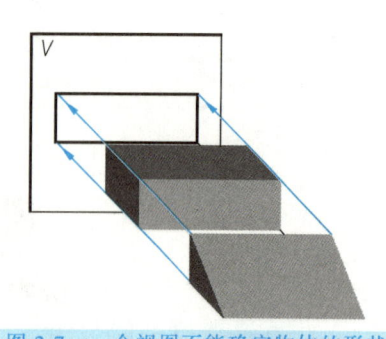

图 2-7　一个视图不能确定物体的形状

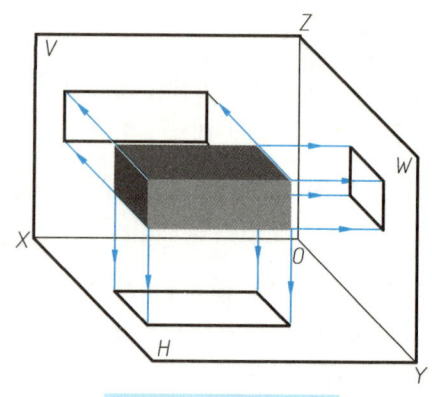

图 2-8　三视图的形成

 **相关知识**

一、建立三个投影面

根据投影的三要素（物体、投射线、投影面）可知，要得到物体的三个视图，就必须有三个投影面，如图 2-9 所示。在空间设立三个相互垂直的投影面，分别为：

1）正立投影面，简称正面，用 V 表示。

2）水平投影面，简称水平面，用 H 表示。

3）侧立投影面，简称侧面，用 W 表示。

相邻两个投影面之间的交线，称为投影轴，分别用 OX、OY、OZ 表示，简称 X 轴、Y 轴、Z 轴。

三轴的方向为：

1）X 轴表示左右长度尺寸。

2）Y 轴表示前后宽度尺寸。

3）Z 轴表示上下高度尺寸。

三轴汇交于点 O，称为原点。

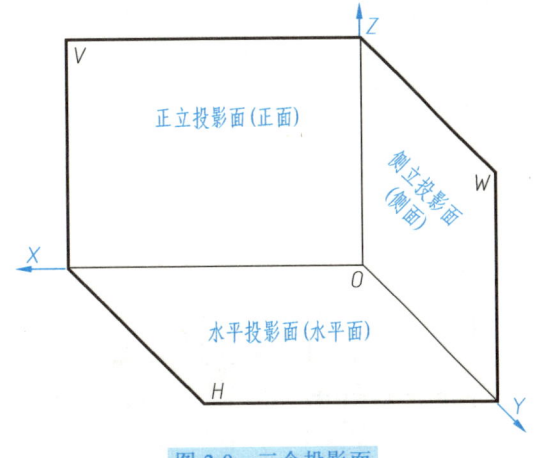

图 2-9 三个投影面

二、三视图的形成

1. 放置

将物体置于三投影面系中，使物体各主要表面平行或垂直于其中的某一投影面（这样可使这些表面在所平行的投影面上的投影反映实形，在所垂直的投影面上的投影成为简单易画的直线）并保持不动。

2. 投影

将物体同时向各个投影面进行正投影，这样就在三个投影面上分别得到了三个视图，如图 2-10a 所示。

三个视图的名称为：

主视图——从前向后投射，在 V 面上所得的投影。

俯视图——从上向下投射，在 H 面上所得的投影。

左视图——从左向右投射，在 W 面上所得的投影。

3. 展开

为了使三个视图能画在同一张图纸上，国家标准规定将三投影面展开至同一平面上，展开过程是：

1）V 面保持不动。

2）H 面绕 OX 轴向下旋转 90°，与 V 面重合。

3）W 面绕 OZ 轴向右旋转 90°，与 V 面重合。

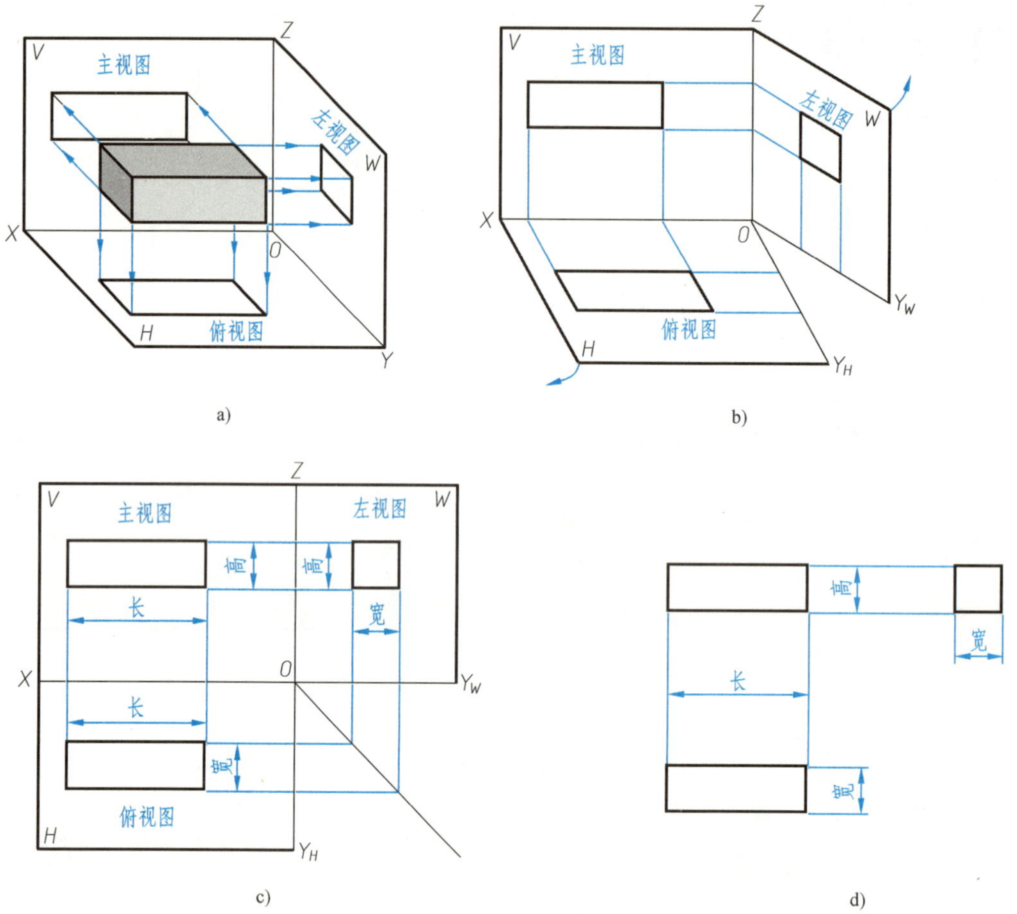

图 2-10 三视图的形成

这样三个视图就展平到同一平面上了，如图 2-10b、c 所示。

4. 去掉投影面边框得到三视图

由于三视图是表达物体形状的，与到投影面之间的距离无关，因此与视图无关的投影边框不需要画出，如图 2-10d 所示。

三、三视图的投影规律

由于三视图是由同一物体向固定的三个投影面投射得来，所以三视图之间、三视图与空间物体之间必然存在着联系。

1. 位置关系

三投影面展开后，三视图之间的位置就自然确定了。口诀表示：

正面放着主视图；俯视画在它下面；右边画着左视图；三图位置不改变。

提示

在绘制三视图时，应按此规定配置。按规定配置的三视图，不需标注其名称，如图 2-10d 所示。

2. 方位关系

物体在空间具有左右、上下、前后六个方位，如图 2-11a 所示。

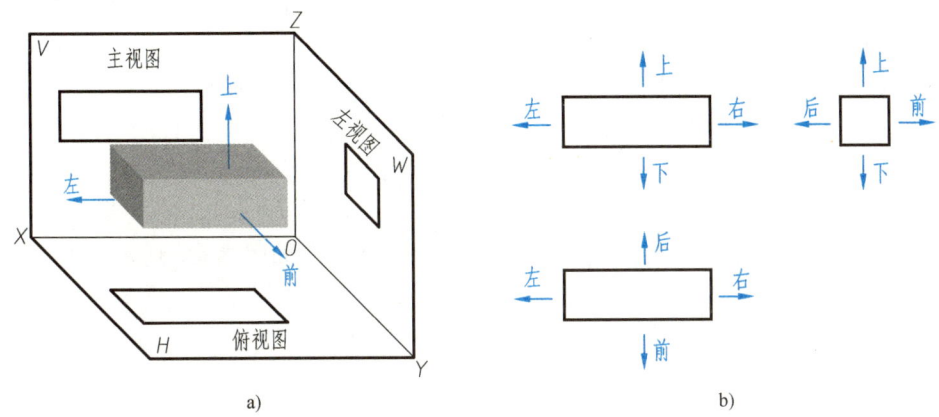

图 2-11 三视图的方位关系

当物体的投射方向确定后，视图与物体空间方位之间的对应关系也就确定了（图 2-11b）。

1) 主视图反映左右、上下关系，前后重叠。
2) 左视图反映前后、上下关系，左右重叠。
3) 俯视图反映左右、前后关系，上下重叠。

口诀表示：

物体上下主、左见。（主视图与左视图都反映了物体的上下方位）

物体左右主、俯现。（主视图与俯视图共同反映了物体的左右方位）

物体前后看左、俯；里是后面，外是前。

根据上述方位关系，就可以在视图上分析物体上各部分的相对位置。所以，理解三视图所反映的空间方位关系，对判断物体各部分之间的相对位置是十分重要的。

3. 尺寸关系（投影规律）

物体都有长、宽、高三个方向的尺寸：左右方向尺寸为长，上下方向尺寸为高，前后方向尺寸为宽。根据物体和视图之间的方位关系可知：

1) 主视图和俯视图共同反映了物体的左右方位，即反映了物体长度方向的尺寸。
2) 主视图和左视图共同反映了物体的上下方位，即反映了物体高度方向的尺寸。
3) 俯视图和左视图共同反映了物体的前后方位，即反映了物体宽度方向的尺寸。

由此得出了三视图之间的尺寸关系，如图 2-10d 所示，即：

1) 主、俯视图长对正。
2) 主、左视图高平齐。
3) 俯、左视图宽相等。

三视图之间的"长对正、高平齐、宽相等"的尺寸关系，又称为三视图的投影规律，是三视图的基本投影规则，这个规则不仅适应于整个物体的总尺寸，对物体的局部尺寸同样适应，画图、读图时都应严格遵循。

四、绘制三视图的方法和步骤（以长方体为例）

1）绘制作图基准线。主视图以底面、右面为基准；俯视图以后面、右面为基准；左视图以后面、底面为基准，如图 2-12a 所示。

2）绘制主视图。根据尺寸长、高，画出主视图，如图 2-12b 所示。

3）绘制俯视图。根据主俯长对正和尺寸宽，画出俯视图，如图 2-12c 所示。

4）绘制左视图。根据主、左高平齐；俯、左宽相等画出左视图，如图 2-12d 所示。保证宽相等，可用圆规量取。

5）按规定线型描深图线，擦去作图辅助线，完成作图，如图 2-12e 所示。

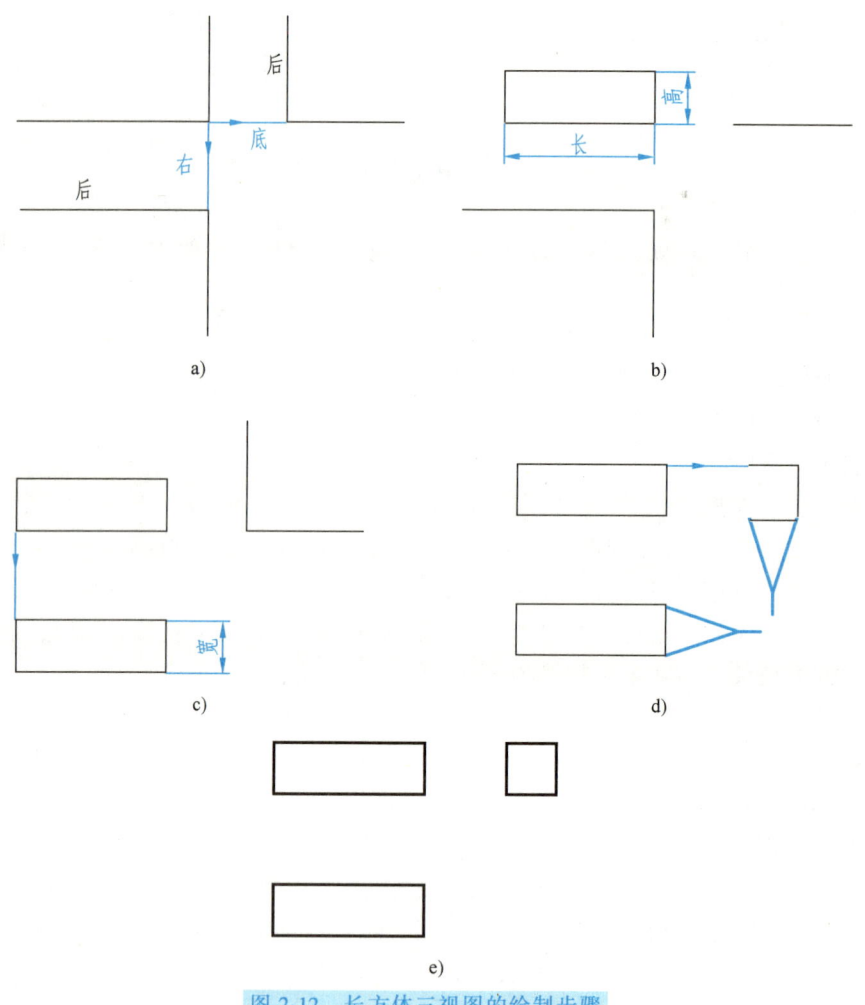

图 2-12 长方体三视图的绘制步骤

课后思考

1）三视图的形成过程是什么？
2）三视图的投影规律是什么？
3）左视图能反映物体的哪几个方位？俯视图呢？

4）左视图上能反映物体的哪两个尺寸？俯视图呢？

课题三　点的三面投影图与三视图

任何物体的形状都是由点、线、面等几何元素构成，因此每一个投影面上的投影，都包含这些几何元素的投影，点是最简单的几何元素。如图 2-13 所示的长方体，其上的斜角由 A、B、C 三点确定，如果能分析清楚这三点的三面投影，掌握它们的投影规律和特征，在长方体的三视图上把 A、B、C 三点的投影两两相连成线，就能完成切角长方体的三视图。

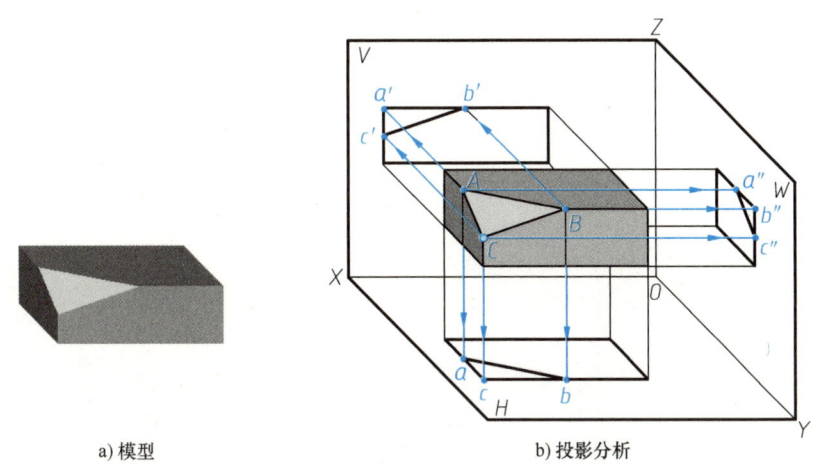

a) 模型　　　　　　b) 投影分析

图 2-13　切角长方体的模型与投影分析

一、点的三面投影图形成

规定：空间点使用大写拉丁字母表示，如 A、B、C、M、N 等。
点在 H 面的投影用相应的小写字母表示，如 a、b、c、m、n 等。
点在 V 面的投影用相应的小写字母加一撇表示，如 a'、b'、c'、m'、n' 等。
点在 W 面的投影用相应的小写字母加两撇表示，如 a''、b''、c''、m''、n'' 等。
要得到点的三面投影，只要将空间点分别向 H、V 和 W 三个投影面作垂线（投射线），其垂足即为该点在三个投影面上的投影。
长方体上点 M 的三面投影图的形成如图 2-14a 所示。

二、点的直角坐标与空间位置

从图 2-15a 看出，Mm、Mm'、Mm'' 三条投射线构成三个互相垂直平面，与三个投影面相交出六条交线 $m'm_z$、$m'm_x$（V 面）；mm_y、mm_x（H 面）；$m''m_y$；$m''m_z$（W 面），并组成一个长方体线框，点 M 在长方体线框的一个角点上。
若把三投影面体系看作空间直角坐标系，则 H、V、W 面为坐标面，OX、OY、OZ 为坐标轴，点 O 为坐标原点。由初中直角坐标系的知识可知，M 点的空间位置可用其直角坐标 $M(X_M, Y_M, Z_M)$ 形式表示。

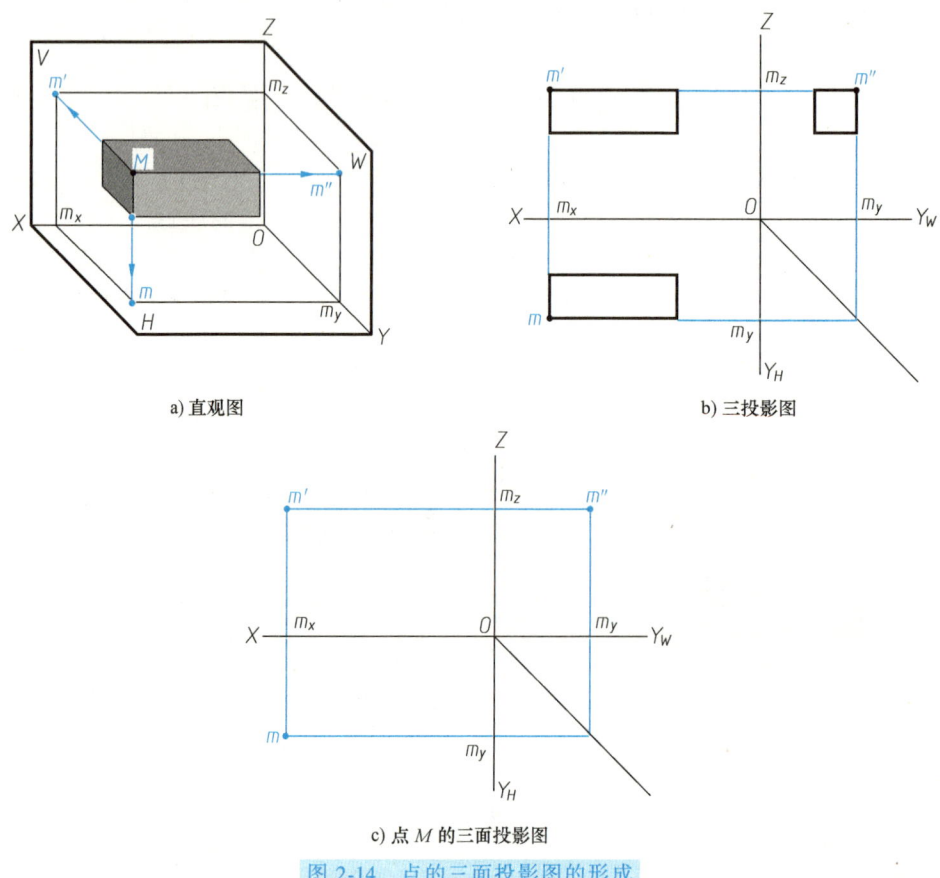

a) 直观图　　　　　　　　　b) 三投影图

c) 点 M 的三面投影图

图 2-14　点的三面投影图的形成

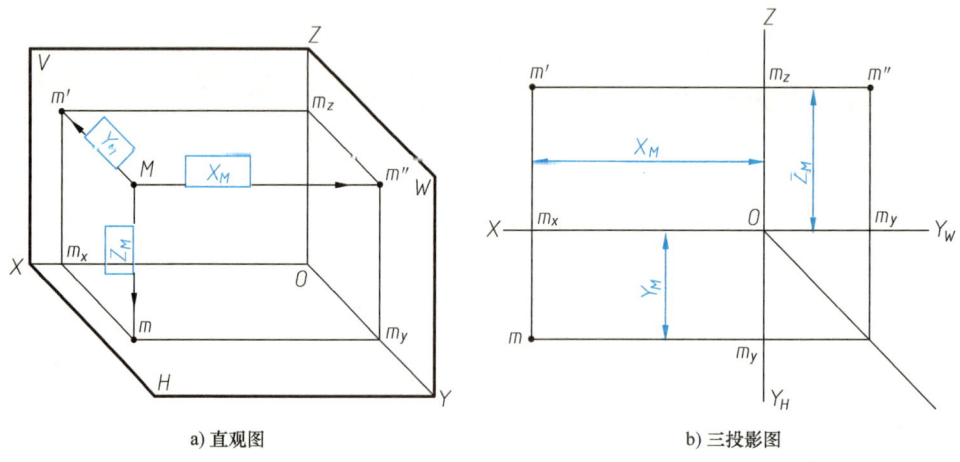

a) 直观图　　　　　　　　　b) 三投影图

图 2-15　点的直角坐标

由图 2-15a 中的长方体线框可以看出，M 点的三个直角坐标对应了 M 点到三个投影面的距离：

点 M 的 X_M 坐标，$X_M = Mm''$，为点到 W 面的距离。

点 M 的 Y_M 坐标，$Y_M = Mm'$，为点到 V 面的距离。
点 M 的 Z_M 坐标，$Z_M = Mm$，为点到 H 面的距离。
由图 2-15b 中的三面投影图可以看出点的直角坐标与其三面投影 m、m'、m'' 的关系如下：

点的水平投影 m，由点 M 的 X_M、Y_M 两坐标决定。
点的正面投影 m'，由点 M 的 X_M、Z_M 两坐标决定；
点的侧面投影 m''，由点 M 的 Y_M、Z_M 两坐标决定。
所以空间点 M（X_M，Y_M，Z_M）在三投影面体系中有唯一确定的一组投影 m、m'、m''。反之，如已知点 M 的一组投影 m、m'、m''，即可确定该点坐标值，从而确定其空间位置。

三、点的三面投影规律

由图 2-15b 所示的三面投影图可得出点的三面投影 m、m'、m'' 之间存在如下关系：
1）m' 和 m 的连线垂直 OX 轴，即 $mm' \perp OX$ 轴。
2）m' 和 m'' 的连线垂直 OZ 轴，即 $m'm'' \perp OZ$ 轴。
3）m 到 OX 轴的距离和 m'' 到 OZ 轴的距离相等，即 $mm_x = m''m_z$。
以上称为点的三面投影规律。

[投影规律应用练习]

【练习1】 已知点 A 的空间坐标 X，Y，Z，绘制点 A 的三面投影图。点的三面投影图的作图步骤见表 2-3。

表 2-3 点的三面投影图的作图步骤

图例	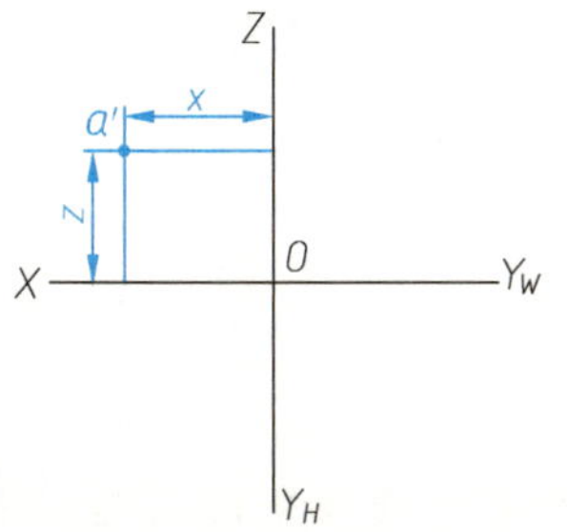	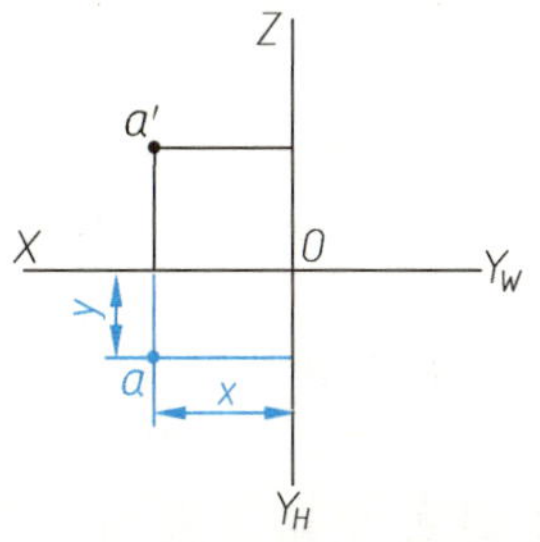	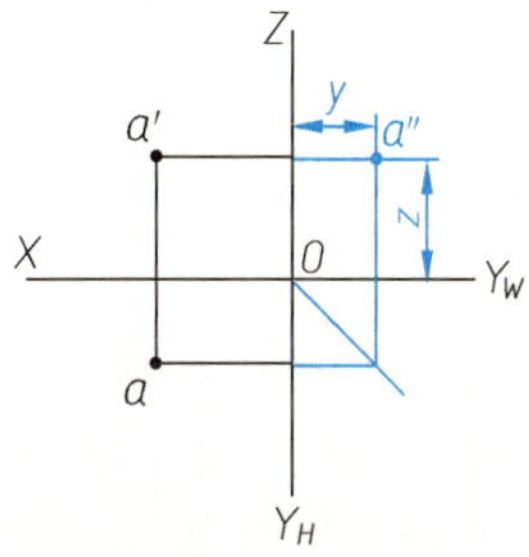
方法与步骤	1）作点的正面投影。根据点 A 到侧面的距离 x 和到水平面的距离 z 绘制点的正面投影 a'	2）作点的水平投影。根据点 A 到侧面的距离 x 和到正面的距离 y 绘制点的水平投影 a	3）作点的侧面投影。根据点 A 到正面的距离 y 和到水平面的距离 z 绘制点的侧面投影 a''

【练习2】 已知点的两面投影，求作第三投影。
分析：给出点的两面投影，则点的三个坐标就完全确定了，因而点的第三投影必能唯一作出。可根据点的投影规律，求出第三投影。作图方法如图 2-16 所示。

四、物体上点的三面投影

由图 2-17 可以看出长方体上点 M 的三面投影与长方体的三视图是互相对应的：
点 M 的正面投影 m' 由长方体的长度和高度确定其位置。
点 M 的水平投影 m 由长方体的长度和宽度确定其位置。

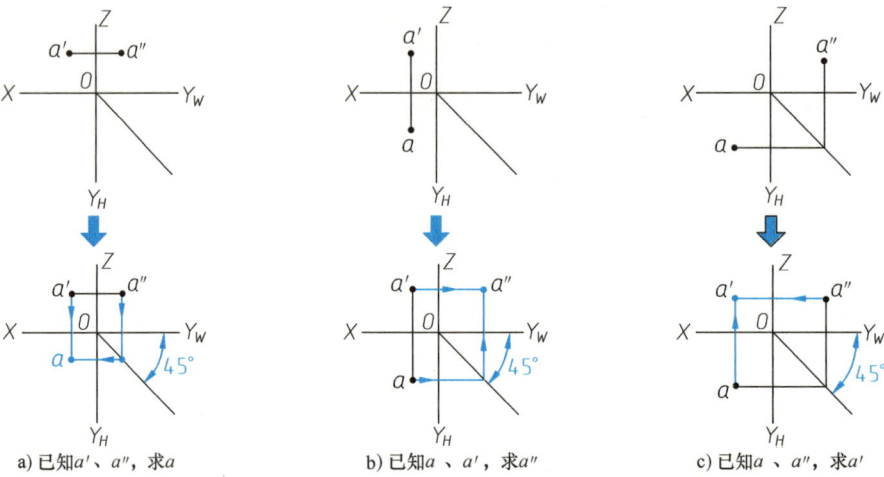

图 2-16　由点的两面投影求作第三投影

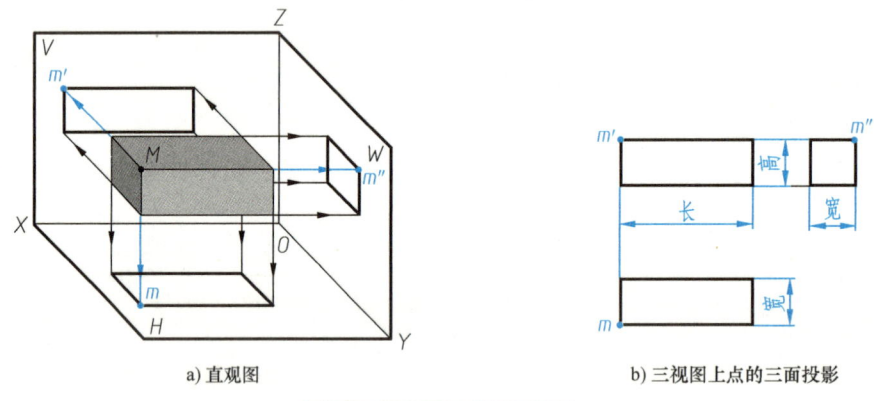

图 2-17　物体上点的投影

点 M 的侧面投影 m'' 由长方体的宽度和高度确定其位置。

由此可得出如下结论：

点的投影规律和三视图的投影规律是一致的，即点的投影规律仍然符合"长对正（$mm' \perp OX$ 轴）、高平齐（$m'm'' \perp OZ$ 轴）、宽相等（$m''m_z = mm_y = Y_M$）"的对正关系。

五、两点的相对位置及重影点

1. 两点的相对位置

点的相对位置是以一点为基准，判断其他点相对于这一点的左右、上下、前后位置关系。在三投影面体系中，两点的相对位置是由两点的坐标差来决定的：

上下相对位置通过 V 面和 W 面投影判断（物体上下主左见），Z 坐标值大者为上。

左右相对位置通过 V 面和 H 面投影判断（物体左右主俯现），X 坐标值大者在左。

前后相对位置通过 H 面和 W 面投影判断（物体前后看左俯，里是后外是前），Y 坐标值大者在前。

如图 2-18a 所示，判断 A、B 两点的相对位置，可选择其中一点为基准点（如点 A）来确定另一点与其相对位置。

由于 $X_A>X_B$，因此点 B 在点 A 的右方。

由于 $Y_A>Y_B$，因此点 B 在点 A 的后方。

由于 $Z_A<Z_B$，因此点 B 在点 A 的上方。

综合起来想象出点 B 在点 A 的右、上、后方，如图 2-18b 所示。

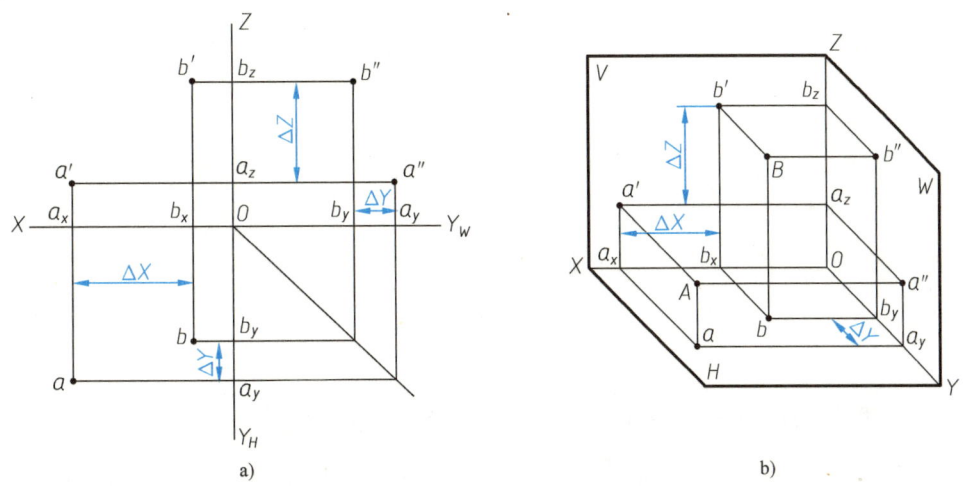

图 2-18 空间两点的相对位置

2．重影点及可见性

当空间两点的两个坐标相等时，这两个点处在某投影面的同一条投射线上，在该投影面的投影重叠成一点，称为重影点。

如图 2-19a 所示，长方体上 M、N 两点均处在对 V 面的同一条投射线上，两点在 V 面的

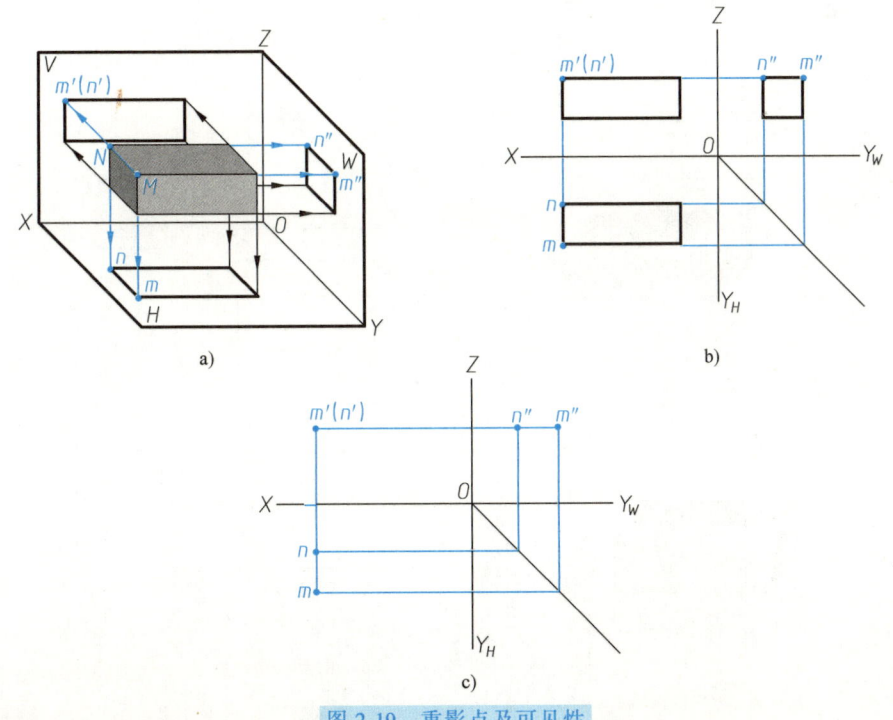

图 2-19 重影点及可见性

投影重合为一点，且 M 点投影可见，N 点投影不可见（用括号表示），投影图如图 2-19b、c 所示。

提示

对重影点可见性的判断，由其坐标值确定。

若两点在 H 面投影重合，则 Z 坐标值大者为可见，即处在上方的点可见。

若两点在 V 面投影重合，则 Y 坐标值大者为可见，即处在前方的点可见。

若两点在 W 面投影重合，则 X 坐标值大者为可见，即处在左方的点可见。

六、直线的三面投影图

根据"两点可确定一直线"的几何定理，作直线的投影时，可作出直线上任意两点（一般取直线段的两端点）的投影，然后将这两点的同名投影相连，即得到直线的三面投影图。

七、利用点的投影规律完成三视图（以图 2-13 所示切角长方体为例）

完成切角长方体的三视图：画出长方体的三视图；确定 A、B、C 的三面投影；A、B、C 三点的三面投影两两相连，完成切角长方体的三面投影。具体作图步骤如下：

1）根据长方体长、宽、高完成长方体的三视图，如图 2-20a 所示。

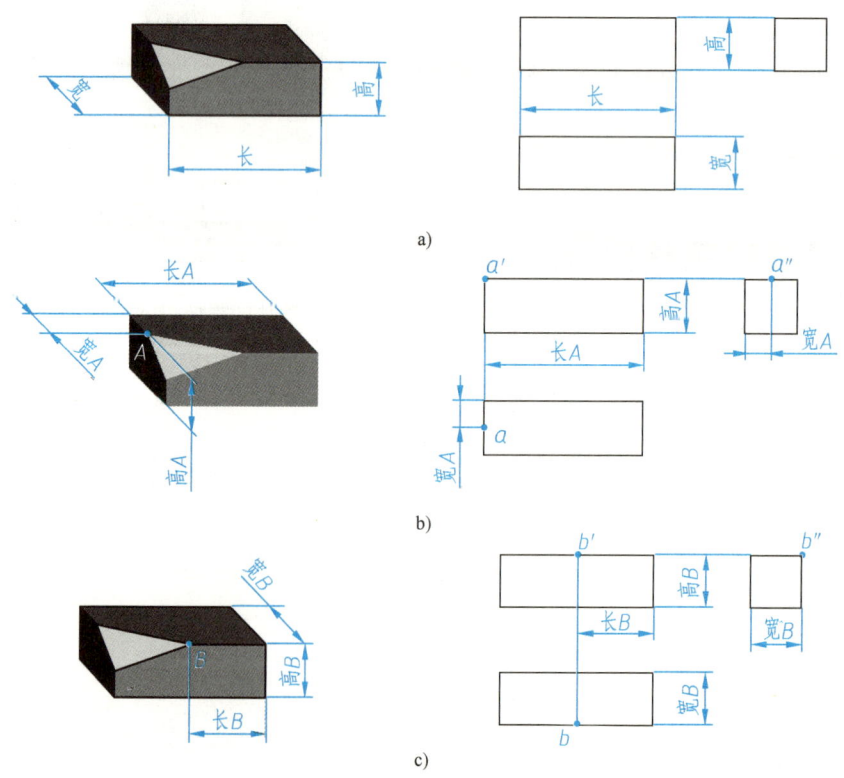

图 2-20　斜角长方体的作图步骤

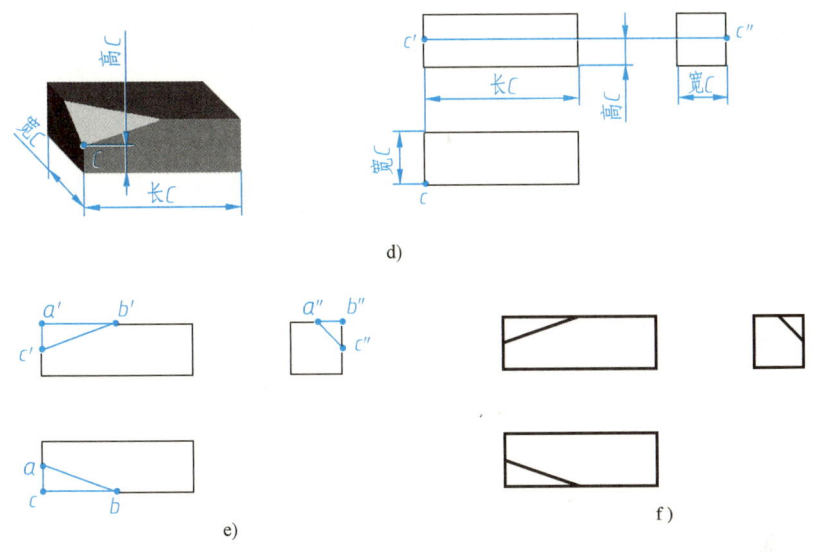

图 2-20 斜角长方体的作图步骤（续）

2）根据长 A、宽 A、高 A 在长方体三视图上画出 A 点的三面投影 a、a'、a''，如图 2-20b 所示。

3）根据长 B、宽 B、高 B 在长方体三视图上画出 B 点的三面投影 b、b'、b''，如图 2-20c 所示。

4）根据长 C、宽 C、高 C 在长方体三视图上画出 C 点的三面投影 c、c'、c''，如图 2-20d 所示。

5）将 A、B、C 三点的同名投影两两相连，完成切角的三面投影，如图 2-20e 所示。

6）检查无误后加深三视图，如图 2-20f 所示。

课后思考

1）确定点的空间位置需要几个坐标值？
2）已知一个点距离 V、H、W 面的距离分别为 10mm、15mm、20mm，求该点的坐标值。
3）点的三面投影规律是什么？
4）一个点的侧面投影能反映点的几个坐标值？
5）什么是重影点？坐标值上有什么特点？在投影图中如何表示？
6）物体上点的三面投影和三视图之间是什么关系？
7）如果知道平面四边形四个顶点的坐标值，能作出该平面的三面投影图吗？

单 元 总 结

正投影法基本原理是识读和绘制机械图样的理论基础，是本课程的核心内容，通过学习正投影作图基础，应掌握用正投影法表达空间形体的图示方法，并具备初步的空间想象和思维能力。

本单元的具体要求如下：

1）了解投影现象和投影法，掌握投影法的分类并了解其应用。
2）掌握正投影法的基本性质，学会用正投影法绘制物体的投影图。
3）了解三视图的形成过程，掌握三视图的投影规律。
4）学会利用投影规律正确绘制物体的三视图。
5）了解点的直角坐标和空间位置的表示方法。
6）了解点的三面投影图的形成过程，掌握点的三面投影规律。
7）学会点的三面投影图的绘制方法和步骤，并能在物体上找到点的三面投影。
8）理解点的三面投影规律和三视图的投影规律之间的对应关系。
9）能够利用点的三面投影规律完成较复杂物体的三视图。

正投影作图的基本知识要求同学们熟练掌握，为后续单元的进一步学习奠定基础。

单元三
基本体及其切割体的三视图

 知识引入

由点、线、面组成的最简单的几何体，称为基本体，如图 3-1 所示。

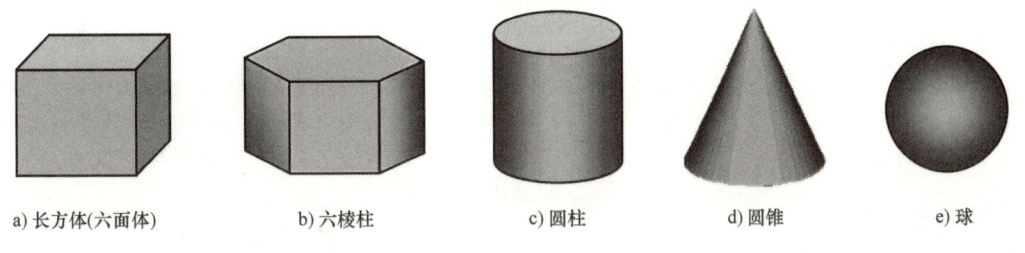

a) 长方体(六面体)　　　b) 六棱柱　　　c) 圆柱　　　d) 圆锥　　　e) 球

图 3-1　基本体

基本体包括平面体和曲面体两大类。平面体的每个表面都是平面，如图 3-1a、b 所示；曲面体的表面中至少有一个是曲面，如图 3-1c、d、e 所示。

但在实际生产中见到的零件并不都是完整的基本体，而是由上述基本体通过穿孔或切槽而形成的，如图 3-2 所示。这样的零件称为切割体。

图 3-2　切割体

本单元将在单元二的基础上，利用点、线的投影知识来分析基本体三视图的特征及绘制方法，并分析切割体的三视图绘制步骤，进一步培养空间思维和想象能力。

学习目标

1) 了解基本体的结构特点。
2) 掌握基本体的三视图特征及绘制方法。
3) 掌握切割体的三视图绘制技巧。

能力目标

1) 学会分析基本体三视图特点。
2) 能够根据三视图特点分析零件空间形状。
3) 能够分析基本体上点的三面投影。
4) 学会利用点的三面投影规律完成基本体和切割体的三视图。

课题一 绘制棱柱的三视图

现实中常见的六角螺母（图 3-3a），其毛坯形状如图 3-3b 所示。

六角螺母毛坯有两个全等且互相平行的正六边形表面，这两个多边形起着确定毛坯形状的主要作用，称为特征面，如图 3-3b 所示。两六边形对应顶点之间的连线均垂直于特征面，这样的几何体被称为棱柱。

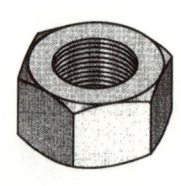
a) 六角螺母

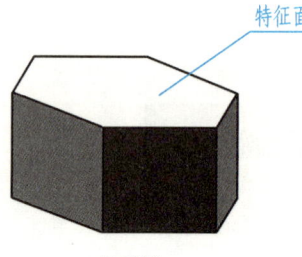
b) 毛坯

图 3-3 六角螺母及其毛坯的直观图

相关知识

一、棱柱的形体分析

如图 3-4 所示，棱柱由以下几个要素组成。
（1）底表面 平行全等的两多边形，又称为特征面，n 边形即为 n 棱柱。正 n 边形即为正 n 棱柱。
（2）侧棱 两底表面多边形对应顶点的连线，垂直于底表面，棱线的长即为棱柱的高。
（3）侧表面 两底表面的对应边和侧棱所围成的矩形。

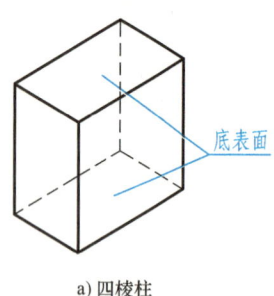
a) 四棱柱

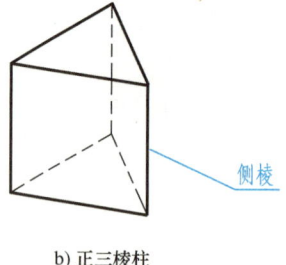
b) 正三棱柱

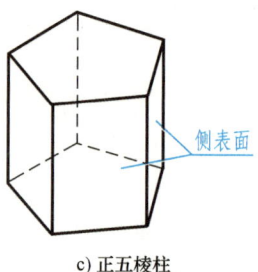
c) 正五棱柱

图 3-4 棱柱的形状特征

二、棱柱的投影分析

以图 3-5 所示的正六棱柱为例，分析棱柱的三视图。

1. 适当摆放正六棱柱

当形体的摆放位置不同时，绘制出的三视图是不相同的。为了使三视图尽量多地反映形体各部分的实形，并做到绘图简单，由正投影法的显实性和积聚性，形体的摆放原则是：尽量使形体各表面平行或垂直于投影面。

由此正六棱柱的摆放应为：两底表面平行于一个投影面，两个相互平行的侧表面平行于另一投影面。如图 3-5 所示，两底表面平行于 H 面，两相互平行的侧表面平行于 V 面，侧棱均垂直于 H 面。

2. 正六棱柱三视图分析（图 3-5a）

上下底表面：平行于 H 面，则其俯视图反映实形（正六边形）；垂直于 V 面、W 面，则其主视图为平行于 OX 轴的积聚直线；左视图为平行于 OY 轴的积聚直线。

六条侧棱：垂直于 H 面，则其俯视图积聚成正六边形的六个顶点；平行于 V 面、W 面，其主视图和左视图均为平行 OZ 轴且反映实长的直线。

六个侧表面：垂直于 H 面，则其俯视图积聚成正六边形的六条边。

展开后即可得到正六棱柱的三视图，如图 3-5b 所示。

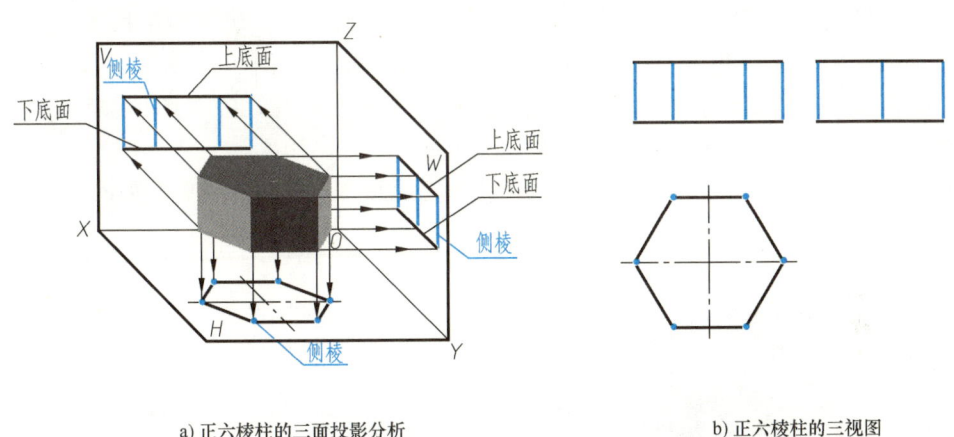

a) 正六棱柱的三面投影分析　　　　b) 正六棱柱的三视图

图 3-5　正六棱柱的三面投影分析及其三视图

三、棱柱的三视图特征

由正六棱柱的三视图分析过程，可得到以下各棱柱的三视图，如图 3-6 所示。

观察各棱柱的三视图，可得出其三视图特点如下：

一面视图为多边形线框，称为形状特征视图；另两面视图是由实线或虚线组成的矩形线框。

四、棱柱的三视图绘制步骤

以绘制图 3-3a 所示六角螺母三视图为例：

1）测量毛坯特征面的外接圆直径（对角距）及棱柱高度，如图 3-7a 所示。

2）绘制视图基准线。作正六边形外接圆的中心线及对应主、俯视图的中心线，如图 3-7b 所示。

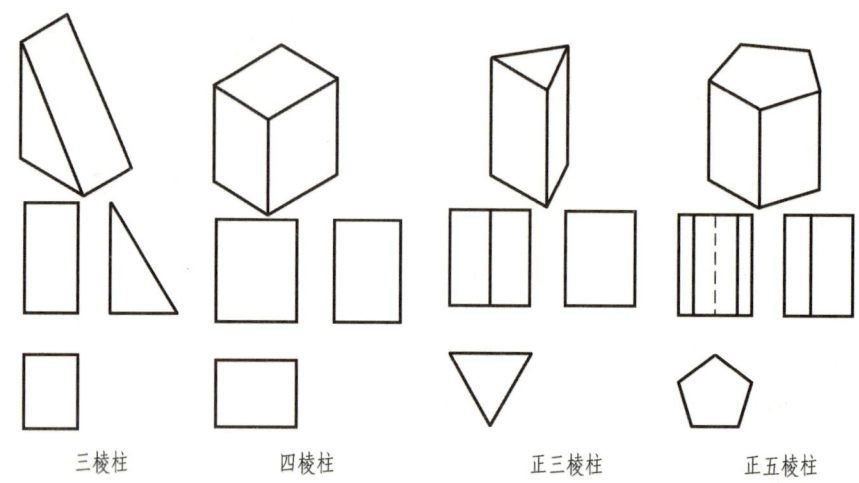

图 3-6　各棱柱的三视图

3）绘制形状特征视图。根据外接圆直径尺寸作出正六边形，如图 3-7c 所示。

4）根据棱柱高度画出上、下两底面的主视图和左视图，如图 3-7d 所示。

5）根据长对正和宽相等的关系，六边形的每一个顶点在主、左视图中都对应一侧棱，完成侧棱的主视图和左视图，如图 3-7e 所示。

6）去掉多余作图线，按规定线型加深图线，完成正六棱柱的三视图，如图 3-7f 所示。

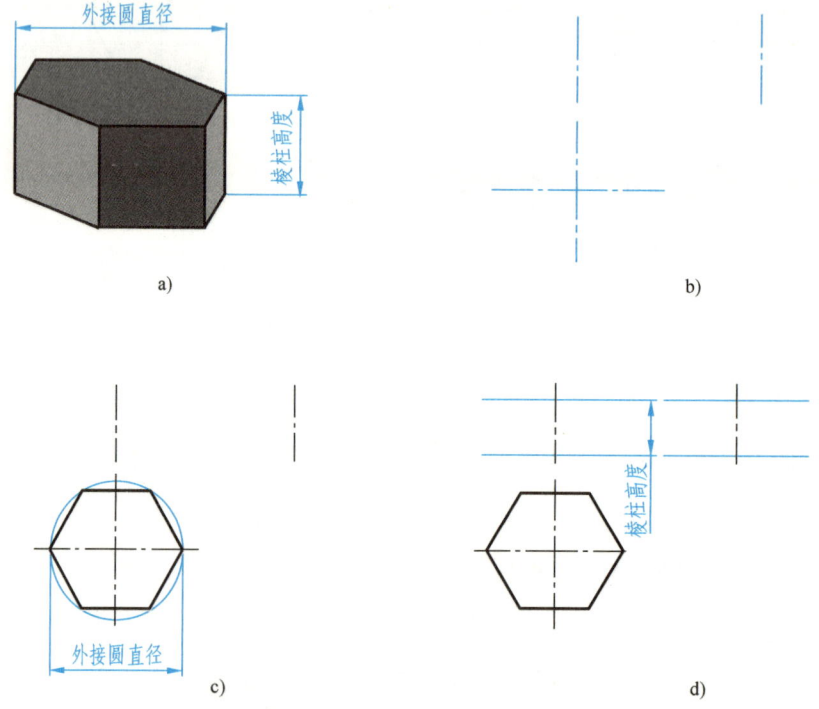

图 3-7　六棱柱三视图的作图步骤

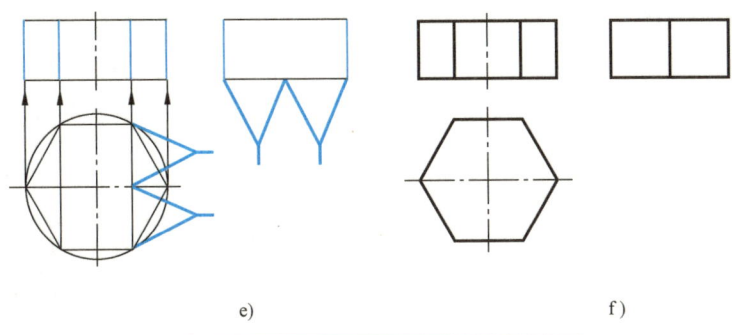

e)　　　　　　　　　　　　f)

图 3-7　六棱柱三视图的作图步骤（续）

棱锥（台）的三视图

一、棱锥的形体组成（图 3-8）

（1）底表面　多边形，称为特征面，n 边形为 n 棱锥。正 n 边形为正 n 棱锥。
（2）侧表面　三角形。
（3）侧棱　两侧表面的交线，所有的侧棱汇交一点，称为锥顶。

因棱锥表面也全部由平面组成，故和棱柱一样也被称为平面体。

二、棱锥的投影分析

以图 3-9 摆放的正三棱锥为例分析棱锥的三视图。

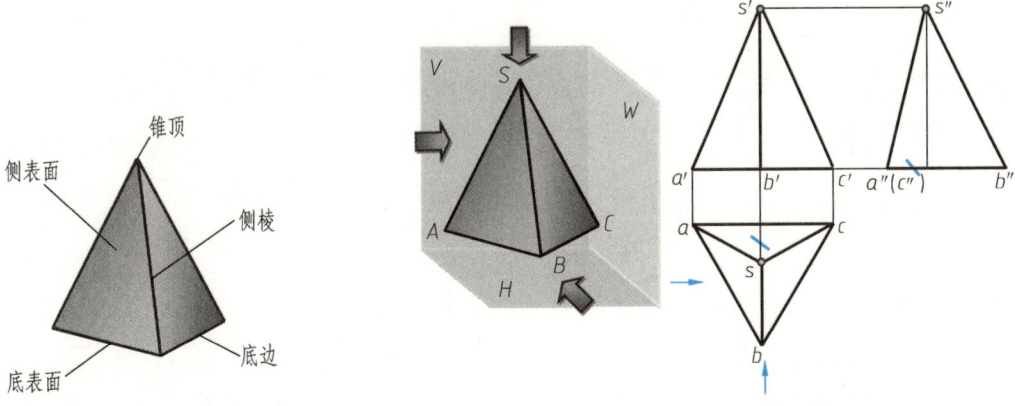

图 3-8　棱锥的形体组成　　　　　图 3-9　正三棱锥的投影分析

底表面平行于 H 面，侧表面 SAC 垂直于 W 面。

底表面：平行于 H 面，则其俯视图反映实形（正三边形）；垂直于 V 面、W 面，则其主视图为平行于 OX 轴的积聚直线；左视图为平行于 OY 轴的积聚直线。

三条侧棱：与三个投影面都倾斜，投影均为直线，且三面投影均汇聚于 S 点。

三个侧表面：SAC 垂直于 W 面，则其左视图积聚成直线，其余两面投影为三角形；SAB、SBC 与三个投影面都倾斜，投影均为三角形，且与 SAC 有公共的顶点 S。

三、棱锥的三视图

由正三棱锥的三视图分析过程，可得到以下各棱锥的三视图，如图 3-10 所示。

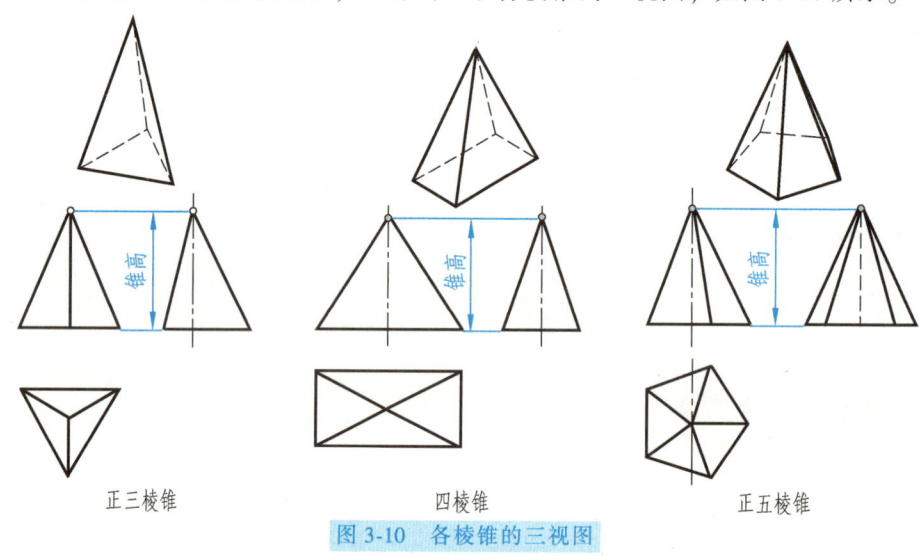

图 3-10　各棱锥的三视图

观察各棱锥的三视图，可得出其三视图特点如下：
一面视图为多边形线框，多边形每个顶点要与锥顶相连；另两面视图是由实线或虚线组成的三角形线框。

四、棱台的三视图

各棱锥被平行于底面的平面切掉锥顶后就变成棱台，各棱台的三视图如图 3-11 所示。

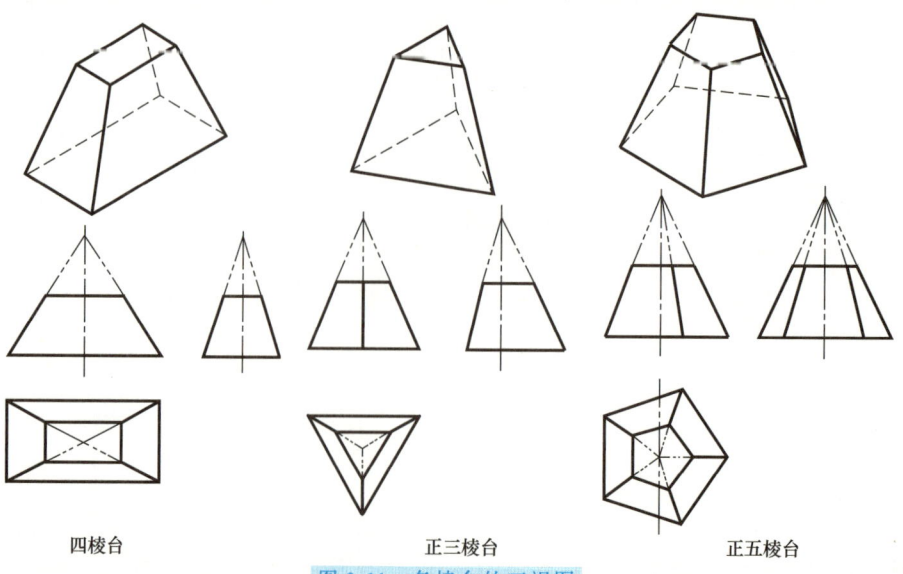

图 3-11　各棱台的三视图

观察各棱台的三视图，可得出其三视图特点如下：

一面视图为多边形线框大小相套，大、小多边形每个对应顶点要相连；另两面视图是由实线或虚线组成的梯形线框。

课后思考

1）棱柱的三视图有什么特点？
2）绘制棱柱三视图的步骤是什么？
3）已知正五棱柱的主视图，如图 3-12 所示，正五棱柱高为 10，绘制另外两面视图。
4）据给定的三视图（图 3-13）想象立体形状，并补画视图中的漏线。

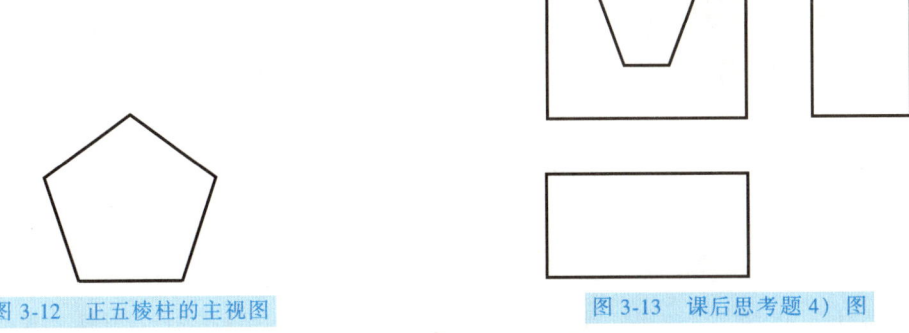

图 3-12　正五棱柱的主视图

图 3-13　课后思考题 4）图

课题二　绘制棱柱切割体的三视图

在铣床铣削的工件除了六面体（四棱柱）、六棱柱等简单平面体外，往往还需要铣削带有斜面的平面体，如图 3-14a 所示。该工件可看作是由图 3-14b 所示的棱柱用垂直于侧面的平面切割而成。要想完成其三视图，必须研究平面切割棱柱后，平面与棱柱的交线（截交线）的形状，找出组成截交线的各点的三面投影，如图 3-14c 所示，即可完成工件的三视图。

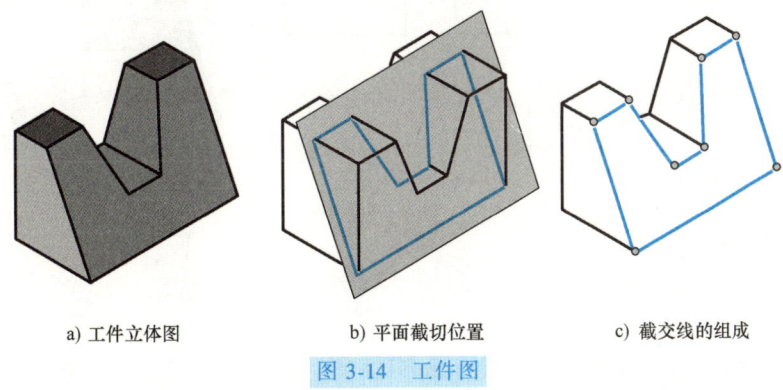

a) 工件立体图　　b) 平面截切位置　　c) 截交线的组成

图 3-14　工件图

相关知识

一、棱柱表面上点的投影

如图 3-15 所示，已知正六棱柱表面一点 M 的正面投影 m'，求作点 M 的另外两面投影。

在棱柱表面取点,可利用其侧面投影具有积聚性的特点进行作图。点 M 落在侧表面 $ABCD$ 上,因与 H 面垂直,其水平投影具有积聚性,所以点 M 的水平投影 m 必定在侧表面的积聚性投影 $abcd$ 上,利用点的投影规律可分别作出点的水平投影 m 和侧面投影 m''。

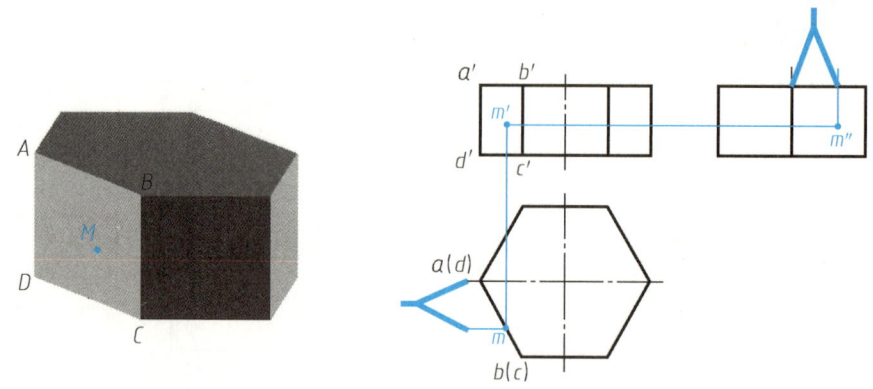

图 3-15　正六棱柱表面点的投影

二、截平面与截交线

已知三棱柱上 A、B、C 三点,其三面投影在三视图位置如图 3-16a、b 所示。现假想把 A、B、C 三点两两相连,组成一平面三角形 ABC,以此为界线把平面三角形 ABC 以上的部分截掉,称由 ABC 确定的平面为截平面,该平面与三棱柱三个侧表面相交,交线分别为 AB、BC、CA,围成的封闭三角形 ABC 称为截交线,如图 3-16c 所示。

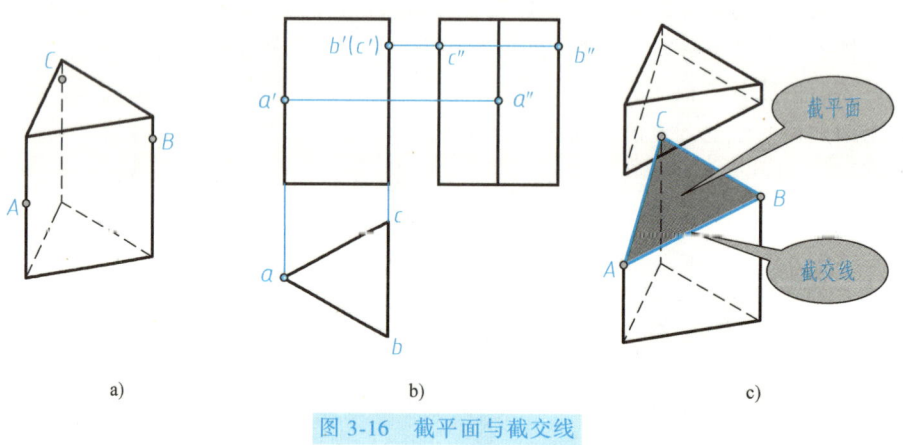

图 3-16　截平面与截交线

三、棱柱截切后三视图的绘制方法和步骤

可以先把 A、B、C 三点的三面投影两两相连,完成截交线的三面投影,如图 3-17a 所示;再把截掉的部分擦除,即可完成三棱柱被截平面 ABC 截断之后的三视图,如图 3-17b 所示。

由此可得到棱柱被平面截切后其三视图作图步骤如下:

1) 绘制完整棱柱的三视图。

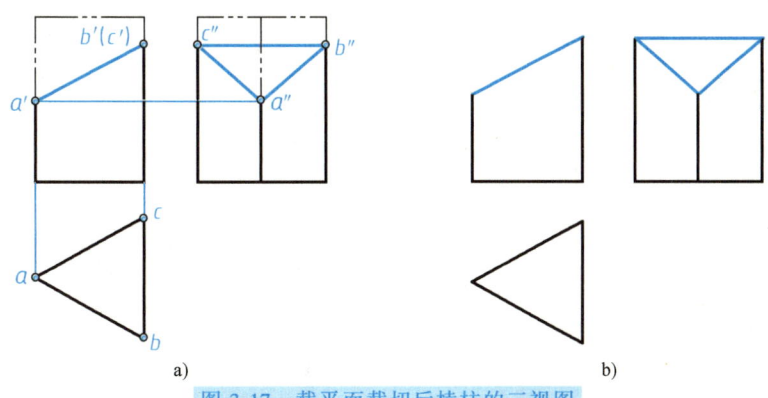

a)

b)

图 3-17　截平面截切后棱柱的三视图

2) 完成截交线的三面投影（截交线上的点一般是截平面与棱柱棱线、底边或表面的交点）。

3) 擦掉棱柱上被截掉的线条。

【练习】　绘制如图 3-14a 所示棱柱切割体的三视图。

1) 按尺寸完成未被切割前棱柱的三视图，如图3-14b所示。

2) 分析截交线的组成并完成其三面投影。

分析：由截平面位置可知截交线共由 8 个点组成，如图 3-14c 所示。这 8 个点的正面投影已知，因截平面与侧面垂直，所以侧面投影积聚成 3 个点，如图 3-18 所示。

根据点的三面投影规律找出这 8 个点的水平投影，具体步骤如图 3-19 所示。

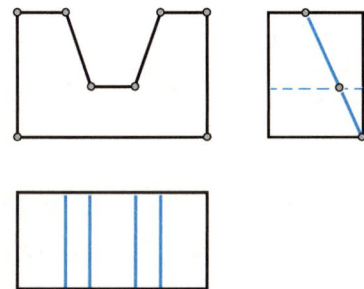

图 3-18　截交线的组成及投影分析

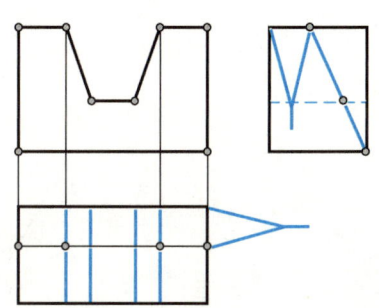

a) 根据投影规律找出截交线最上面4个点的水平投影

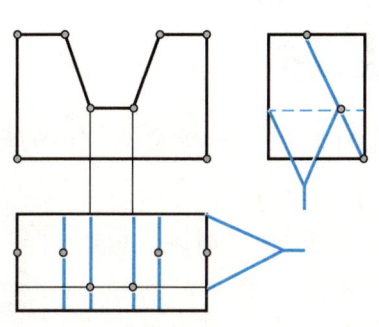

b) 根据投影规律找出截交线中间两点的水平投影

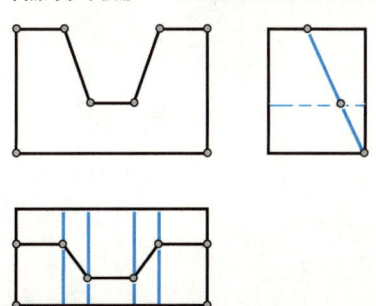

c) 按投影关系找出截交线最下面两点的水平投影，并按顺序连接8个点的水平投影即得到截交线的水平投影

图 3-19　截交线的三面投影绘制步骤

3）根据截平面截切位置，擦除被切掉的线条，完成该几何体的三视图，如图 3-20 所示。

课后思考

1）棱柱截切后三视图的绘制步骤是什么？
2）试完成图 3-21 所示棱柱切割后的三视图。

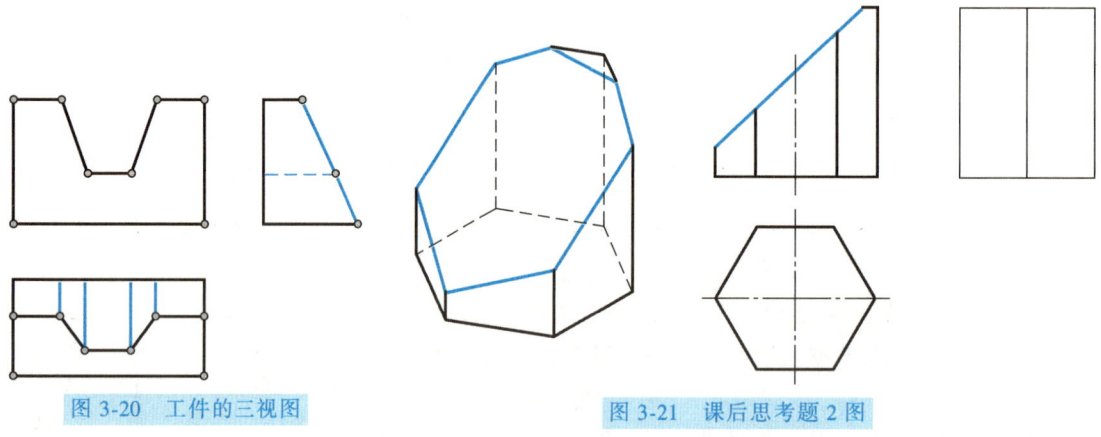

图 3-20　工件的三视图

图 3-21　课后思考题 2 图

课题三　绘制圆柱的三视图

在实际的生产和生活中，圆柱是较常见的一种曲面体（图 3-22a）。要想绘制圆柱的三视图，必须对圆柱的形状特征有一定的了解。

相关知识

一、圆柱的形状分析及圆柱面的形成

圆柱面可以看成是由一直母线绕与它平行的轴线回转而成（因此被称为回转体），如图 3-22b 所示。圆柱面上任意一条平行于轴线的直线，称为圆柱面的素线。

二、圆柱的投影分析

从图 3-23a 可以看出，圆柱的上、下底面圆都平行于 H 面，其水平投影重合为一个圆；正面和侧面投影分别积聚成互相平行的两直线。

组成圆柱面的无数条素线都垂直于 H 面，其水平投影都积聚成点且围成上、下底面圆的圆周；正面投影和侧面投影分别为两个矩形，组成矩形的四条线段，分别是圆柱的上、下底面和圆柱面的轮廓素线，即最左、最右素线和最前、最后素线的投影。

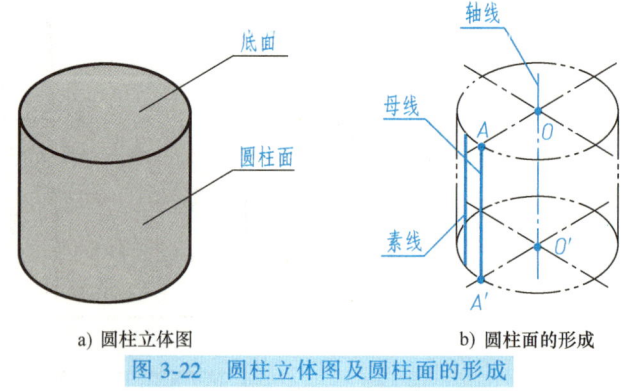

a) 圆柱立体图　　　　b) 圆柱面的形成

图 3-22　圆柱立体图及圆柱面的形成

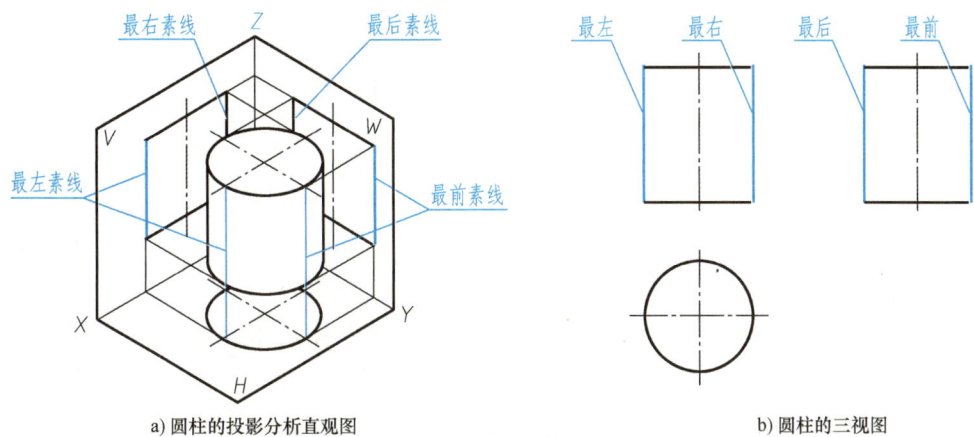

a) 圆柱的投影分析直观图　　　　　　　　b) 圆柱的三视图

图 3-23　圆柱的三面投影分析及三视图

展开三投影面后得到圆柱的三视图，如图 3-23b 所示。

三、圆柱三视图的绘制步骤

以图 3-24a 所示圆柱为例绘制三视图。

1）测量圆柱底面圆直径与圆柱高度尺寸，如图 3-24a 所示。

2）绘制圆柱的三视图，其具体步骤如图 3-24b～f 所示。

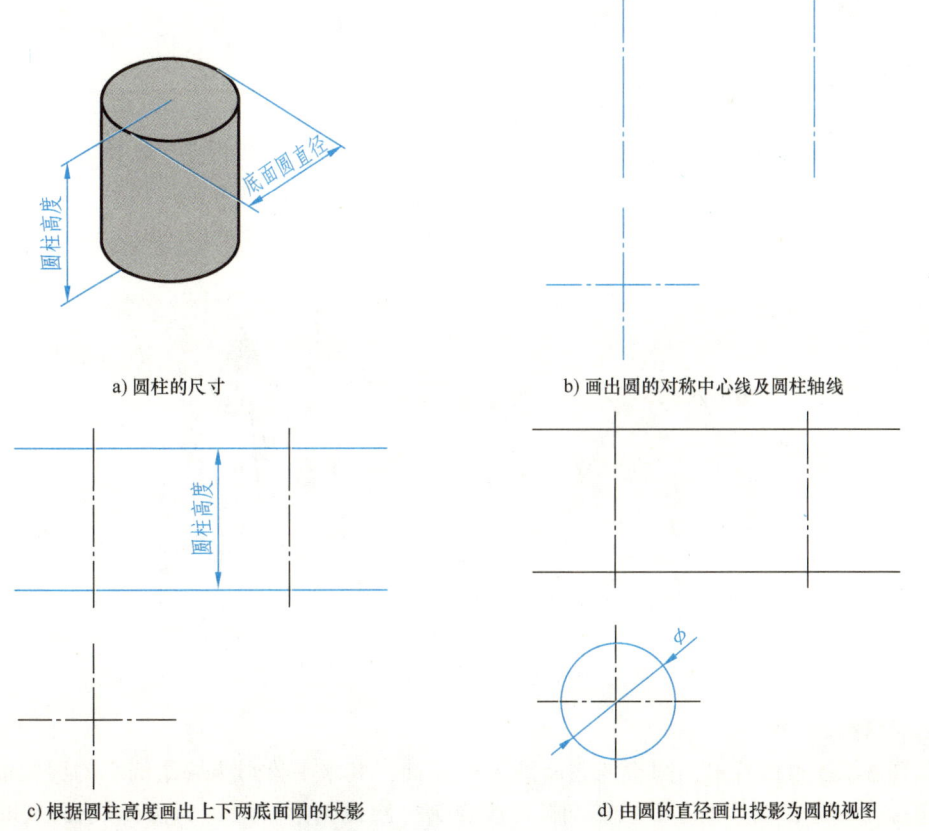

a) 圆柱的尺寸　　　　　　　　　　　　b) 画出圆的对称中心线及圆柱轴线

c) 根据圆柱高度画出上下两底面圆的投影　　　d) 由圆的直径画出投影为圆的视图

图 3-24　圆柱的三视图作图步骤

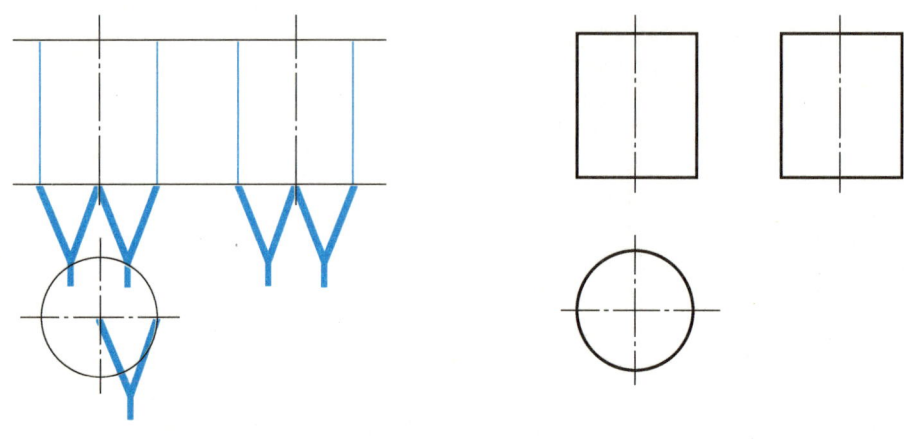

e) 画出四条轮廓素线　　　　　　　　　f) 擦掉多余图线，描深图线

图 3-24　圆柱的三视图作图步骤（续）

知识拓展

实际生产中见到的曲面体除了圆柱外，还有圆锥（台）、球等，其曲面也是通过直线或曲线绕其轴线旋转形成，因此也都被称为回转体。

一、圆锥（台）的三视图

1. 形体分析

圆锥的表面由圆锥面和底面组成，如图 3-25a 所示。

圆锥面可以看成是由一母线绕与它相交的轴线回转而成，如图 3-25b 所示。圆锥面上的素线都是与轴线相交的直线，其交点称为锥顶。

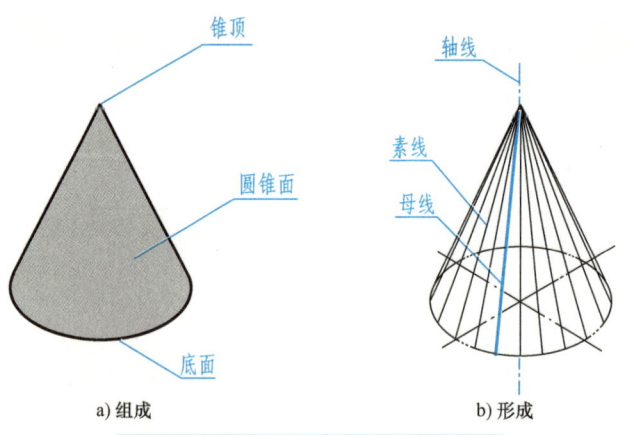

图 3-25　圆锥的组成及圆锥面的形成

2. 投影分析

从图 3-26a 可以看出，圆锥的底面平行于 H 面，其水平投影为一个圆，与圆锥面的水平投影重合在一起；圆锥的正面投影和侧面投影为等腰三角形，底边为圆锥底面的积聚投影，两腰分别为圆锥面上最左、最右素线和最前、最后素线的投影。

展开三投影面后得到圆锥的三视图，如图 3-26b 所示。

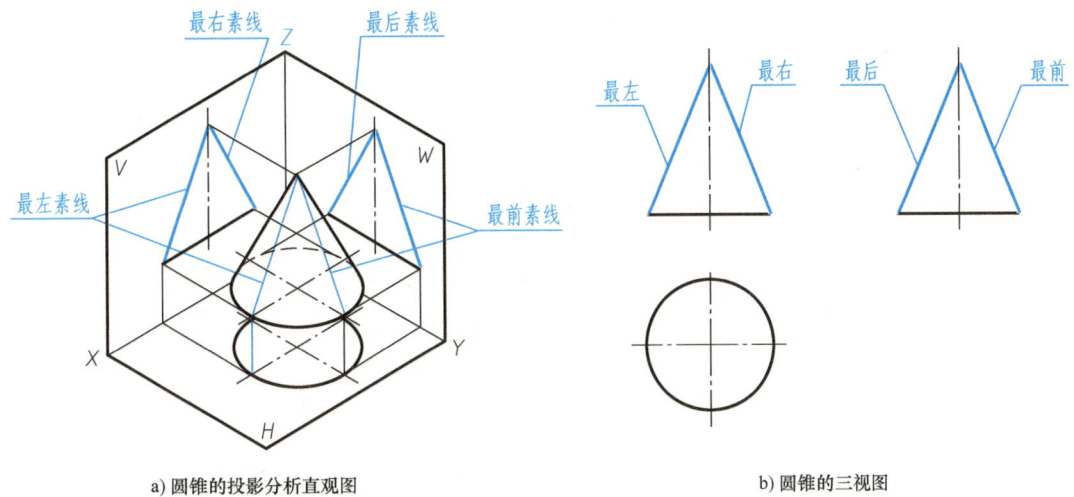

a) 圆锥的投影分析直观图　　　　　　　　b) 圆锥的三视图

图 3-26　圆锥的三面投影分析及三视图

3. 圆台的三视图

当用与轴线垂直的平面切掉圆锥锥顶时，圆锥变为圆台，其三视图形状如图 3-27a 所示。此结构经常出现在圆柱端部，称为倒角，如图 3-27b 所示圆柱销的两端。

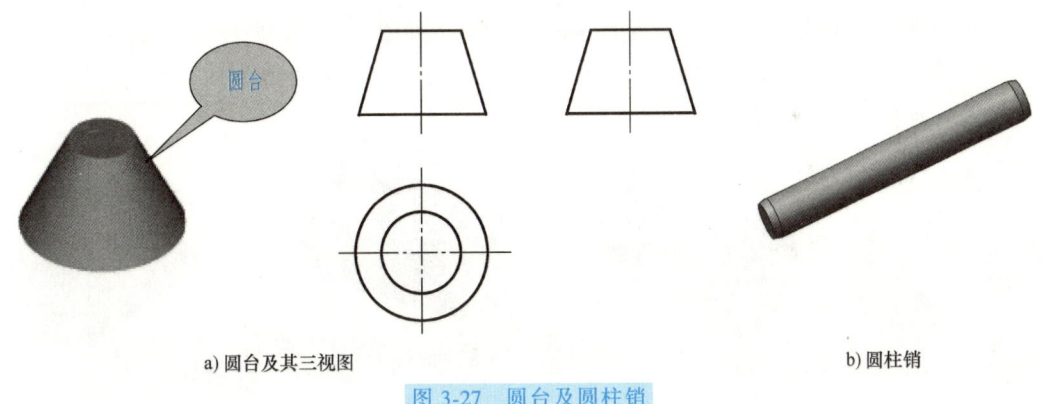

a) 圆台及其三视图　　　　　　　　　　　　b) 圆柱销

图 3-27　圆台及圆柱销

二、球的三视图

1. 形体分析

球面全部由曲面组成，其上没有直线，如图 3-28a 所示。

球面可以看作一个圆绕其直径旋转而成，如图 3-28b 所示。

2. 投影分析

球从任何方向投射都是与球直径相等的圆，是球面上平行于相应投影面的三个不同

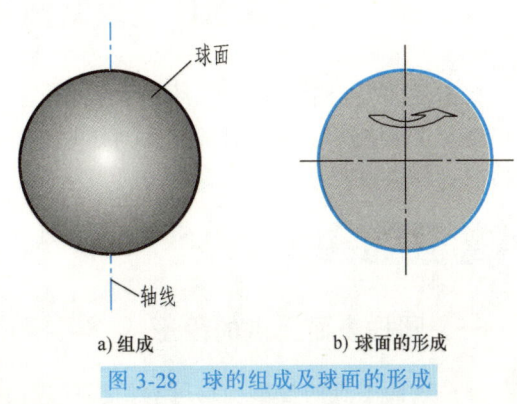

a) 组成　　　　　　b) 球面的形成

图 3-28　球的组成及球面的形成

位置的最大轮廓圆,如图 3-29 所示。正面投影的轮廓圆是前、后半球面可见与不可见的分界线;水平投影的轮廓圆是上、下两半球面可见与不可见的分界线;侧面投影的轮廓圆是左、右两半球面可见与不可见的分界线。

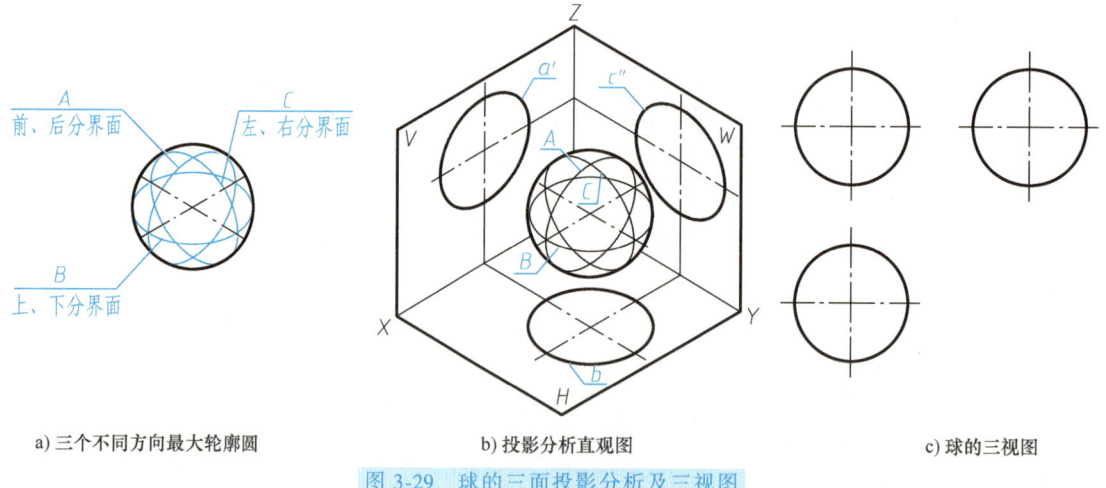

a) 三个不同方向最大轮廓圆　　b) 投影分析直观图　　c) 球的三视图

图 3-29　球的三面投影分析及三视图

课后思考

1) 已知圆柱,直径为 20mm,高度为 50mm,试完成如图 3-30 所示两种位置圆柱的三视图。

2) 圆柱中心加工孔后称为圆筒,在圆柱中心钻内径为 10mm 的圆孔,如图 3-31 所示,试在上题基础上完成圆筒的三视图。

图 3-30　圆柱立体图　　　　图 3-31　圆筒立体图

课题四　绘制圆柱切割体的三视图

在实际的生产中,较常见的曲面体除了圆柱、圆锥、球及圆台外,还会对曲面体进行各种切削加工;最常见的是对圆柱体的切割。要绘制圆柱切割后的三视图,首先要对圆柱的切割情况进行分析。

相关知识

一、圆柱表面上点的投影

圆柱表面上点的投影,均可利用圆柱表面投影的积聚性来作图。

已知圆柱表面上两点Ⅰ和Ⅱ的正面投影1'和2',如图3-32所示,求出另两面投影,作图步骤如下:

1)分析点所在圆柱面的部位。点Ⅰ在圆柱的左前表面,点Ⅱ在圆柱的右前表面,如图3-32a所示。

2)利用圆柱面的积聚性投影,找出点的水平投影,再根据点的三面投影规律求出侧面投影。

3)判断可见性。点Ⅱ在圆柱右前面,所以在左视图上不可见,不可见的点要加括号表示,如图3-32b所示。

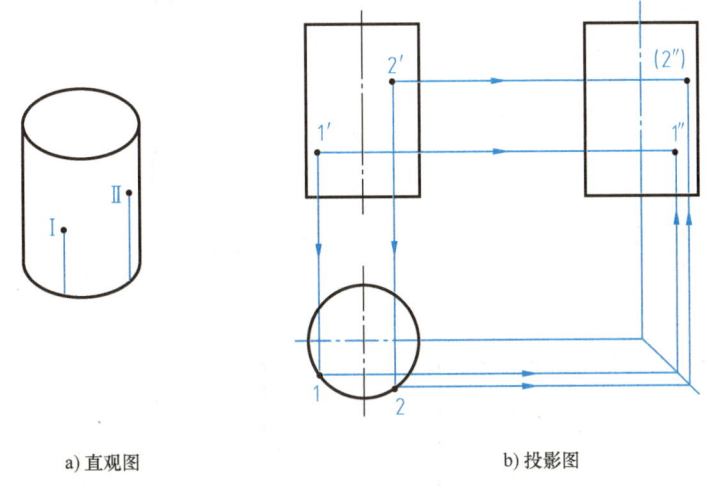

a) 直观图　　　　　　　b) 投影图

图 3-32　圆柱表面上点的投影

二、平面截切圆柱后的情况分析

截平面与圆柱轴线的相对位置不同,截出的交线形状不同,最常见的有以下两种情况:

位置一　截平面垂直于轴线,交线形状为圆形,如图3-33所示。其三面投影为:两线一圆。

位置二　截平面平行于轴线,交线形状为矩形,如图3-34所示。其三面投影为:两线一矩形。

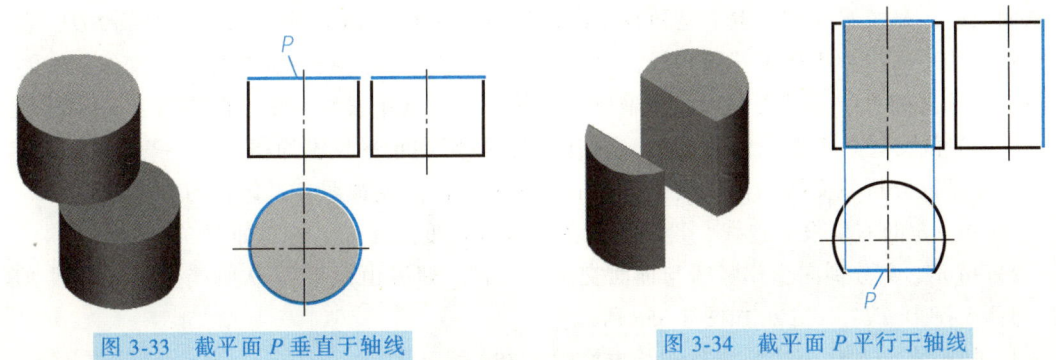

图 3-33　截平面P垂直于轴线　　　　　　图 3-34　截平面P平行于轴线

三、圆柱截切后三视图的绘制方法和步骤

【练习1】 试完成如图 3-35a 所示几何体的三视图。

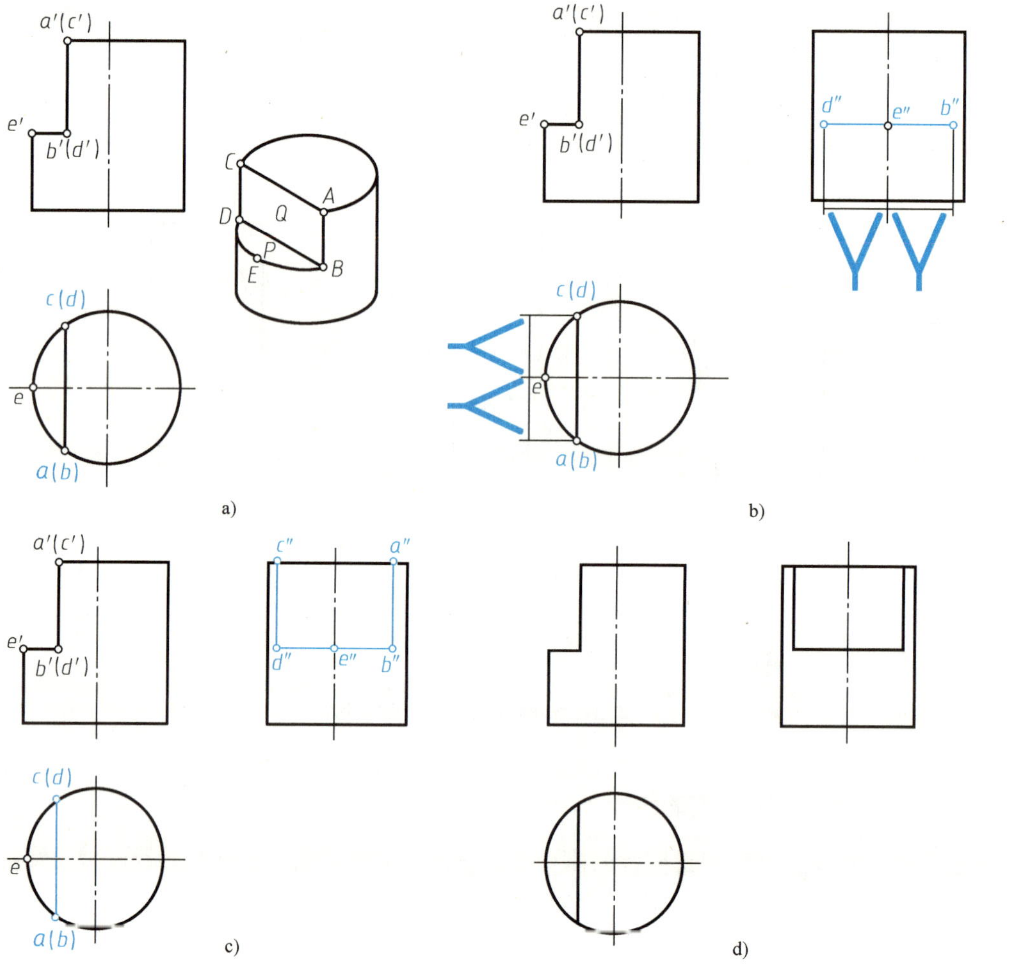

图 3-35 绘制带切口圆柱的左视图

分析：由立体图可知，该几何体是圆柱由平行于 H 面的平面 P 和平行于 W 面的平面 Q 切割而成的，是位置一和位置二这两种情况的综合。由截平面 P 所产生的截交线 BDE 是一段圆弧，其正面投影积聚成一条直线，水平投影是一段圆弧。截平面 P 与 Q 的交线 BD 是一条与 V 面垂直的直线，其正面投影积聚成一点 $b'(d')$，水平投影 b 和 d 在圆周上。由截平面 Q 所产生的截交线是矩形线框 $ABCD$，它们的正面投影和水平投影均积聚成一条直线。

可以通过分析截交线的侧面投影来完成带切口圆柱的左视图，具体作图步骤如下：

1) 由 $e'b'$ 向右引投影连线，再从俯视图上量取宽度定出 b''、d''，如图 3-35b 所示。

2) 由 b''、d'' 分别向上作竖线与顶面交于 a''、c''，即得由截平面 Q 所产生的截交线 AB、CD 的侧面投影 $a''b''$、$c''d''$，如图 3-35c 所示。

3) 擦掉多余图线，左视图作图结果如图 3-35d 所示。

【练习2】 试完成如图3-36a所示圆柱接头的三视图。

分析：由立体图可知，该接头是圆柱由多个平面截掉Ⅰ、Ⅱ、Ⅲ三部分，同时抽取Ⅳ所示的小圆柱形成的，如图3-36b所示，前三部分的切割都是位置一和位置二两种情况的综合。要完成该几何体的三视图，必须分清每一种截交线的情况，分步完成其投影。

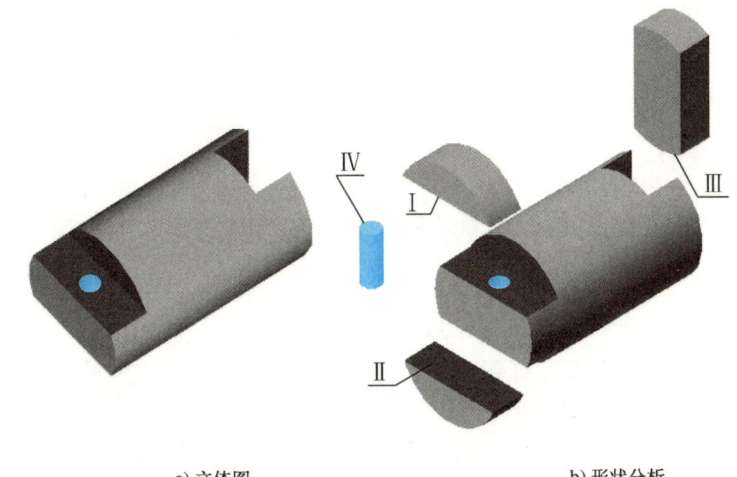

a) 立体图　　　　　　　　　　　b) 形状分析

图3-36　圆柱接头

圆柱接头三视图的作图步骤如下：

1）作圆柱的三视图，如图3-37a所示。

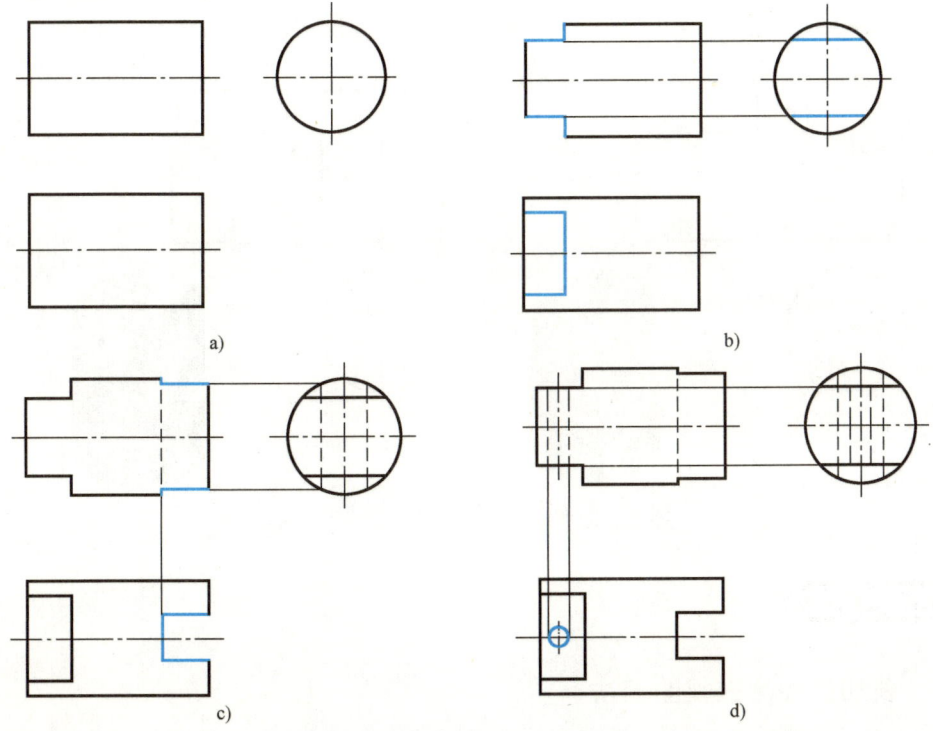

图3-37　圆柱接头三视图的作图步骤

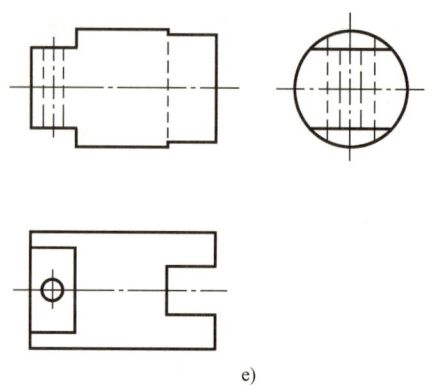

e)

图 3-37 圆柱接头三视图的作图步骤（续）

2）画出切去Ⅰ、Ⅱ部分的投影，如图 3-37b 所示。
3）画出切去Ⅲ部分的投影，如图 3-37c 所示。
4）画出切去Ⅳ部分的投影，如图 3-37d 所示。
5）检查、完成全图，如图 3-37e 所示。

由以上两个练习可得到圆柱被平面截切后的三视图作图步骤：
1）绘制完整圆柱的三视图。
2）分析截平面的位置，完成截交线的三面投影。
3）擦掉圆柱上被截切的线条。

⚠ 提示

在作图过程中，要注意以下两种情况切割时，三视图画法的不同之处，如图 3-38 所示。

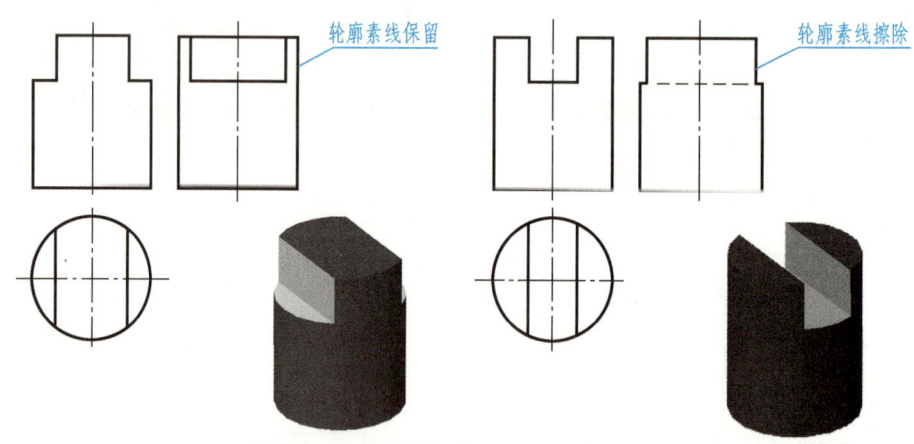

图 3-38 不同情况切割时的三视图对比

知识拓展

一、斜切圆柱的三视图画法

平面截切圆柱时，除了上面介绍的两种位置外，还有一种切割位置是截平面倾斜于轴线，此时的截交线形状为椭圆，如图 3-39 所示。因截交线 V 面投影积聚成直线，H 面投影与圆柱面投影重合，侧面投影是椭圆类似形，故作三视图时可找出共有的外形素线上的特殊点，再光滑连接即可。

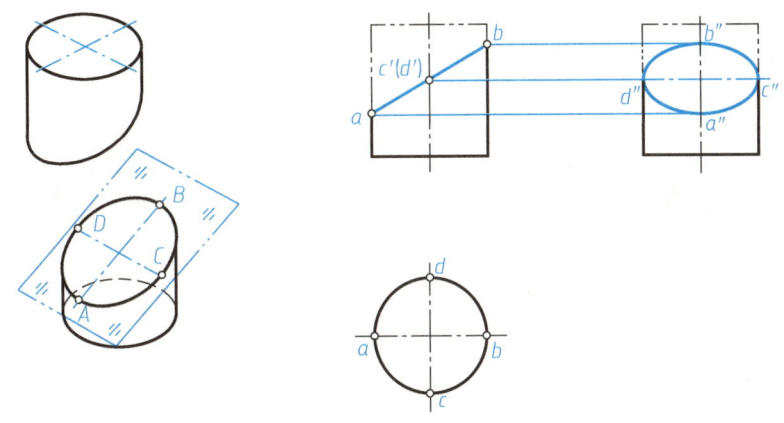

图 3-39 斜切圆柱的三视图

⚠️ 提示

当倾斜面与轴线角度不同时，椭圆的长短轴会发生变化，其投影形状也会发生变化，如图 3-40 所示。当倾斜角度为 45°时，其侧面投影为圆形，如图 3-40c 所示。

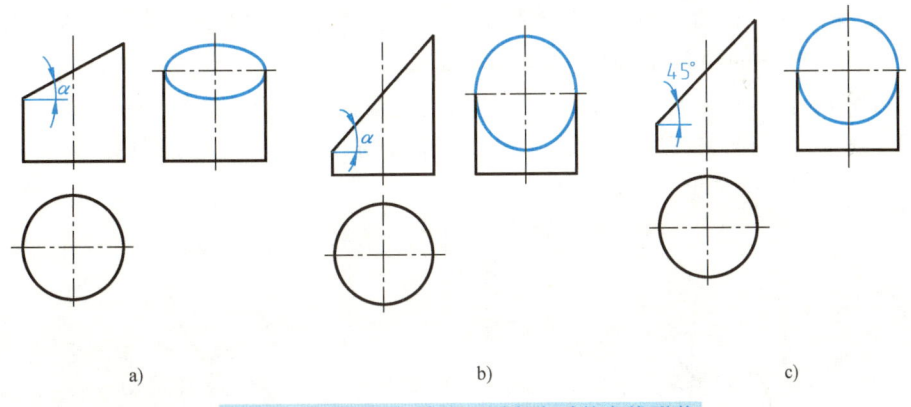

a)　　　　　　　　　b)　　　　　　　　　c)

图 3-40 截平面与轴线不同角度时的交线形状

二、圆锥截切后的三视图

当截平面与圆锥轴线的相对位置不同时，圆锥面上可以产生形状不同的截交线，见表 3-1。

从表 3-1 中可以看出，除了前两种较特殊的截切情况之外，其余三种情况的截交线均为非圆曲线。

非圆曲线的投影作图一般采用描点法来确定：找出交线上特殊位置的点（一般是截平面与轮廓素线或底面圆的交点），再找一般点，最后光滑连接各点即可。对于一般点投影的求法，要采用辅助方法来求。常用的作图方法如下：

表 3-1 平面截切圆锥的五种形式

截平面的位置	过锥顶	不过锥顶			
		$\theta = 90°$	$\theta > \alpha$	$\theta = \alpha$	$\theta < \alpha$
截平面的形状	相交两直线	圆	椭圆	抛物线	双曲线
立体图					
投影图					

1) 辅助素线法。在圆锥的截交线上任取一点 M，过点 M 作素线，求出素线的投影，则点 M 的投影必在素线的同名投影上，如图 3-41a 所示。

2) 辅助平面法。过截交线上某一点，作垂直于圆锥轴线的辅助平面 Q，辅助平面 Q 与圆锥面的交线为圆，称为辅助圆（所以此法也称辅助圆法），求出辅助圆的投影，则该点投影必在辅助圆的同名投影上，如图 3-41b 所示。

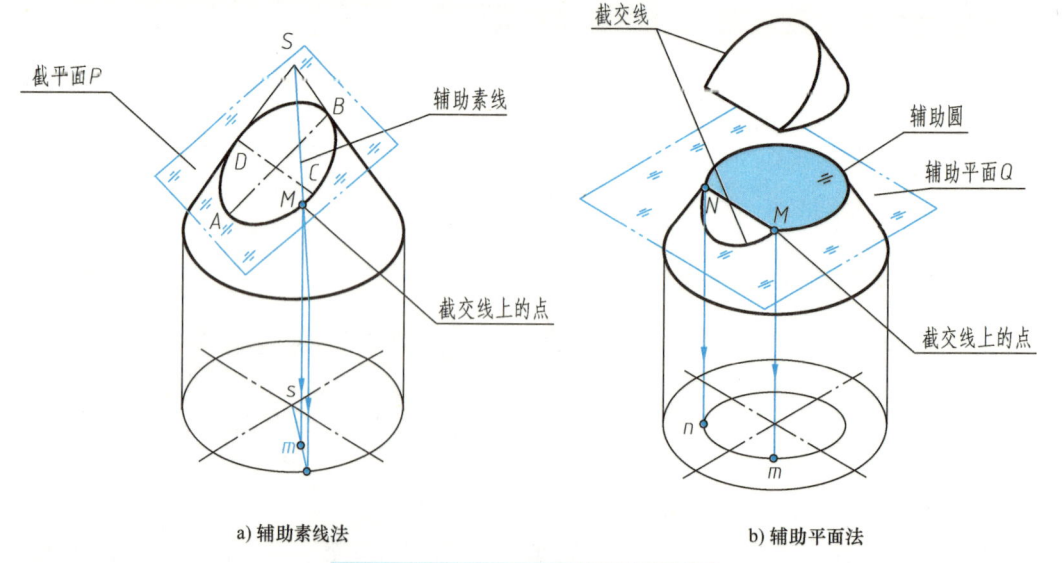

a) 辅助素线法   b) 辅助平面法

图 3-41 截交线上一般点投影的求法

三、球截切后的三视图

平面截切球，不论平面与球的相对位置如何，截得的交线均为圆。圆的大小取决于截平面与球心的距离。当截平面平行于投影面时，其交线在该投影面上的投影反映实形，另两面投影积聚成与交线圆直径等长的直线，如图3-42所示。

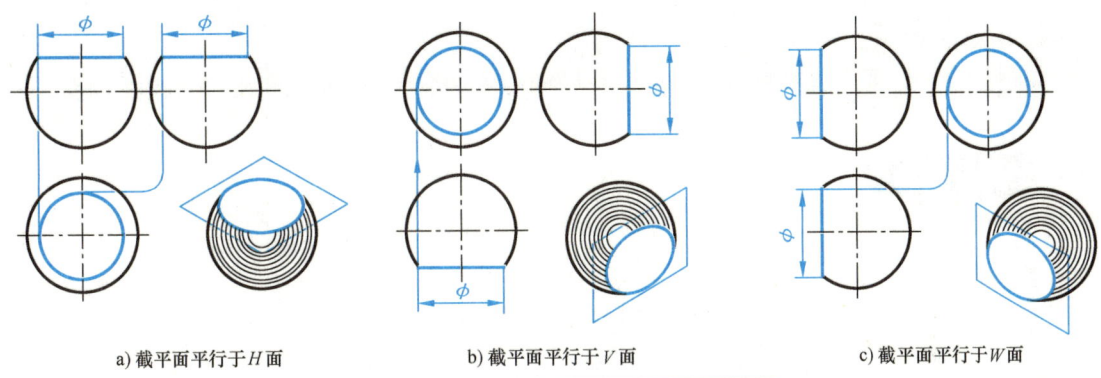

a) 截平面平行于 H 面　　　　b) 截平面平行于 V 面　　　　c) 截平面平行于 W 面

图 3-42　三种位置平面截切球时的三视图

课后思考

1) 截平面平行于圆柱轴线进行切割时，截交线的形状是什么？
2) 截平面垂直于圆柱轴线进行切割时，截交线的形状是什么？
3) 截平面倾斜于圆柱轴线进行切割时，截交线的形状是什么？

单 元 总 结

机器上的零件，由于其作用不同而有各种各样的结构形状，但不管它们的形状如何复杂，都可以看成是由一些简单的基本体组合而成。通过学习基本体及其切割体三视图的形成及特点，可以为学习组合体三视图打下坚实的基础。本单元的学习要求如下：

1) 了解常见基本体的形体特征。
2) 掌握常见基本体三视图的画法。
3) 熟悉基本体表面取点的投影作图方法。
4) 掌握各种类型切割体的形体分析法。
5) 掌握简单切割体三视图的画法。
6) 能运用基本体以及切割体有关知识解决绘图问题。

单元四
基本体叠加的三视图

知识引入

上一单元中学习了简单基本体及其切割体的三视图，而在实际生产中的机械零件是多种多样的，形状也比较复杂。如图4-1所示，这是在铣床上实际铣削的几个零件，由立体图看出它们并不是单一的基本体形状，而是由多个基本体或基本体切割堆积形成的，称为基本体叠加。

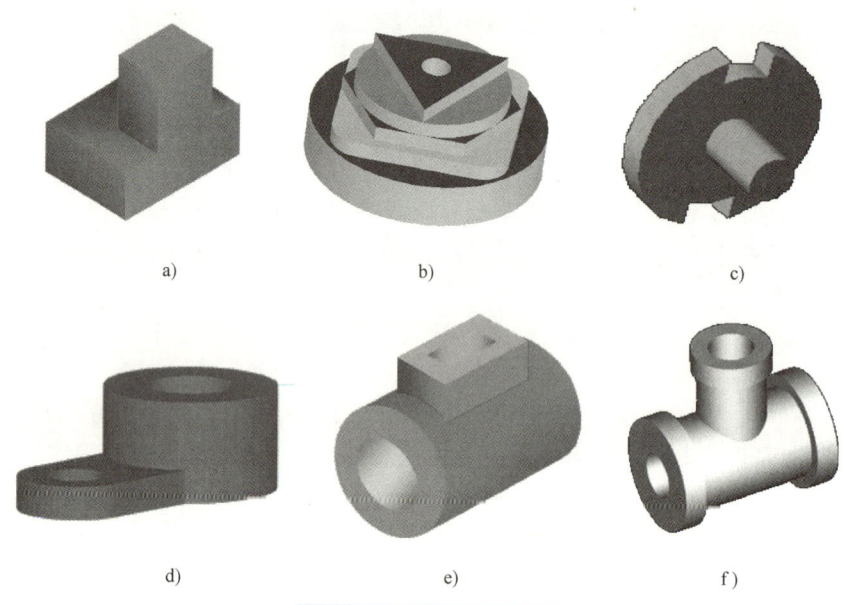

图 4-1 铣削零件立体图

要完成基本体叠加的投影作图，关键是要分析清楚基本体叠加时的表面交线。通过图4-1不难看出，基本体叠加时的表面交线形状有以下两种情况：

1）表面交线为平面直线或曲线，如图4-1a、b、c所示。
2）表面交线为空间曲线，如图4-1d、e、f所示。

本单元重点研究基本体叠加时表面交线的性质并掌握其画法，从而完成基本体叠加的三视图，进一步提高空间思维和想象能力。

学习目标

1）了解基本体叠加的情况及表面交线性质。

2）掌握各种表面交线绘制时的注意事项。
3）掌握基本体叠加的三视图绘制方法。

能力目标

1）能够分清基本体叠加的各种情况。
2）学会叠加表面交线的绘制方法。
3）学会基本体叠加的三视图绘制技巧。
4）能够根据三视图分析基本体的叠加情况，想象空间形状。

课题一　绘制表面交线为平面直线或曲线时的三视图

铣床上铣削的模型体如图 4-2a 所示，模型体是由圆柱切割体（前后对称平面切割）和左右穿半圆孔的六面体叠加而成，如图 4-2b 所示。两者叠加时的表面交线为平面曲线，只要分析清楚该平面曲线的三面投影及绘图注意事项，就可完成模型体的三视图。

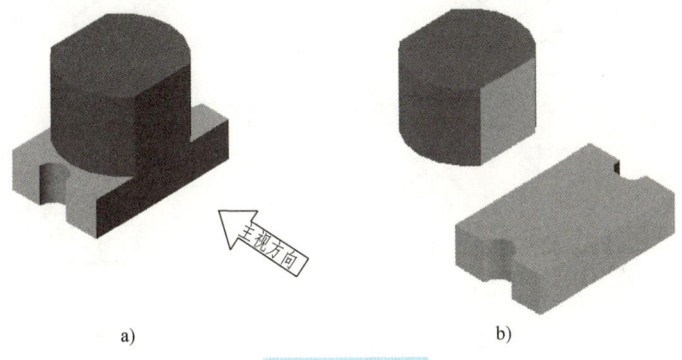

图 4-2　模型体

相关知识

由图 4-1a、b、c 可以看出，基本体叠加时表面交线为平面直线或曲线的情况有以下三种：

一、平面体与平面体叠加

如图 4-3 所示，两平面体叠加时，其表面交线形状是由直线围成的平面形，画图时两形体间一般要画出分界线。但当某一方向共面时，两形体中间应画虚线或无分界线。

图 4-4 所示的两几何体也可以看成是两平面体叠加的情况。

二、平面体与曲面体叠加

平面体在回转体的轴线方向（轴向相交），表面交线一般为圆形，也可能是直线围成，视图上两几何体之间要画出分界线，如图 4-5 所示。

【例】　绘制图 4-2 所示模型体的三视图

分析：组成该模型体的长方体和切割后圆柱叠加时的表面交线为一不完整圆形，前后表

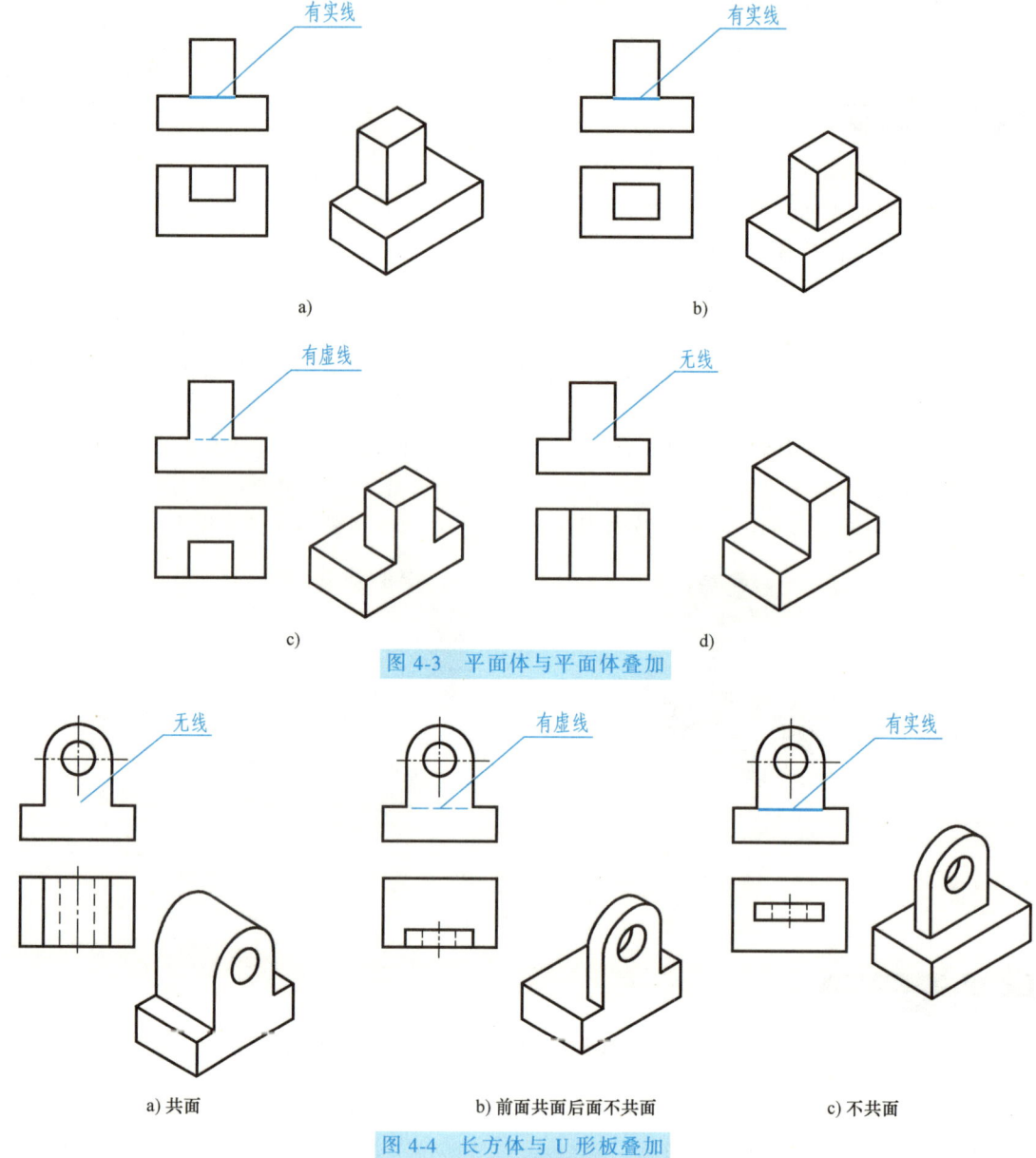

图 4-3 平面体与平面体叠加

图 4-4 长方体与 U 形板叠加

面共面，主视图上不应画出分界线，三视图的具体绘制步骤下：

1）根据长、宽、高绘制长方体的三视图，如图 4-6a 所示。

2）在俯视图中作出长方体的对称中心线，确定圆柱的圆心位置，同时在主、左视图中画出圆柱的轴线，并根据半圆孔的半径完成其三面投影，如图 4-6b 所示。

3）根据圆柱直径与高度在长方体上方完成圆柱的三视图，如图 4-6c 所示。

4）与长方体宽度等宽位置前后对称切割圆柱，根据投影关系完成俯、左视图，如图 4-6d 所示。

5）擦掉切割圆柱与长方体前后表面之间的分界线，如图 4-6e 所示。

6）检查无误后，加深，得到模型体的三视图，如图 4-6f 所示。

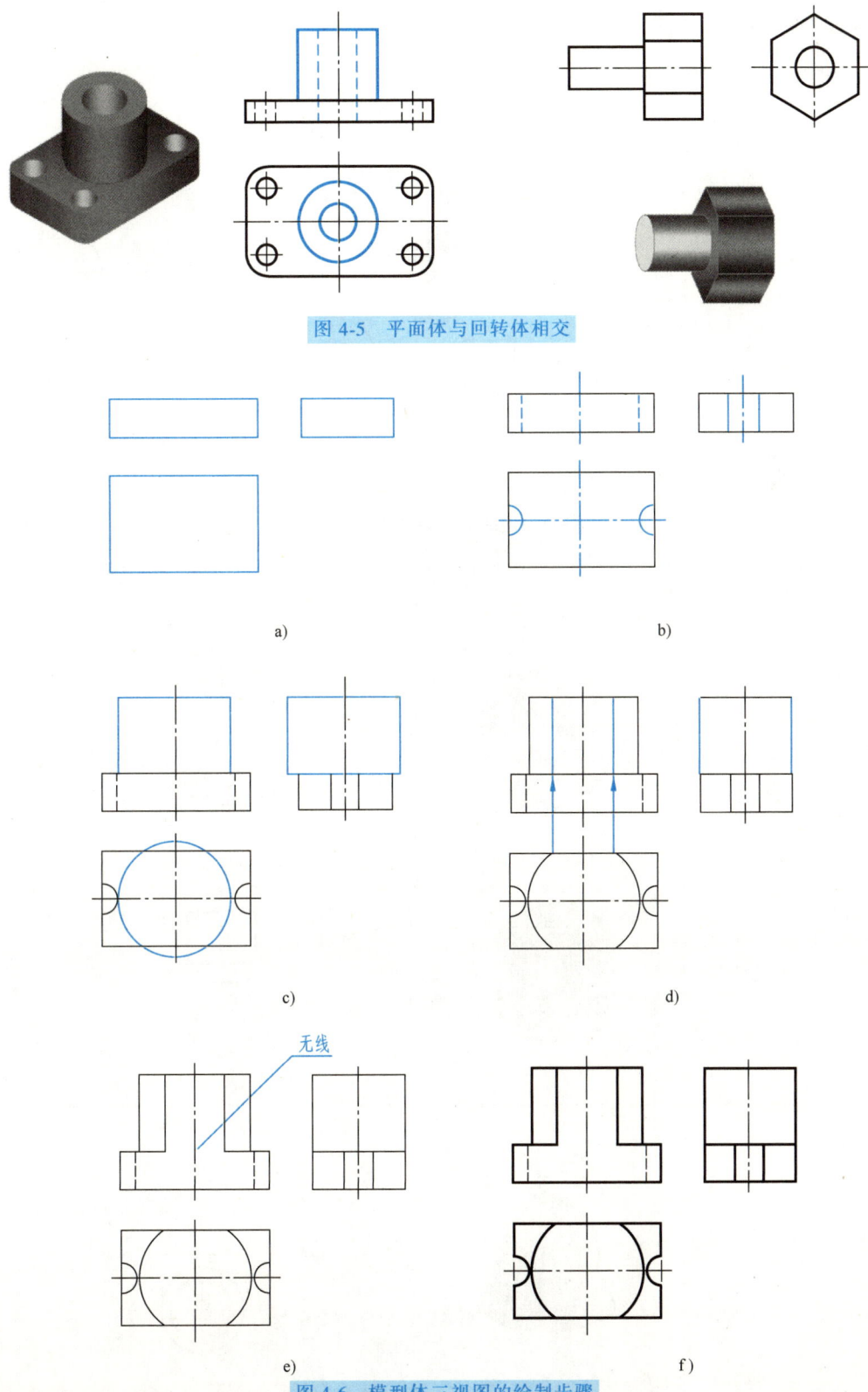

图 4-5 平面体与回转体相交

图 4-6 模型体三视图的绘制步骤

三、曲面体与曲面体同轴叠加

仔细观察图 4-7 所示零件形状，可以看到这些零件都是由圆柱、球等回转体组成，并且各个回转体的轴线在一条线上，称为回转体同轴相交。

回转体同轴相交时其表面交线形状是什么？三视图如何绘制？观察如图 4-7 所示的几个物体及其两面视图。

通过观察上面几个物体的直观图及其视图，可以得出如下结论：回转体同轴相交，其交线为垂直于公共回转轴线的圆，交线的三面投影为两线一圆。

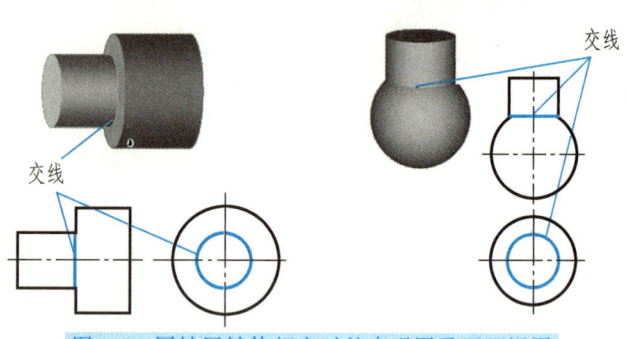

图 4-7　同轴回转体相交时的直观图及两面视图

常见两回转体同轴相贯的图例及其视图见表 4-1。

表 4-1　常见两回转体同轴相贯的图例及其视图

类型及说明	直观图上的空间交线	视图中的交线
圆柱面与球面同轴相贯（包括内孔圆柱面）	相贯线 平面圆	圆柱面与球面的相贯线／圆柱孔表面与球面的相贯线
圆柱面与圆台同轴相贯	相贯线 平面圆	圆柱面与圆台表面的相贯线
圆锥面与球面相交（同轴相贯）	相贯线 平面圆	球面与圆锥面的相贯线

(续)

类型及说明	直观图上的空间交线	视图中的交线
圆锥面与圆柱面的内孔表面相贯	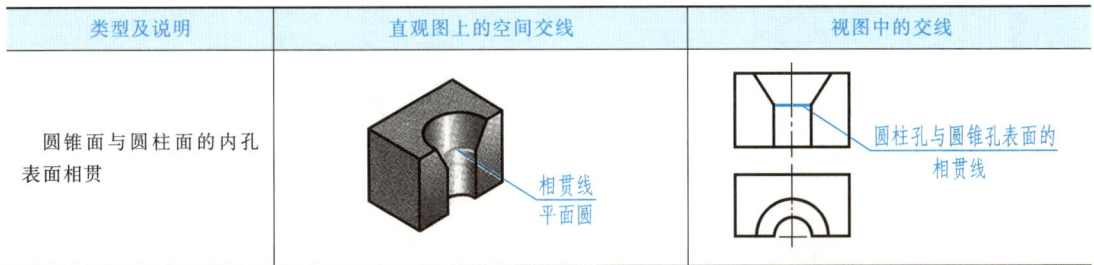 相贯线 平面圆	圆柱孔与圆锥孔表面的相贯线

课后思考

1) 图 4-1 所示基本体叠加时表面交线为平面曲线的情况有哪几种？举例说明。
2) 两平面立体叠加，在某一方向共面时，要画出分界线吗？举例说明。
3) 已知某物体左视图如图 4-8f 所示，试从图 4-8a～e 中选择正确的主视图。

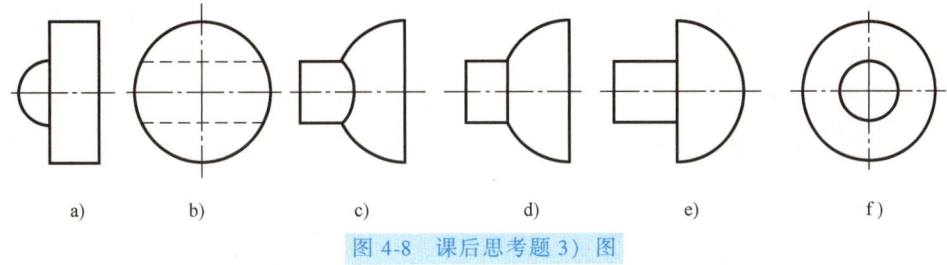

图 4-8　课后思考题 3) 图

课题二　绘制两正交回转体的三视图

从图 4-1f 所示的三通管模型及图 4-9 所示的塑料模具冷却水道的模型中可以看出，其组成都是由回转体轴线垂直相交（又称为正交）叠加而成的，它们的表面相交产生了一条封闭的空间表面交线，把它称为相贯线。前面已经学会了如何绘制圆柱的三视图，因此分析清楚相贯线的三面投影就可完成此类形体的三视图。

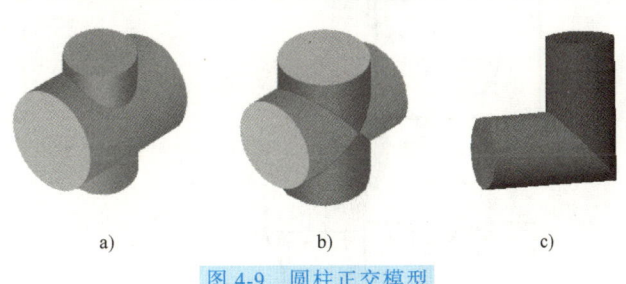

图 4-9　圆柱正交模型

相关知识

一、相贯线的投影分析

两圆柱面正交产生了一条封闭的空间表面交线，其直观图与投影分析如图 4-10 所示。

投影分析：两圆柱直径不同，轴线垂直相交（正交），其中横向大圆柱的轴线垂直于侧投影面，故大圆柱面侧面投影为圆；竖向小圆柱的轴线垂直于水平投影面，故小圆柱面的水平面投影为圆，即交线的水平投影与小圆柱面的投影重合（为整圆），交线的侧面投影与大

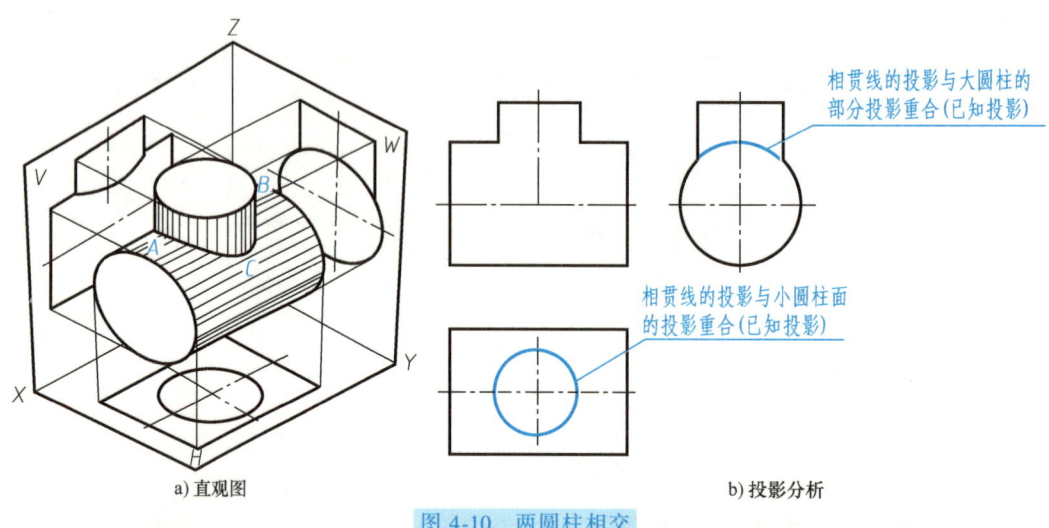

图 4-10 两圆柱相交

圆柱的侧面投影重合（为圆的一部分圆弧）。因此，相贯线的水平投影和侧面投影是已知的，如图 4-11a 所示，正面投影需通过作图求出。

因为相贯线前后对称，在其正面投影中，可见的前半部分与不可见的后半部分重合，且左右也对称。因此，可用表面取点法求作相贯线的正面投影，只需作出前面的一半。其作图步骤如下：

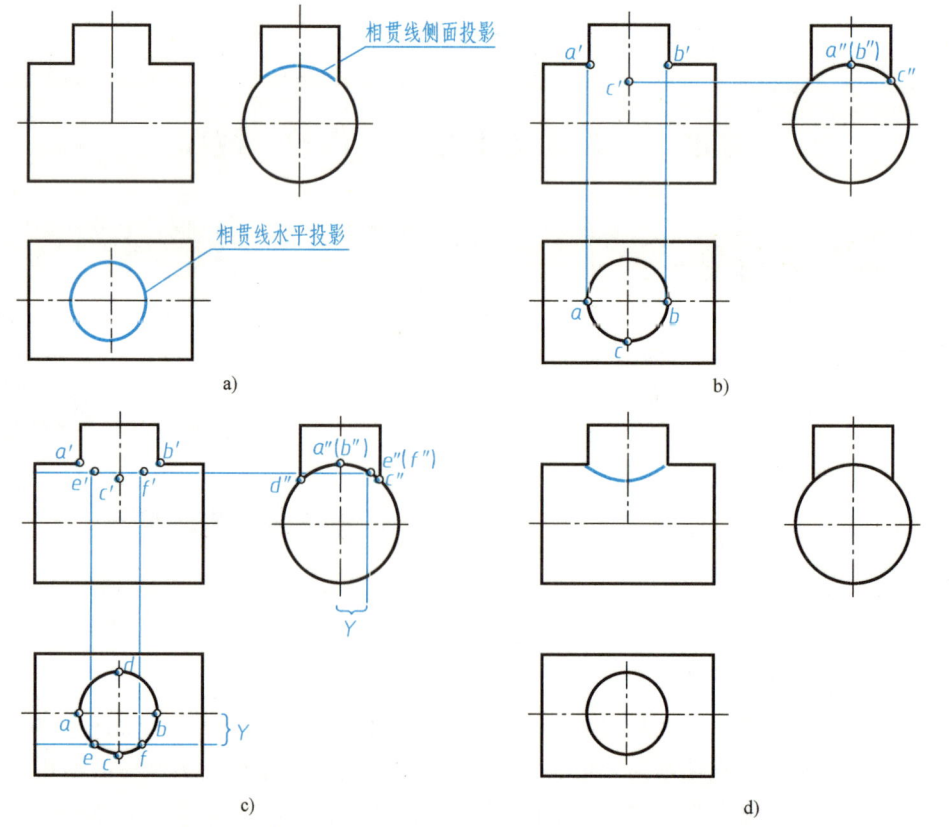

图 4-11 相贯线的作图步骤

1. 求特殊点

水平圆柱的最高素线与直立圆柱最左、最右素线的交点 A、B 是相贯线上的最高点,也是最左、最右点。a'、b'、a、b 和 a''、b'' 均可直接作出。点 C 是相贯线上的最低点,也是最前点,c'' 和 c 可直接作出,再由 c''、c 求得 c',如图 4-11b 所示。

2. 求中间点

利用积聚性,在侧面投影和水平投影上定出 e''、f'' 和 e、f,再作出 e'、f',如图 4-11c 所示。

3. 光滑连接 a'、e'、c'、f'、b',即为相贯线的正面投影,作图结果如图 4-11d 所示。

二、相贯线的简化作图

机械上两圆柱正交的实例是很多的,为了简化作图,国家标准规定,允许采用简化画法作出相贯线的投影,即以圆弧代替非圆曲线,具体作图方法如下:

1)分别做出两圆柱的三视图,找出两圆柱轮廓素线的交点(两交点之间的轮廓素线不画),如图 4-12a 所示。

2)以任一交点为圆心,以大圆柱的半径为半径画圆,交小圆柱轴线于两点,如图 4-12b 所示。

3)以远离大圆柱轴线的交点为圆心,以大圆柱的半径为半径,在两轮廓素线交点之间画弧即为相贯线,如图 4-12c 所示。

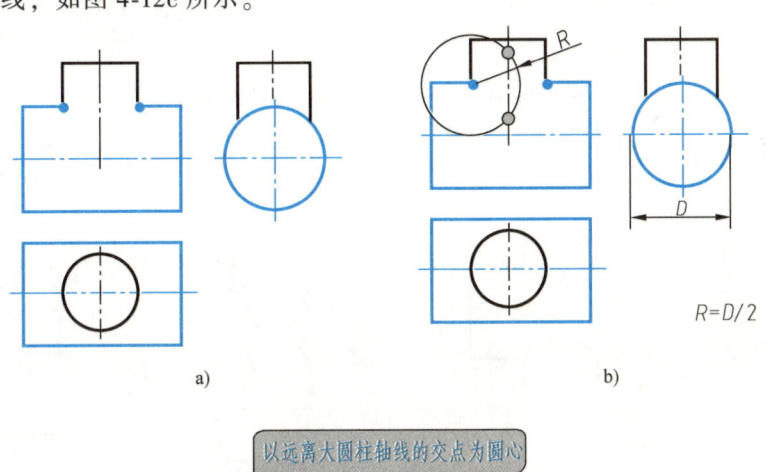

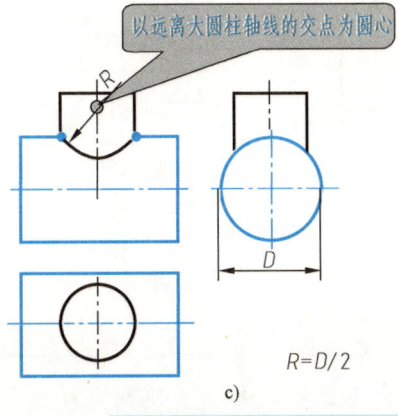

图 4-12 相贯线的简化画法

三、相贯线的类型分析

1）如图 4-13a 所示，若在水平圆柱上穿孔，就出现了圆柱外表面与圆柱孔内表面的相贯线。这种相贯线可以看成是直立圆柱与水平圆柱相贯后，再把直立圆柱抽去而形成的。

再如图 4-13b 所示，若要求作两圆柱孔内表面的相贯线，作图方法与求作两圆柱外表面相贯线的方法相同。

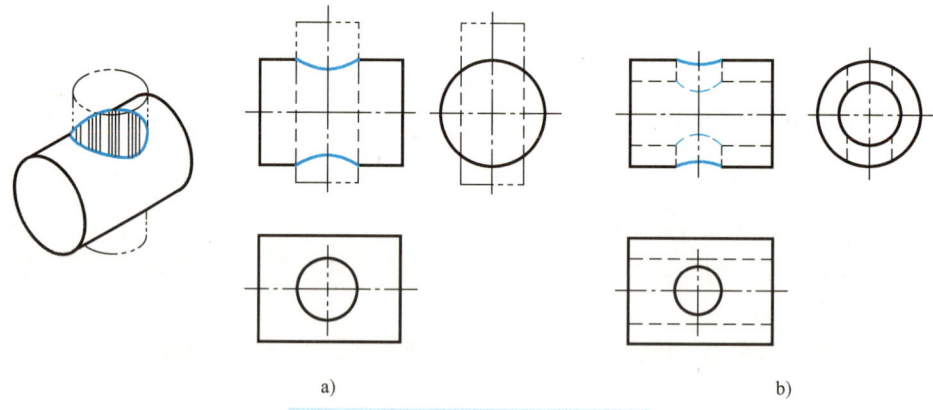

图 4-13 圆柱穿孔后相贯线的投影

2）当正交两圆柱的相对位置不变，而相对大小发生变化时，相贯线的形状和位置也将随之变化，具体变化见表 4-2。

表 4-2 不同直径时两圆柱的相贯线变化

尺寸变化	$D_1 > D_2$	$D_1 < D_2$	$D_1 = D_2$
三视图			
立体图			

从表 4-2 可看出，在相贯线的非积聚性投影上，当两圆柱直径不相等时，相贯线（圆弧）的弯曲方向总是朝向较大圆柱的轴线；当圆柱直径相等时，相贯线的投影为互相交叉

的直线（交点为两圆柱轴线的交点）。

【例1】 利用简化画法绘制图 4-9 所示的几种圆柱正交模型的三视图。

1）图 4-9a 所示不等径圆柱正交的三视图绘制步骤，如图 4-14 所示。

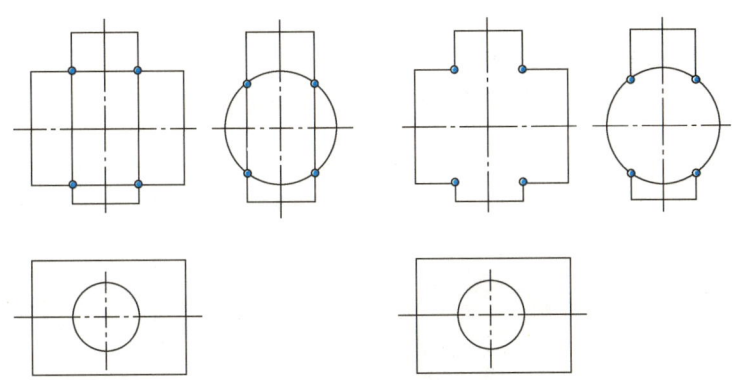

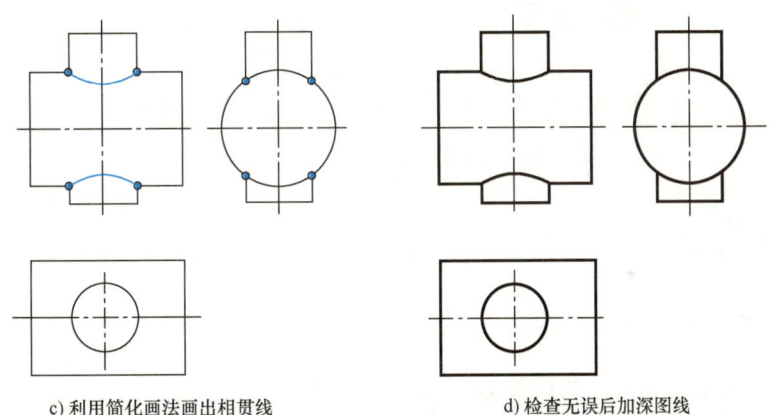

a) 画出两圆柱的三视图，找到其轮廓素线的交点　　b) 擦掉轮廓素线交点之间的轮廓素线

c) 利用简化画法画出相贯线　　d) 检查无误后加深图线

图 4-14　不等径圆柱正交的三视图绘制步骤

2）图 4-9b 所示等径圆柱正交的三视图，如图 4-15 所示。（相贯线正面投影为交叉直线）

3）图 4-9c 所示正交圆柱的三视图，如图 4-16 所示。

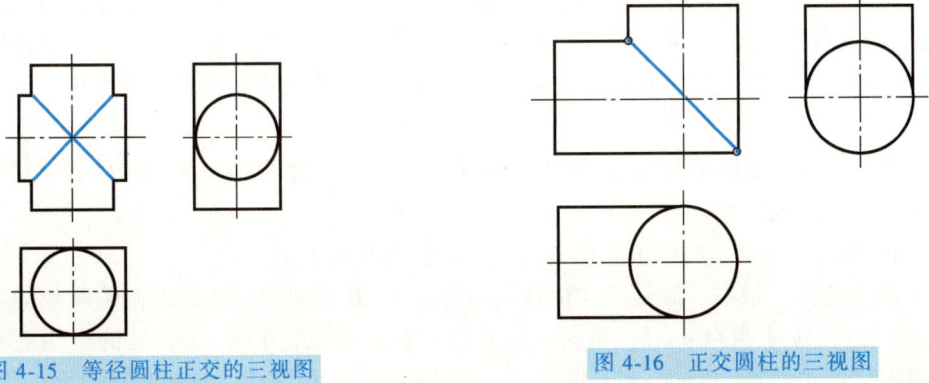

图 4-15　等径圆柱正交的三视图

图 4-16　正交圆柱的三视图

【例2】 如图4-17a所示，竖向圆柱孔与外圆柱面相贯（不等径），同时还与横向内孔相贯（等径）。画出相贯线的三视图。

（1）相贯线的形状分析 竖孔与外圆柱面的相贯线为空间曲线；与横向内孔的相贯线为平面椭圆。

（2）相贯线的视图特征 在主视图（非圆视图）上，外圆柱相贯线为圆弧，用近似画法；内孔相贯线为积聚直线，用虚线绘制。被挖掉的轮廓素线应擦去，如图4-17b所示。

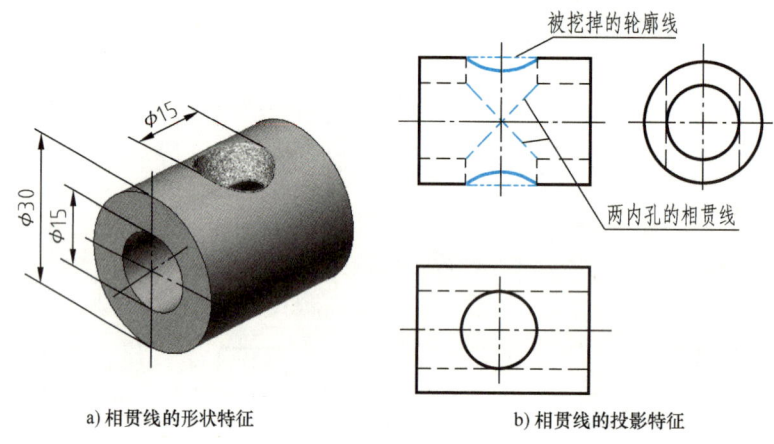

a）相贯线的形状特征　　　　b）相贯线的投影特征

图4-17 轴线垂直相交的圆柱综合相贯示例

知识拓展

一、圆柱与圆锥正交相贯

1. 辅助平面法求作相贯线的投影

如图4-18a所示为一圆台和圆柱正交相贯，其相贯线为左右、前后对称的封闭形空间曲线，相贯线的侧面投影为已知投影，相贯线的正面和水平面投影应求作。

当已知相贯线只有一个投影有积聚性，或投影都没有积聚性，无法利用积聚性表面取点法求作相贯线上的点时，可采用辅助平面法求得。

用假想辅助平面在两回转体交线范围内同时截切两回转体，得两组交线的交点，即为相贯线上的点。如图4-18b所示，用辅助水平面 P 同时截切圆台和圆柱，圆台面上的圆交线和圆柱面上的直交线相交于点 E、G、H、F（为相贯线上的点），这些点既在辅助平面上，又在两回转体表面上，是三面的共有点。因此，利用三面共点原理可以作出相贯线一系列点的投影。

为了简化作图，辅助平面可选用投影面平行面，以使辅助平面与两回转体截交线的投影简单易画（如直线或圆）。

图4-18所示的圆台与圆柱正交相贯的相贯线作图步骤如下：

（1）求特殊点 最左、最右点（也是最高点）A、B 是圆台与圆柱正面轮廓线的相交点 a′、b′，由点 a′、b′求得点 a、b；最前、最后点（也是最低点）C、D，是圆台侧面轮廓线与圆柱面相交点 c″、d″，由 c″、d″求得点 c′（d′）和点 c、d，如图4-19b箭头所示。

单元四 基本体叠加的三视图

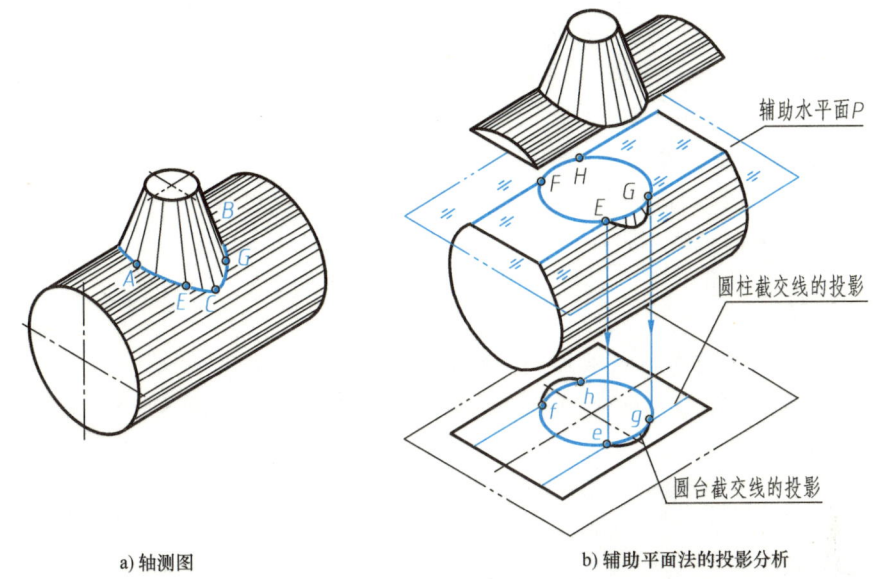

a) 轴测图　　　　　　　　　　　　　　b) 辅助平面法的投影分析

图 4-18　用辅助平面法作相贯线

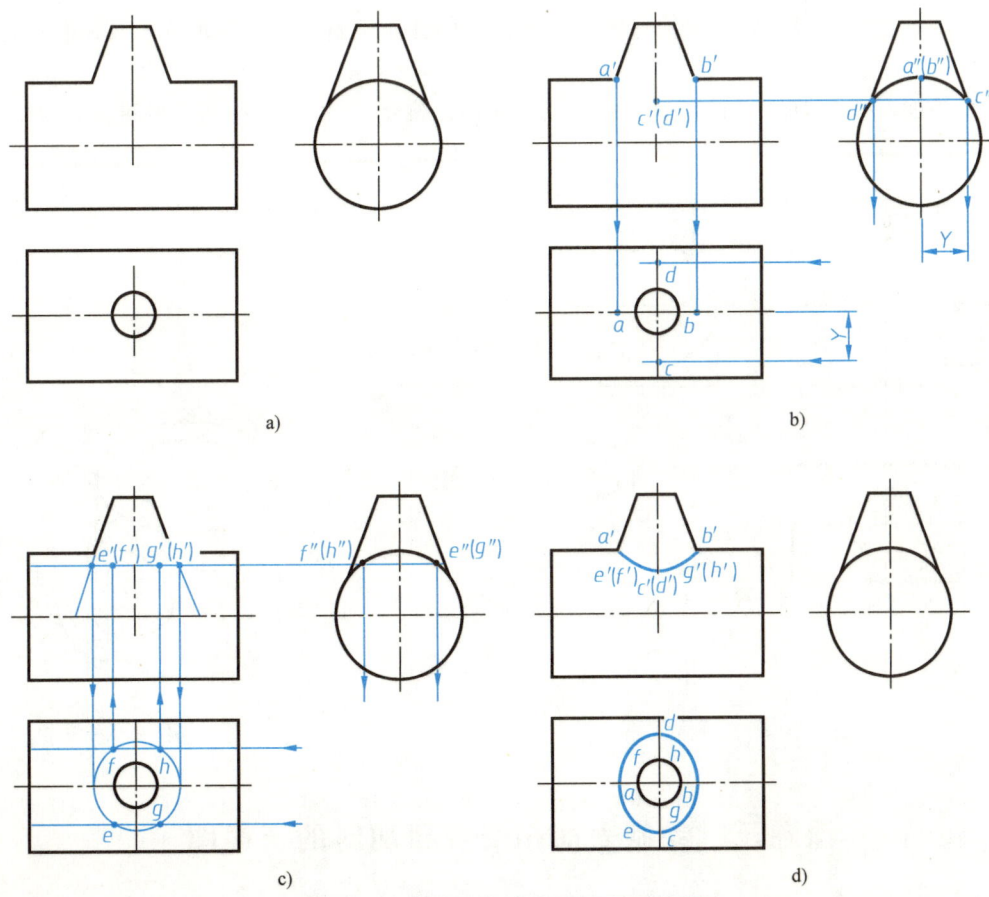

图 4-19　圆台和圆柱正交相贯的相贯线

（2）求一般点 按图 4-18b 所示作辅助水平面 P，求得水平投影的辅助交线圆与两直线的交点 e、f、g、h，再求得点 $e'(f')$、$g'(h')$，如图 4-19c 箭头所示。

（3）连接曲线、判断可见性 把各点同名投影按顺序连成曲线，水平投影相贯线可见，正面投影相贯线可见和不可见部分重合，如图 4-19d 所示。

2. 模糊画法表示相贯线

为了简化作图，国家标准规定，在不致引起误解时，可以采用模糊画法表示圆台和圆柱的相贯线，如图 4-20 所示。

二、过渡线

在工业生产中，用铸造或锻造加工而成的零件，由于工艺上的要求，两表面相交处用曲面光滑连接，所以两表面的轮廓线不是很明显，这种表面交线称为过渡线。

过渡线的线型用细实线，其画法与表面交线画法相同，但其两端不与轮廓线接触，如图 4-21 所示。

课后思考

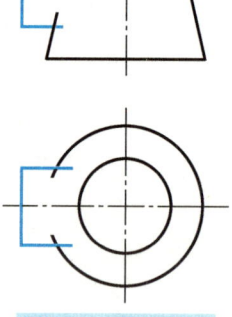

图 4-20 模糊画法

1）简述两圆柱正交相贯时其相贯线的简化作图步骤。

2）两圆柱正交相贯除了圆柱外表面与外表面相贯外，还有哪几种情况？其简化作图方法一样吗？

3）根据图 4-22 所示两圆筒垂直相贯的轴测图，按 1∶1 的比例绘制三视图。

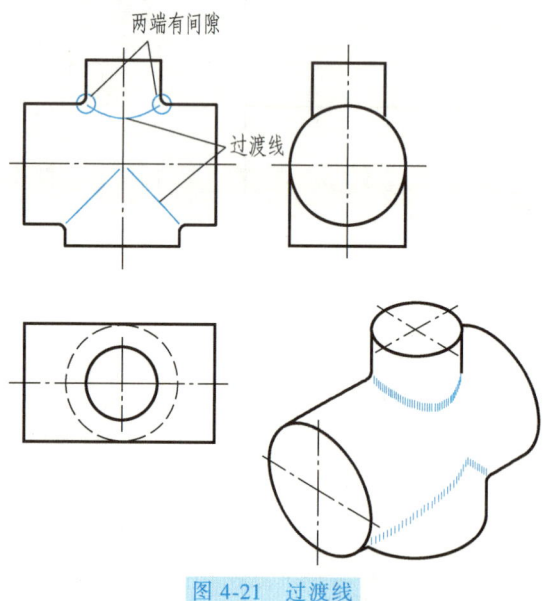

图 4-21 过渡线

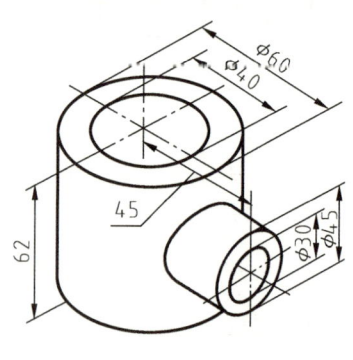

图 4-22 两圆筒垂直相贯

课题三 绘制表面相交或相切时的三视图

如图 4-23 所示，齿轮通过键与轴连接在一起。键连接是通过键实现轴和轴上零件间的周向固定，以传递运动和转矩的。轴上的键槽一般是在铣床上加工而成的。

图 4-24 所示的模型体可以看作是抽象化的带键槽的轴，由图可知，键槽部分的两端为半圆形孔，中间为长方形槽，因此键槽部分与半圆柱的表面交线就由两部分组成：一部分为两端的半圆孔与半圆柱相交产生的相贯线；另一部分是长方形槽与半圆柱相交产生的交线。前者在课题二中已经研究过，本课题将通过研究如何绘制长方体与圆柱叠加时的表面交线来完成轴上键槽的视图绘制。

图 4-23 键连接轴测分解图

图 4-24 带键槽的半圆柱

相关知识

图 4-25 所示的几何体均为平面体与回转体相交，且平面体均放置在回转体的半径方向上，此时其表面交线也是一空间曲线（由直线和圆弧围成）。根据平面体表面与回转面连接情况不同，可分为表面相交（图 4-25a、b）和表面相切两种情况（图 4-25c、d）。

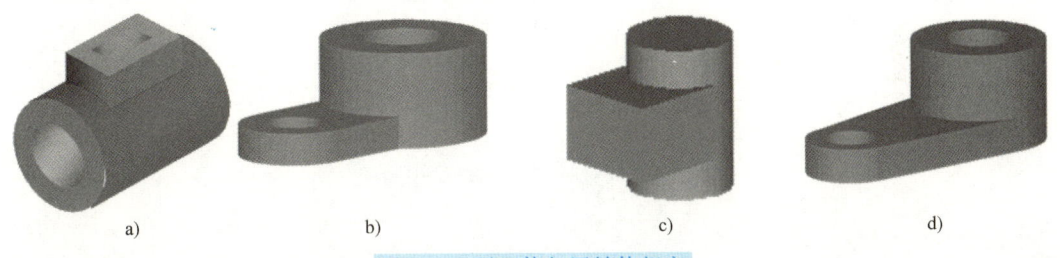

a)　　　　　　b)　　　　　　c)　　　　　　d)

图 4-25 平面体与回转体相交

一、表面相交的投影作图

投影分析：如图 4-26a 所示，长方体和圆柱相交时，其表面交线为由直线和圆弧组成的空间曲线。横向圆柱的轴线垂直于侧投影面，圆柱面侧面投影为圆；长方体的水平面投影为矩形。相贯线的水平投影与长方体的投影重合（为一矩形），相贯线的侧面投影与大圆柱的侧面投影重合（为圆的一部分圆弧）。因此，相贯线的水平投影和侧面投影是已知的，正面投影需可通过投影规律作图求出。如图 4-26b 所示，作图时注意：圆柱面的轮廓素线消失，不应画出。

课堂讨论

如图 4-27a 所示，若在水平圆柱上穿方孔，其表面交线怎么画？

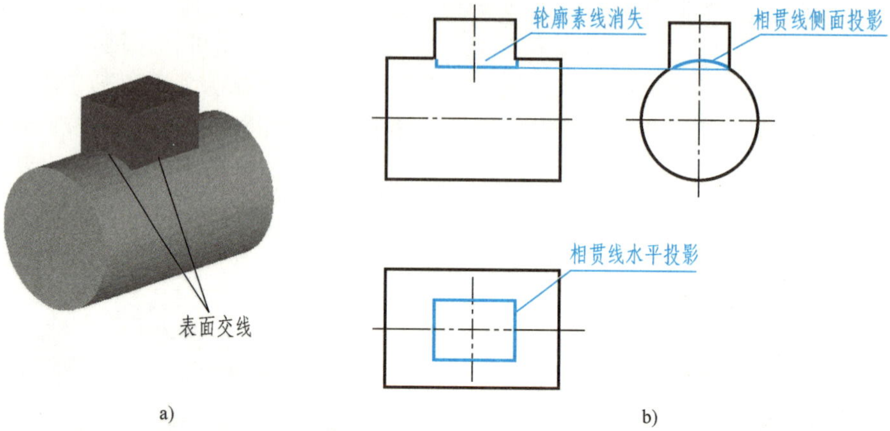

图 4-26 表面相交时的投影分析

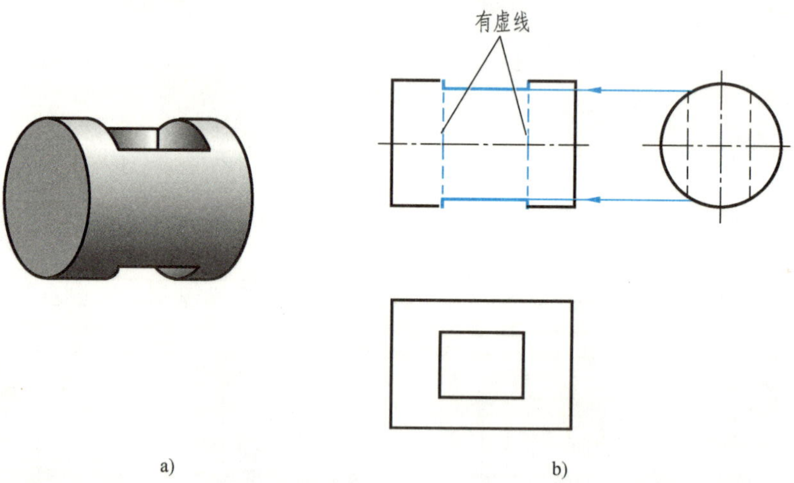

图 4-27 圆柱穿方孔后的交线画法

> **提示**
> 圆柱穿方孔后就出现了圆柱外表面与方孔内表面的交线，只要形体大小和相对位置一致，其交线是完全相同的。但要注意的是，圆柱穿方孔后的轮廓素线已被切除，如图 4-27b 所示。

二、表面相切时的投影作图

如图 4-28 所示的几何体由 U 形部分和一圆筒组成，且 U 形部分的前后两表面与圆柱面是光滑过渡（相切）的。

投影分析：因为 U 形部分前后表面与圆柱相切，所以两表面之间的交线不必画出，作图时只需画出 U 形部分上表面与圆柱面的交线即可，如图 4-28 所示。因为该表面与 H 面平行，所以水平投影反映实形，其正面、侧面投影积聚成直线，直线的长度由上表面与圆柱面相切的切点决定，如图 4-28 中标出的点（前后各一个）。

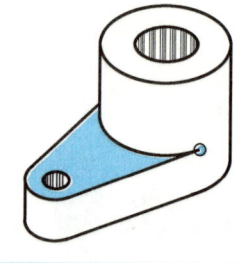

图 4-28 表面相切立体图

该几何体的三视图具体作图步骤如图 4-29 所示。

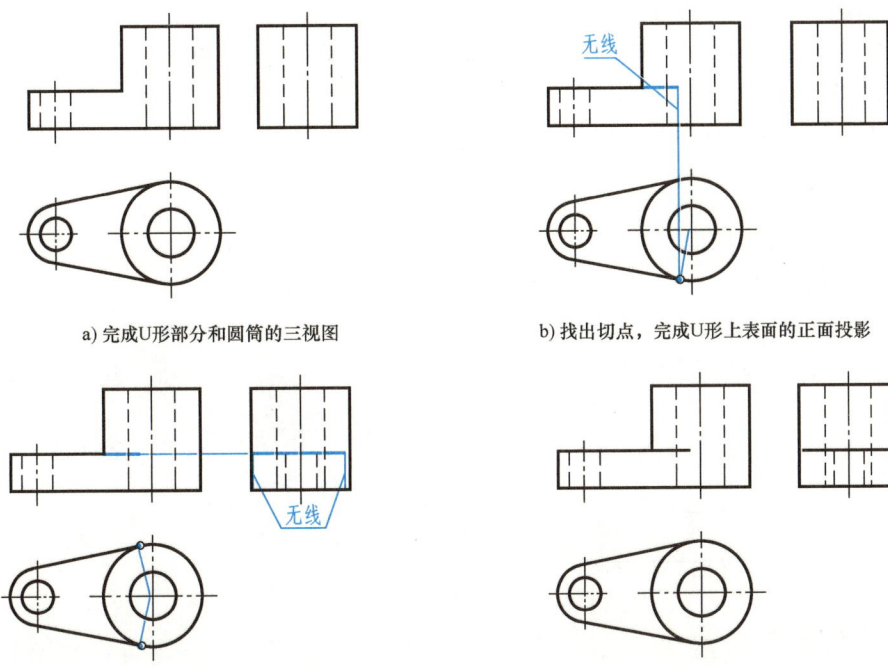

a) 完成U形部分和圆筒的三视图

b) 找出切点，完成U形上表面的正面投影

c) 由俯视图确定两切点间的距离，根据宽相等完成U形上表面的侧面投影

d) 擦掉多余图线，完成几何体的三视图

图 4-29　三视图作图步骤

【例1】　完成图 4-24 所示模型体的三视图，具体作图步骤如图 4-30 所示。

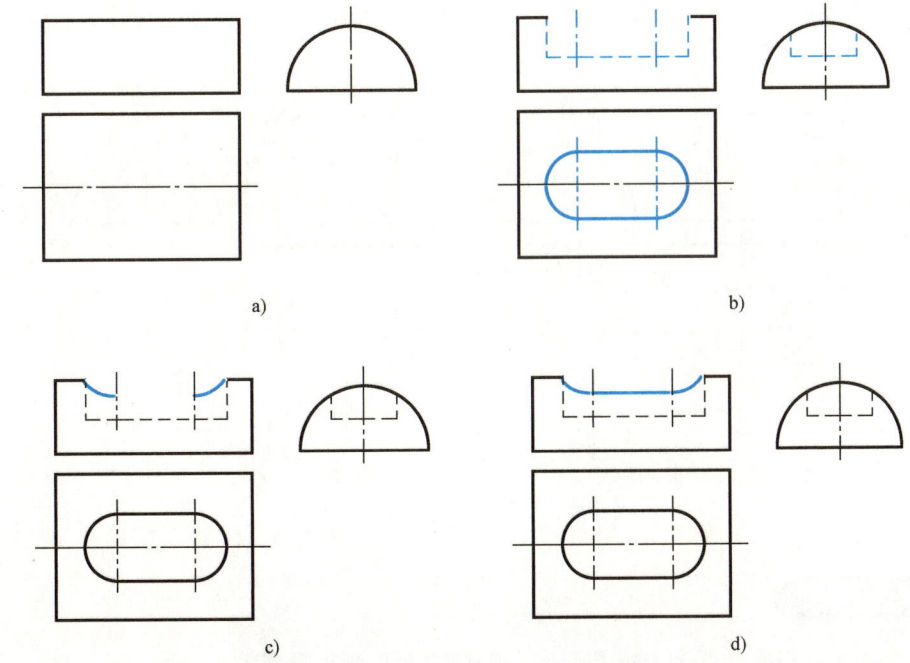

a)　　　　　　　　　　　　　b)

c)　　　　　　　　　　　　　d)

图 4-30　带键槽的半圆柱三视图的绘制步骤

1）作出半圆柱的三视图，如图 4-30a 所示。
2）在圆柱三视图上作键槽的三面投影，如图 4-30b 所示。
3）利用简化方法画出键槽两端的半圆孔与半圆柱相交产生的相贯线，如图 4-30c 所示。
4）绘制中间长方孔与半圆柱相交产生的交线，如图 4-30d 所示。

【例 2】 如图 4-31a 所示，根据给定的三视图，想象几何体形状，并补画视图中所缺的图线。

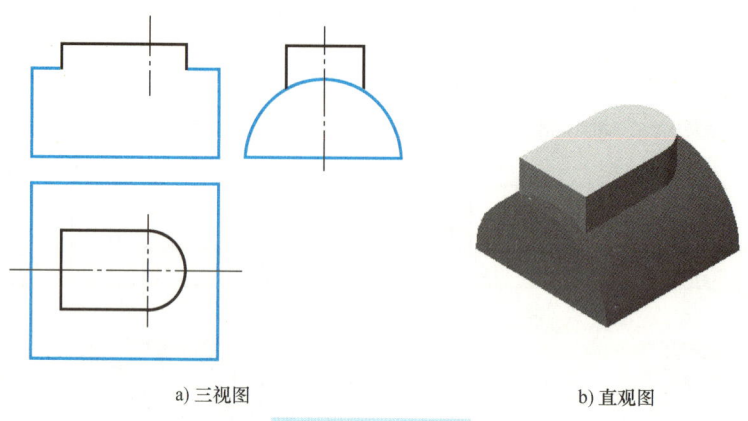

a）三视图　　　　　　　　　　　　　　b）直观图

图 4-31　补线练习

形状分析：由三视图中的投影对应关系可知，最大线框对应几何体为半圆柱。由小线框三面投影形状（水平投影为形状特征视图）对应关系可知，其空间形状为 U 形几何体。由两部分位置关系，最终得到该几何体的立体形状如图 4-31b 所示。

视图分析：U 形部分左端为长方体，右端为半圆柱。所以，与大半圆柱的相贯线就由两段组成：一段是长方体与圆柱相交，另一段为圆柱与圆柱相交。而相贯线的水平投影和侧面投影是已知的，所以需要补画的是主视图中的相贯线部分。具体作图步骤如图 4-32 所示。

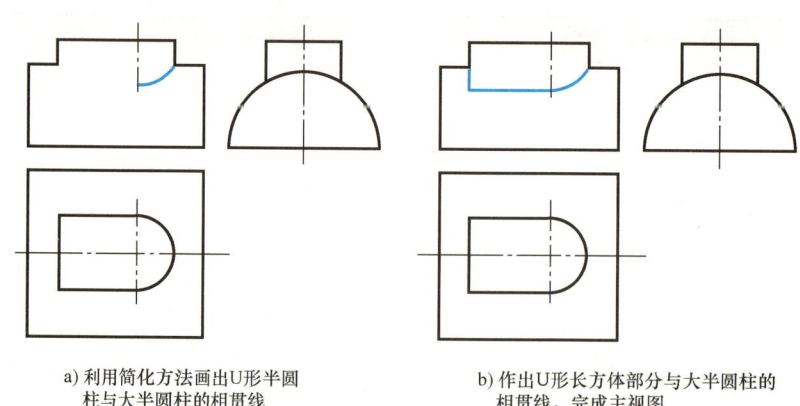

a）利用简化方法画出U形半圆　　　　b）作出U形长方体部分与大半圆柱的
　柱与大半圆柱的相贯线　　　　　　　相贯线，完成主视图

图 4-32　主视图相贯线的补画步骤

课后思考

1）两基本体表面相交和表面相切时，哪种情况要画出分界线？
2）根据图 4-25b，检查图 4-33 所示的两视图中是否漏线。

3）根据图 4-25c，判断图 4-34 所示的两视图是否正确。

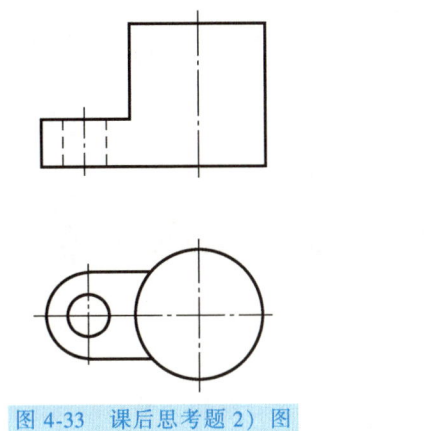

图 4-33　课后思考题 2）图

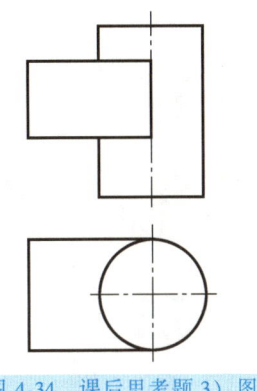

图 4-34　课后思考题 3）图

单 元 总 结

基本体叠加是形成较复杂零件的一种最基本形式，本单元根据基本体的分类把基本体叠加划分为平面体与平面体叠加、曲面体与曲面体叠加、平面体与曲面体叠加三种情况。根据叠加时产生的表面交线不同，划分为平面曲线和空间曲线两种情况，针对分类情况，本单元共设置了以下三个课题：

1. 绘制表面交线为平面曲线的视图

1）平面体与平面体叠加，其表面交线为多边形，画图时要注意两几何体表面在某一方向上是否共面，是否画出分界线。

2）平面体放置在曲面体的轴线方向上，其表面交线为多边形或圆形，画图时要画出两者的分界线。

3）曲面体同轴相贯，其表面交线为圆形，画图时要画出两曲面体的分界线。

2. 绘制两正交回转体的三视图（以最常见的两圆柱为例）

两圆柱（孔）正交时，其表面交线为空间曲线，相贯线的投影可采用表面取点法求出，为绘图方便，可采用简化画法，绘图步骤如下：

以大圆柱（孔）的半径为半径，在小圆柱（孔）的轴线上找圆心，向着大圆柱（孔）的轴线方向弯曲画弧。

3. 绘制表面相交或相切时的视图（平面体放置在曲面体的半径方向上）

无论相交还是相切，其表面交线都是空间曲线，但要注意相交时两表面间要画出交线，而相切时两表面间无分界线。

分析清楚基本体叠加时表面交线的性质并掌握其画法，可以快速准确地绘制基本体叠加时的三视图，进一步提高空间思维和想象能力，为后面组合体三视图的学习打下坚实的基础。

单元五
轴测图

知识引入

由图 5-1a 看出应用三视图表达物体，可以将物体的各部分形状完整、准确地表达出来，而且度量性好，作图方便，因而在工程上得到了广泛应用。但这种图缺乏立体感，直观性差，初学者在想象物体的形状时会倍感困难，无从下手。而图 5-1b 所示的轴测图则能同时反映物体长、宽、高三个方向的形状，具有较强的立体感和较好的直观性。若表达物体时能同时给出这两种图形，则读懂三视图的难度将会大大降低。因此，轴测图被广泛地应用于设计构思、产品介绍、帮助读图及进行外观设计等，也是工程技术人员必备的知识技能之一。

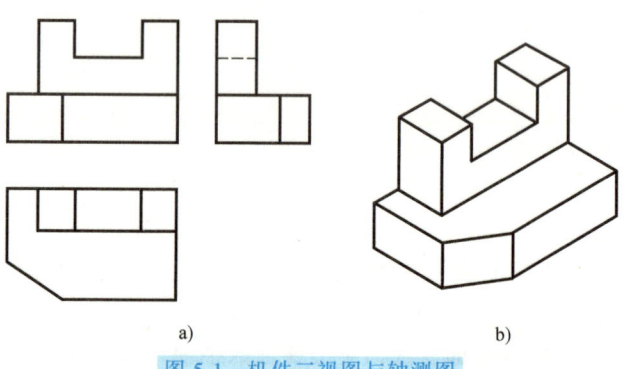

图 5-1　机件三视图与轴测图

本单元将在前面三视图的基础上，主要介绍轴测投影图（简称轴测图）的概念、有关的名词解释、轴测投影的基本性质，以及如何根据三视图来绘制轴测图，为后面绘制和读懂更复杂物体的三视图奠定基础。

学习目标

1) 了解轴测投影的基本概念、特性及常用的轴测图种类。
2) 掌握正等测图的绘制方法和步骤。
3) 了解斜二测图的应用和画法。
4) 了解轴测草图的绘制方法和步骤。

能力目标

1) 学会用坐标法、切割法、叠加法绘制平面体的正等测图。
2) 学会绘制回转体及切割体的正等测图。
3) 学会斜二测图的绘制方法。
4) 能够根据三视图快速绘制轴测草图。

课题一 轴测投影的基本知识

三视图是用正投影法将物体向三个相互垂直的投影面投射所得到的视图,它能较完整、准确地表达物体的结构形状,且作图简单,是工程图上采用的基本方法。但三视图缺乏立体感,为帮助看图,工程上常用立体感较强的轴测图作为辅助图样。

轴测图像三视图一样,也是将物体向投影面投射所得到的图形,根据投射方向和投影面的相对关系,可以得到多种轴测图。

一、轴测投影(轴测图)的形成

将物体连同其参考直角坐标系,沿不平行于任一坐标面的方向,用平行投影法投射在单一投影面上所得到的具有立体感的图形,称为轴测投影,简称轴测图,如图5-2所示。

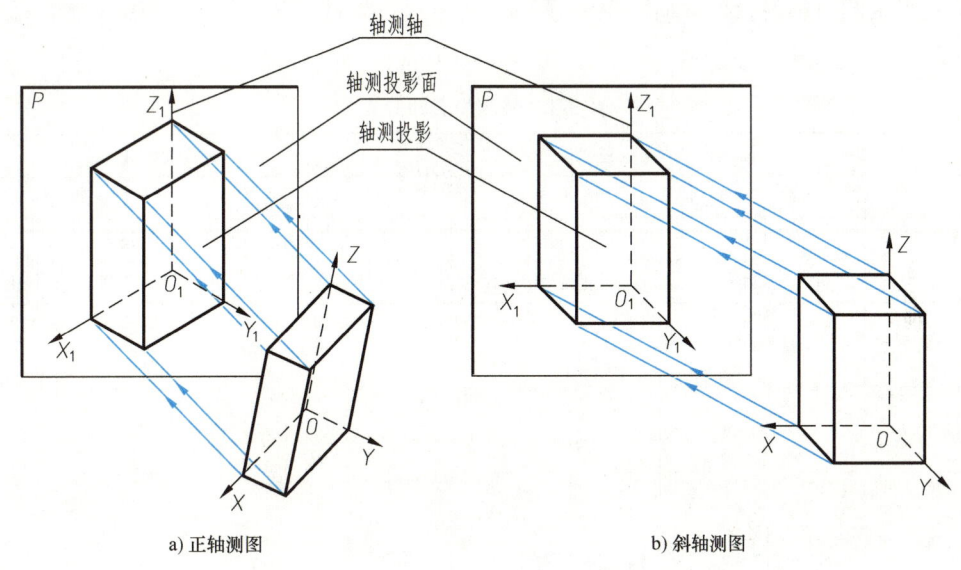

a) 正轴测图　　　　　　　　　　　b) 斜轴测图

图5-2 轴测图的形成及分类

二、轴测图的基本概念

1) 轴测投影面。形成轴测投影的单一投影面,称为轴测投影面。
2) 轴测轴。参考直角坐标系中的坐标轴在轴测投影面上的投影,称为轴测轴。
3) 轴间角。轴测投影图中,两轴测轴之间的夹角,称为轴间角。
4) 轴向伸缩系数。轴测轴上的单位长度与相应空间直角坐标轴上的单位长度的比值,称为轴向伸缩系数。X向、Y向、Z向的伸缩系数分别用p_1、q_1、r_1表示,简化系数分别用p、q、r表示。
5) 轴向线段。轴测图中,平行于轴测轴的线段称为轴向线段。

三、轴测投影的基本性质

由于轴测图是根据平行投影法绘制出来的，因此它具有平行投影的基本特性，其主要投影特性如下：

（1）平行性　物体上相互平行的直线，在轴测图上仍然平行；凡与坐标轴平行的直线，在轴测图上必与轴测轴平行。

（2）等比性　沿着轴线方向的尺寸可根据轴向伸缩系数直接测量画出（"轴测"之名由此而来）。

提示

画轴测图时，应利用这两个投影特性作图。但对物体上那些与坐标轴不平行的线段（非轴向线段），就不能应用等比性量取长度，而应用坐标法求出直线两端点，然后连成直线。

四、轴测投影（轴测图）的分类

按获得轴测投影的投射方向对轴测投影面的相对位置的不同，轴测投影可分为两大类，见表 5-1。

表 5-1　轴测投影的分类

特性	正轴测投影			斜轴测投影		
	投射线与轴测投影面垂直			投射线与轴测投影面倾斜		
轴测类型	等测投影	二测投影	三测投影	等测投影	二测投影	三测投影
简称	正等测图	正二测图	正三测图	斜等测图	斜二测图	斜三测图
应用举例 - 伸缩系数	$p_1 = q_1 = r_1 = 0.82$	$p_1 = r_1 = 0.94$ $q_1 = p_1/2 = 0.47$		$p_1 = r_1 = 1$ $q_1 = 0.5$		
应用举例 - 简化系数	$p = q = r = 1$	$p = r = 1$ $q = 0.5$		无		
应用举例 - 轴间角	120°/120°/120°	≈97°/131°/132°	视具体要求选用	90°/135°/135°	视具体要求选用	视具体要求选用
应用举例 - 例图	立方体 L×L×L	立方体 L×L/2×L	视具体要求选用	立方体 L/2×L×L	视具体要求选用	视具体要求选用

1. 正轴测图

参考直角坐标系倾斜于轴测投影面，投射线与轴测投影面垂直（正投影法），如图 5-2a 所示。根据轴向伸缩系数的不同，正轴测图又分为以下三类：

（1）正等轴测图　轴向伸缩系数 $p=q=r$。

（2）正二等轴测图　轴向伸缩系数 $p=r\neq q$。

（3）正三等轴测图　轴向伸缩系数视具体要求选用。

2. 斜轴测图

参考直角坐标系中的 XOZ 坐标面平行于轴测投影面，投射线与轴测投影面倾斜（斜投影法），如图 5-2b 所示。根据轴向伸缩系数的不同，斜轴测图又分为以下三类：

（1）斜等轴测图　轴向伸缩系数 $p=q=r$

（2）斜二等轴测图　轴向伸缩系数 $p_1=r_1\neq q_1$。

（3）斜三等轴测图　轴向伸缩系数视具体要求选用。

绘制物体的轴测图时，先要确定轴测轴，然后再以轴测轴为基准来绘制轴测图。按照国家标准，为便于作图，常采用正等轴测图和斜二等轴测图，简称正等测图和斜二测图。

五、绘制轴测图的方法和步骤

1）根据物体形状特点，确定轴测轴及轴间角，并确定轴测轴在物体上的位置和方向。轴测轴一般设置在形体本身某一特征位置的线上，可以是主要棱线、对称中心线、轴线等，如图 5-3 所示。

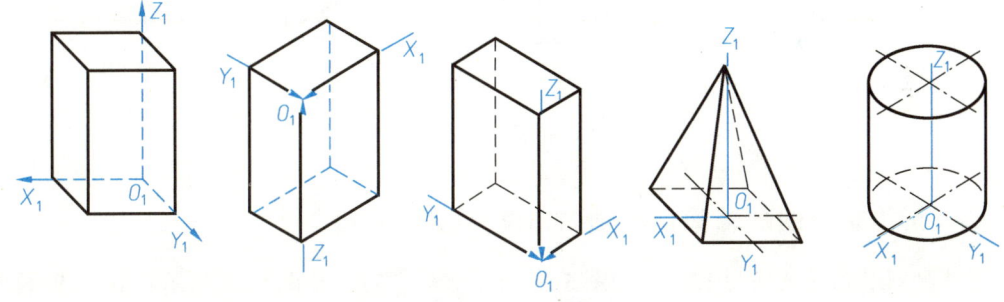

图 5-3　轴测轴的设置

2）分析并绘制物体上各线段。若为轴向线段，则绘图时可乘以相应的轴向伸缩系数先绘制；若为非轴向线段可根据两端点的位置来确定。

3）检查无误后，擦去多余图线，加深可见轮廓线，不可见轮廓线可画虚线或不画。

课后思考

1）什么是轴测图？
2）轴测图利用了什么投影法？
3）什么是轴间角？
4）什么是轴向伸缩系数和轴向线段？
5）轴测投影有什么性质？
6）轴测图分哪两大类？

课题二 绘制正等轴测图

由表 5-1 可知,正等轴测图直观性较好,立体感较强,简化系数 $p=q=r=1$,因此度量比较方便,适用于大多数物体。

一、正等轴测图的形成

将物体上三根坐标轴置于与轴测投影面具有相同的倾角的位置,然后用正投影法向轴测投影面投射所得的轴测图,称为正等轴测图,简称正等测图。

如图 5-4a 所示,正方体的正面置于平行于轴测投影面的位置,然后按图 5-4b 所示的位置绕 Z 轴旋转 45°,再按图 5-4c 所示的位置把正方体向正前方旋转 35°,然后按正投影法向轴测投影面投射,即可得到图 5-4d 所示的正方体的正等轴测图。

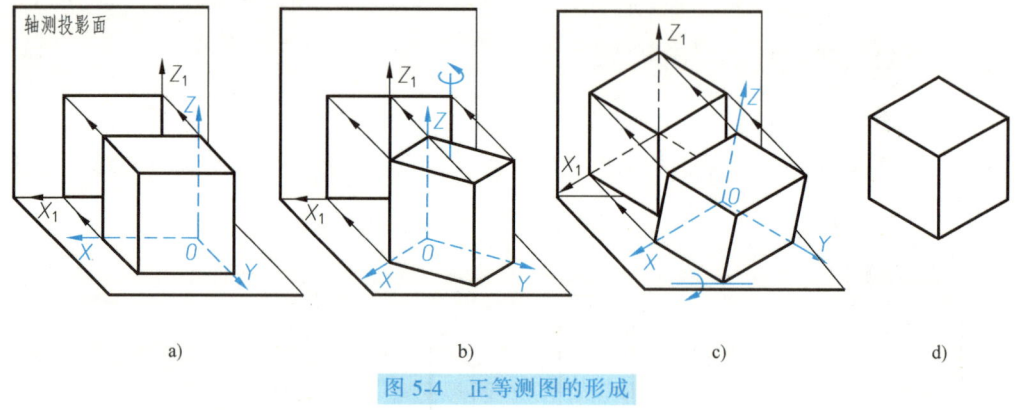

图 5-4 正等测图的形成

二、正等轴测图的轴间角和轴向伸缩系数

正等测图的轴间角均为 120°,如图 5-5a 所示。作图时,按图 5-5b 所示将 O_1Z_1 轴画成垂直位置,将 O_1X_1 和 O_1Y_1 轴画成与水平线夹角为 30°。

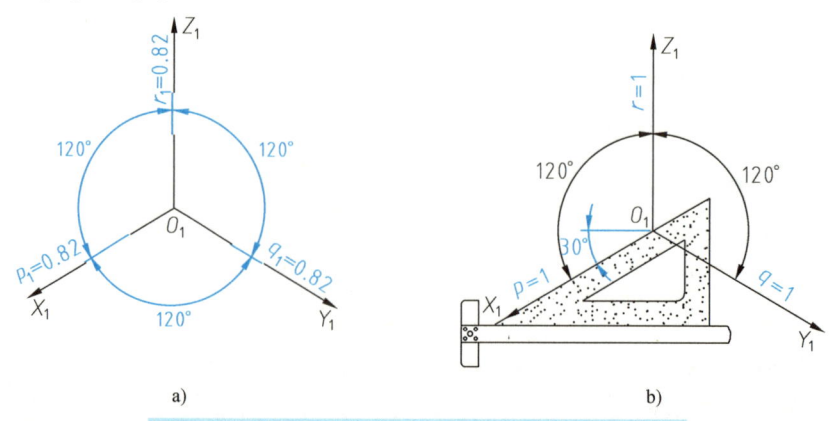

图 5-5 正等测图的轴测轴、轴间角和轴向伸缩系数

由于三个坐标轴与轴测投影面的倾角相等，因此三根轴的轴向伸缩系数相等，即 $p_1 = q_1 = r_1 \approx 0.82$。为了作图方便，把轴向伸缩系数简化为 $p = q = r = 1$，即凡是轴向线段均按实长量取，这样可以使绘图简便。

三、根据视图绘制正等轴测图

1. 平面体的正等测图画法

（1）坐标法　将物体上各点的直角坐标位置移置于轴测坐标系中，定出各点的轴测投影，然后按可见性连接各顶点，这种作图方法称为坐标法。它是画轴测图的基本方法。

【例1】　根据长方体的主、俯视图，用坐标法作其正等测图，具体步骤见表5-2。

表 5-2　长方体正等测图画法

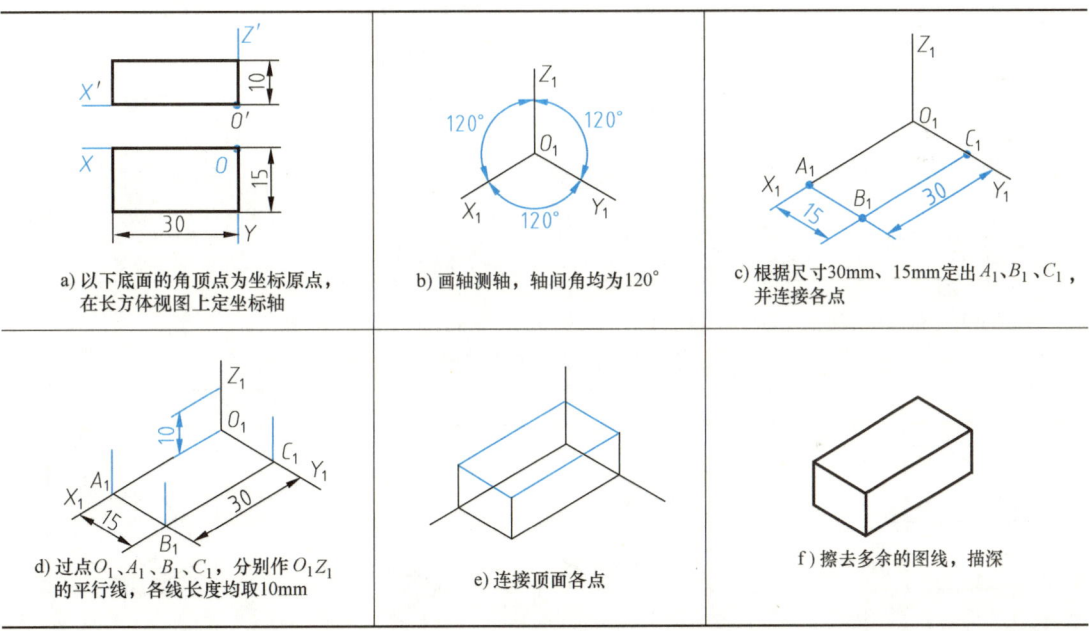

【例2】　根据正六棱柱的主、俯视图，用坐标法作其正等测图，具体步骤见表5-3。

表 5-3　正六棱柱正等测图画法

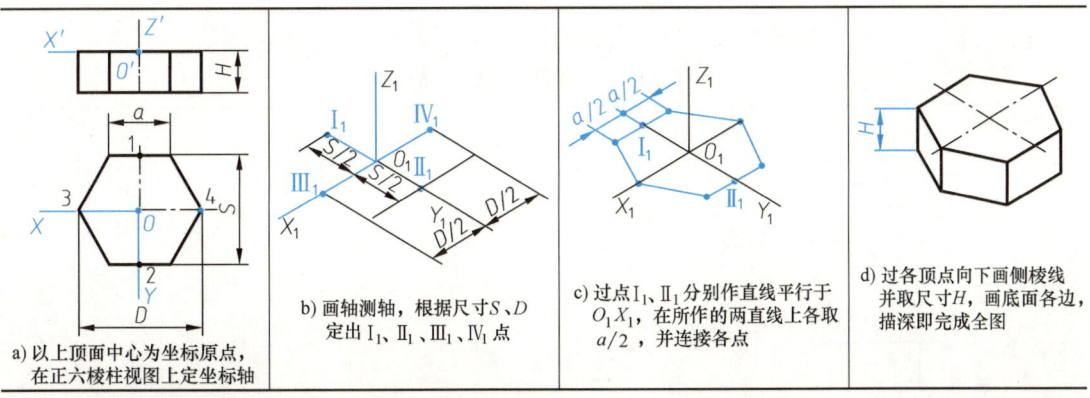

【例3】　根据正三棱锥的主、俯视图，用坐标法作其正等测图，具体步骤见表5-4。

提示

利用坐标法绘制物体的轴测图时,首先要确定坐标原点在物体上的位置,选择原则是方便作图。

(2)切割法 先画出完整基本体的轴测图(通常为长方体,所以又称为方箱法),然后在其上进行切割作图,按其结构特点逐个切去多余部分,最后完成形体的轴测图,这种作图方法称为切割法。

表 5-4 正三棱锥正等测图画法

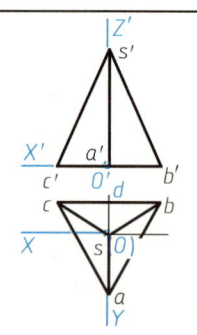	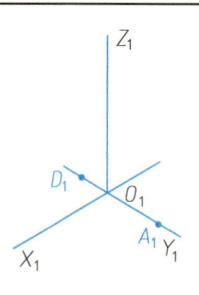	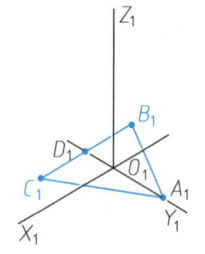	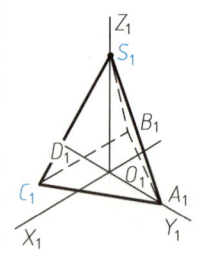
a) 以底面中心为坐标原点,在正三棱锥视图上定坐标轴	b) 画轴测轴,在 O_1Y_1 轴上定出点 $A_1、D_1$ ($A_1O_1=ao$、$D_1O_1=do$)	c) 过点 D_1 作直线平行于 O_1X_1,在直线上确定点 $B_1、C_1$ ($B_1C_1=bc$),并连接底面各点	d) 在 O_1Z_1 取点 S_1 ($S_1O_1=so$),连接各顶点,判断可见性并描深,完成全图

【例 4】 根据三视图,用切割法作出压块的正等测图,具体步骤见表 5-5。

表 5-5 压块正等测图画法

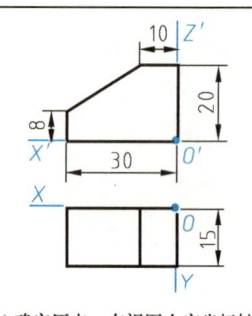	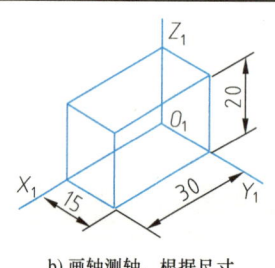	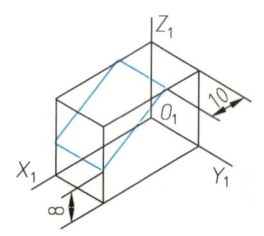	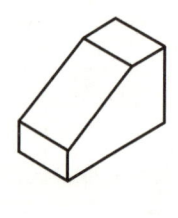
a) 确定原点,在视图上定坐标轴	b) 画轴测轴,根据尺寸 30、20、15 画出原来的整体形状—长方体的正等测	c) 根据尺寸 10、8 定出斜面的四个顶点,依次连接各点	d) 擦去多余的作图线,描深即完成全图

【例 5】 根据主、俯视图,用切割法做出支架的正等测图,具体步骤见表 5-6。

表 5-6 支架正等测图画法

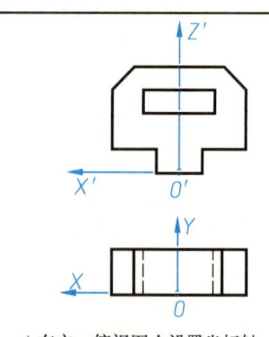	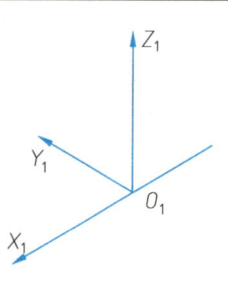	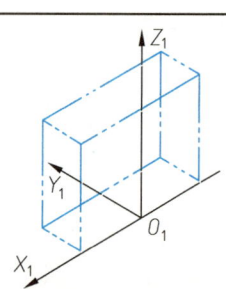
a) 在主、俯视图上设置坐标轴	b) 画轴测轴	c) 按物体的总长、总宽、总高画出辅助长方体的正等测图

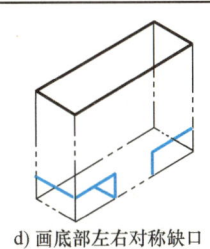	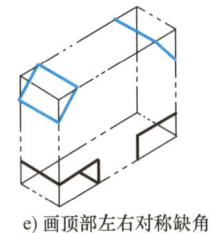	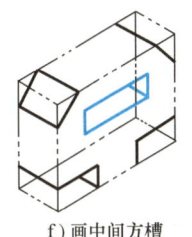	
d) 画底部左右对称缺口	e) 画顶部左右对称缺角	f) 画中间方槽	g) 擦去多余图线，描深图线

（3）叠加法 将物体分解成若干个基本体，分别画出各基本体的轴测图，再把各个部分进行准确定位后叠加在一起，最后完成整个物体的轴测图。这种作图方法称为叠加法。

【例6】 根据图5-6所示支座的三视图，用叠加法作其正等测图。

分析：该组合体由三部分组成，即底板、立板和肋板，其正等测图的绘制步骤见表5-7。

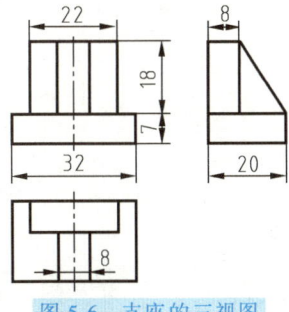

图 5-6 支座的三视图

表 5-7 用叠加法作支座的正等测图

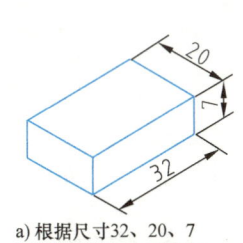	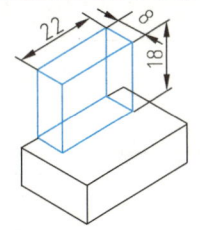	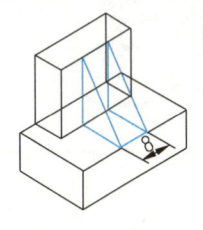	
a) 根据尺寸32、20、7画出底板的正等测图	b) 根据尺寸22、18、8及对称性画出立板的正等测图	c) 根据尺寸8及对称性绘制肋板的正等测图	d) 擦去多余图线，描深图线

2. 曲面体的正等测图画法

（1）圆的正等测图 平行坐标面的圆，正等测图都是椭圆。如图5-7a所示，正方体上三个不同坐标面上圆的正等测图都是椭圆。

虽然椭圆形状和大小完全相同，但椭圆长、短轴的方向各不相同。画圆的正等轴测图时，必须搞清楚长、短轴的方向，如图5-7b所示，圆平行于 H 面时，椭圆长轴垂直于 O_1Z_1 轴、短轴与 O_1Z_1 轴重合；圆平行于 V 面时，椭圆长轴垂直于 O_1Y_1 轴、短轴与 O_1Y_1 轴重合；圆平行于 W 面时，椭圆长轴垂直于 O_1X_1 轴、短轴与 O_1X_1 轴重合。从图中可知，若以椭圆为端面画三个不同方向圆柱的正等轴测图，圆柱厚度方向与短轴同向。

（2）圆的正等测图画法

1）坐标法。画椭圆时，应先在圆周上定出若干点，然后把这些点移至轴测轴中去，把各点用曲线板顺序连成椭圆，如图5-8所示。

2）四心近似画法。因为用坐标法绘制椭圆较烦琐，且作出的椭圆不光滑，因此通常采用四心近似画法，即用四段圆弧围成椭圆，具体作图方法如下：

方法1：菱形法（外切正四边形法），作图步骤如图5-9所示。

方法2：圆形法，作图步骤如图5-10所示。

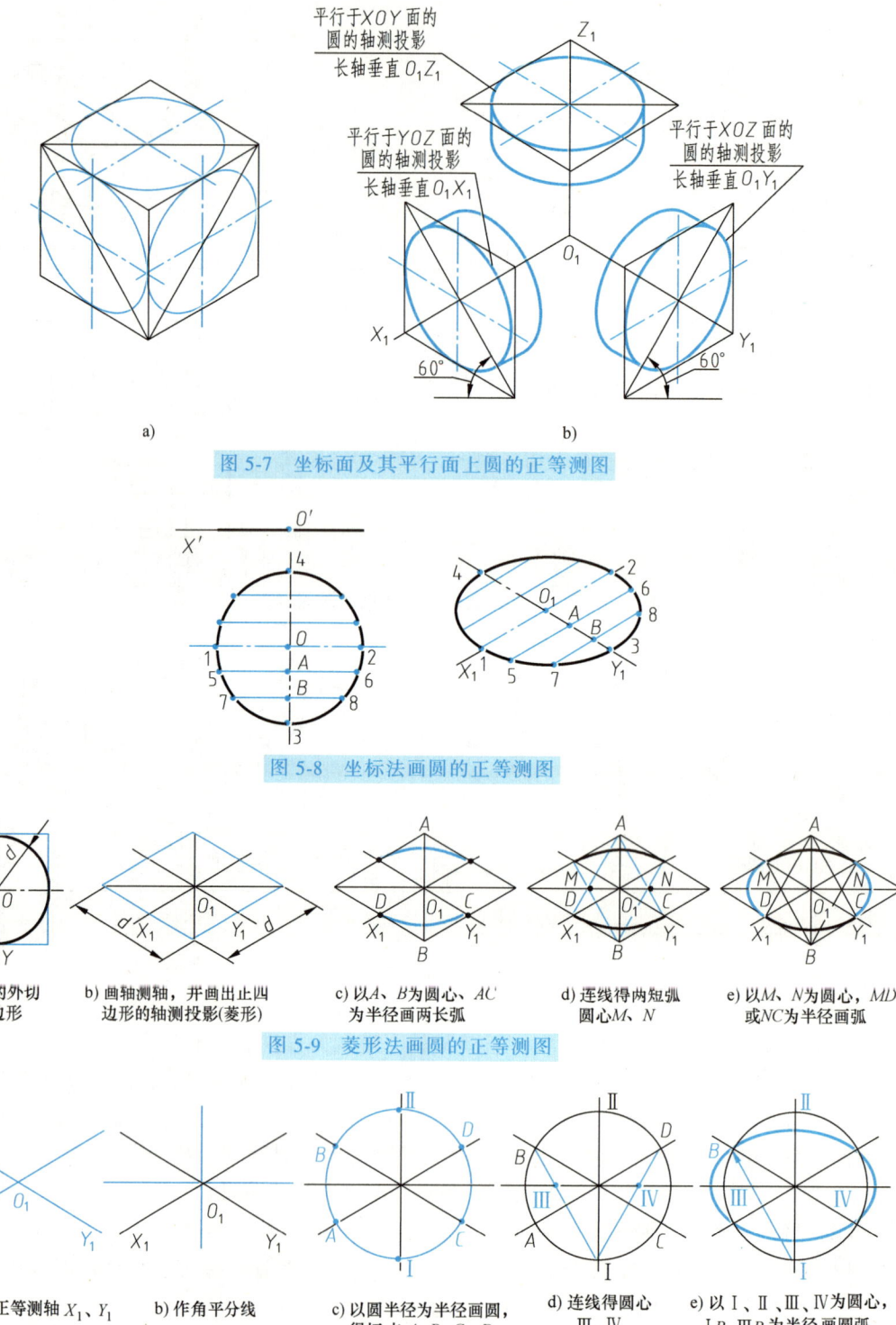

图 5-7 坐标面及其平行面上圆的正等测图

图 5-8 坐标法画圆的正等测图

图 5-9 菱形法画圆的正等测图

图 5-10 圆形法画圆的正等测图

（3）圆柱的正等测图画法　画圆柱的正等测图，应先作上、下底面的椭圆，然后再作两椭圆的公切线。

【例 7】 根据所给视图，作圆柱的正等测图，具体步骤见表 5-8。

表 5-8 圆柱的正等测图画法

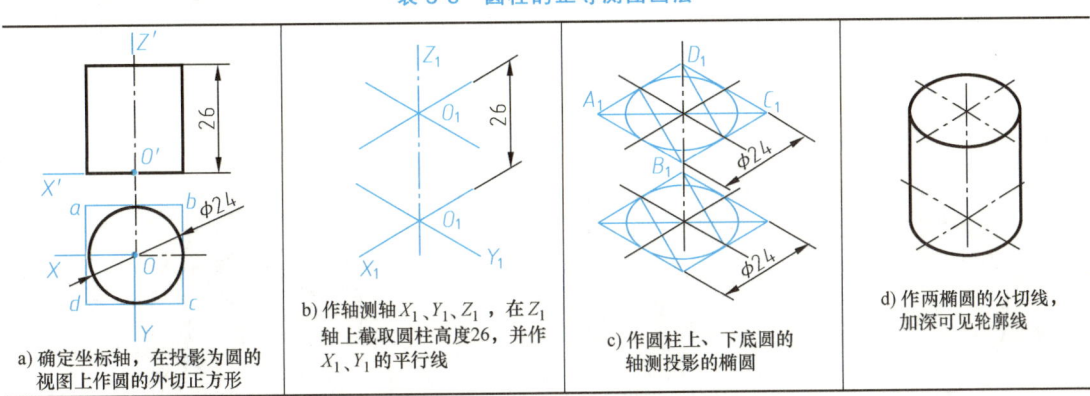

a) 确定坐标轴，在投影为圆的视图上作圆的外切正方形	b) 作轴测轴 X_1、Y_1、Z_1，在 Z_1 轴上截取圆柱高度 26，并作 X_1、Y_1 的平行线	c) 作圆柱上、下底圆的轴测投影的椭圆	d) 作两椭圆的公切线，加深可见轮廓线

由表 5-8 可知，上、下底的椭圆相同。为了简化作图，可在先画好顶面椭圆后，将该椭圆的四段圆弧平移，即把四个圆心和切点向下移动圆柱高度的距离，并分别作出相对应圆弧，即得底面的椭圆，这种作图方法称为圆心平移法，如图 5-11 所示。

图 5-12 作出了底分别平行于 $X_1O_1Y_1$、$Y_1O_1Z_1$、$X_1O_1Z_1$ 三个坐标面的圆柱正等测图，其中椭圆的画法是相同的，只是圆平面内所含的轴测轴不同，因此椭圆的结果不同。

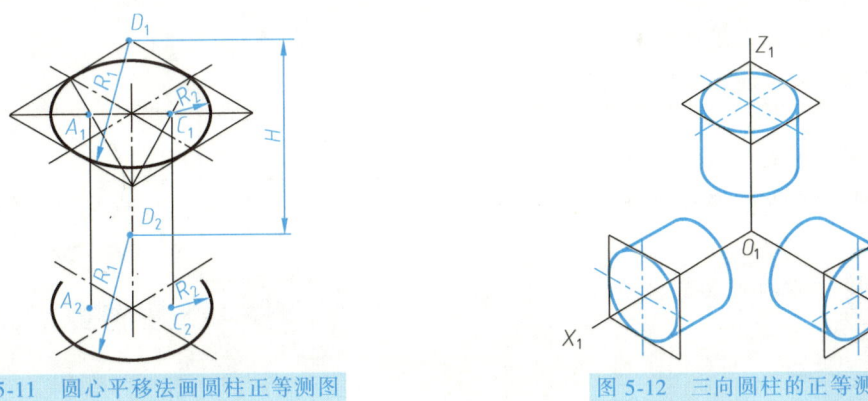

图 5-11 圆心平移法画圆柱正等测图　　　图 5-12 三向圆柱的正等测图

【例 8】 根据所给视图，作圆角（1/4 圆柱面）平板的正等测图，具体步骤见表 5-9。

表 5-9 圆角平板的正等测画法

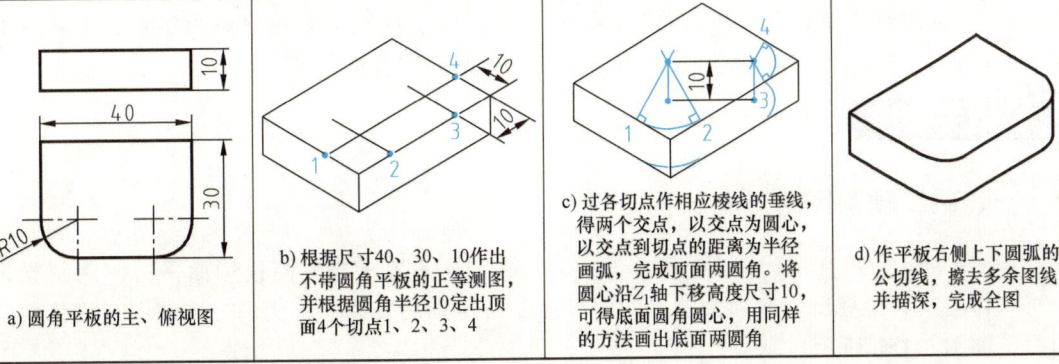

a) 圆角平板的主、俯视图	b) 根据尺寸 40、30、10 作出不带圆角平板的正等测图，并根据圆角半径 10 定出顶面 4 个切点 1、2、3、4	c) 过各切点作相应棱线的垂线，得两个交点，以交点为圆心，以交点到切点的距离为半径画弧，完成顶面两圆角。将圆心沿 Z_1 轴下移高度尺寸 10，可得底面两圆圆心，用同样的方法画出底面两圆角	d) 作平板右侧上下圆弧的公切线，擦去多余图线并描深，完成全图

（4）球正等测图的画法　球的正等轴测图是圆。画圆球正等测图时，常画出三个与坐标面平行的轮廓素线圆的轴测投影（椭圆），采用轴向伸缩系数为 0.82 时，圆的直径等于球的直径；若用简化伸缩系数 1，则圆的直径为圆球直径的 1.22 倍，如图 5-13 所示。为了增强图形直观性，常画出三个坐标面球体轮廓的椭圆，并采用剖去 1/8 球的方法表示，如图 5-13c 所示。

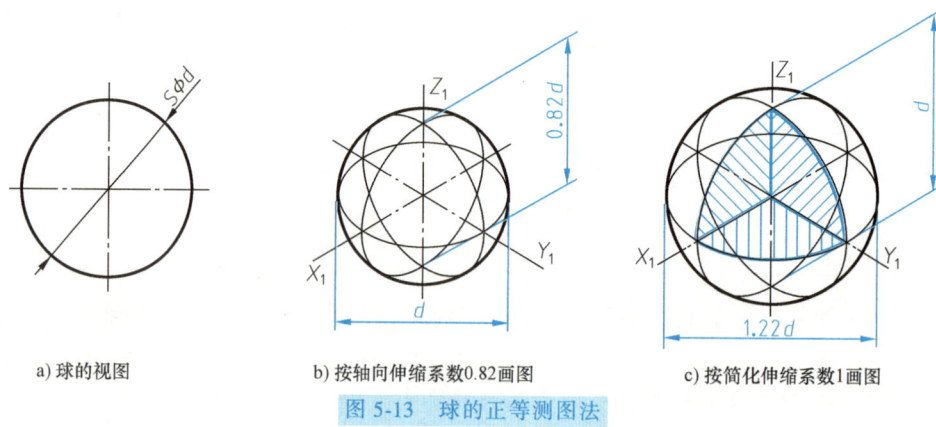

a）球的视图　　b）按轴向伸缩系数0.82画图　　c）按简化伸缩系数1画图

图 5-13　球的正等测图法

课后思考

1）正等测图是如何形成的？
2）正等测图的轴间角和轴向伸缩系数分别是多少？
3）平面体正等测图的绘制方法有哪些？
4）平行于三个坐标平面的圆的正等测图是什么？如何绘制？
5）已知圆台的两视图如图 5-14 所示，能画出其正等测图吗？

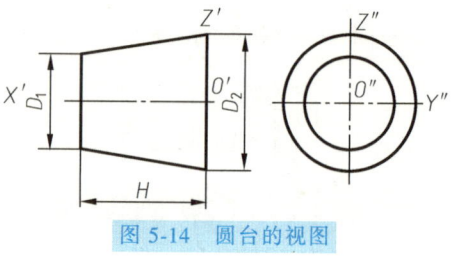

图 5-14　圆台的视图

课题三　绘制斜二轴测图

由表 5-1 可知，斜二测图直观性、立体感也比较好，其轴向伸缩系数 $p_1 = r_1 = 1$、$q_1 = 0.5$，度量也比较方便，并且其正面投影反映实形，即正面圆的轴测投影为实形，不必画椭圆，所以适合绘制正面有较多圆或只在一个方向有圆或圆弧的物体。

相关知识

一、斜二轴测图的形成

如图 5-15a 所示，把物体上的两个坐标轴 OX 与 OZ 置于与轴测投影面平行，用斜投影法将物体连同其坐标轴一起向轴测投影面投射，所得到的投影，称为斜二轴测图，简称斜二测图，如图 5-15b 所示。

单元五 轴测图

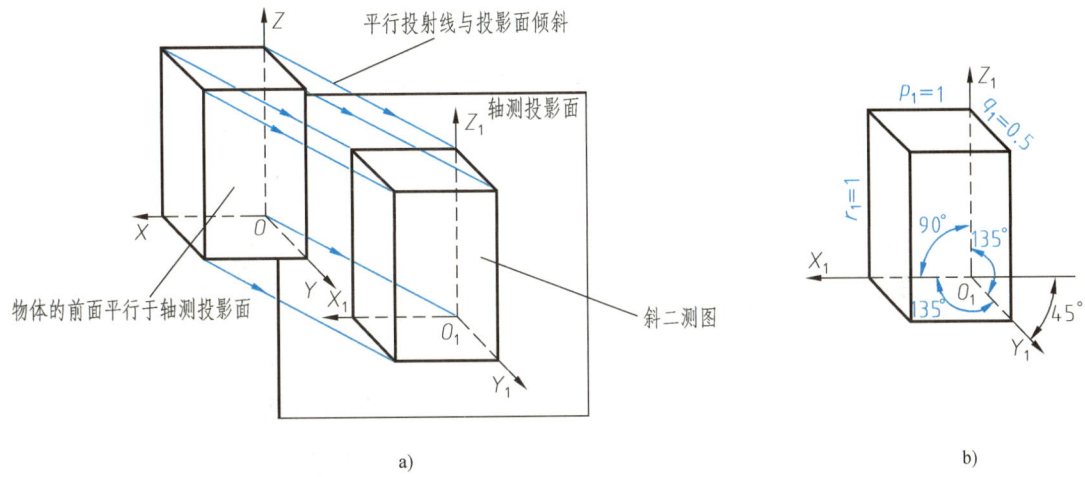

图 5-15 斜二测图的形成和轴间角、轴向伸缩系数

二、斜二测图的轴间角和轴向伸缩系数

（1）轴间角 $\angle X_1O_1Z_1 = 90°$，$\angle X_1O_1Y_1 = \angle Y_1O_1Z_1 = 135°$（$O_1Y_1$ 轴与水平线夹角 $45°$）。

（2）轴向伸缩系数 O_1X_1 和 O_1Z_1 的 $p_1 = r_1 = 1$、O_1Y_1 的 $q_1 = 0.5$。

凡是平行于 XOZ 坐标面的平面图形，在斜二测图中，其轴测投影均反映实形，如图 5-15a 所示，长方体前面的投影仍是长方形，图 5-18 端盖的端面圆形的投影仍是圆形，这一投影特点是平行投影法的基本特性所决定的。

三、斜二测图的画法

1. 平面立体的斜二测图画法

【例1】 用坐标法绘制图 5-16a 所示的正四棱台的两面视图的斜二测图。

作图方法和步骤如图 5-16b、c、d 所示。

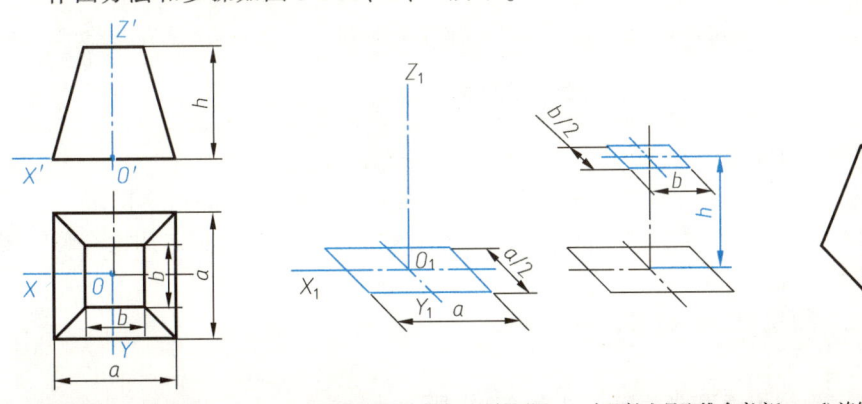

a) 在视图上选好坐标轴　　b) 画轴测轴，作底面的轴测图　　c) 在 Z_1 轴上量取锥台高度 h，作顶面的轴测图　　d) 连线，擦掉多余图线并描深

图 5-16 正四棱台的斜二测图画法

2. 回转体的斜二测图画法

如图 5-17 所示，平行于 $X_1O_1Z_1$ 轴测面（正平面）的圆的斜二测图仍是圆；平行于 $X_1O_1Y_1$（水平面）和 $Y_1O_1Z_1$（侧平面）轴测面的圆的斜二测图为椭圆，但长、短轴方向不同。它们的长轴与圆所在坐标面上的一根轴线的夹角为 $7°10'$。

当物体只在一个方向有圆或圆弧时，画斜二测图简单容易，如图 5-18 所示的端盖。

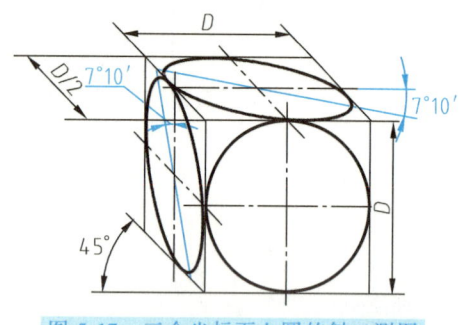

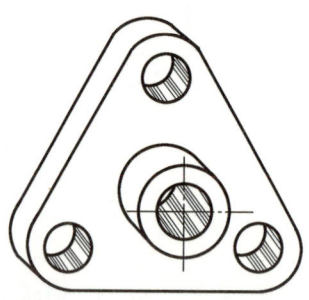

图 5-17 三个坐标面上圆的斜二测图　　　　图 5-18 端盖的斜二测图

【例 2】 绘制图 5-19a 所示穿孔圆台的斜二测图。

分析：穿孔圆台的两底圆平行于水平面，为了避免烦琐作图，把图中所示立体往正前方转动 $90°$，使两底圆平行于 XOZ（正面），所绘制斜二测图形状相同，仅是方向不同。其作图步骤如图 5-19b、c、d 所示。

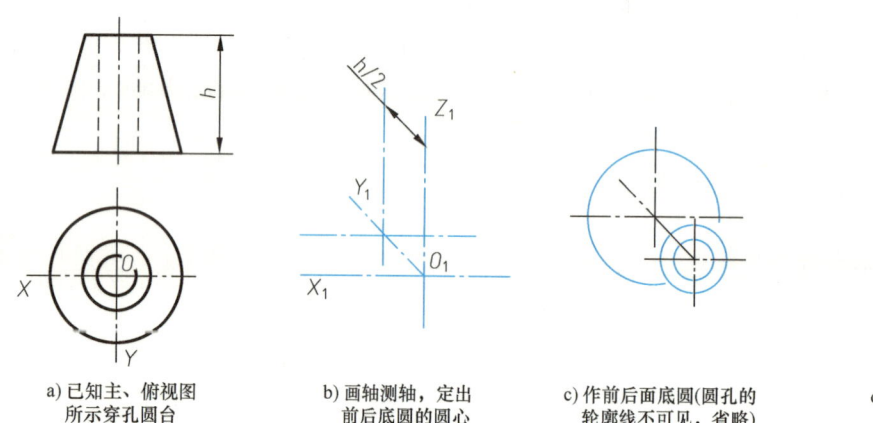

a) 已知主、俯视图　　b) 画轴测轴，定出　　c) 作前后面底圆(圆孔的　　d) 作前后圆的公切线，擦掉
　所示穿孔圆台　　　　前后底圆的圆心　　　　轮廓线不可见，省略)　　　多余图线，描深全图

图 5-19 穿孔圆台的斜二测图画法

3. 柱形体斜二测图的画法

具有一组或几组互相平行且全等的表面的形体称为柱形体，如图 5-18 所示的端盖。当柱形体的平行面有较多的圆或圆弧，而在其他平面上图形较简单时，采用斜二测投影画轴测图很方便，如图 5-20 所示。

【例 3】 根据主、俯视图，画机件的斜二测图。

作图步骤如下。

1) 在视图上确定坐标原点和坐标轴，如图 5-20a 所示。

2) 画轴测轴，再画机件的前面，如图 5-20b 所示。

3) 在 Y 轴方向向后取 $H/2$ 画出机件的后面，如图 5-20c 所示。

4）描深，完成全图，如图 5-20d 所示。

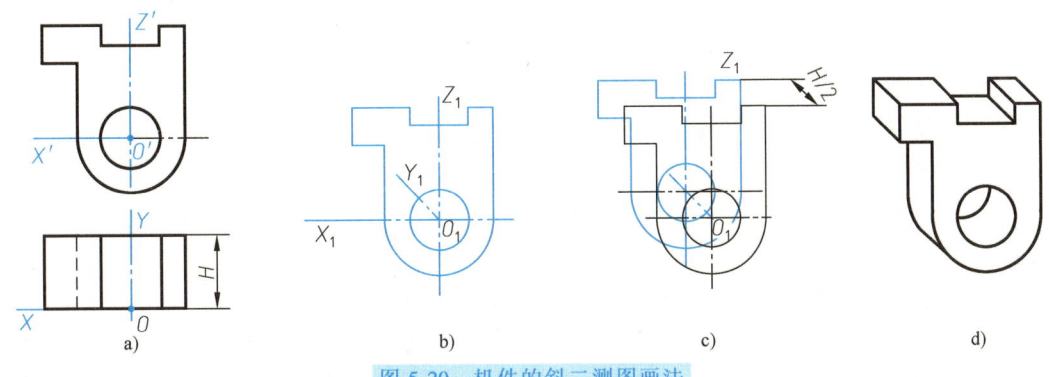

图 5-20 机件的斜二测图画法

课后思考

1）斜二测图是如何形成的？
2）斜二测图的轴间角和轴向伸缩系数分别是多少？
3）斜二测图有什么特点？
4）根据图 5-21 所示的主、俯视图，绘制斜二测图。

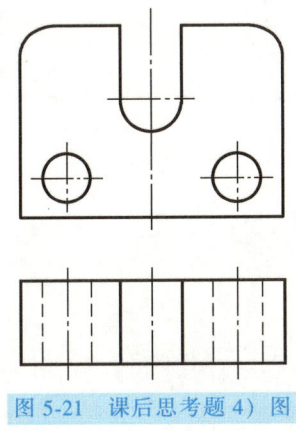

图 5-21 课后思考题 4）图

课题四 绘制轴测草图

工程上常用轴测草图表示或记录立体形状，读图时，常借助画轴测草图验证所想象立体形状的正确性，以增强形体想象力。若由视图画轴测草图，应先读懂视图，想象出物体形状，然后根据物体形状特点选择所画轴测图的类型，徒手画出轴测草图。

相关知识

画轴测草图应注意以下几点：
1）三向性。在轴测草图上每一条轮廓线的相交点，都有三条线汇交。

2）平行性。物体上相互平行的线段，在草图上都要画成相互平行。

3）准确性。轴测草图上目测画出各部分的比例大小应与实物基本一致。

画椭圆时，应先明确椭圆的方向，确定椭圆所在轴测面，明确长、短轴的方向。

【例】 画图 5-22a 所示主、俯视图柱形体的正等测草图。

分析：从主视图的特征形线框 $1'$，对应俯视图为矩形线框，想象以特征形线框 $1'$ 为端面的等厚柱形体，具体绘制步骤如下。

1）选择轴测图类型，根据该形体的特征，选画斜二测图最为简单，但本题要求画正等测图。

2）在主、俯视图上设置坐标轴 OX、OY、OZ，如图 5-22a 所示。

3）徒手画轴测轴 O_1X_1、O_1Y_1、O_1Z_1，如图 5-22b 所示。

4）在 O_1X_1、O_1Z_1 轴坐标面上画特征面 I 的外形轮廓草图，确定圆孔中心位置，按圆孔直径徒手画辅助菱形，并在菱形上画四个相切圆弧，得椭圆，如图 5-22c 所示。

5）沿 O_1Y_1 方向画侧面可见轮廓线；由物体厚度 B 画出后端面可见轮廓线；去掉多余作图线，描深加粗轮廓线，即得所求，如图 5-22d 所示。

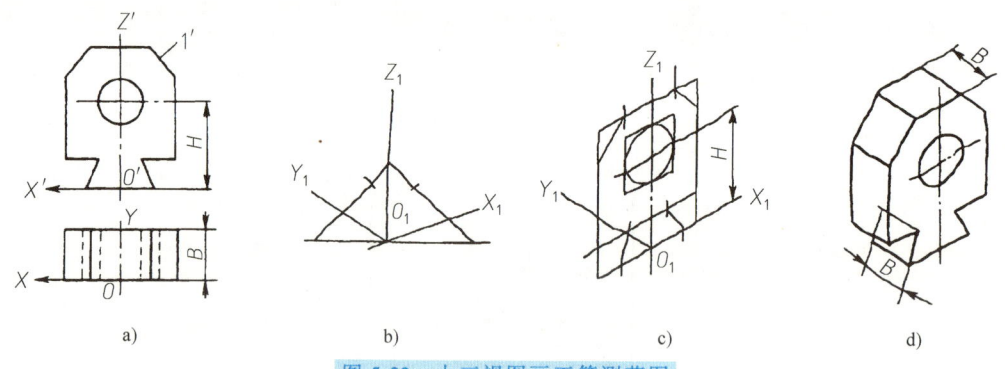

图 5-22 由三视图画正等测草图

课后思考

1）绘制轴测草图的步骤是什么？绘图时应注意哪几点？

2）如何确定绘制轴测草图的类型？

单 元 总 结

轴测图，俗称立体图，是用平行投影法画出的一种富有立体感的图形，它接近于人们的视觉习惯，在工程上常用它作为辅助图样来帮助说明零部件形状，帮助想象和构思。因此，快速、准确地绘制零件轴测图和轴测草图也是每一个数控加工人员必须掌握的另一技能。

本单元要求重点掌握轴测图的形成、投影特性、正等测图和斜二测图的画法，在绘制轴测图时要注意以下几点：

1）恰当设置坐标系，能使绘制过程更简单。

2）充分利用 "平行线段的轴测投影依然平行" 的投影特性绘制。

3）对于非轴向线段必须根据端点的坐标值，用坐标法作出其轴测投影后再连线。

4）画正等测图上的椭圆时，要特别注意长、短轴的方向。

5）画斜二测图时，一定要注意 Y 轴方向的尺寸要缩小为原来的一半。

6）能根据零件结构特点，正确使用坐标法、切割法或叠加法来绘制轴测图。

7）能根据零件的视图特征选择合适的轴测图，具体选择原则如下：

① 由于正等测图中各个方向的椭圆画法相对比较简单，因此当物体各个方向都有圆时，一般都采用正等测图。

② 斜二测图的优点是物体上凡是平行于投影面的平面在图上都反映实形。因此，当物体只有一个方向的形状比较复杂，特别是只有一个方向有圆时，常采用斜二测图。

另外，画轴测图时要切记两点：一是利用平行性质作图，这是提高作图速度和准确度的关键；二是沿轴向度量，这是作图正确的关键。

单元六 组合体

 知识引入

工程中的零件为满足加工、装配和工作的需求,其形状是多种多样的,但无论零件的形状多么复杂,从形体角度分析,都可以看作是由基本体经过叠加、切割、穿孔或几种方式的综合等形式组合而成的。通常把两个或两个以上的基本体组合构成的形体称为组合体。图 6-1 所示的零件都是组合体。

组合体是最常见也是最基础的一种零件构成方式,组合体的组合形式分为叠加型(图 6-1a 所示的螺栓毛坯)、切割型(图 6-1b 所示的支座)和综合型(既有基本体的叠加又有基本体的切割,图 6-1c 所示的轴承座)三种基本形式,而最常见的是综合型的组合体。

单元三和单元四中分别介绍了

a) 螺栓毛坯　　　　b) 支座　　　　c) 轴承座

图 6-1　组合体的组合形式

基本体、切割体及基本体叠加时的投影作图,所以叠加型和切割型组合体的三视图绘制过程大家已经非常熟悉,本单元将重点介绍综合型组合体三视图的绘制方法和步骤;同时,进一步讲解各类组合体的尺寸标注方法,并系统学习组合体三视图的识读方法。

组合体是典型化与抽象化了的零件,学习组合体三视图的绘制与识读是绘制零件图的基础,本单元是本课程的教学重点和难点,它既是以前所学理论知识的综合运用,又是以后要学习内容的铺垫,具有承前启后的作用。

学习目标

1)理解组合体的形体分析。
2)掌握组合体三视图的绘制方法和步骤。
3)掌握基准选择的原则,组合体三视图尺寸标注的要求和方法。
4)熟练掌握组合体三视图的读图方法和看图要点。

能力目标

1)能够用形体分析法,按照一定的画图方法和步骤,正确画出组合体的三视图。

2)能够根据尺寸标注的基本规则和方法,按照一定的步骤标注组合体视图的尺寸,并做到尺寸标注正确、完整、清晰。

3)能够熟练运用形体分析法和线面分析法识读组合体三视图。

课题一　绘制组合体的三视图

组合体的形状虽然有简有繁,但都是由基本体经过切割或叠加而成,所以绘制组合体三视图的关键就是"先分后合",分清其组合形式、切割位置或叠加形式,分别绘制其视图,然后再综合起来,即得到整个组合体的视图。

一、形体分析法

为了正确迅速地绘制和看懂组合体的视图,通常在绘图、标注尺寸和读图的过程中,假想把组合体分解成若干个基本体,分析各基本体的形状、组合形式及相对位置。这种把复杂形体分成若干基本体的分析方法,称为形体分析法。

 提示

形体分析法对绘图和读图的顺序及步骤具有指导作用,同时根据形体分析进行绘图和读图不易出现多线和漏线。

图 6-1c 所示的轴承座属于综合型的组合体。轴承座组成部分有:倒圆角、切底槽并挖了小孔的底板;其后上方立一支承板(支承板的后表面与底板后表面平齐);支承板上方支承着圆筒;为提高圆筒的支承刚度,在圆筒的前下方加一肋板(梯形块和长方体的组合)。轴承座的组合过程如图 6-2 所示。

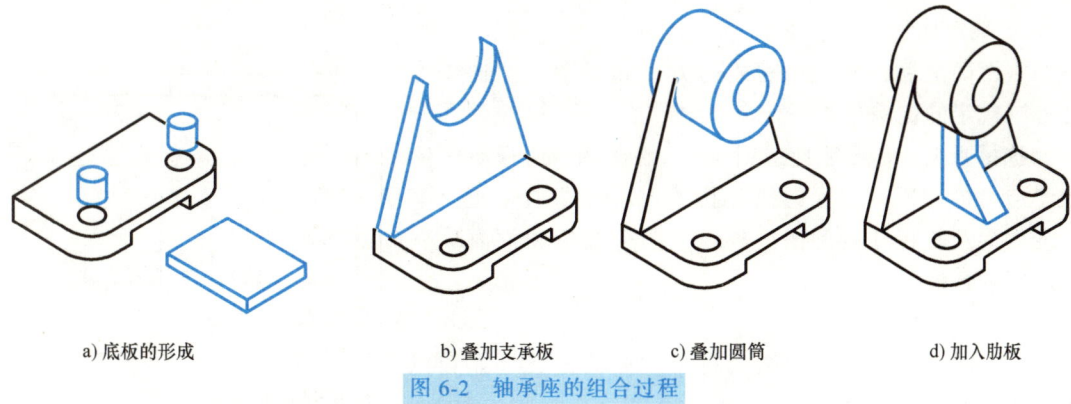

a) 底板的形成　　b) 叠加支承板　　c) 叠加圆筒　　d) 加入肋板

图 6-2　轴承座的组合过程

二、组合体三视图的绘制步骤

下面以图 6-3a 所示的轴承座为例,说明组合体三视图的画法步骤。

1. 形体分析

画组合体的三视图时,首先进行形体分析,弄清其由哪些基本体组成,各组成部分之间

的相对位置及表面间的连接关系及整体形状特征，为画三视图做好准备。

通过形体分析可知该轴承座是由底板 1、支承板 2、肋板 3、圆筒 4 以及圆凸台 5 组成，如图 6-3b 所示。底板 1、支承板 2、肋板 3 两两的组合形式平面体与平面体叠加；支承板 2 的左、右侧面和圆筒 4 外表面相切；肋板 3 与圆筒 4 属于平面体与曲面体相交，相交线是圆弧和直线；圆筒 4 和圆凸台 5 的中间有圆柱形通孔，它们的组合形式为两圆柱垂直相贯；底板 1 有两个圆柱形通孔，底面还有一矩形通槽。

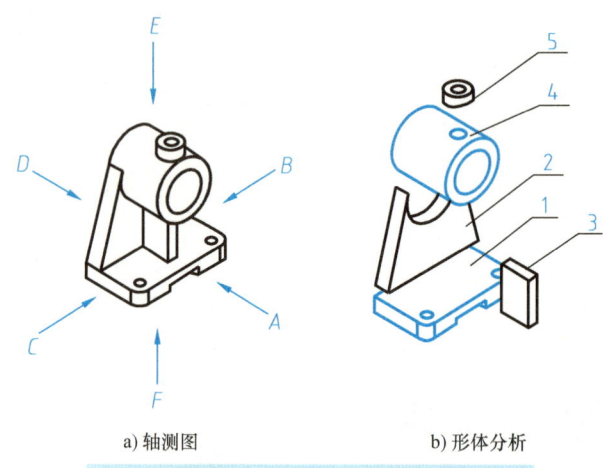

a) 轴测图　　　　　　b) 形体分析

图 6-3　轴承座的组成及各部分的相对位置

2. 选择视图

选择视图首先需要确定主视图。主视图是三视图中的主要视图，选择主视图时，应满足以下基本要求：

1）应能反映出组合体的主要形状特征，尽可能多地表达各组成部分的形状和相对位置。

2）尽量使形体上主要表面平行于投影面，以便使其在视图中反映出实形。

3）考虑组合体的平稳安放位置，同时兼顾另外两个视图的清晰性。

选择图 6-3a 中所示的 A 向作为轴承座的主视图方向可满足以上基本要求。

主视图确定之后，俯视图和左视图也就随之确定了。通过俯视图表达底板的形状和两孔中心的位置，通过左视图表达肋板的形状。因此，三个视图能将物体表达清楚。

3. 确定比例、选定图幅

视图确定后，要根据物体的大小和复杂程度选择符合标准规定的比例和图幅。

选择原则：尽可能地选用 1∶1 的比例；所选幅面的大小应给标注尺寸、标题栏和技术要求等留有余地，不可使图形及其标注画到图框外。绘图区域为图框内除去标题栏的区域。

4. 布置视图位置

布图时，应根据各视图中每个方向的最大尺寸和视图间距及注全尺寸所需的间距来确定每个视图的位置，使各视图均匀地布置在绘图区域内。如图 6-4 所示，通过计算，用细实线和细点画线绘制视图的最外轮廓和中心线，完成布图，注意预留足够的距离标注尺寸。

5. 绘制底图

用普通绘图工具绘图时，必须用细实线画底稿，绘

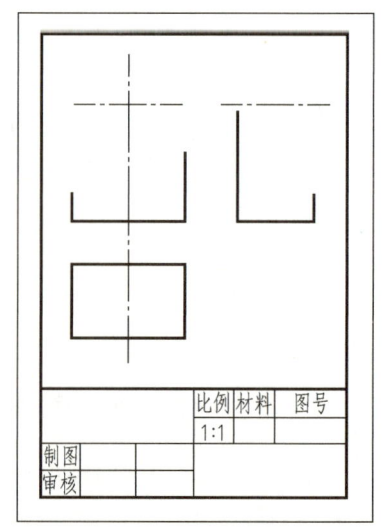

图 6-4　合理布图

制时应注意以下几点：

1）绘图时，不应画完一个视图再画另一个视图，而应采用形体分析法，依次绘制各个组成部分的三视图。

2）画每一基本体时，首先注意准确定位，一般是三个视图对应着一起画，从主视图到俯视图和左视图；先画主要组成部分，后画次要部分；先画看得见的部分，后画看不见的部分；先画主要的圆或圆弧，后画直线。

3）绘制某个组成部分的三视图时，要同时考虑对前部分视图轮廓的影响，及时将遮挡的图线改画成虚线，擦去挖切部分或穿入体内部分的轮廓线。这样不仅可以提高作图速度，还可减少差错。

4）画图过程中，要从整体出发，及时处理好各表面间的连接关系，正确绘制表面间的分界线。

6. 检查，描深，完成全图

认真检查底稿，改正错误后描深轮廓线，完成全图。

轴承座三视图的绘制步骤如图 6-5 所示。

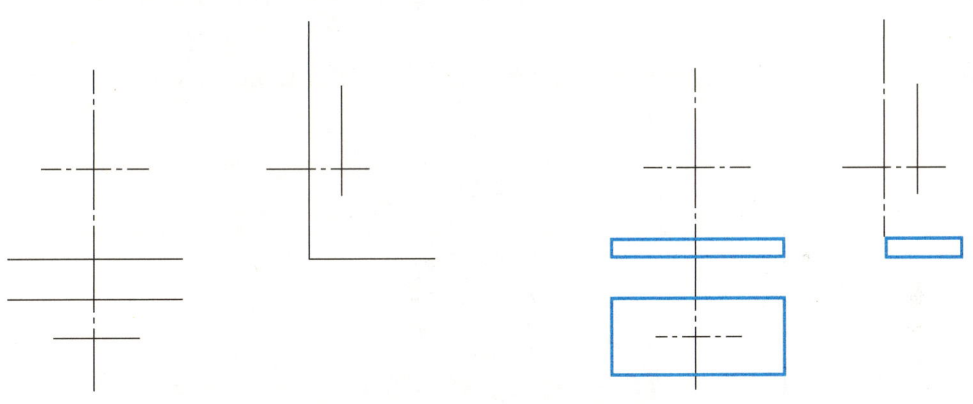

a) 布置视图，画作图基准线　　　　　　　　b) 画底板

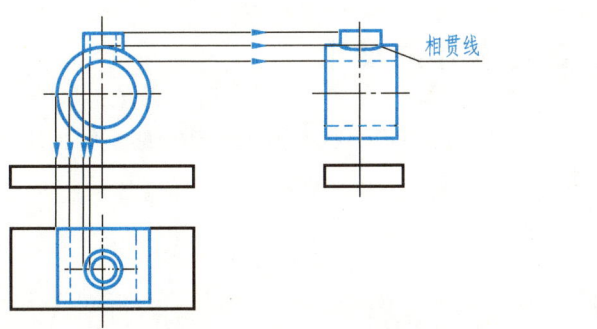
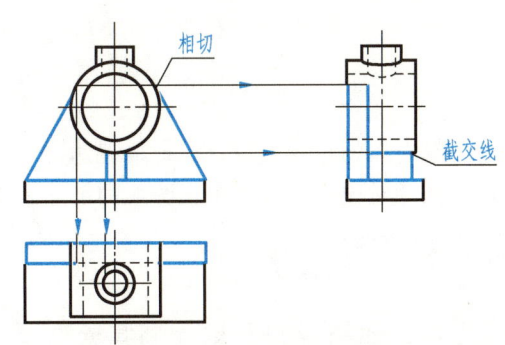

c) 画圆筒和圆凸台　　　　　　　　d) 画支承板和肋板

图 6-5　轴承座三视图的绘制步骤

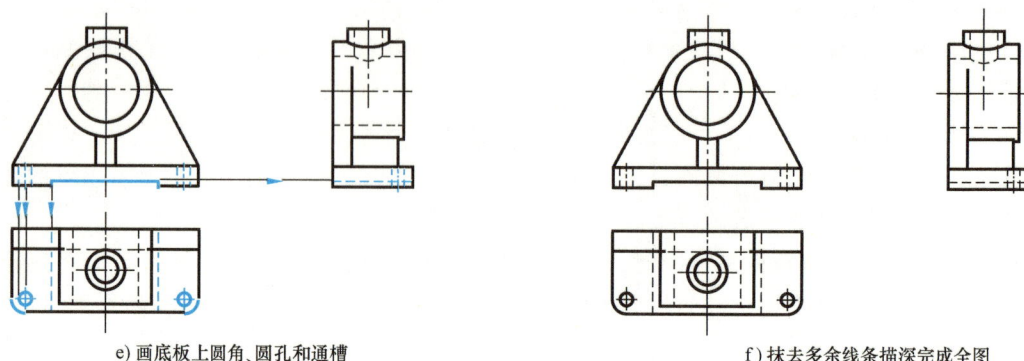

e) 画底板上圆角、圆孔和通槽　　　　　　f) 抹去多余线条描深完成全图

图 6-5　轴承座三视图的绘制步骤（续）

课后思考

1) 什么是形体分析法？

2) 主视图的选择应满足什么要求？图 6-6 所示的支座，哪个方向作为主视图的投射方向最能满足要求？

3) 组合体三视图的绘制方法和步骤是什么？请按步骤绘制出图 6-6 所示支座的三视图。

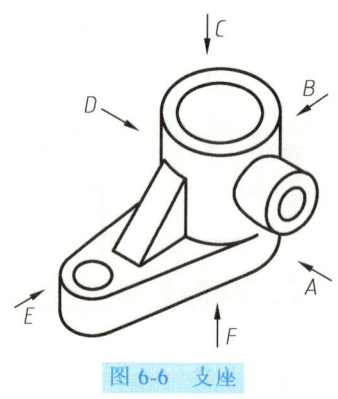

图 6-6　支座

课题二　标注组合体的尺寸

组合体的三视图可以清晰地表达出形体各个部分的结构形状，但其各部分的实际大小和确切的相对位置还需要由视图上的尺寸来确定。

相关知识

一、组合体尺寸标注的基本要求

标注组合体尺寸时必须做到正确、完整、清晰。

（1）正确　所谓正确就是所标注的尺寸数值要正确无误，注法要严格遵守国家标准的规定（单元一中已经介绍过）。

（2）完整　要求所注的尺寸必须能完全确定组合体的形状、大小及其相对位置，不遗漏、不重复。

（3）清晰　清晰就是尺寸要恰当布局、整齐、清楚，便于查找和看图，不会发生误解和混淆。

二、组合体上的尺寸分类和尺寸基准（尺寸标注的完整性）

组合体的尺寸可分为定形尺寸、定位尺寸、总体尺寸三大类。要使尺寸齐全，既不遗漏，又不重复，应先按形体分析的方法注出各基本体的定形尺寸，再注出确定它们之间相对位置的定位尺寸，最后根据组合体的结构特点注出总体尺寸。

1. 定形尺寸

定形尺寸是确定组合体上各基本体形状大小的尺寸。

（1）平面体的定形尺寸　平面体的尺寸应根据其具体形状进行标注。一般应注出底面尺寸和高度尺寸，如图 6-7a、b 所示。对于正六棱柱，底面尺寸有两种注法：一种是注出正六边形的对角尺寸（外接圆直径），如图 6-7c 所示；另一种是注出正六边形的对边尺寸（内切圆直径，通常也称为扳手尺寸），常用的是后一种注法，而将对角线尺寸作为参考尺寸并加上括号，如图 6-7d 所示。图 6-7e 所示四棱台必须注出上、下底的长、宽尺寸和高度尺寸。

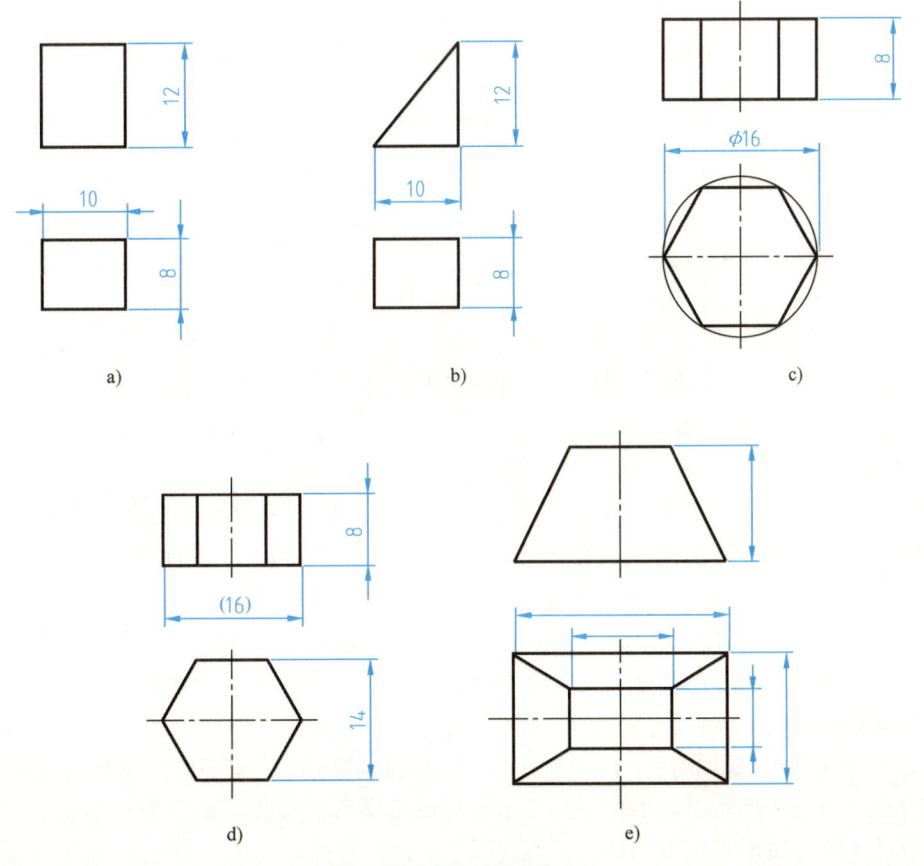

图 6-7　棱柱的尺寸标注

（2）回转体的定形尺寸　圆柱、圆锥和圆台，应标注底圆直径和高度尺寸，并在直径数字前加注直径符号"φ"。标注球尺寸时，在直径数字前加注球直径符号"Sφ"。

⚠ 提示

直径尺寸一般标注在非圆视图上。当尺寸集中标注在一个非圆视图上时，一个视图即可表达清楚它们的形状和大小，具体如图 6-8 所示。

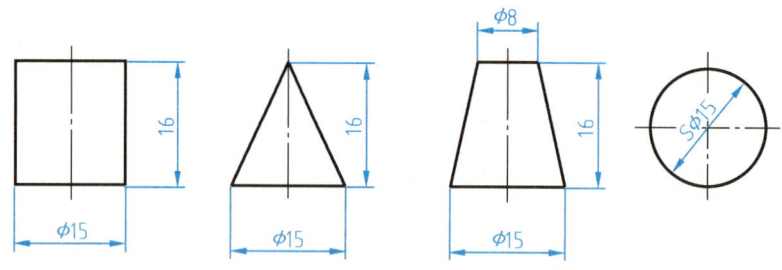

图 6-8　回转体的尺寸标注

2. 定位尺寸

确定组合体上各基本体相对位置的尺寸及基本切割体截平面位置的尺寸。

（1）尺寸基准（单元一中已介绍过）　标注定位尺寸时，必须在长、宽、高三个方向分别选定尺寸基准，每个方向至少有一个尺寸基准，以便确定各基本体在各方向上的相对位置。

在某个方向上多数尺寸所共有的尺寸起点，即是组合体在该方向上的主要尺寸基准。标注定位尺寸时，各个方向的尺寸应尽量按统一基准进行标注，必要时也可以选用辅助基准，但辅助基准必须用尺寸与主要基准相联系。

确定尺寸基准的一般原则有以下几点：

1）对称图形，以对称中心线为基准。

2）回转面的径向尺寸以轴线为基准。

3）长度尺寸一般以最右（或最左）侧端面为基准。

4）高度尺寸一般以下底面为基准。

5）宽度尺寸一般以后端面为基准。

（2）基本体叠加的定位尺寸标注　相交立体除应标注出相交基本体的定形尺寸外，还应注出确定两相交基本体的定位尺寸。当定形、定位尺寸注全后，则两相交体的交线（相贯线）即被唯一确定。因此，对相贯线不要再注出尺寸，如图 6-9 所示。

（3）基本体切割体的定位尺寸标注　在标注切割体的尺寸时，除应标出定形尺寸外，还应标出确定截平面位置的尺寸。由于截平面在形体上的相对位置确定后，截交线即被唯一确定，因此对截交线不应再注尺寸，如图 6-10 所示。

（4）常见薄板的尺寸标注　对于图 6-11 所示的板状结构，除了标注定形尺寸外，确定孔、槽中心距的定位尺寸是必不可少的。由于板的基本形状和孔、槽的分布形式不同，其中心距定位尺寸的标注形式也不一样。

如图 6-11d 所示，其中心距定位尺寸按长、宽方向标注；如图 6-11e、f 所示，其中心距

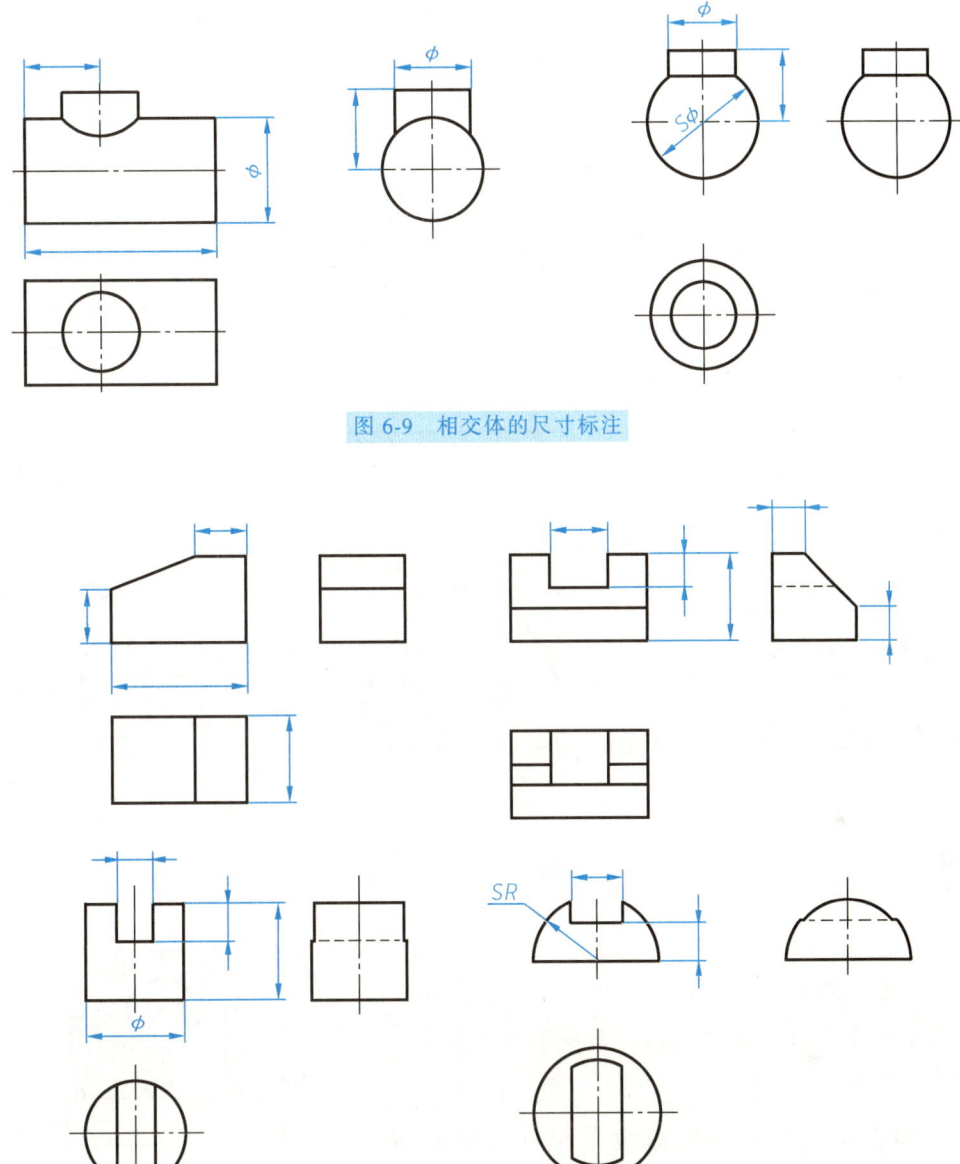

图 6-9 相交体的尺寸标注

图 6-10 切割体的尺寸标注

用定位圆直径的方法标注。必须特别指出的是图 6-11d 中所示板的四个圆角（R5），无论与小孔是否同心，整个形体的长度、宽度、圆角半径，以及四个小孔位置的尺寸都要注出；当圆角与小孔同心时，应注意上述尺寸间不要发生矛盾。

3. 总体尺寸

确定组合体总长、总宽、总高的尺寸。

当定形尺寸、定位尺寸和总体尺寸有兼作情况，或具有规律分布的多个相同基本形体时，都应避免重复标注。因此，标注时要根据组合体特点进行适当调整。

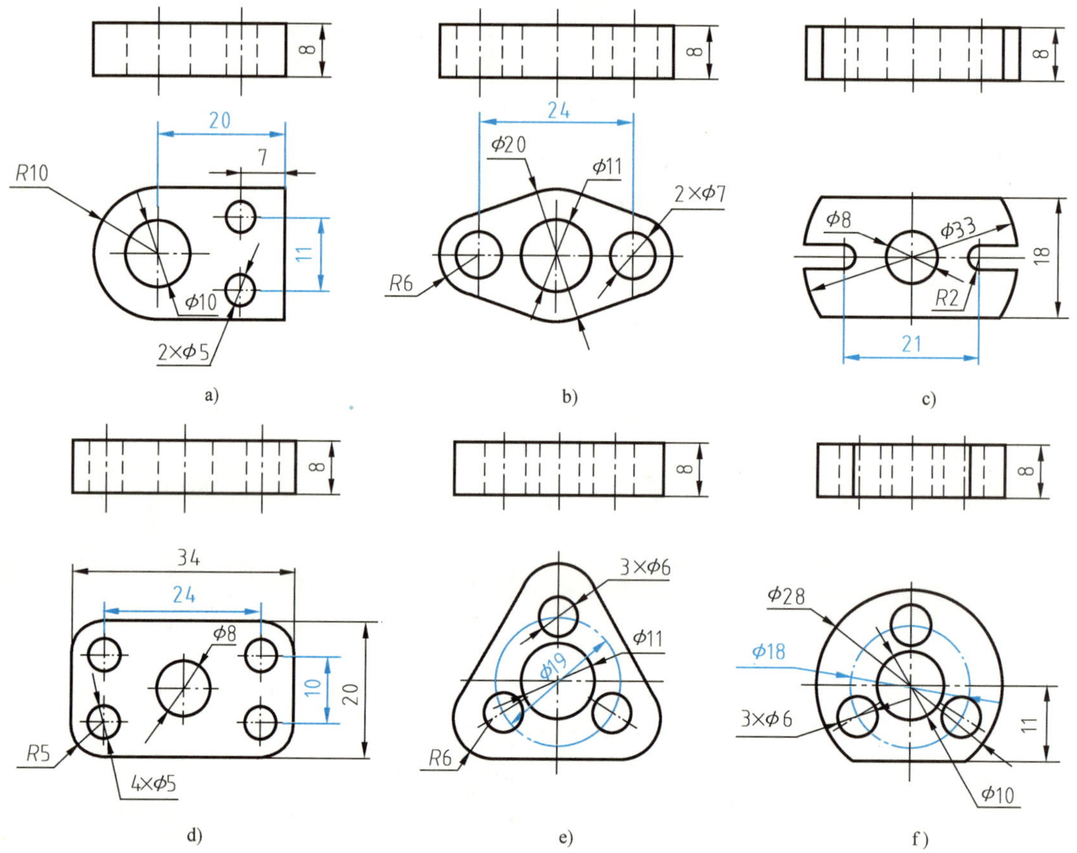

图 6-11 常见薄板的尺寸标注

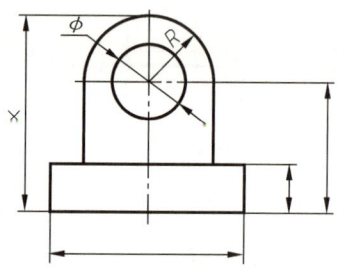

图 6-12 不注总体尺寸的示例

⚠ **提示**

当组合体一端为同心圆孔的回转体时，通常仅标注孔的定位尺寸和外端圆柱面的半径，不标注总体尺寸，如图 6-12 所示。

三、组合体的尺寸布置要求（尺寸标注的清晰性）

为了便于读图和查找相关尺寸，尺寸的布置必须整齐清晰，下面以尺寸已经标注齐全的组合体为例，说明尺寸布置应注意的几个方面（以图 6-13 为例）。

1. 突出特征

定形尺寸尽量标注在反映该部分形状特征的视图上，如底板的圆孔直径 2×φ6 和圆角半径 R6 的尺寸应标注在俯视图上。

2. 相对集中

形体某一部分的定形尺寸及有联系的定位尺寸尽可能集中标注，便于读图时查找。
例如在长度和宽度方向上，底板的定形尺寸 24、40 及两小圆孔的定形 φ6 和定位尺寸

18、28集中标注在俯视图上；而在长度和高度方向上，圆孔的定形φ9和定位尺寸20都集中标注在主视图上。

3. 布局整齐

尺寸尽可能布置在两视图之间，便于对照。同方向的平行尺寸，应使小尺寸在内，大尺寸在外，间隔均匀，避免尺寸线与尺寸界线相交（如俯视图上的尺寸18、24与主视图上的尺寸8、20）。主、俯视图上同方向的尺寸应排列在同一直线上（如俯视图上的尺寸7、5），这样既整齐，又便于画图。

四、组合体视图尺寸标注的方法和步骤

以图6-14所示支座为例，说明组合体视图上尺寸标注的方法和步骤。

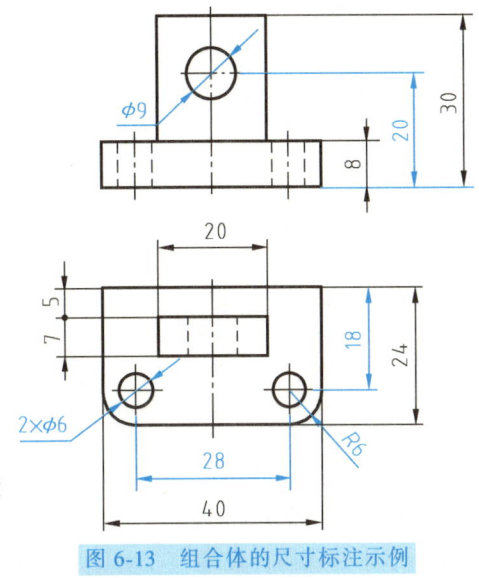

图6-13 组合体的尺寸标注示例

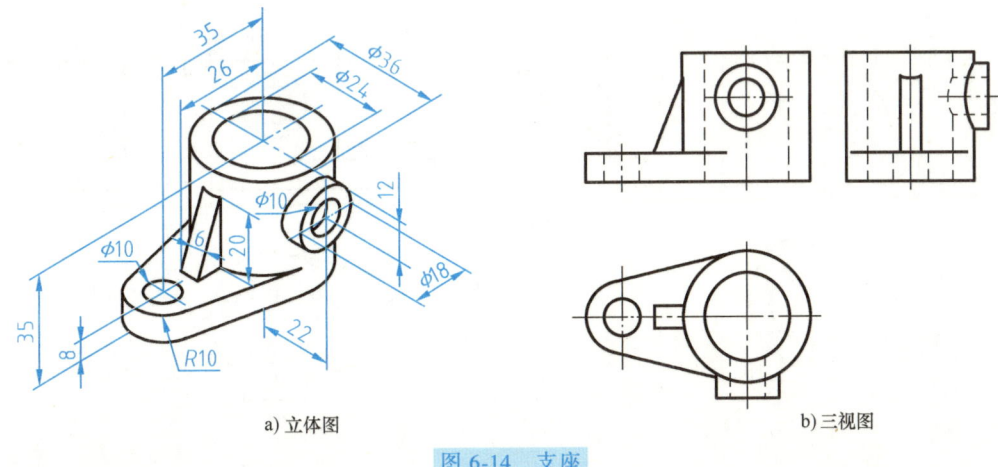

a) 立体图　　　　　　　　　b) 三视图

图6-14 支座

1. 形体分析

如图6-15a所示，支座是由底板、肋板、大圆筒和小圆筒四部分组成的。

2. 选定尺寸基准

按组合体的长、宽、高三个方向依次选定主要基准。支座底平面为高度方向尺寸的主要基准，圆筒与底板的前后对称面为宽度方向尺寸的主要基准，过圆筒轴线的侧平面为长度方向尺寸的主要基准，如图6-15b所示。

3. 标注定位尺寸和定形尺寸

分别标出各形体的定位尺寸和定形尺寸，如图6-16所示。

4. 进行尺寸调整，并标注总体尺寸

圆筒的高度35兼作组合体的总高尺寸，组合体的总长度为（35+10+18），因其两端是回转体，要优先标注回转体的半径R10和直径φ36及中心距35，总长尺寸由这三个尺寸而定；同理，总宽尺寸由竖圆筒的直径φ36和前凸圆筒的定位尺22确定，也不能再重复标注。

a) 分解图　　b) 基准选择

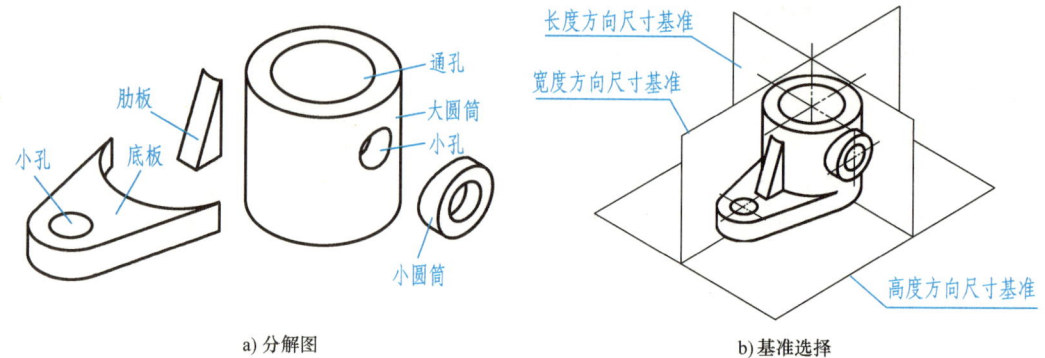

图 6-15　支座的形体分析

具体标注步骤如图 6-16 所示。

1）标注大圆筒的定形尺寸 ϕ36、ϕ24、35，如图 6-16a 所示。

2）标注底板的定形尺寸 8、R10、ϕ10 及定位尺寸 35，如图 6-16b 所示。

3）标注前凸圆筒定形尺寸 ϕ18、ϕ10 和定位尺寸 12、22，如图 6-16c 所示。

4）标注肋板的定形尺寸 20、6 和定位尺寸 26，如图 6-16d 所示。

a)　b)　c)　d)

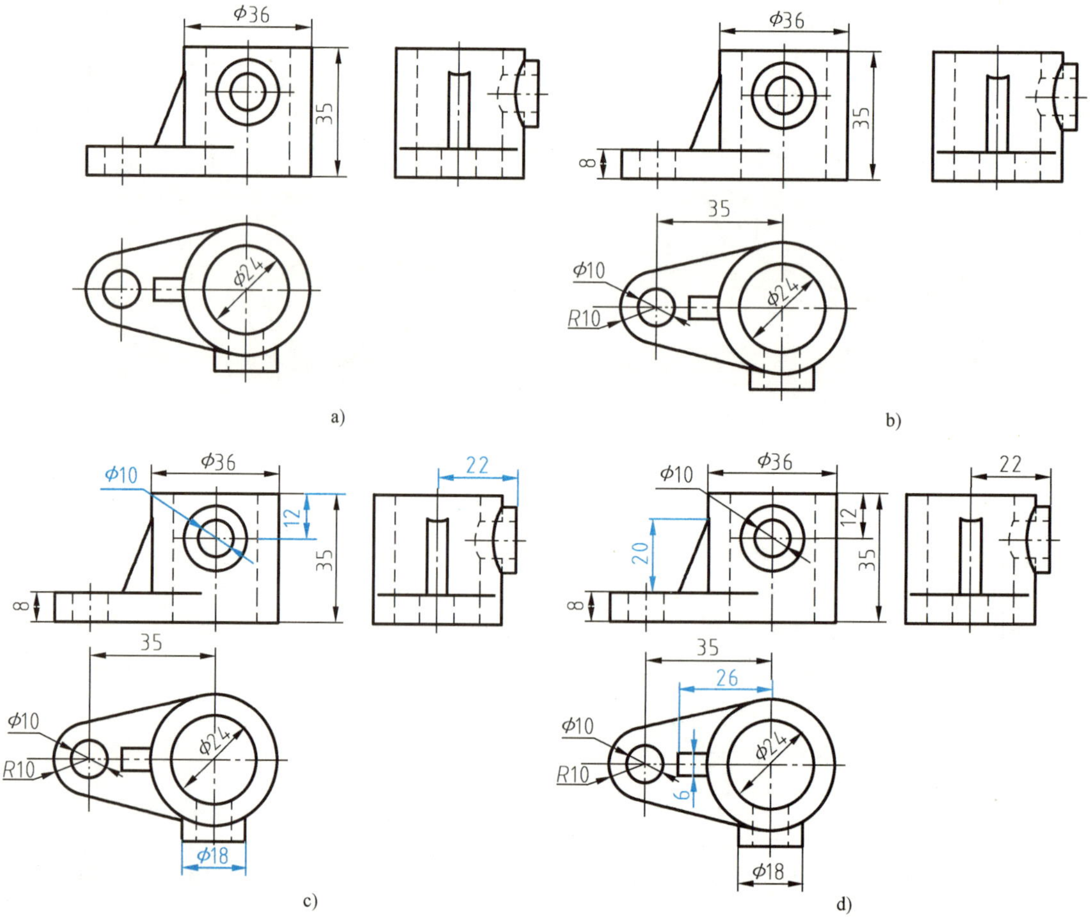

图 6-16　支座的尺寸标注步骤

1) 组合体的尺寸标注有哪些基本要求？
2) 组合体的尺寸有哪几种？
3) 某轴承座的三视图如图 6-17 所示，请在图中指出长、宽、高三个方向的尺寸基准。
4) 请按组合体尺寸标注的要求，在图 6-17 中注全遗漏的尺寸（尺寸数值从图中量取，取整数）。

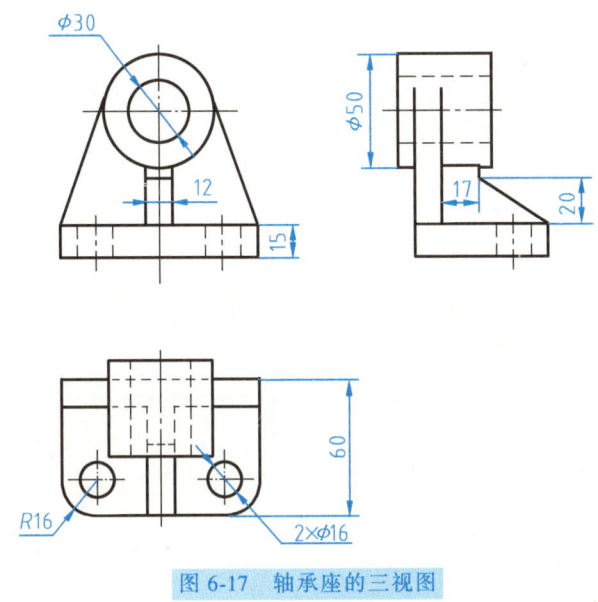

图 6-17 轴承座的三视图

课题三 读组合体的三视图

读图是画图的逆过程，画图是运用正投影法把空间的物体表达在平面上，而读图同样是运用正投影原理，根据视图想象出空间物体的结构形状。读图常用的方法有形体分析法和线面分析法。

一、读图的基本要领

1. 几个视图联系起来读图

"只看一图不全面，三图合看整体现"。一般情况下，仅由一个或者两个视图往往不能唯一地表达物体的形状。

如图 6-18 所示四组视图，其形状各异，它们的俯视图均相同，由于主视图不同，因此表达不同形状的物体。

如图 6-19a、b 所示的主视图和左视图相同，但它们的俯视图不同，所以表达的物体形

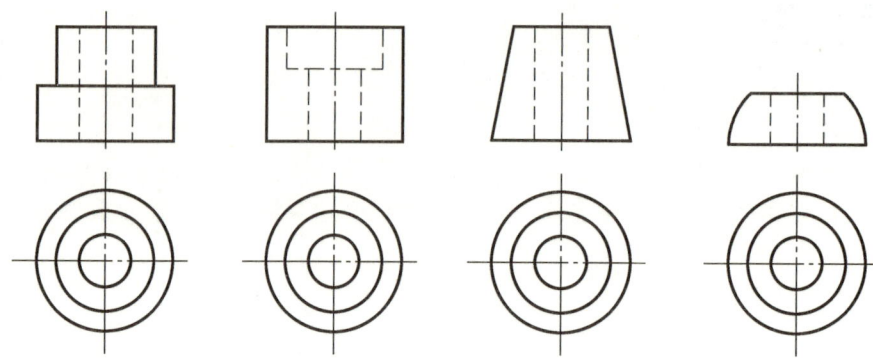

图 6-18 一个视图不能确定唯一物体的形状示例

状也不同；图 6-19c、d 所示的主视图和俯视图相同，左视图不同，则表达的物体形状也不一样。

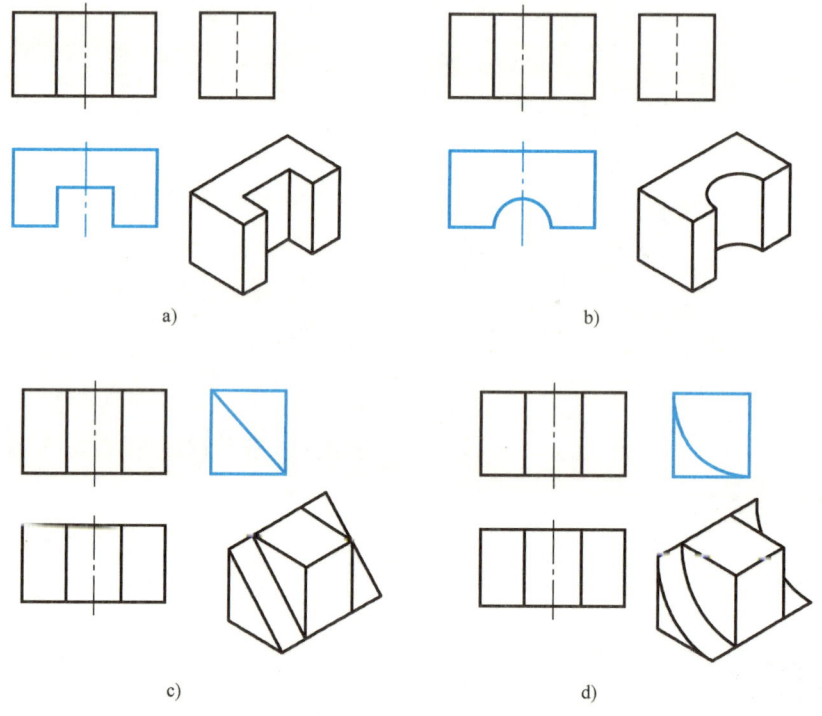

图 6-19 只用两个视图不能确定唯一的物体形状示例

又如图 6-20a 所示的三视图，单从主视图读，可能会误认是拱形柱体，如图 6-20b 所示；配合俯视图读，还会误认为是圆柱与球相切，如图 6-20c 所示；只有再配合左视图，分析其线框和相贯线的形状，才能正确想象出是图 6-20d 所示的立体形状。

 提示

读图时切忌只凭一视图就臆造出物体形状，必须将几个视图联系起来分析、构思，才能正确想象出物体形状。

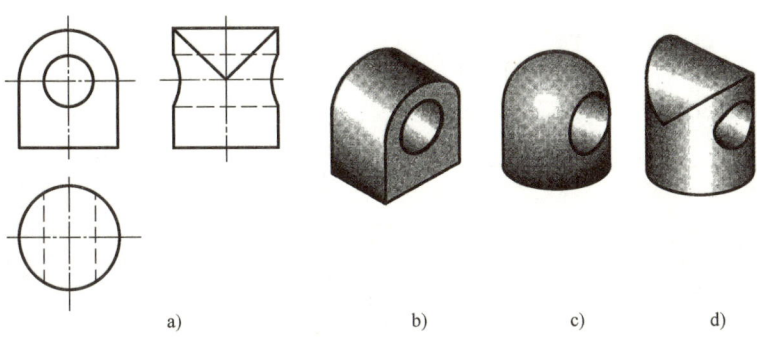

图 6-20 几个视图配合读图

2. 以形状特征视图为基础，想象各部分形状

所谓形状特征视图就是最能表达物体形状的那个视图。如图 6-19a、b 所示，由其主视图和左视图可以想象出多种物体形状，只有配合俯视图，才能确定唯一物体的形状。所以，俯视图是确定物体形状不可缺少的、最能反映物体形状的视图，即形状特征视图。

由于组成组合体的各基本体的形状不一定都集中在同一方向，反映各基本体特征形的特征不一定集中在一个视图上，因此读图时，必须几个视图合起来读，从各个视图中分离出表示各基本体的特征形线框，以各个特征形线框为基础，想象每个形体的形状和方位。

如读图 6-21a 所示的三视图，通过主视图的线框 1′、2′、3′ 与俯、左视图对投影关系，确定主视图的线框 3′、俯视图的线框 1 和左视图的线框 2″ 为特征形线框。

想象形体Ⅰ时，以俯视图的特征形线框 1 所示形状为基础，配合主、左视图之一所示的高度。

想象形体Ⅱ时，以左视图的特征形线框 2″ 所示形状为基础，配合主、俯视图之一所示的长度。

想象形体Ⅲ时，以主视图的特征形线框 3′ 所示形状为基础，配合俯、左视图之一所示的宽度。

通过图 6-21b、c、d 所示的思维和想象过程，物体三个部分的形状和方向就想象出来了。

3. 以位置特征视图为基础，想象各部分的相对位置

组合体的三个视图中，必有反映各基本立体之间的上下、左右、前后相对位置最为明显的视图，即位置特征视图。读图时，应以位置特征视图为基础，想象各基本体的相对位置。

如图 6-22a 所示，若只看主、俯视图，形体Ⅰ、Ⅱ两块基本体哪个凸出，哪个凹进，无法确定。如果根据左视图，就可唯一确定物体的形状，如图 6-22b、c 所示。因此，左视图就是位置特征视图。

4. 借助视图中线段、线框可见性，判断形体投影相重合的相对位置

当一个视图中有两个或两个以上的线框不能借助于"三等"关系和"六方位"关系在其他视图中找到确切对应关系时，应从视图投射方向及视图中线框或线段的可见性加以判别。

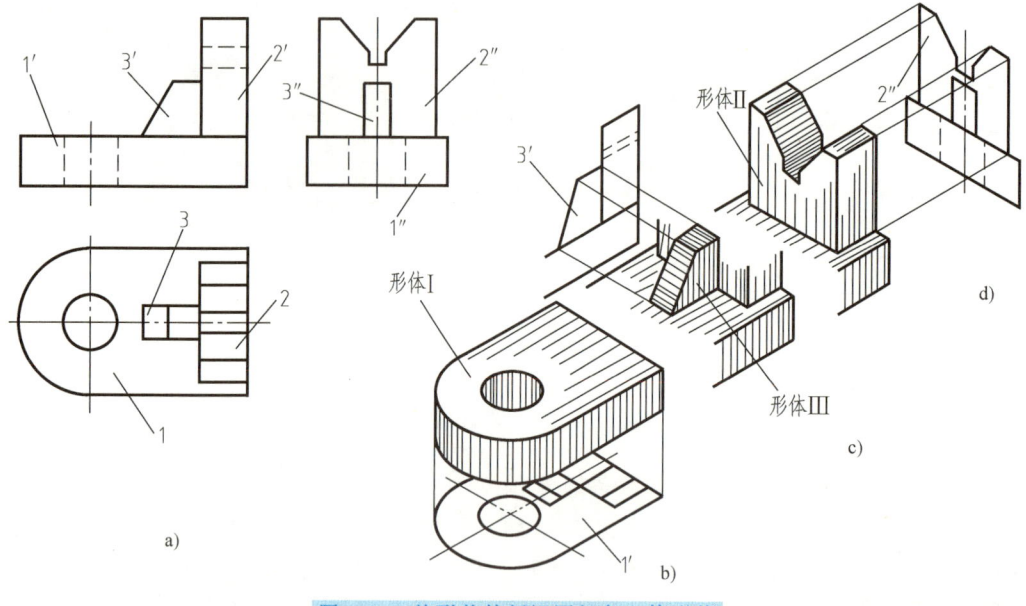

图 6-21 从形状特征视图想象立体形状

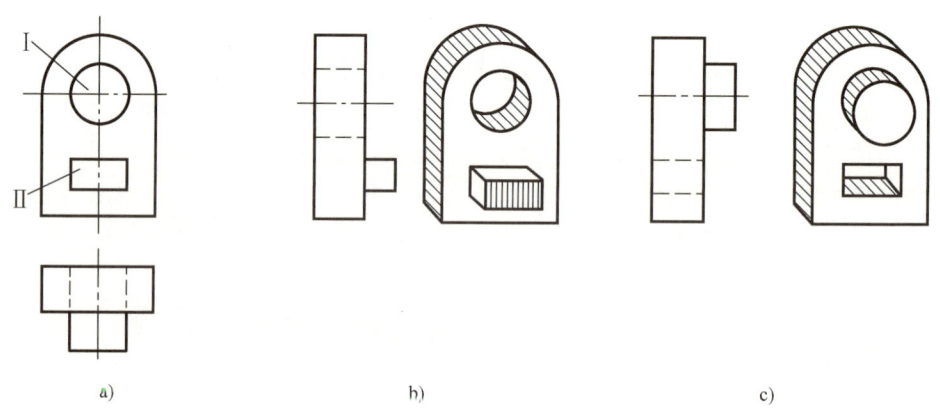

图 6-22 位置特征视图举例

如图 6-23a、b 所示的三视图,俯、左视图形状相同,主视图(有实线和虚线之别)不同。从图 6-23a 中主视图的线框 1' 和 a' 想象肋 A 叠加在 L 形柱体之上。假若把主视图变成图 6-23b 所示的形状,线框(b')有两条虚线,说明线框 c' 表示五棱柱 C 中间挖切去直角三角柱 B。

如图 6-24a 所示,主视图的方框 1' 和圆形 2' 相切,与俯、左视图对投影,仅能判断方框形体的前后壁有方孔和圆孔,未能分清其确切位置。这时,借助于主视图的投射方向来想象,实线方框 1' 表示方孔应在前壁,圆形 2' 表示圆孔应在后壁,如图 6-24b 所示(图中为方框形体右半部实体图),才能符合视图的圆和方框都是实线。图 6-24c 中方形线框(2')为虚线,圆形线框 1' 为实线,则方孔应在后壁,如图 6-24d 所示(图中为方框形体右半部实体图)。

5. 善于构思物体形状,不断修正想象的立体形状

读图过程中,根据给定的视图,往往是想象出多种不同形状的空间形体表象,因此必须

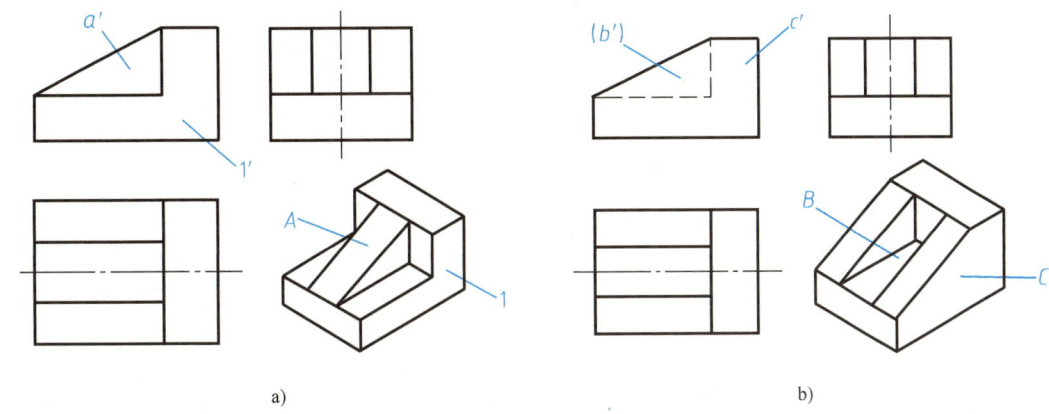

图 6-23 借助线段、线框可见性，判断形体间的相对位置（一）

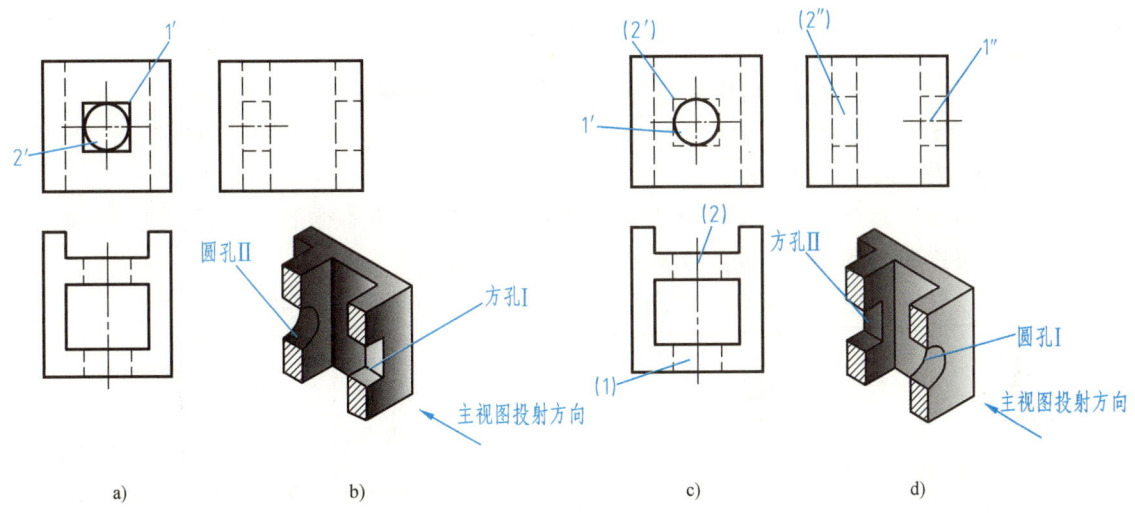

图 6-24 借助线段、线框可见性，判断形体间的相对位置（二）

与已知视图的形状反复对照，不断修正想象过程中不符合视图形状要求的空间立体表象。

如图 6-25a 所示的主、俯视图，根据主视图形状特点，较易想象为图 6-25b 所示的立体表象，但它不符合俯视图要求；再考虑俯视图三个矩形线框，易想象为图 6-25c 所示立体表象，但它又不符合主视图要求；只有想象为图 6-25d 所示立体表象，才符合主、俯视图要求，构思的立体形状才能成立。

二、读图的基本方法

1. 形体分析法

所谓形体分析法看图，就是从最能反映物体形状和位置特征的主视图入手，将复杂的视图按线框分成几个部分；然后运用三视图的投影规律，找出各线框在其他视图上的投影，从而分析各组成部分的形状和它们之间的位置；最后综合起来，想象出组合体的整体形状。

用形体分析法读图的方法和步骤如下：

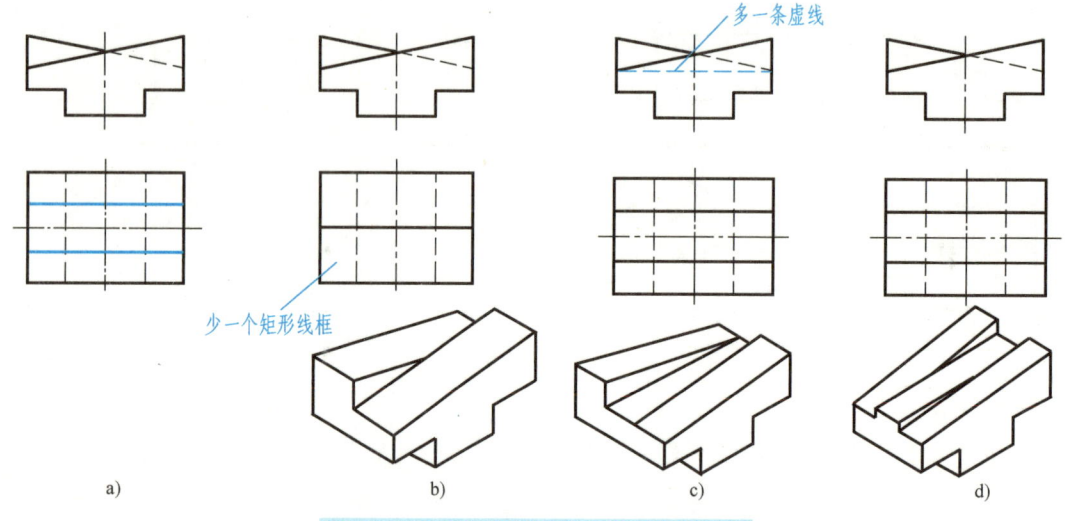

图 6-25　由已知视图想象立体形状的过程

(1) 划线框、分形体　从主视图入手，将该组合体按线框划分为几个线框。

(2) 对投影、想形状　从主视图开始，分别把每个线框所对应的其他投影找出来，确定每组投影所表示的形体的形状。

(3) 合起来、想整体　在读懂每部分形状的基础上，根据物体的三视图，进一步研究它们的相对位置和连接关系，综合起来想象形成一个整体。

【例1】　根据图 6-26 给定的轴承座的三视图，想象出其立体的形状。

分析：从主视图入手，联系其他视图，可将主视图划分为四个封闭线框Ⅰ、Ⅱ、Ⅲ、Ⅳ，如图 6-27a 所示。然后根据投影规律分析每一部分的空间形状，读轴承座三视图的方法与步骤如图 6-27 所示。

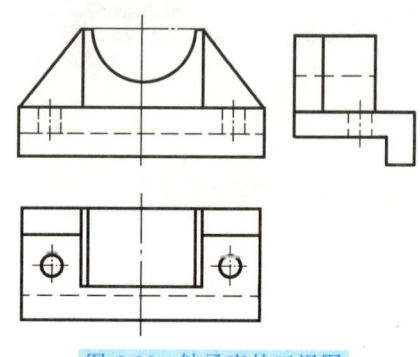

图 6-26　轴承座的三视图

(1) 看线框Ⅲ　特征视图是左视图，结合俯视图可以看出，该部分的形状为"⊐"形，并在其上挖了两个小圆柱孔，如图 6-27b 所示。

(2) 看线框Ⅰ　特征视图为主视图，结合另两面视图可以看出，基本形体为长方体，在其中间挖了一个半圆槽，如图 6-27c 所示。

(3) 看线框Ⅱ、Ⅳ　特征视图为主视图，结合俯、左视图可知，形体均为三棱柱，如图 6-27d 所示。

(4) 综合想象　根据各形体的相对位置排列，得出立体形状：形体Ⅲ在下，形体Ⅰ在上，并与形体Ⅲ后表面平齐，形体Ⅱ、Ⅳ分别在形体Ⅰ两侧并与其后表面平齐，如图 6-27e 所示。

【例2】　根据图 6-28 给出的模型体的主、俯两视图，补画其左视图。

分析：补视图就是根据已知两视图，运用形体分析法，想象出形体的结构形状，按照画组合体视图的步骤和方法，画出第三视图。

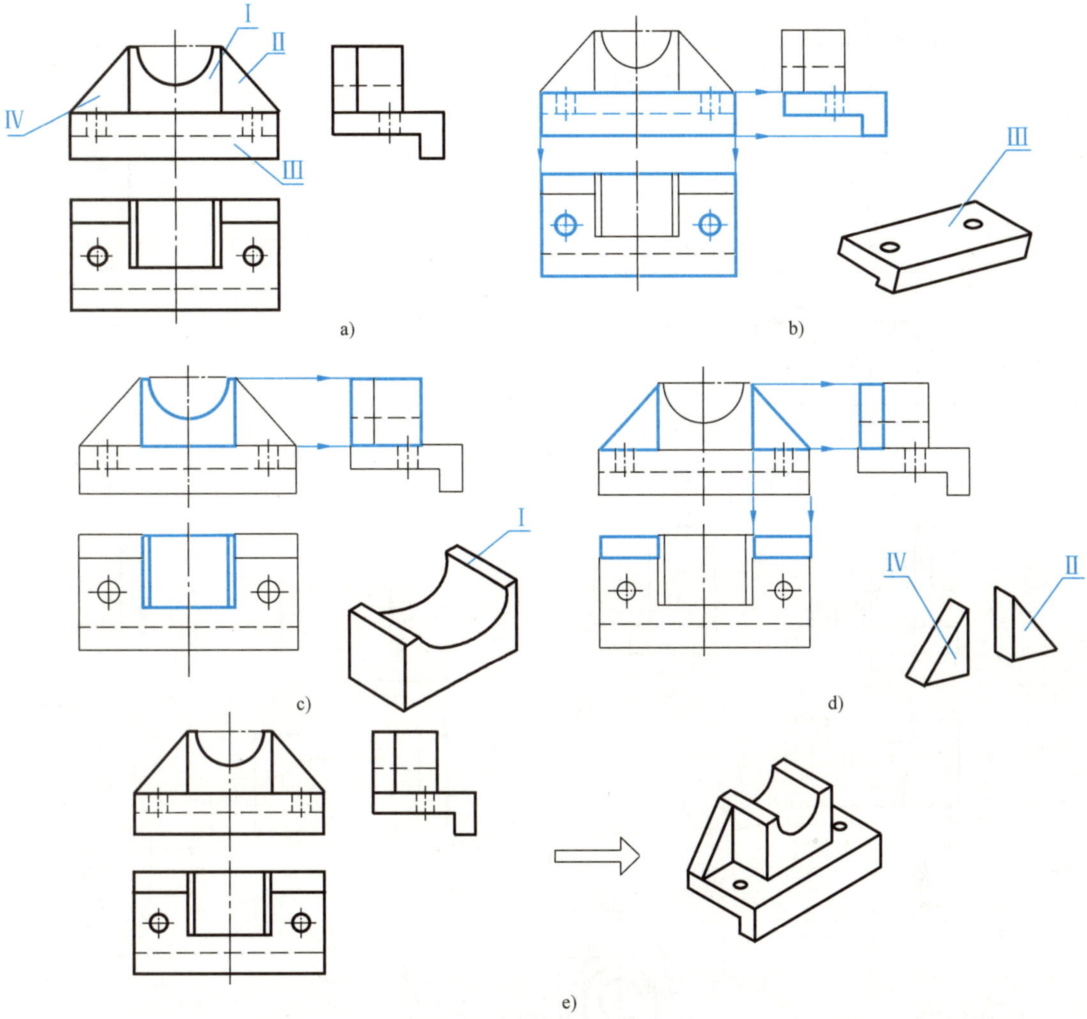

图 6-27 读轴承座三视图的方法与步骤

补画模型体的左视图的方法与步骤,如图 6-29 所示。

(1) 分视图想形状,想象形体Ⅰ的形状 按线框分成三个组成部分,形体Ⅰ的主、俯视图分别为矩形线框(近似)想象出形体为长方体,补画出左视图——矩形线框,如图 6-29a 所示。

(2) 想象形体Ⅱ 形体Ⅱ的主、俯视图分别为矩形线框(近似),想象出基本体为长方体,并立在形体Ⅰ的上后方,补画出左视图——矩形线框,如图 6-29b 所示。

(3) 想象形体Ⅲ 形体Ⅲ的主视图为上圆下方、俯视图为矩形,可想象为半圆柱与长方体的圆滑结合体,并紧靠形体Ⅱ,补画出左视图——矩形线框,如图 6-29c 所示。

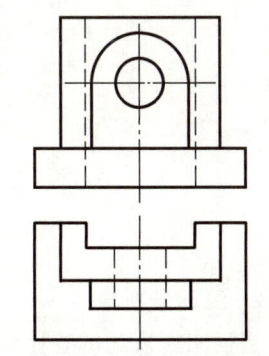

图 6-28 补画模型体的左视图

(4) 开孔、开槽 由形体Ⅱ、Ⅲ可知,它们的上面有一通孔;由形体Ⅱ、Ⅰ可知,在后面有一凹形通槽，补画出左视图中孔、槽的虚线，如图 6-29d 所示。

（5）想象整体形状，检查 根据想象出的Ⅰ、Ⅱ、Ⅲ各形体的形状，综合想象出组合体的整体形状。检查所补视图无误后，按规定线型加深轮廓线，如图 6-29e 所示。

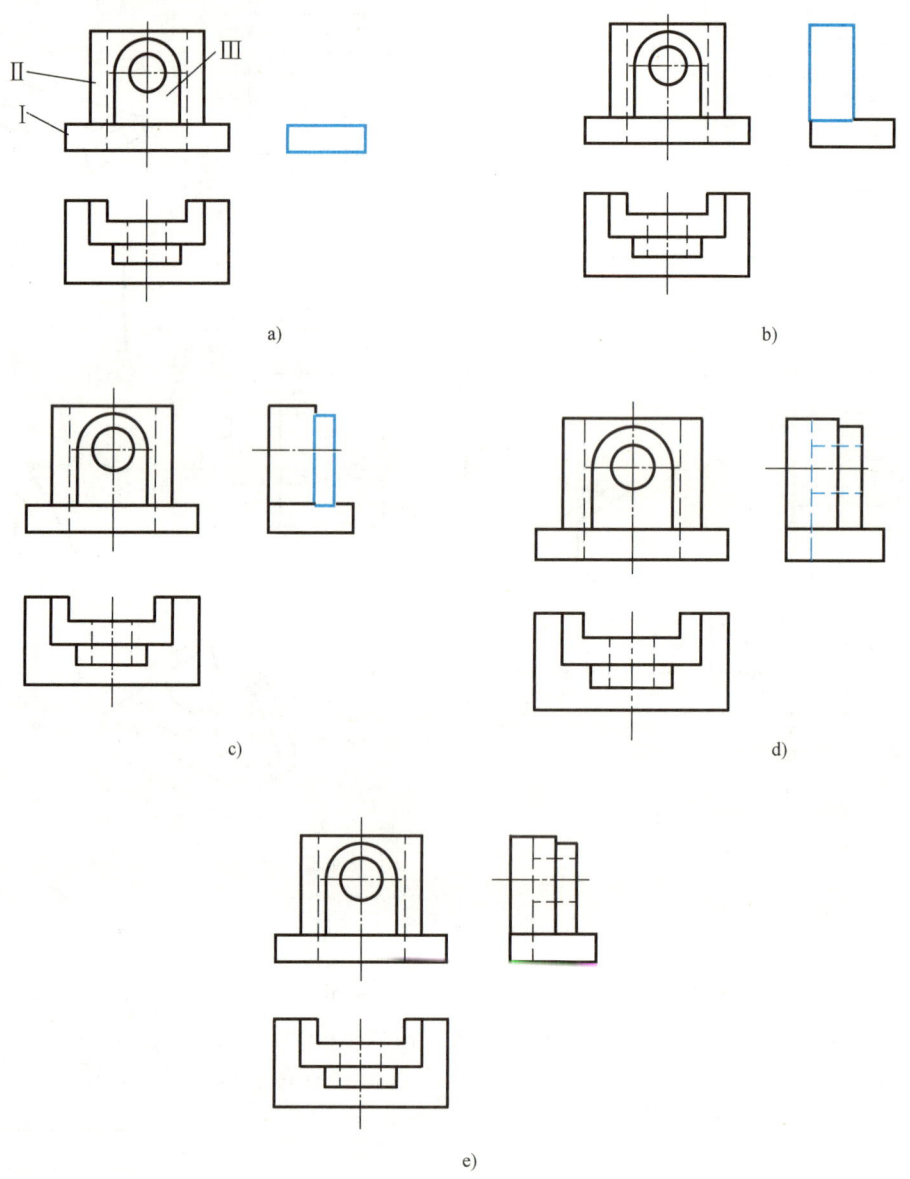

图 6-29 补画模型体左视图的方法与步骤

2. 线面分析法

当视图所表达的物体较不规则或轮廓线投影重合，应用形体分析法读图难以奏效时，则应用线面分析法。线面分析法着眼点是体上的面，把相邻视图中的线框与线框、线框与线段对应关系想象为面。通过逐个线框、线段对投影，想象立体各表面形状、相对位置，并借助立体概念，想象立体形状。线面分析法根据给定视图特点，采用下列两种思维方法。

（1）形体切割法　若已知视图的外形是缺口和缺角，可初步判断是切割体。读图时，把视图缺口、缺角进行"整形"，使其表示一个完整体，然后从反映缺口、缺角特征的积聚性线段出发，与相关视图对投影，确定切割位置，想象被切去的形体及留下缺口、缺角的形状，这种读图方法称为切割法。

【例3】　根据图6-30给出的压块三视图，想象出其立体的形状。

分析：由于已知视图形状具有缺口、缺角的特点，因此用形体切割法读图，具体读图步骤如图6-31所示。

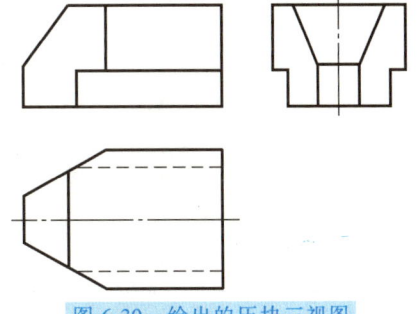

图6-30　给出的压块三视图

（1）形体分析，想象切割体原始形状　假想把各视图中所缺少的部分补齐，外围线框则构成一长方体的三视图，因此该形体未切前为长方体，如图6-31a所示。

（2）分析 P 平面　从俯视图线框 p 入手，可找出其另两面投影 P' 和 P''，可知平面 P 与 V 面垂直，即形体被一垂直于 V 面的平面切去左上角，如图6-31b所示。

（3）分析 Q 平面　从主视图线框 q' 开始，按投影关系找出 q 和 q''，可知 Q 面与 H 面垂直，将长方体的左前（后）角切去，如图6-31c所示。

（4）分析 R、H 平面　与主视图线框 r' 有联系的是俯视图中图线 r、左视图中图线 r''，所以 R 与 V 面平行；由俯视图上线框 h 可找出其正投影 h' 和侧面投影 h''，所以 H 面与水平面平行。

由 R 面与 H 面结合，将长方体前（后）下部各切去一块长方体。

经过几次切割以后，剩余部分即为物体的形状，如图6-31d所示。

（2）形体凸凹构想法　读图时，若一个视图有几个特征形线框在相邻视图中同时对应几条横向线或竖向线，不易分清各自对应关系，这时可把这些线框想象为几个凸凹面，并从物体应有厚度及借助于投影可见性，想象其立体形状。

如图6-32a所示，主视图的上、下两个相邻特征形的线框 $1'$、$2'$，对应俯视图甲、乙两条横向实线，分不清确切对应关系。这时，根据俯视图投射方向的图线可见性，以及线框 $1'$ 上点 a'、b' 对应着 a、b，线框 $2'$ 上点 c' 对应着线 c，从线 a、b、c 的起始位置及长度分别表示各自厚度（图6-32b），以及甲、乙线为实线，可判断线框 $1'$ 对应线乙，线框 $2'$ 对应线甲。根据甲、乙线的相对位置即可想象面Ⅱ在前（凸出），面Ⅰ在后（凹入）的两层凸凹柱形体，构思立体形状如图6-32c所示。

又如图6-32d所示，主视图的上、下两个相邻线框 $1'$、$2'$ 虽同时对应线甲、乙，但从线框 $1'$ 上点 a'、b' 对应线 a、b 及线乙是虚线，就可确定线框 $1'$ 对应实线甲，线框 $2'$ 对应虚线乙，想象为面Ⅰ在前（凸出）、面Ⅱ在后（凹入）的两层凸凹柱形体，构思立体形状如图6-32e所示。

【例4】　已知图6-33a所示主、俯视图，想象其立体形状，求作左视图。

（1）对投影想象立体形状

分析：把主视图分为线框 $1'$、$2'$、$3'$，通过主、俯视图对投影对应关系，主视图的线框 $1'$、$2'$、$3'$ 在俯视图中同时对应甲、乙、丙三条横向实线。再从俯视图都是矩形线框，初步

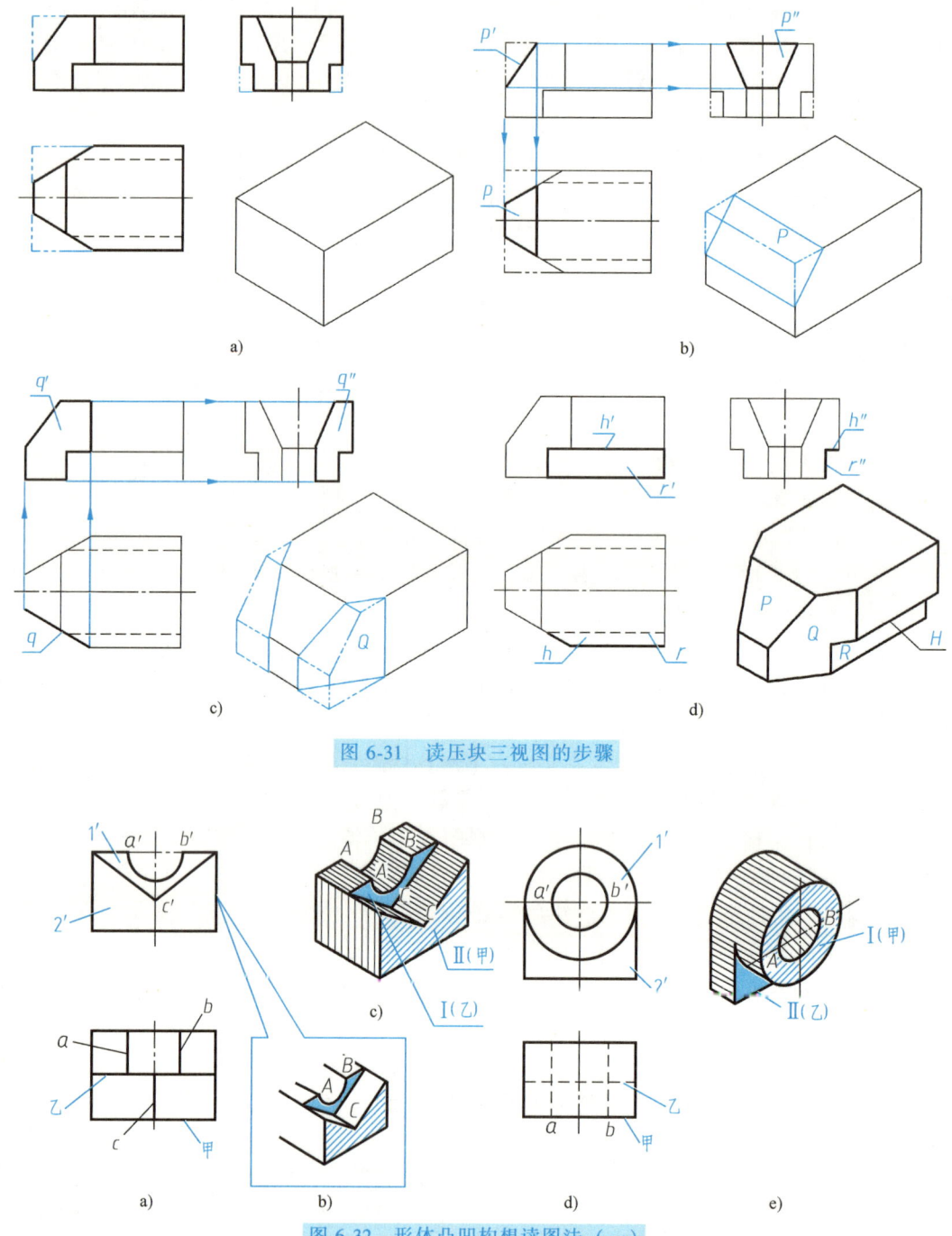

图 6-31 读压块三视图的步骤

图 6-32 形体凸凹构想读图法（一）

想象由这三个特征形线框为端面所组成的三层等厚柱形体，并把其分为前、中、后三层的凸凹体，如图 6-33b 所示。

根据主视图线框 1′、2′、3′ 所处高低位置，可把其分为上、中、下三个部分。从图 6-33d 所示的线框 2′ 上小圆的端点 a′，对应俯视图虚线 a，从虚线 a 的起止位置说明小圆孔占中、后两层，所以线框 2′ 必对应线乙，想象端面Ⅱ居中，占中、后两层的柱形体。

如图 6-33e 所示，线框 1'在线框 2'的下方，根据俯视图投影可见性，线框 1'对应实线甲，想象端面Ⅰ占前、中、后三层的柱形体，且面Ⅰ比面Ⅱ凸出。

从图 6-33f 所示线框 3'在线框 2'上方，线框 3'一定对应实线丙，想象端面Ⅲ在面Ⅱ之后，只占后层的柱形体，即面Ⅲ比面Ⅱ凹入。

通过上述的投影分析和想象过程，综合起来想象出整体形状为图 6-33c 所示的立体形状。

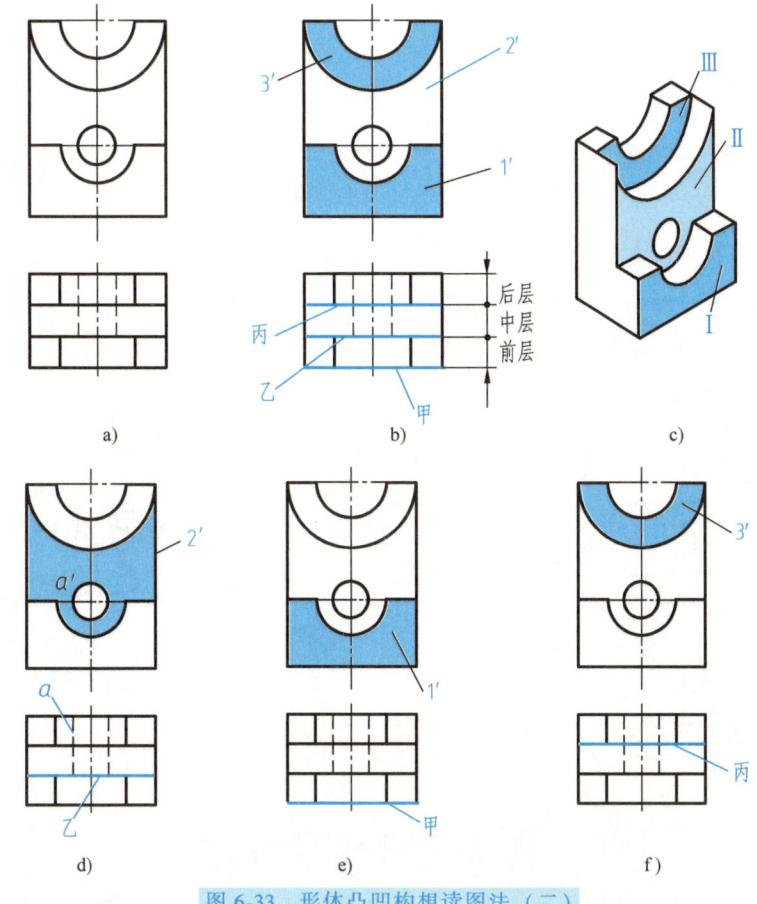

图 6-33 形体凸凹构想读图法（二）

（2）作左视图 分析：由于该物体为凸凹柱形体，左视图都是矩形线框。作图时，先画出端面Ⅰ、Ⅱ、Ⅲ及Ⅳ（后端面）的侧面投影为竖向线 1″、2″、3″及 4″，然后根据各面所占层次（厚度），逐个作出侧向轮廓线，并判断可见性，如图 6-34 所示。

3. 补画视图所漏的线

补画视图所漏的线，是读图的进一步要求，也是学习审核图样的方法之一。读图时，通过投影分析，判断视图错画之处，想象出正确立体形状。然后分析视图漏画图线的原因，并根据组合体的组合形式和表面连接关系，应用点、线、面的投影规律，逐个补画、修正视图的图线。

补画视图所漏线一般采用的方法和步骤：

1) 根据给定的视图，应用形体分析法和线面分析法，判断和想象正确立体形状。

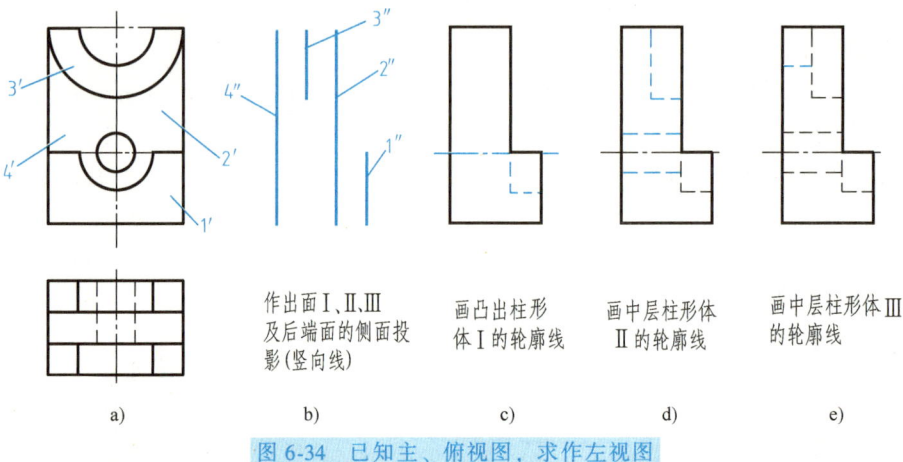

图 6-34 已知主、俯视图，求作左视图

2）通过读图想象，不断地揭示和判断错、漏图线及分析原因。

3）从想象的组合形式和表面连接关系，用点、线、面投影规律修正错、漏图线。

【例 5】 根据图 6-35 所示支座的三视图，补画视图中缺线。

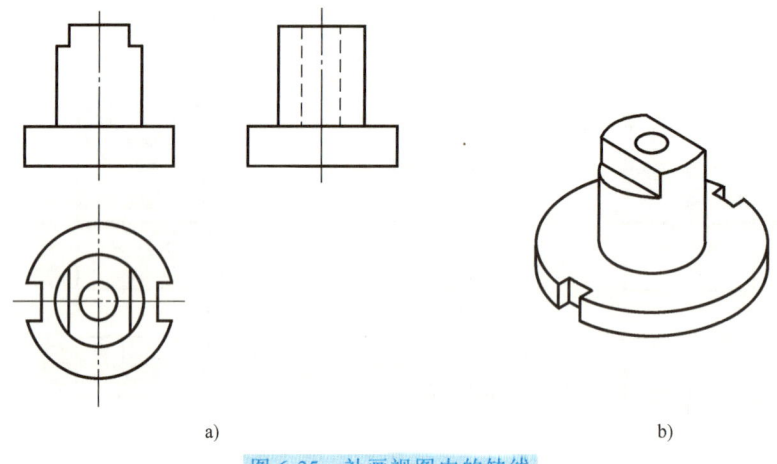

图 6-35 补画视图中的缺线

分析：补画三视图中的缺线，首先要读懂视图，想象出物体的形状。读图的方法依然是形体分析法和线面分析法。补画支座三视图中的缺线具体步骤如图 6-36 所示。

（1）读三视图，想形状　用形体分析法可知：支座由一圆柱底板 I 和一圆筒 II 堆积组合后，又经切割而成，如图 6-36a 所示，立体形状如图 6-35b 所示。

（2）补画底板 I 上缺漏的线　圆柱底板 I 的左右各有一方槽，在俯视图已表达清楚，需补画出主、左视图中应有的图线及孔在主视图中的虚线，孔在左视图的虚线与方槽宽相同而省略，如图 6-36b 所示。

（3）补画圆筒 II 上缺漏的线　由主视图和俯视图看出，圆筒 II 上端左右分别切出缺口，须补全左视图中图线，并补画圆筒内孔主视图中虚线，如图 6-36c 所示。

（4）检查　补齐所缺图线，检查是否与形体结构相符，擦去作图辅助线，使虚、实线符合标准，如图 6-36d 所示。

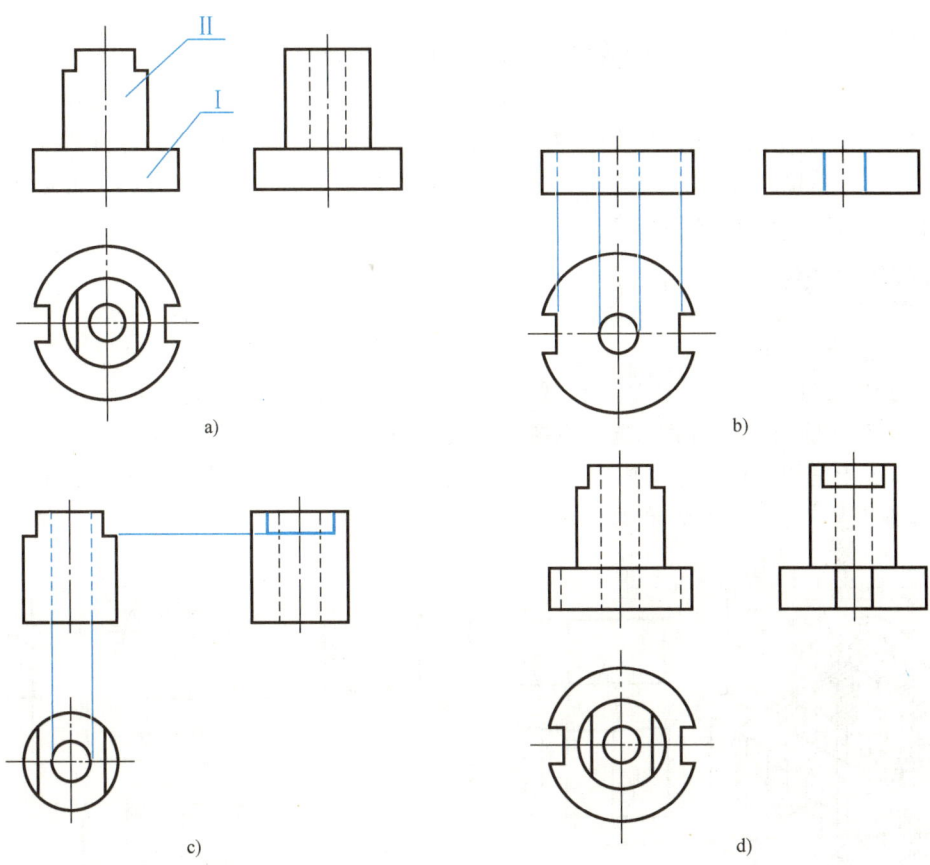

图 6-36　补画支座三视图中的缺线

课后思考

1）读组合体视图的要点有哪些？

2）读组合体视图的方法有哪几种？

3）如图 6-37 所示的两组视图，找出线框间的对应关系，完成下面各题。

① 图 6-37a 所示主视图中的线框 1′对应俯视图中____线；线框 2′对应____线；____面在前（凸出）、____面在后（凹入），物体是____层柱形体。

② 图 6-37b 所示主视图中的线框 1′对应俯视图中____线；线框 2′对应____线；线框 3′对应____线；线框 4′表示____；____面在前（凸出）、____面居中、____面在后（凹入），物体是____层柱形体。

③ 补画第三视图。

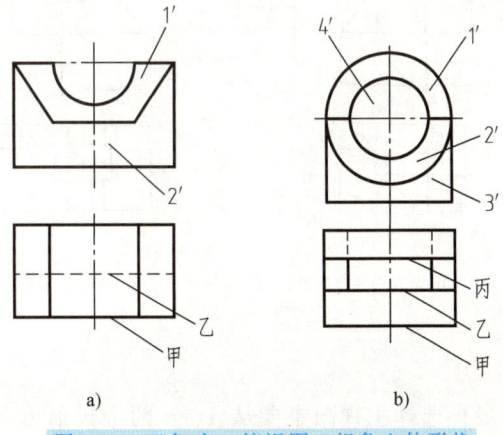

图 6-37　已知主、俯视图，想象立体形状

课题四　组合体模型测绘

组合体模型测绘是在掌握基本体测绘技能的基础上进行，以进一步训练目测方法和徒手画草图的技巧。测绘是深入学习本课程基本知识和进行基本训练的有效方法，也是从事工程技术工作不可缺少的制图基本功之一。

相关知识

测绘的方法和步骤

1）绘图前，应用形体分析法仔细观察，分析模型，确定各组成部分形状、组合形式和表面连接关系，确定整体特征。选择主视图的投射方向。

图 6-38a 中的组合体是由形体Ⅰ、Ⅱ、Ⅲ叠加而成的。形体Ⅱ是切割体，在其体上形成缺角Ⅳ和方槽Ⅴ。整体结构左右对称。

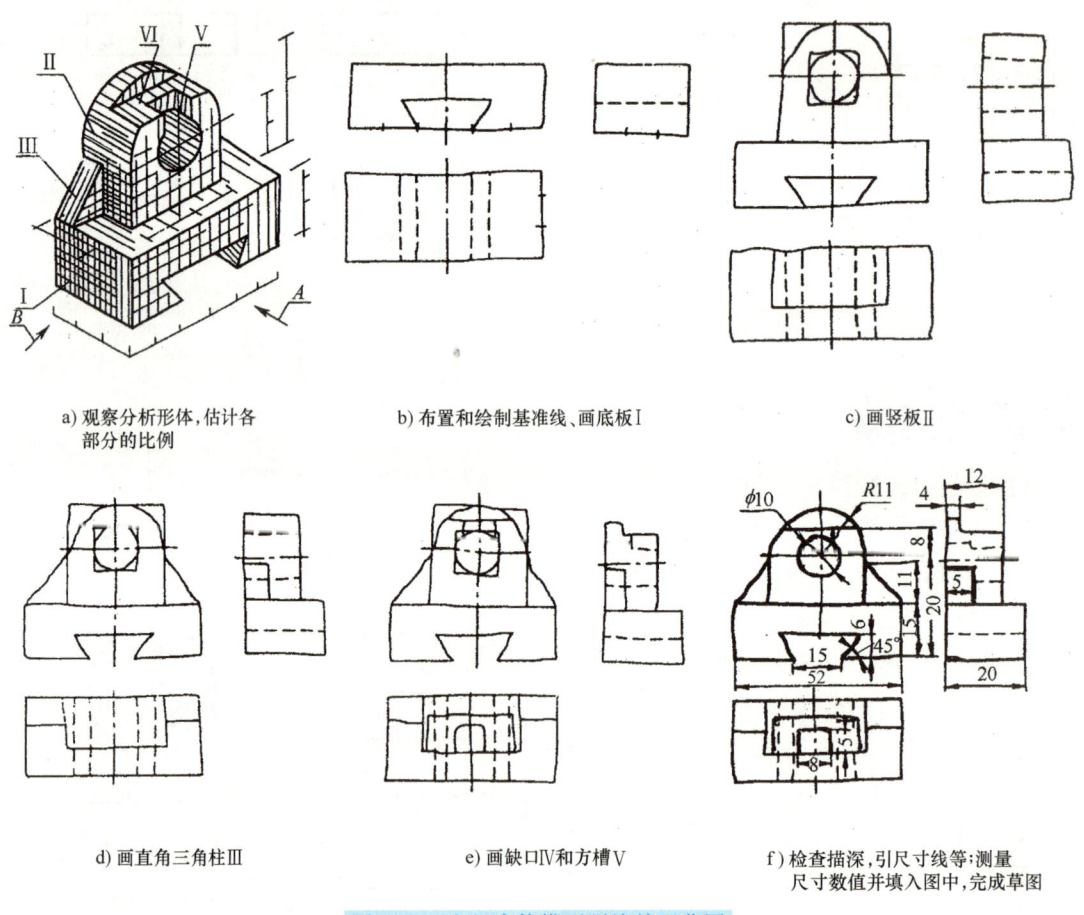

a) 观察分析形体,估计各部分的比例　　b) 布置和绘制基准线、画底板Ⅰ　　c) 画竖板Ⅱ

d) 画直角三角柱Ⅲ　　e) 画缺口Ⅳ和方槽Ⅴ　　f) 检查描深,引尺寸线等;测量尺寸数值并填入图中,完成草图

图 6-38　由组合体模型测绘并画草图

2）选择主视图主要从 A、B 两个投射方向考虑，显然选择 A 向更能体现轴承座整体结构特征。

3）目测组合体模型的大小，常先确定评估的基本单位长度，然后以此长度确定各组合部分的大小（也可继续借助铅笔长度来目测），如图 6-38a 所示，使绘出的模型三视图的总体和局部的大小比较接近模型实际。

4）画图时，仍按形体分析法，逐个画出每个形体的三视图，并应先画叠加体后画切割体，如图 6-38b~e 所示。

5）标注尺寸时，按形体分析法徒手画出每部分的尺寸界线、尺寸线及箭头后，再集中对模型进行测量，并将每次测得的尺寸数值注写在尺寸线上。

6）再按形体分析法检查所画的每个视图和所标注的每个尺寸是否正确。经过修改、确定无误后，徒手描深图线，如图 6-38f 所示。

课后思考

1）测绘的方法和步骤是什么？
2）按 1∶1 比例徒手绘制图 6-39 所示组合体模型的三视图。

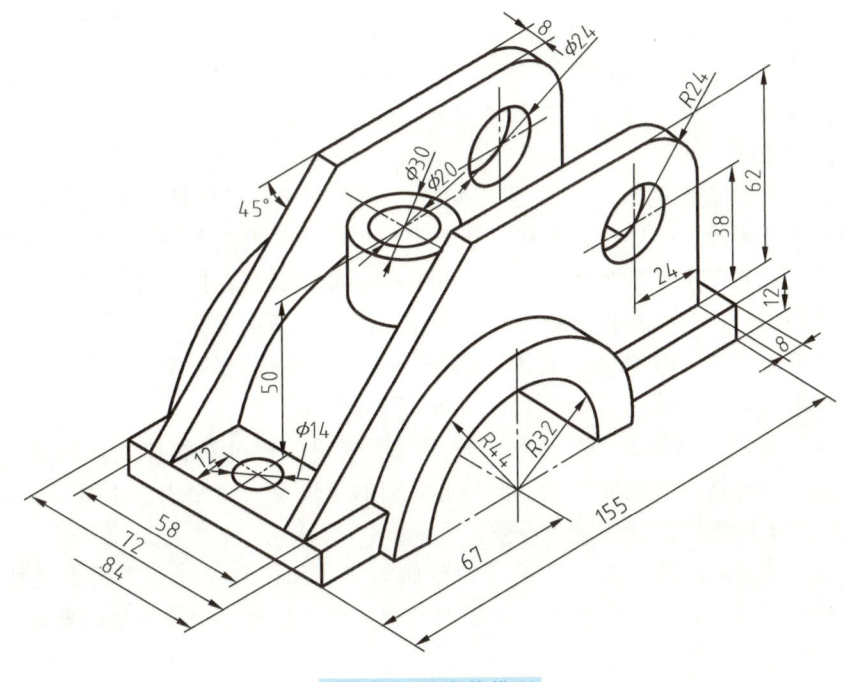

图 6-39 组合体模型

单 元 总 结

本单元是制图课程的核心内容，是培养空间想象能力和读图能力的关键，是从投影基础过渡到机械图样的"桥梁"。本单元重点介绍了用形体分析法来完成组合体三视图的画图、看图及尺寸标注过程，为后面识读和绘制零件图、装配图做准备。

1. 形体分析法

为了便于画图和看图，假想将组合体分解为若干基本体，分析各基本体的形状、组合形式和相对位置，弄清组合体的形体特征，这种分析方法称为形体分析法。

组合体的组成形式分为叠加、切割和综合 3 种方式。

2. 画组合体三视图的方法与步骤

1）形体分析。

2）选择主视图。以最能反映组合体形体特征的那个视图作为主视图，同时兼顾其他两个视图表达的清晰性，还应考虑物体的安放位置，尽量使其主要平面和轴线与投影面平行或垂直，以便使投影反映实形。

3）确定比例和图幅。

4）布置视图位置。

5）绘制底稿。先画主要形体，后画次要形体；先画各形体的主要部分，后画次要部分；先画可见部分，后画不可见部分。

3. 组合体视图的尺寸注法

标注组合体的尺寸时，应先对组合体进行形体分析，再选择基准，标注定形尺寸、定位尺寸和总体尺寸，最后检查、核对。

标注尺寸时要做到正确、完整、清晰。尺寸应尽量标注在反映形体特征最明显的视图上。同一基本体的定形尺寸和定位尺寸，应尽可能集中标注在一个视图上。同一视图上的平行并列尺寸，应按"小尺寸在内，大尺寸在外"的原则来排列。

4. 读组合体视图

（1）形体分析法看图的方法与步骤　根据组合体的特点，将其分成几个部分，然后逐一将每一部分的几面投影对照进行分析，想象出其形状，并确定各部分之间的相对位置和组合形式，最后综合想象出整个物体的形状。此法用于叠加类组合体较为有效。

读图步骤：①分线框，对投影；②想出形体，确定位置；③综合起来，想出整体。一般的读图顺序是：先看主要部分，后看次要部分；先看容易确定的部分，后看难以确定的部分；先看某一组成部分的整体形状，后看其细节部分形状。

（2）线面分析法看图的方法与步骤　运用投影规律，通过对物体表面的线、面等几何要素进行分析，确定物体的表面形状、面与面之间的位置及表面交线，从而想象出物体的整体形状。此法用于切割类组合体较为有效。

读图步骤：①判断主体形状；②确定切割面的形状和位置；③逐个想象各切割处的形状；④想象整体形状；⑤综合归纳各截切面的形状和空间位置，想象物体的整体形状。

单元七
图样的基本表示法

知识引入

如图 7-1a 所示的落料凹模，其内部结构比较多，从图 7-1b 所示的落料凹模三视图可以看出，主、左视图中虚线比较多，内部结构的投影互相重叠，看图困难，而且标注尺寸也非常不方便。

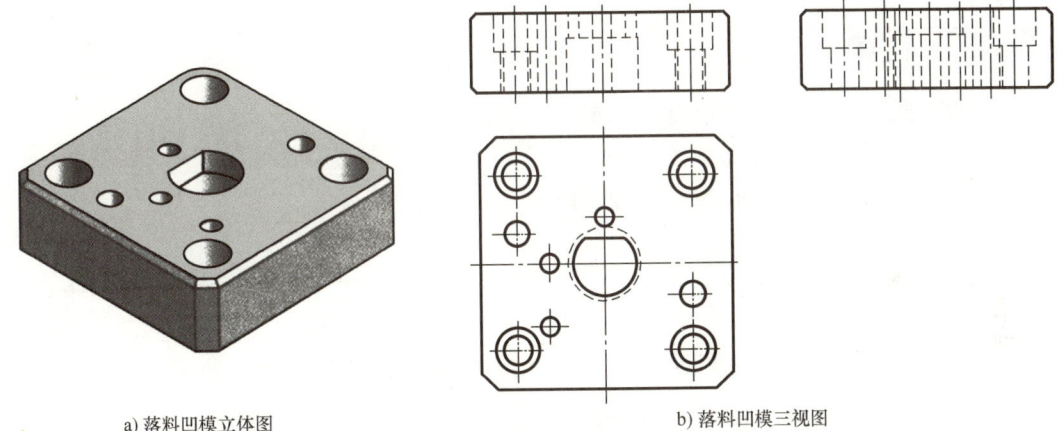

a) 落料凹模立体图　　　　　　　　　　　b) 落料凹模三视图

图 7-1　落料凹模

又如图 7-2 所示的阶梯轴，主视图上标注尺寸后，可以把主要的结构形状都表达清楚，只有键槽的深度不能表达，若采用左视图，大部分的形状重复表达，作图比较麻烦。

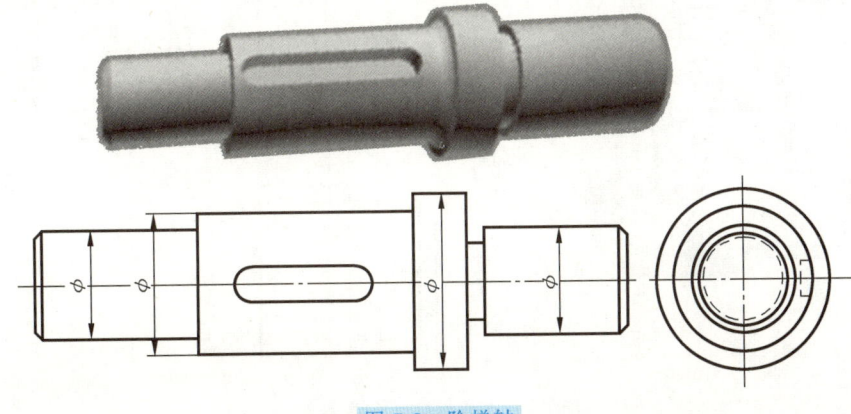

图 7-2　阶梯轴

由此可见，对于形状复杂多样的机件，如果只用三视图可见部分画粗实线、不可见部分画细虚线的方法往往不能清晰、完整地表达，为此国家标准规定了各种图样的表达方法。

本单元重点介绍图样的基本表达方法和技巧，主要包括视图、剖视图、断面图的画法和基本规定，以及常用的一些简化画法，熟练掌握这些机件的基本表达方法，根据机件的结构特点，采用合适的方法表达清楚机件的所有结构，从而达到技术交流的目的。

学习目标

1) 熟悉基本视图的形成、名称及配置关系。
2) 熟悉向视图、斜视图和局部视图的画法与标注。
3) 理解剖视的概念，掌握剖视图的画法与标注。
4) 掌握全剖视图、半剖视图、局部剖视图的画法与标注。
5) 掌握各种剖切面作剖视图的画法与标注。
6) 掌握断面图的画法与标注，熟悉局部放大图和常用简化画法。
7) 掌握各种表达方法的综合应用。

能力目标

1) 能够按配置关系正确绘制基本视图。
2) 能够正确绘制和标注向视图、局部视图和斜视图。
3) 能够正确绘制各种剖视图，并按规定进行标注。
4) 能绘制移出断面图和重合断面图。
5) 能够综合运用合适的表达方法，准确表达各类机件形状。

课题一　绘制机件的视图

实际生产中，有的机件如果只用前面介绍的三视图表达，如图 7-3 所示，图中线条交

a) 立体图

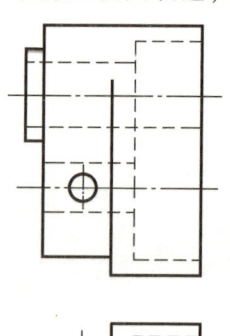

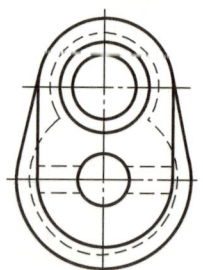

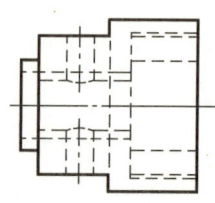

b) 三视图

图 7-3　机件立体图与三视图

错,画图、读图困难,而且右侧形状表达不清楚。为此,国家标准规定了基本视图、向视图、局部视图和斜视图四种视图,可根据机件的结构特点,采用合适的视图表达清楚该机件的形状,并能简化作图。

 相关知识

一、基本视图

1. 六个基本视图的形成

机件向基本投影面投射所得到的视图,称为基本视图。

国家标准规定,用正六面体的六个面作为基本投影面。把机件置于正六面体中,从六个方向,将物体向六个基本投影面投射,即得到六个基本视图,如图7-4所示。在得到的六个基本视图中,除了前面学习的主、俯、左三个视图外,还有:

右视图——由右向左投射所得的视图。

仰视图——由下向上投射所得的视图。

后视图——由后向前投射所得的视图。

2. 六面基本视图的展开与配置

六个基本投影面的展开如图7-5所示。六个基本投影面展开后,配置如图7-6所示。按如图7-6所示的位置关系配置的视图不需做任何标记。

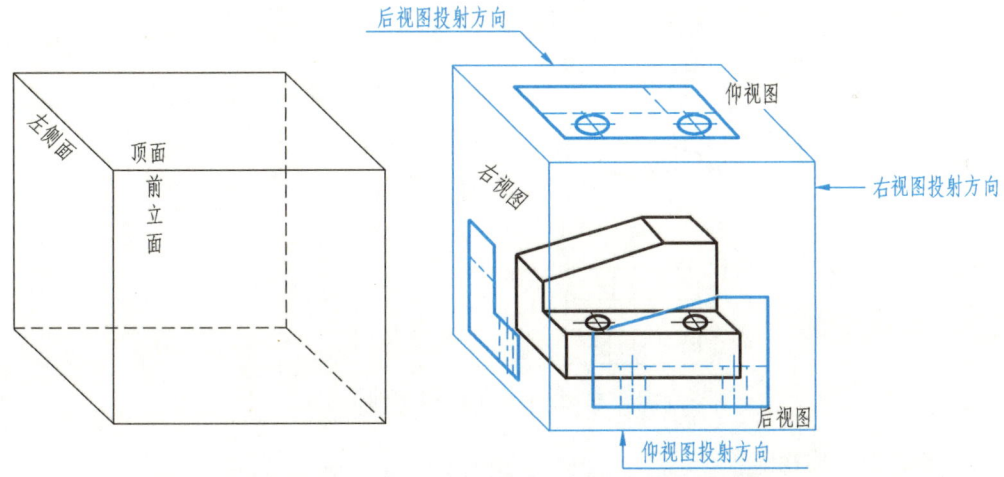

图7-4 六个基本投影面及后、仰、右视图的形成

3. 六面基本视图的投影规律

(1)方位关系 空间物体有上、下、左、右、前、后六个方位,如图7-7a所示。六面基本视图与空间物体的方位对应关系,如图7-7b所示。

主视图、后视图反映了物体的上下、左右关系(注意:后视图的左侧与空间物体的右侧相对应;右侧与空间物体的左侧相对应),前后重叠。

俯视图、仰视图反映了物体的左右、前后关系,上下重叠。

左视图、右视图反映了物体的上下、前后关系,左右重叠。

(2)六面基本视图的投影规律 六面基本视图仍保持三等对应关系:

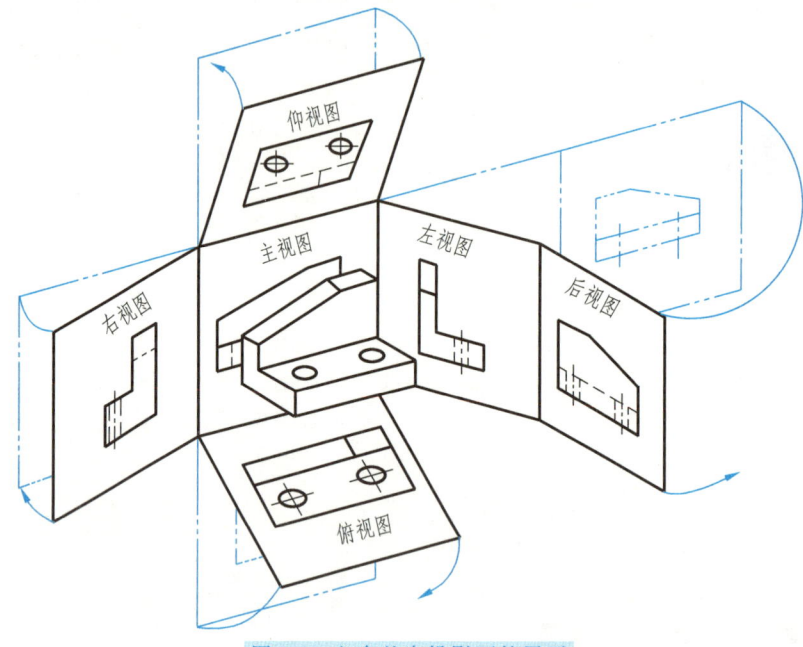

图 7-5　六个基本投影面的展开

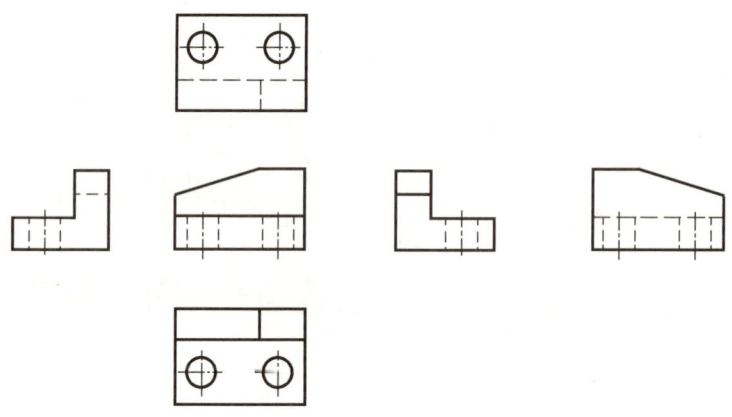

图 7-6　垫块的六面基本视图

主、俯、后、仰视图长对正。

主、左、后、右视图高平齐。

俯、左、仰、右视图宽相等。

除后视图外，其他视图仍保持靠近主视图一边是机件的后面，远离主视图的一边是前面。

二、向视图

在用基本视图表达机件时，为合理利用图纸，六面基本视图可不按图 7-6 所示的规定位置配置，而是当主视图确定后，将其他视图放在图纸的合理位置。这种自由配置的视图，称为向视图。

向视图是基本视图的一种表示形式。在图 7-8 中，当主视图按如图 7-8a 所示确定后，其

单元七 图样的基本表示法 137

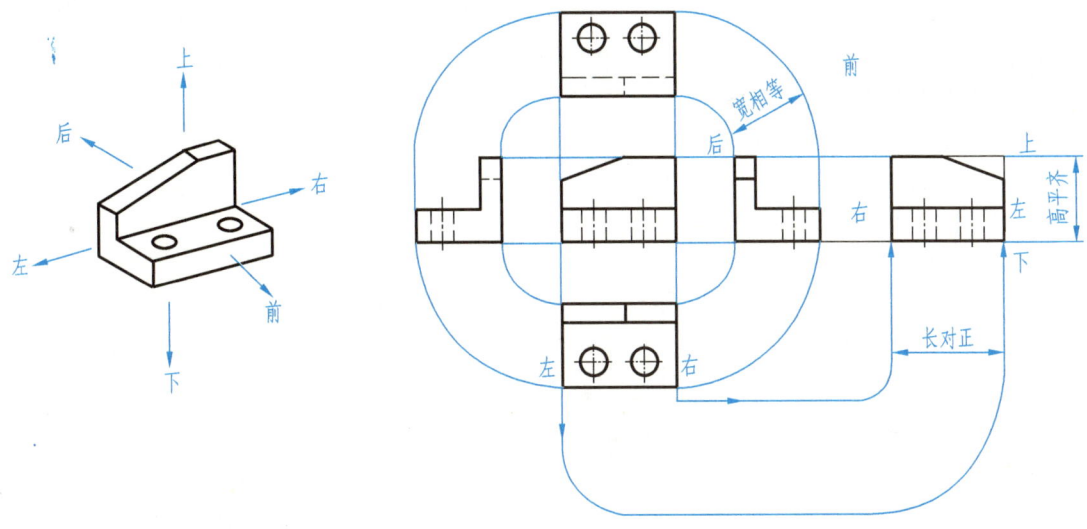

a) 空间物体的方位　　　　　　　　　　b) 视图的方位关系与投影规律

图 7-7　六面基本视图的方位关系与投影规律

他视图不是按图 7-6 规定位置配置，而是放在了图纸的合理位置。

 提示

为了不致引起误解，便于读图，应在向视图的上方用大写拉丁字母标出该向视图的名称（如"A""B"等），并在相应的视图附近用箭头指明投射方向，并标注相同的字母，且字母的方向均应与正常的读图方向相一致（字头朝上），如图 7-8 所示。

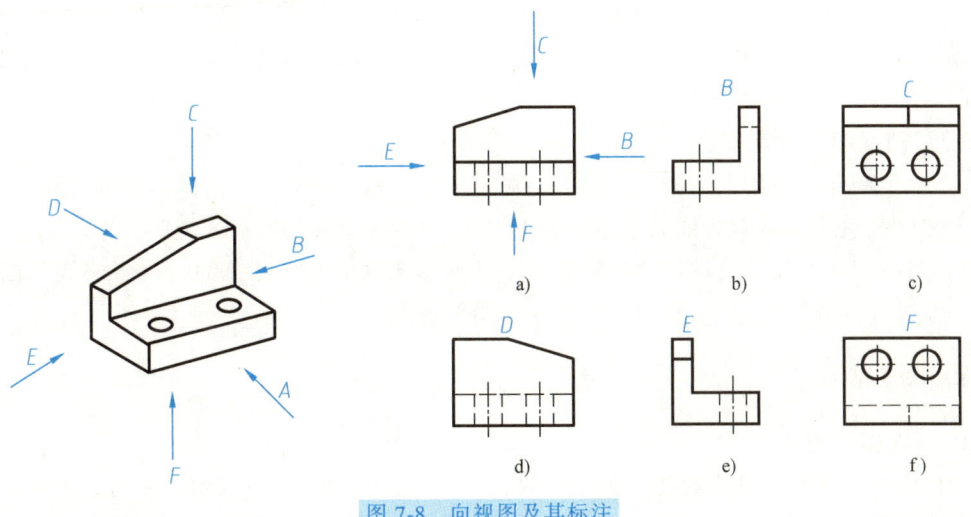

图 7-8　向视图及其标注

三、局部视图

1. 局部视图的形成

将机件的某一部分向基本投影面投射所得的视图称为局部视图。局部视图是基本视图的一部分。

如图 7-9 所示，机件的主体部分已通过主、俯视图表达清楚，只有左边凸台未表达，这时可单独将此局部结构向基本投影面投射，得到该部分的局部视图。

2. 局部视图的配置与标注

1）局部视图最好按基本视图配置的形式配置，如图 7-9a 所示；必要时，允许按向视图的配置形式画在其他适当的位置，如图 7-9b 所示。

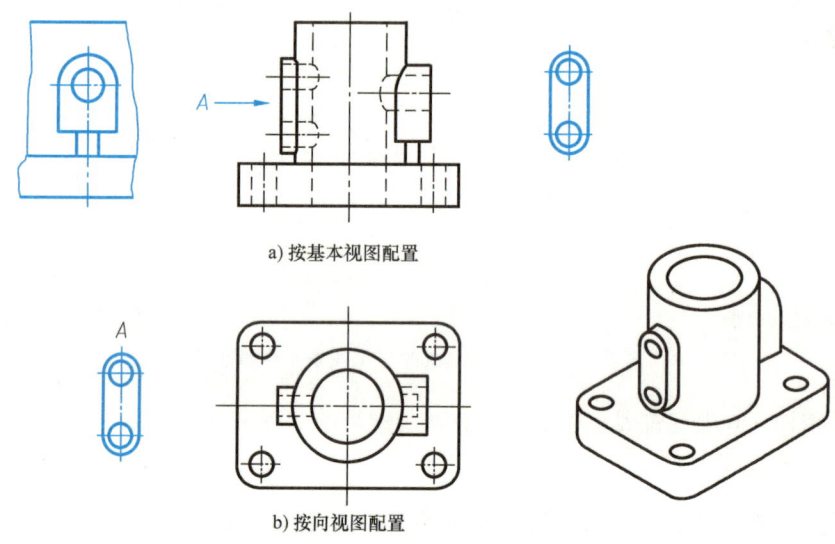

a) 按基本视图配置

b) 按向视图配置

图 7-9　局部视图的形成

2）在局部视图上方标注出视图的名称"×"（"×"为大写拉丁字母代号），在相应的视图附近用箭头指明投射方向，并注上同样的字母。当局部视图按投影关系配置，中间又没有其他图形隔开时，可省略标注。

3. 局部视图的规定画法

1）由于局部视图所表达的只是机件的局部形状，故需要画出断裂边界。局部视图的断裂边界常以波浪线（或双折线）表示，如图 7-9a 中主视图左侧的局部视图。

2）当所表示的局部结构形状是完整的，且外形轮廓成封闭状态时，可省略表示断裂边界的波浪线（或双折线），如图 7-9 中的 A 向局部视图。

四、斜视图

1. 斜视图的形成

当机件上有倾斜于基本投影面的结构时，为表达倾斜部分的真实形状，可设置一个与倾斜部分平行的辅助投影面，再将倾斜结构向该投影面投射，这种将机件的倾斜部分向不平行于基本投影面的平面投射所得的视图称为斜视图，如图 7-10 所示。

2. 斜视图的画法、配置与标注

（1）斜视图的画法　斜视图通常只画出机件倾斜部分结构，其余部分不必全部画出来，而用波浪线断开，成为一个局部的斜视图，如图 7-11a 所示的斜视图 A。

（2）斜视图的配置　斜视图一般按投影关系配置在投射箭头所指的方向上，如图 7-11a

所示，必要时允许将斜视图配置在图纸的其他位置。在不致引起误解时，允许将图形旋转（既可顺时针旋转，又可逆时针旋转）放正画出，如图 7-11b 所示。

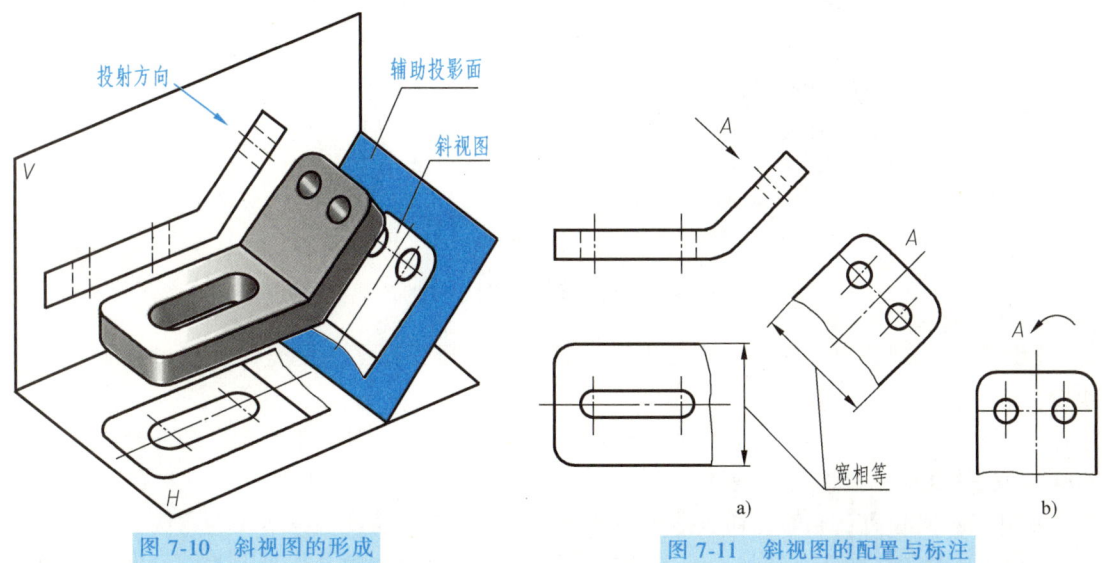

图 7-10　斜视图的形成　　　　　图 7-11　斜视图的配置与标注

（3）斜视图的标注　画斜视图时必须加标注：应在相应视图的投射部位附近，沿垂直于倾斜面的方向画出箭头表明投射方向，并注上大写拉丁字母；在斜视图的上方标注相同的字母（注：字母一律水平书写），如图 7-11a 所示。

 提示

经过旋转的斜视图，必须加注旋转符号，旋转符号是一个带箭头的细实线圆弧，圆弧半径与字高相同。旋转符号的箭头方向与斜视图的旋转方向一致，名称字母应靠近旋转符号的箭头端，如图 7-11b 所示。

五、视图综合应用示例

【例 1】　请重新选用合适的视图表达图 7-3 所示机件。

1. 形状分析

该机件可分解成如图 7-12 所示的左右两部分。左半部分呈腰形，上部加一圆柱形的凸台，并有上、下两个左右穿通的圆孔，如图 7-12a 所示。右半部分外形比较简单，但内部形状比较复杂，如图 7-12b 所示。

2. 选择视图

机件左、右形状不同，采用主视图表达机件左、右部分的相对位置，左、右两个基本视图分别表达机件左、右部分的形状，并在左、右视图中省略了一些不必要的虚线，如图 7-13 所示。这样表达既清楚，又使画图更简单，看

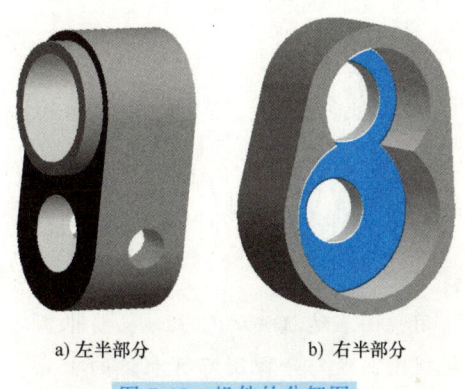

a) 左半部分　　　b) 右半部分

图 7-12　机件的分解图

图更方便。

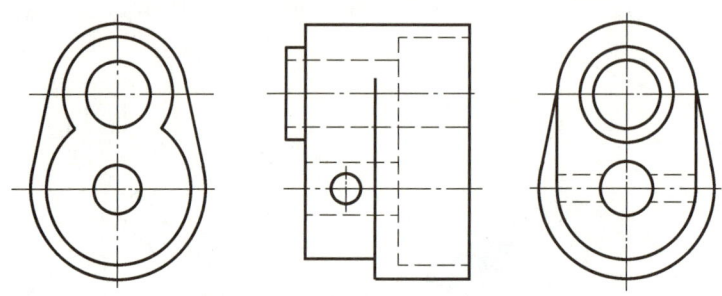

图 7-13　机件的基本视图

【例 2】　重新选用适当的视图表达图 7-14 所示的压紧杆，并使图样完整、清晰，便于绘制和识读。

分析：机件有三个组成部分，即带有键槽孔的套筒、压紧杆和带小圆孔的凸台。选择图 7-14b 中机件摆放位置作为主视图方向，可准确地表达三个组成部分上下和左右方向的大小、形状及相对位置；同时，还表达了压紧杆的倾斜方向和角度。具体表达方法如下：

1) 图 7-14a 中的俯视图上，压紧杆轮廓及其上圆孔的轮廓非实际形状，不利于绘图、标注和看图。因此，俯视图可选择局部视图 B，重点表达套筒及凸台的位置关系及结构形状。

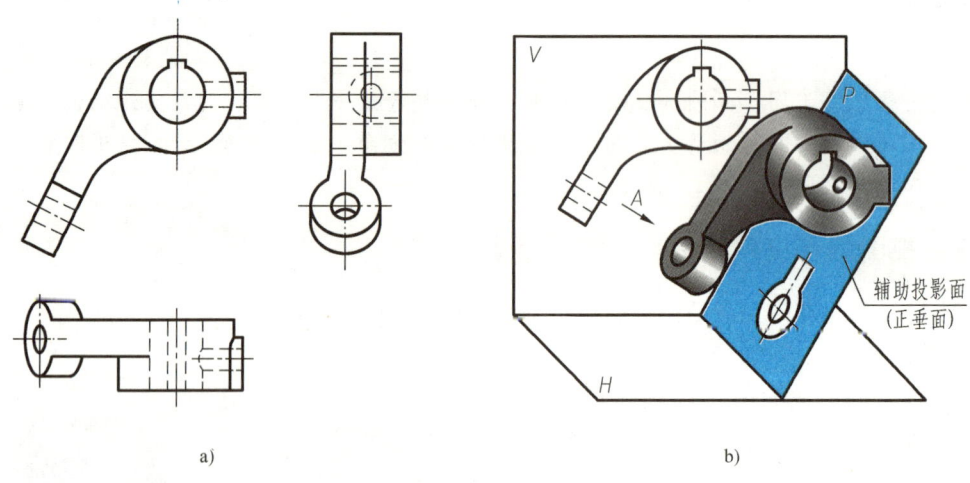

图 7-14　压紧杆

2) 同样，右边结构表达也选用局部视图 C，以表达凸台的结构形状。
3) 压紧杆的结构和形状选用斜视图 A 进行表达。压紧杆的表达方案如图 7-15 所示。

 提示

用视图表达机件的形状时，要根据零件结构特点，合理选择必要的基本视图、局部视图或斜视图，使每个视图都有表达的重点，力求简洁、清晰，便于绘制。另外，可根据图纸幅面的大小，合理布置各视图，并进行必要的标注，便于读图。

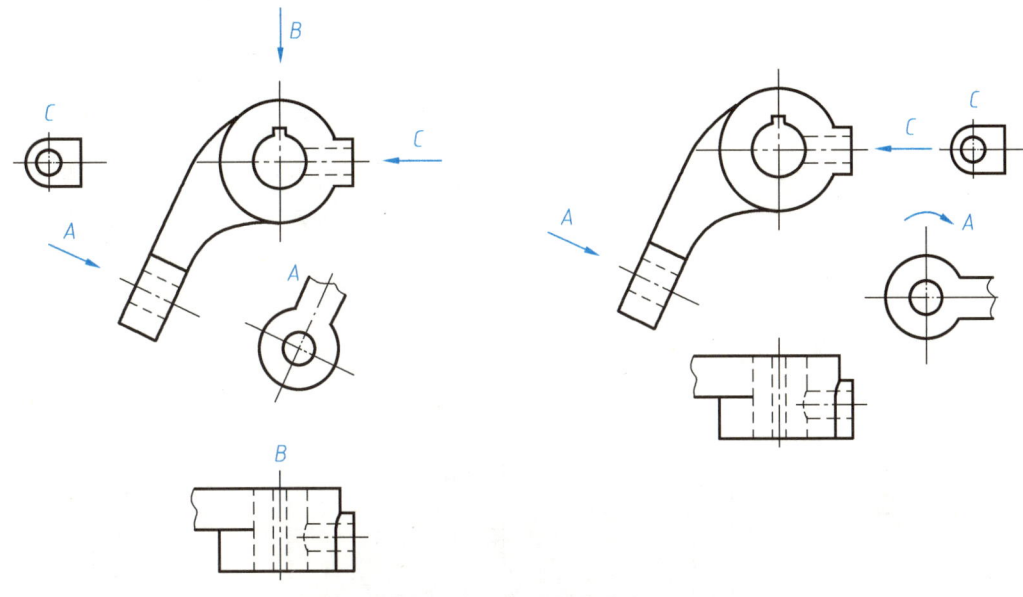

图 7-15　压紧杆的表达方案

课后思考

1) 视图分为哪几种？
2) 基本视图的投影规律是什么？
3) 局部视图和斜视图有哪些相同点和不同点？
4) 视图中哪些表达的是物体的整体？哪些表达的是物体的一部分？哪些视图投射在基本投影面上？哪些视图需要标注？

课题二　绘制剖视图

如图 7-1 所示，机件内部形状比较复杂，相应的视图中便出现了较多的与外部轮廓线交叠在一起的虚线，给看图、绘图、标注尺寸带来困难。为此，国家标准规定采用剖视图来表示机件的内部形状。

相关知识

一、剖视的概念

假想用剖切平面将机件剖开，移去剖切平面和观察者之间的部分，将剩余的部分向投影面上投射所得到的视图，就是剖视图（简称剖视），如图 7-16b 所示。

在剖视图上，原来不可见的孔、槽都变成可见的了，与没有剖开的视图相比较（图 7-16a），剖视图表示的物体内部结构层次分明，清晰易懂。

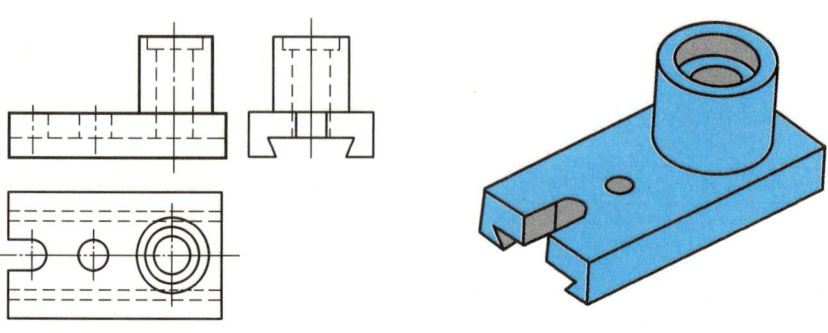

a) 视图

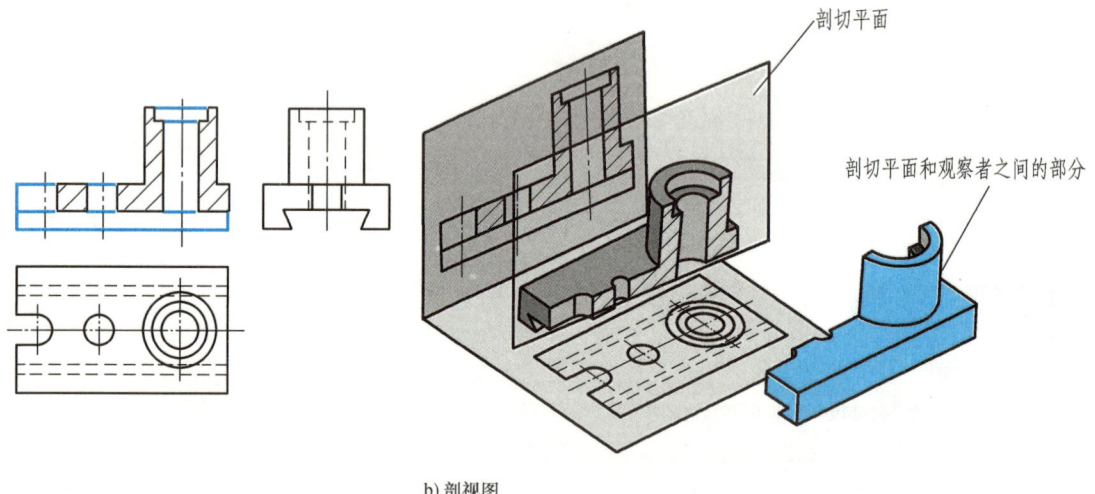

b) 剖视图

图 7-16 剖视图的形成

二、剖视图的画法与标注

1. 确定剖切平面的位置

剖切平面要平行于相应的投影面，并且应通过机件的对称平面或孔、槽的轴线（在图上应沿对称线、轴线、对称中心线），以便反映内部结构的实形，应避免剖切出不完整要素。

2. 画出剖视图的轮廓线

用粗实线按投影关系画出剖切平面接触到的断面轮廓线，以及剖切平面后面的可见轮廓线，不能出现漏线和多线，如图 7-17 所示。

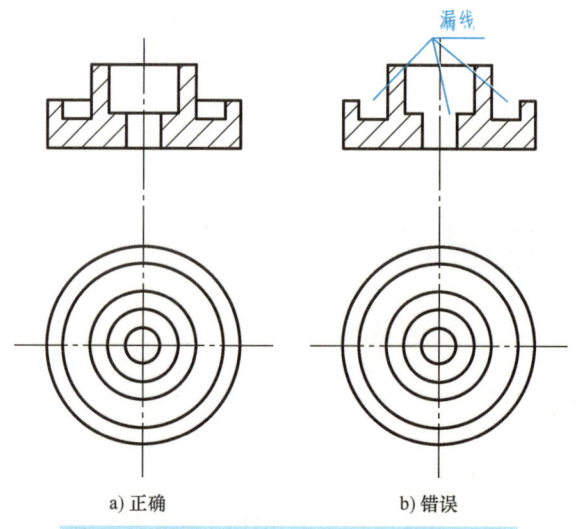

a) 正确   b) 错误

图 7-17 剖切平面后面的可见轮廓线应画出

提示

剖视图上不可见的部分一般不必画出，但在形状表达不清楚，容易引起误解的情况下，应画出必要的虚线，如图 7-18 所示。

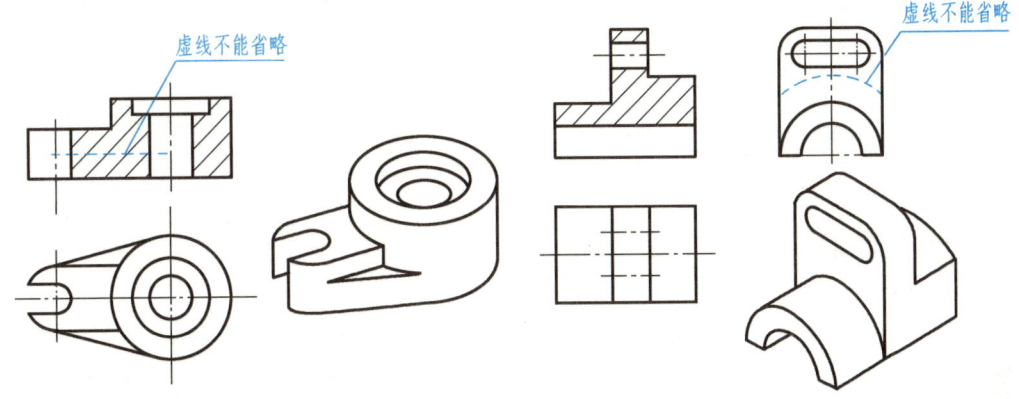

图 7-18　必要的虚线不能省略

3. 在剖面区域上画上剖面符号

在剖视图上，为了区分机件的空心与实体、远与近的结构，通常将机件上与剖切面接触的部分（称为剖面区域）画上剖面符号，以增强剖视图的表示效果。

国家标准规定的剖面符号见表 7-1。

表 7-1　国家标准规定的剖面符号（GB/T 4457.5—2013）

金属材料(已有规定剖面符号者除外)		砖		木材	纵断面	
非金属材料(已有规定剖面符号者除外)		混凝土			横断面	
玻璃及供观察用的其他透明材料		钢筋混凝土		液体		
转子、电枢、变压器和电抗器等的叠钢片		基础周围的泥土		木质胶合板(不分层数)		
线圈绕组元件		型沙、填砂、粉末冶金、砂轮、陶瓷刀片、硬质合金刀片等		格网(筛网、过滤网等)		

在机械工程中，金属材料的零件最多。为便于画图，国标规定表示金属材料的剖面符号用平行的细实线绘制，这种剖面符号称为剖面线。GB/T 17453—2005 规定，剖面线最好与主要轮廓线或剖面区域的对称线成 45°角，如图 7-19 所示。

当图形的主要轮廓线与水平线成 45°或接近 45°时，则该图形的剖面线应改画成与水平方向成 30°或 60°的平行线，但倾斜方向和间隔仍应与同一机件其他图形的剖面线一致，如

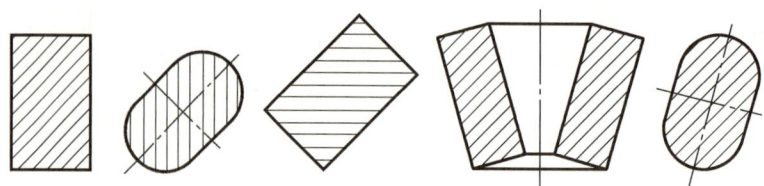

图 7-19 剖面线的方向

图 7-19 所示。

 提示

同一机件的所有剖视图中,剖面线方向、间隔应相同。

4. 剖视图的标注

剖视图一般按基本视图形式配置,必要时,也可配置在图纸的适当位置。

(1) 剖视图的完整标注 剖视图一般应标注其名称、剖切位置、投射方向。因此,剖视图的标注是剖切符号及剖切线、箭头和剖切部位名称的组合,剖切线也可省略不画。

1) 剖切符号。用以表示剖切的位置,在剖切平面的起止和转折处用线宽为 $1 \sim 1.5d$、长为 $5 \sim 8mm$ 的粗短线画出。

为了不影响图形的清晰,剖切符号应避免与图形轮廓线相交或重合。

2) 箭头。用以表示剖切后的投射方向。画在剖切符号粗短横线两端,并与其相垂直。

3) 大写字母。用以表示剖视图的名称。在表示剖切平面起、止和转折位置的粗短横线两侧写上相同的大写拉丁字母"×",并在相应剖视图的上方正中位置用同样字母标注剖视图的名称"×—×"。字母一律按水平位置书写,字头朝上。

(2) 剖视图的省略标注

1) 当单一剖切平面通过机件的对称平面或基本对称平面,且剖视图按投影关系配置,中间又没有其他图形隔开时,可省略标注。如图 7-20 所示,省略了主视图的剖视标注。

2) 当剖视图按投影关系配置,而中间又没有其他图形隔开时,可省略剖切符号中的箭头,图 7-20 所示主视图上的剖切符号中省略了箭头。

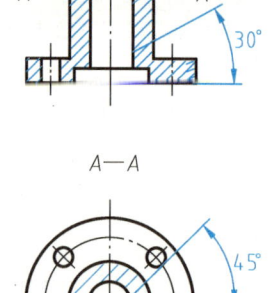

图 7-20 剖视图的省略标注示例

三、剖视图的分类

按零件内部结构的表达需要及其剖切范围,剖视图可分为全剖视图、半剖视图、局部剖视图。

1. 全剖视图

用剖切面完全地剖开机件所得的剖视图称为全剖视图,如图 7-16b 所示。全剖视图适用于内部形状复杂的不对称机件，或外形简单的对称机件。

2. 半剖视图

当零件具有对称平面时，在垂直于该对称平面的投影面上投射所得到的图形，以对称中心线（细点画线）为界，一半画成剖视图，另一半画成视图，这种剖视图称为半剖视图，如图 7-21b 中所示的主视图。

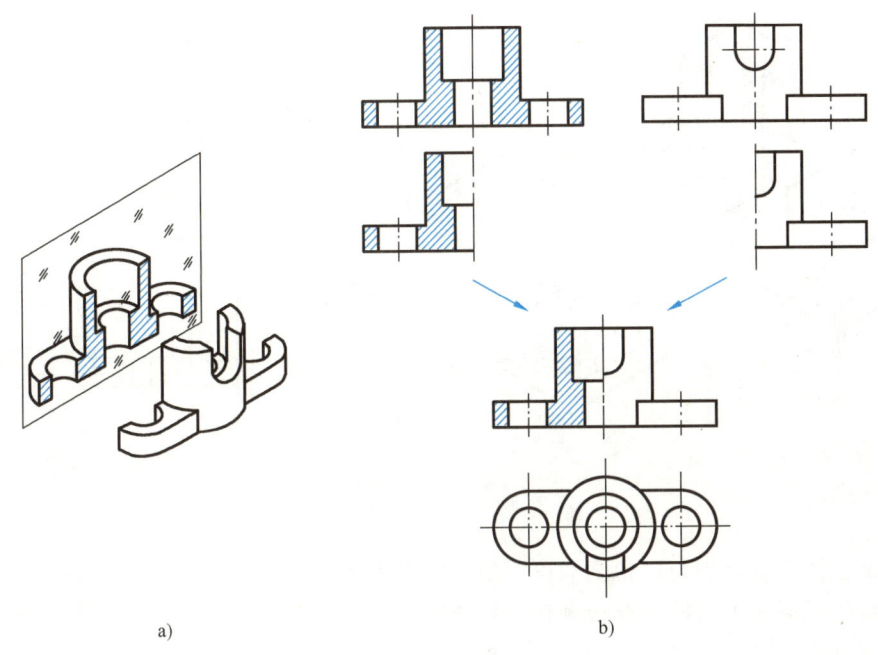

图 7-21　半剖视图

半剖视图既表达了机件的内部形状，又保留了外部形状，常用于表达内、外形状都比较复杂的对称机件。

当零件形状接近对称，且不对称部分已另有图形表达清楚时，也可画成半剖视图。如图 7-22 所示，其不对称部分已在左视图中表达清楚，主视图也可画成半剖视图。

如果机件的外形简单，图形对称，那么可画成全剖视图，如图 7-23 所示。

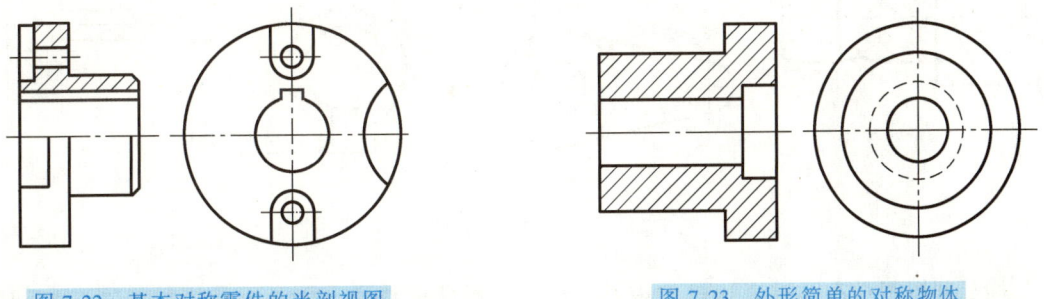

图 7-22　基本对称零件的半剖视图　　　　图 7-23　外形简单的对称物体

画半剖视图的注意事项：

1）半个视图和半个剖视图之间应以细点画线为界。

2）在表示机件外部结构形状的半个视图上，一般不需再画虚线。
3）半剖视图的标注方法与全剖视图相同。

3. 局部剖视图

用剖切面局部地剖开零件所得到的剖视图称为局部剖视图，如图 7-24 中的主、俯视图。

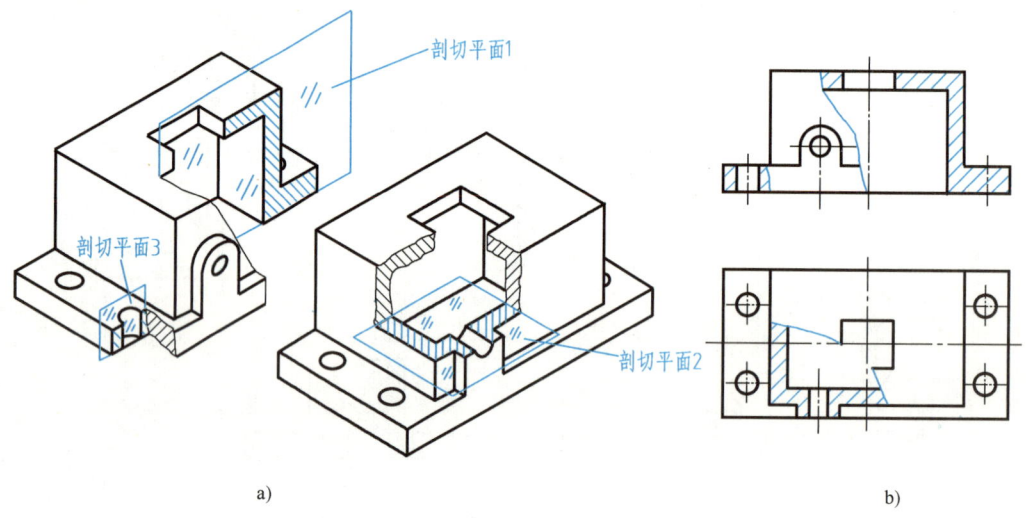

图 7-24　局部剖视图

局部剖视图上的视图与剖视之间以波浪线或双折线分界。波浪线和双折线表示零件断裂处的边界线的投影，因而波浪线应画在零件的实体部分，不能超出视图的轮廓线或和图样上其他图线相重合，如图 7-25a~c 所示。当被剖切结构为回转体时，允许将该结构的轴线作为局部剖视图与视图的分界线，如图 7-25d 所示。

当剖切位置明确时，局部剖视图不必标注，如图 7-24 中所示的三处孔的结构。

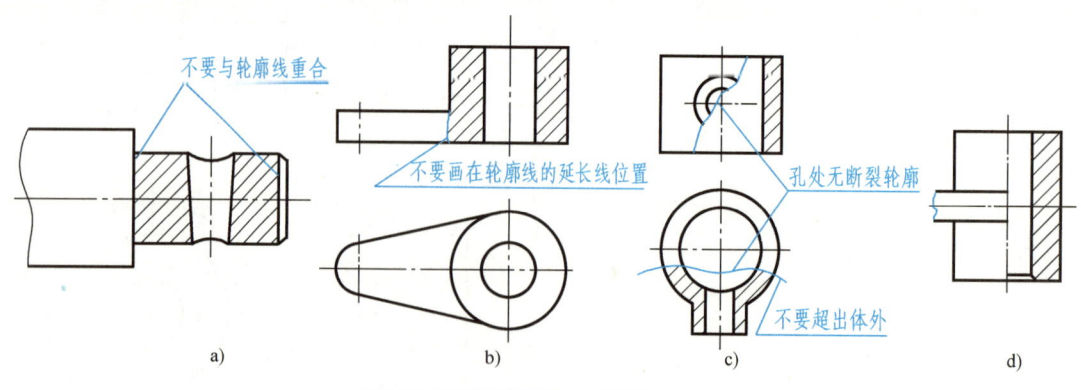

图 7-25　局部剖视图波浪线的画法

局部剖视图具有同时表达机件内、外部结构形状的特点，而且不受零件是否对称的限制，其剖切位置和剖切范围可根据表达需要确定，是一种比较灵活的表达方法。因此，它应用广泛，常用于下列几种情况：

1）不对称的零件，既需表达其内部形状，又需保留其局部外形时，如图 7-24 所示。

2) 只需表达零件上局部内部形状，不必或不宜采用全剖视图时，如图 7-26 所示。

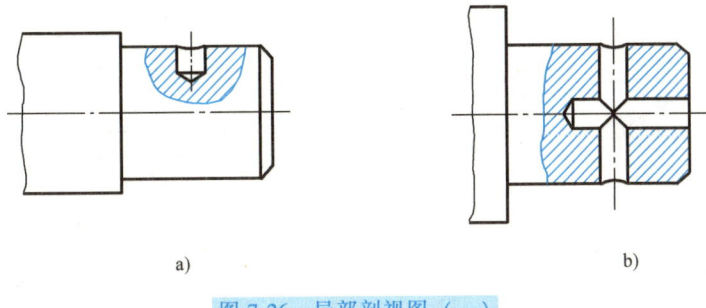

图 7-26 局部剖视图（一）

3) 对称的零件，其图形的对称中心线正好与一轮廓线重合而不宜采用半剖视图时，如图 7-27 所示。

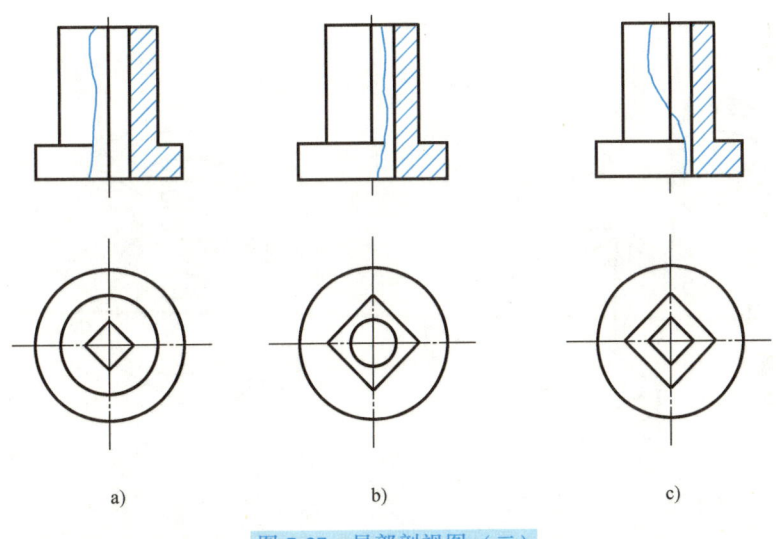

图 7-27 局部剖视图（二）

四、剖视图应用示例

【例 1】 根据图 7-28 所示底座的立体图和两面视图，将主视图、俯视图均画成半剖视图。

分析：底座的内部结构比较复杂，主体部分是一个圆筒，上、下底板分别有四个小圆柱孔，圆筒的前上方有一个小凸台。若主视图采用全剖视图，前面的凸台将被剖切掉，则无法表达该凸台的形状；若俯视图采用全剖视图，上部板将被剖掉，则无法表达其形状。由于该机件左右、前后对称，可以采用国家标准规定的半剖视图表达。具体绘制步骤如下：

1. 确定剖切平面

1) 主视图剖切时，选择剖切平面为前后的对称平面，如图 7-29a 所示。

2) 俯视图剖切时，为表达清楚底座前后 U 形耳朵的内孔形状，选择剖切平面通过 U 形耳朵内孔的轴线位置，如图 7-29b 所示。

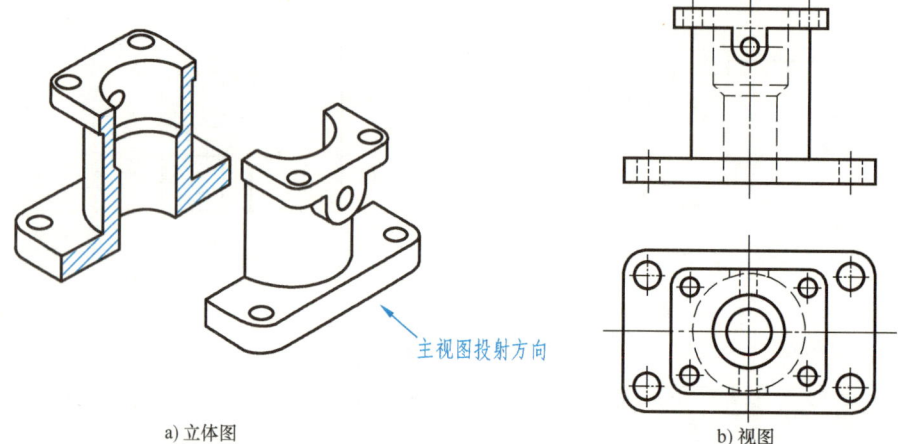

a) 立体图　　　　　　　　　　　　b) 视图

图 7-28　底座的立体图与视图

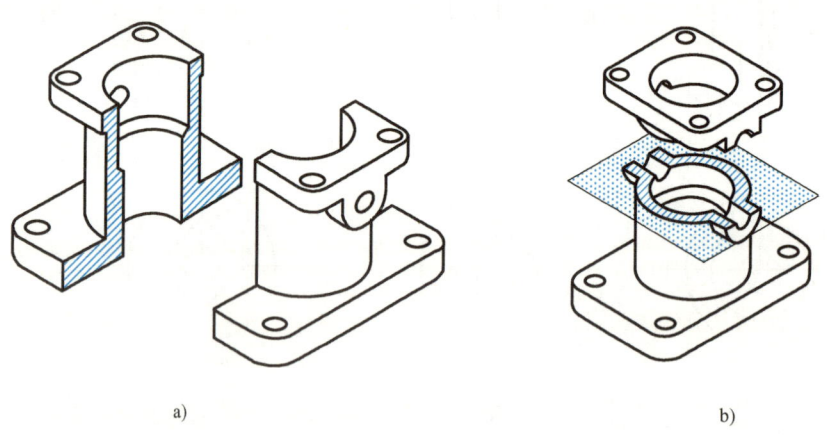

a)　　　　　　　　　　　　　　b)

图 7-29　底座剖切平面的确定

2. 绘制底座的半剖视图

1）将主视图的右半部分绘制成剖视图，左半部分保留外形图，表达内部结构的虚线省略，如图 7-30a 所示。

2）将俯视图改画成半剖视图，如图 7-30b 所示。

 提示

主视图的标注可完全省略，俯视图的半剖不能省略标注，但因按投影关系放置，可省略箭头。

【例 2】　根据图 7-31a 所示支架的立体图，将主视图和俯视图画成局部剖视图。

分析：支架由大圆筒、底板和小圆柱凸台三部分组成，在底板上有四个两种不同形状的小孔。主视图若采用全剖视图，虽然大孔可得到充分表达，但小凸台被剖掉、底板上的小孔没有表达，如图 7-31b 所示。又由于该机件的结构不对称，也不适合采用半剖视图表达。因

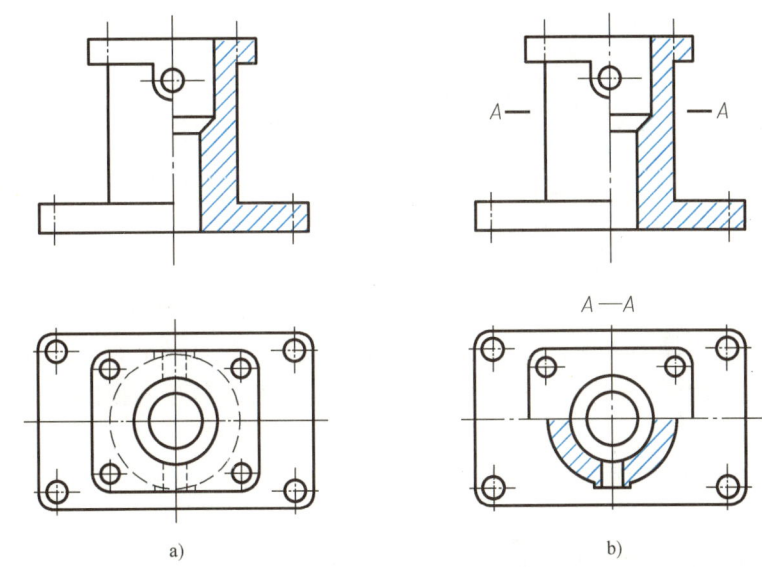

图 7-30 底座的半剖视图

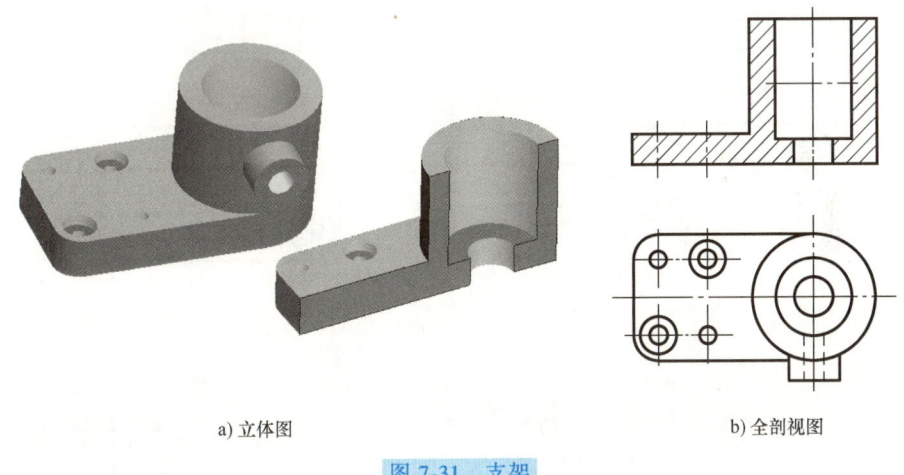

a) 立体图　　　　　　　　　　　　b) 全剖视图

图 7-31 支架

此，此类机件可采用局部剖视图来表达其内部结构形状。具体绘制步骤如下：

1. 确定剖切平面

主视图采用两处局部剖切，左侧剖切平面通过底板上阶梯孔及小圆通孔的公共轴线，表达底板上阶梯孔及小圆通孔的形状；右侧剖切平面通过大圆筒的轴线，主要表达大圆筒的内部结构，如图 7-32a 所示。

俯视图采用一处剖切，剖切平面通过前面小凸台的轴线，主要表达小凸台内部孔的结构，如图 7-32b 所示。

2. 绘制支架的局部剖视图

1）绘制大圆筒部分的局部剖视图，注意外形部分要保留前面小凸台的形状，如图 7-33a 所示。

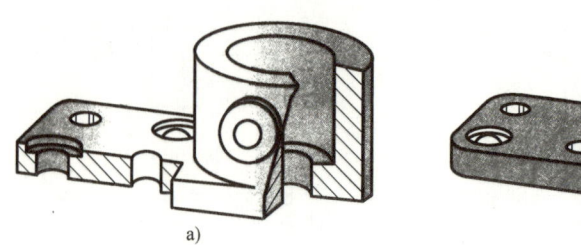

图 7-32 支架剖切平面的确定

2）绘制底板上小孔的局部剖视图，注意每种类型的孔只剖一个即可，如图 7-33b 所示。

3）去掉主视图中表示大孔结构的虚线（因大孔已通过局部剖视图表达，故虚线可省略），如图 7-33c 所示。

4）在俯视图上绘制前面小凸台孔的局部剖视图，如图 7-33d 所示。

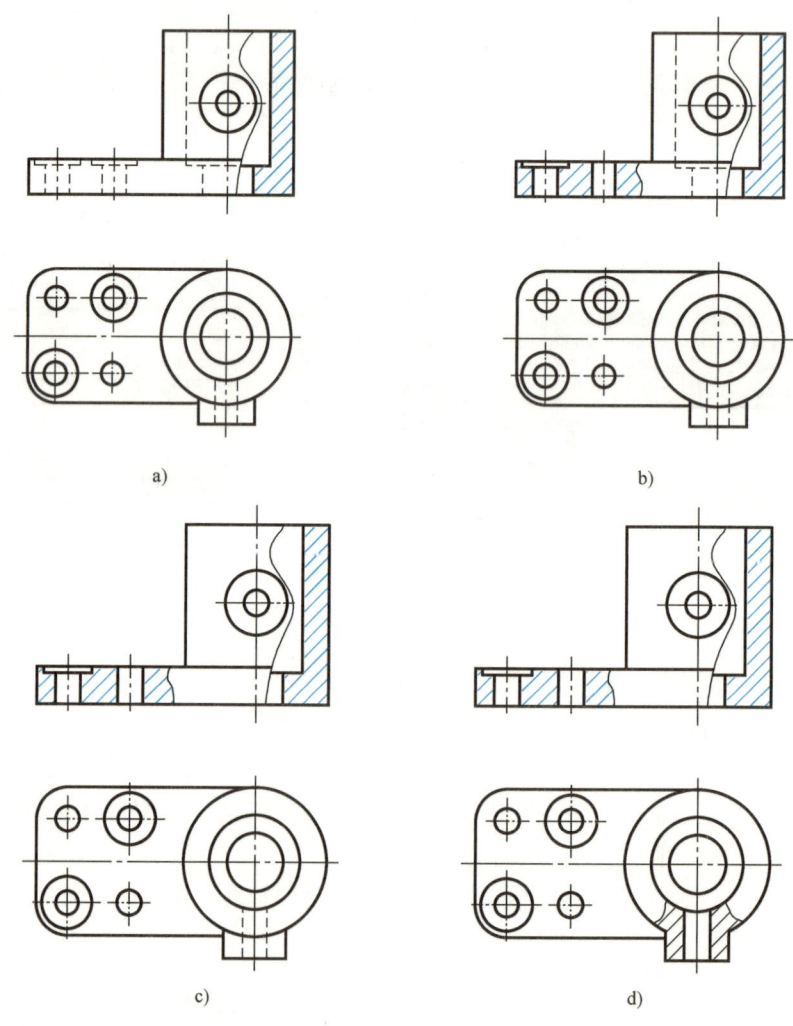

图 7-33 支架局部剖视图的绘制

1）剖视图是怎样形成的？
2）绘制剖视图的步骤是什么？
3）按照剖切范围，剖视图可以分为哪几类？分别适用于哪些机件？
4）绘制半剖视图需要注意哪些问题？
5）局部剖视图的波浪线画法需要注意哪些问题？

课题三　剖视图的各种剖切平面

如图 7-1a 所示的落料凹模，其外形为一个长和宽相等的长方体，中间有一个凹模刃口，3 个挡料销圆柱孔和 2 个直径稍大的定位销圆柱孔，还有四个安装螺钉的阶梯孔，位于长方体的四个角。从各孔的分布情况看，落料凹模不属于对称件，所以不能采用半剖视图来表达，若用一个剖切平面从中间完全剖开，两个大圆孔及四个阶梯孔又表达不清楚，因此需要选用不同数量、位置、范围及形状的剖切面来剖切零件，才能把其内部结构和形状表达清楚。常用的剖切面分为以下三种：单一剖切面、几个平行的剖切平面、几个相交的剖切平面。

一、单一剖切面

单一剖切面可以是平面，也可以是柱面。平面分为以下两种情况：

1. 用平行于某一基本投影面的平面剖切

上一课题中各机件的剖视图，都是用平行于投影面的单一剖切平面剖切的，本课题不再赘述。

2. 用不平行于任何基本投影面的平面剖切

当机件上倾斜部分的内部结构形状需要表达时，与画斜视图类似，可以先选择一个与该倾斜部分平行的辅助投影面，然后用一个平行于该投影面的平面剖切机件，并将剖切平面与辅助投影面之间的部分向辅助投影面进行投射，这种剖视图称为斜剖视图，简称斜剖，如图 7-34b 中的 B—B 剖视图所示。

 提示

画这种剖视图一般按投影关系配置，并进行标注。必要时，也可配置在其他位置或旋转放正画出，如图 7-34c、d 所示。

当采用柱面剖切零件时，剖视图应按展开方法绘制，如图 7-35 所示。

二、几个平行的剖切平面（阶梯剖）

当机件上有较多的内部结构，且它们的轴线不在同一平面上，这时可用几个相互平行的剖切平面剖切。

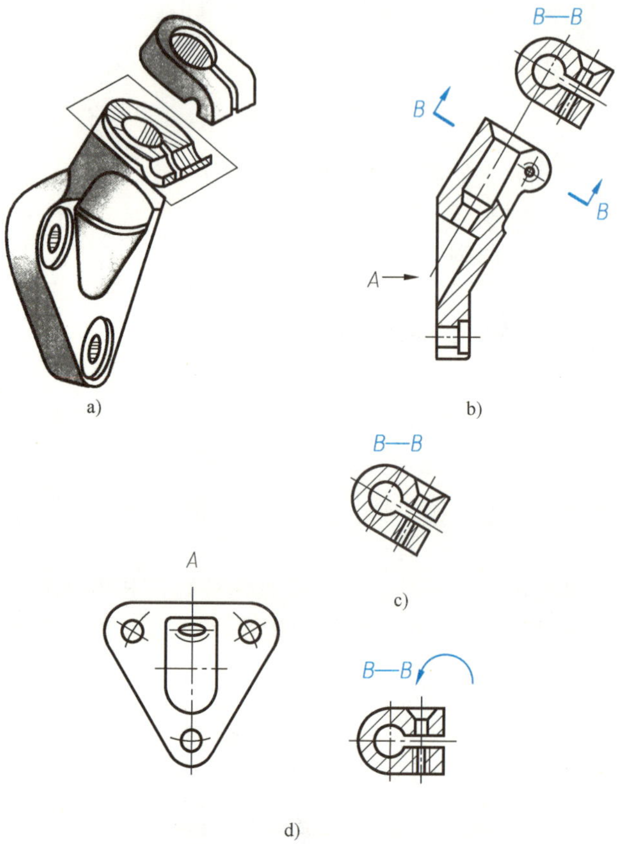

图 7-34 单一剖切面（斜剖）示例

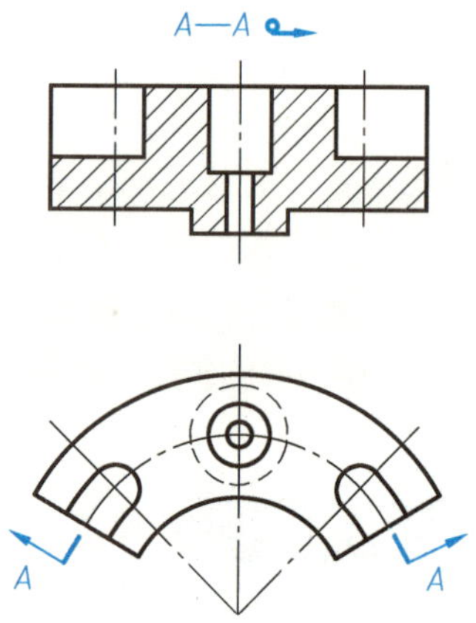

图 7-35 单一柱面剖切零件

图 7-36a 所示的机件有较多的孔，且孔的轴线不在同一平面内，这时用三个相互平行且与投影面也平行的剖切平面将其剖切，得到如图 7-36b 所示的全剖视图。

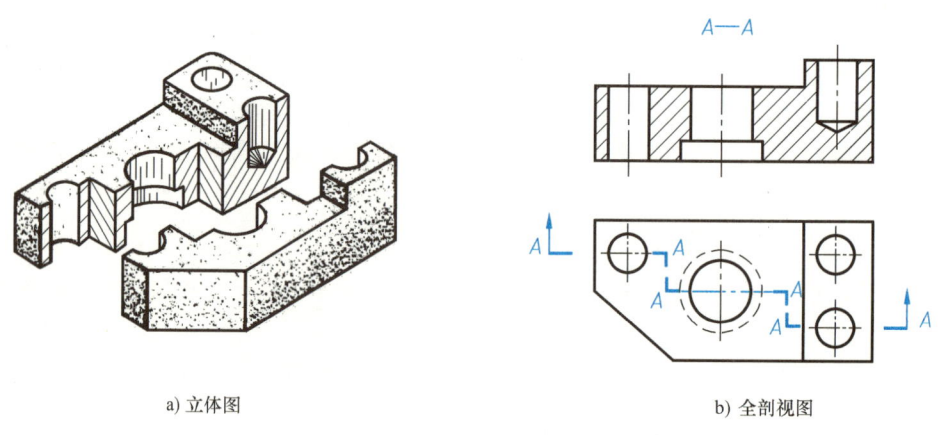

a) 立体图　　　　　　　　　　　　b) 全剖视图

图 7-36 几个互相平行的剖切平面剖开机件

采用这种剖切方法画剖视图时应注意：

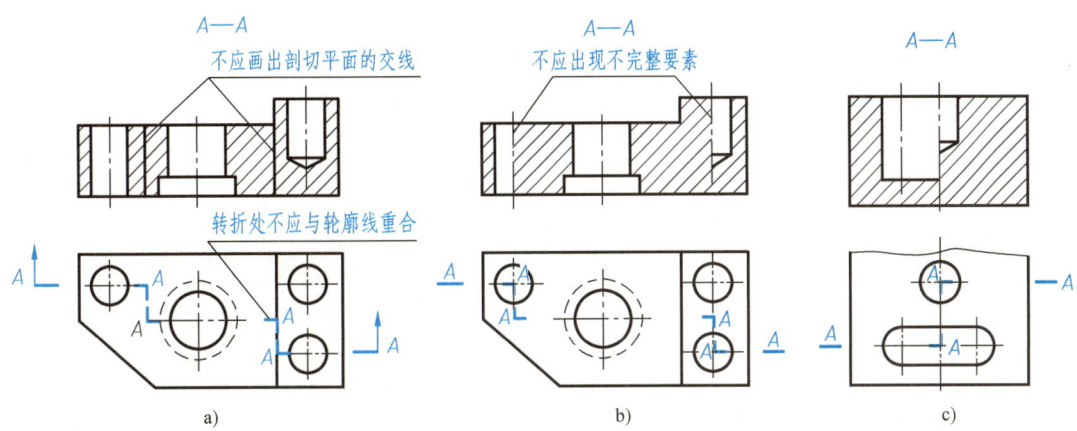

图 7-37 画图注意事项

1) 相同的结构只剖切一个，如图 7-36b 所示，且应把几个平行的剖切面作为一个面来考虑，所以剖视图上不应画出剖切面转折处的分界线，如图 7-37a 所示。

2) 剖切位置的转折处不应与图形上的轮廓线重合，如图 7-37a 所示。

3) 选择剖切位置要能反映内部结构的完整形状，不能出现不完整要素，如图 7-37b 所示，当两个要素在图形上具有公共的对称中心线或轴线时，可以对称中心线或轴线为界各画一半，如图 7-37c、图 7-38 所示。

4) 当只需剖切绘制零件的部分结构时，应用细点画线将剖切符号相连，剖切面可位于零件实体之外，如图 7-38 所示。

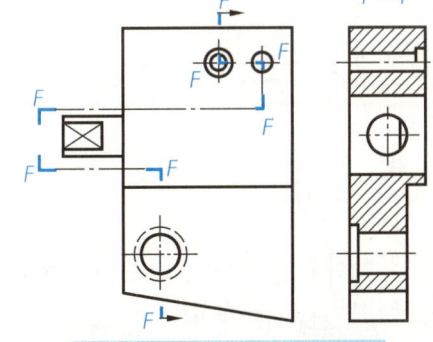

图 7-38 部分剖切结构的表示

⚠ 提示

画这种剖视图时，必须标注剖视图的名称"×—×"，用剖切符号在相应视图上表示起、止和转折，并注上相同字母，若转折处位置受限，可省略字母。当剖视图按投影关系配置，中间没有其他视图隔开时，可省略箭头。

三、几个相交的剖切平面（旋转剖）

当零件的内部结构和形状用单一剖切面不能表达完全，且该零件在整体上又具有回转轴时，可采用两个或两个以上相交的剖切平面（交线垂直于某一基本投影面）剖开零件，然后将被剖切平面剖开的结构及其有关部分旋转到与选定的投影面平行再进行投射，以得到剖视图，如图 7-39 所示。

采用这种剖切方法画剖视图时应注意：

1) 相邻两剖切平面的交线应垂直于某一投影面。

2) 处在剖切面后的其他结构一般仍按原来位置投射，但若按原来位置投射表达不清或易引起误解时，可与倾斜面一起旋转后，再进行投射，如图 7-40 所示。

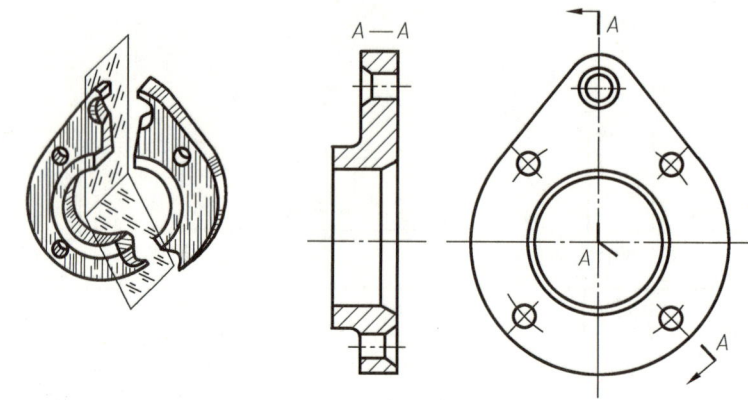

图 7-39　两个相交的剖切平面

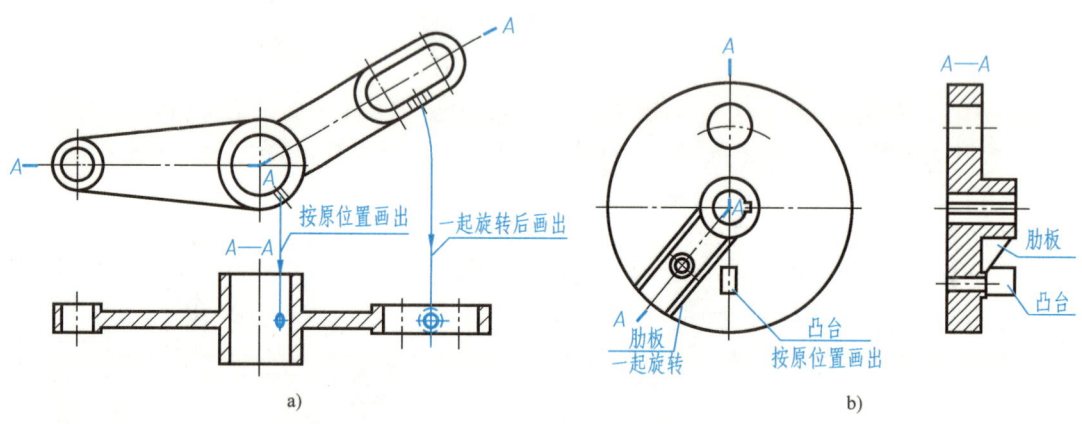

图 7-40　相交平面剖切画法规定（一）

3）当两相交剖切平面剖到机件上的结构产生不完整要素时，应将此部分结构按不剖绘制，如图 7-41 所示的中臂。

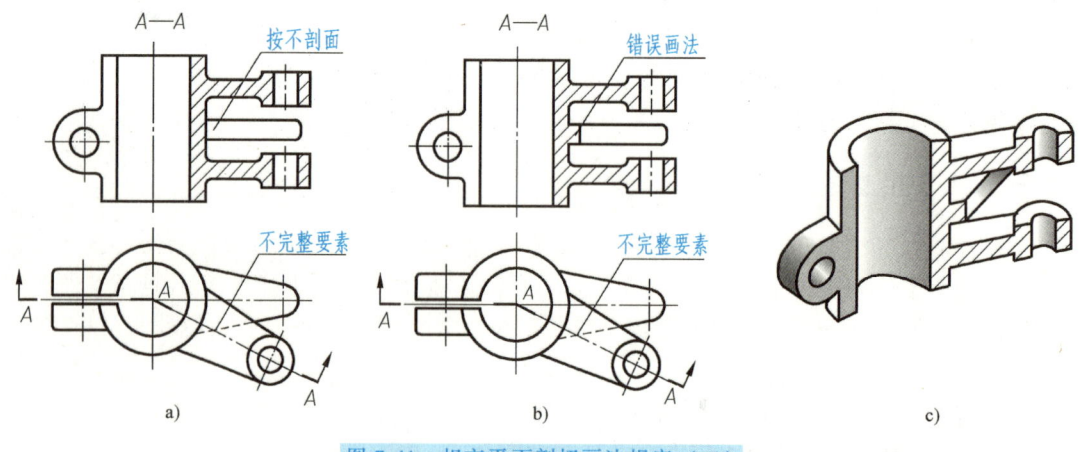

图 7-41　相交平面剖切画法规定（二）

4）当采用三个以上相交的剖切面剖开零件时，剖视图应采用展开方法绘制，此时应标注"×—×"，如图 7-42 所示。

 提示

采用这种剖切面剖切后，应对剖视图加以标注。剖切符号的起止及转折处用相同字母标出，但当转折处空间狭小又不致引起误解时，转折处允许省略字母。

四、剖视图应用示例

【例 1】 如图 7-1 所示，选用合适的剖视图表达落料凹模的内部结构。

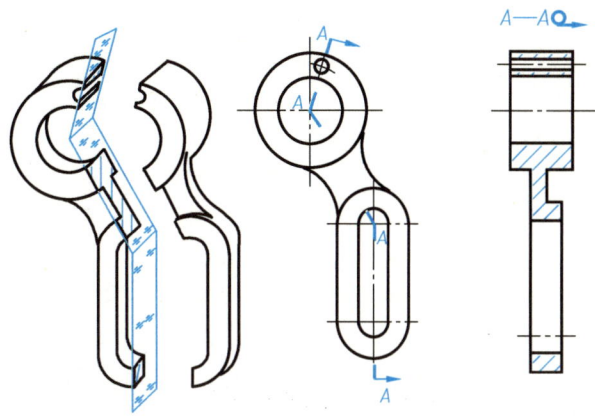

图 7-42 用三个相交的剖切平面剖切时的剖视图

1. 确定剖切平面

根据各孔的位置情况，考虑采用三个相互平行且与 V 面平行的剖切平面，分别通过大圆柱孔轴线、小圆柱孔和凹模刃口的公共轴线、阶梯孔的轴线。

2. 绘制剖视图

1) 绘制长方体的主俯视图，如图 7-43a 所示。

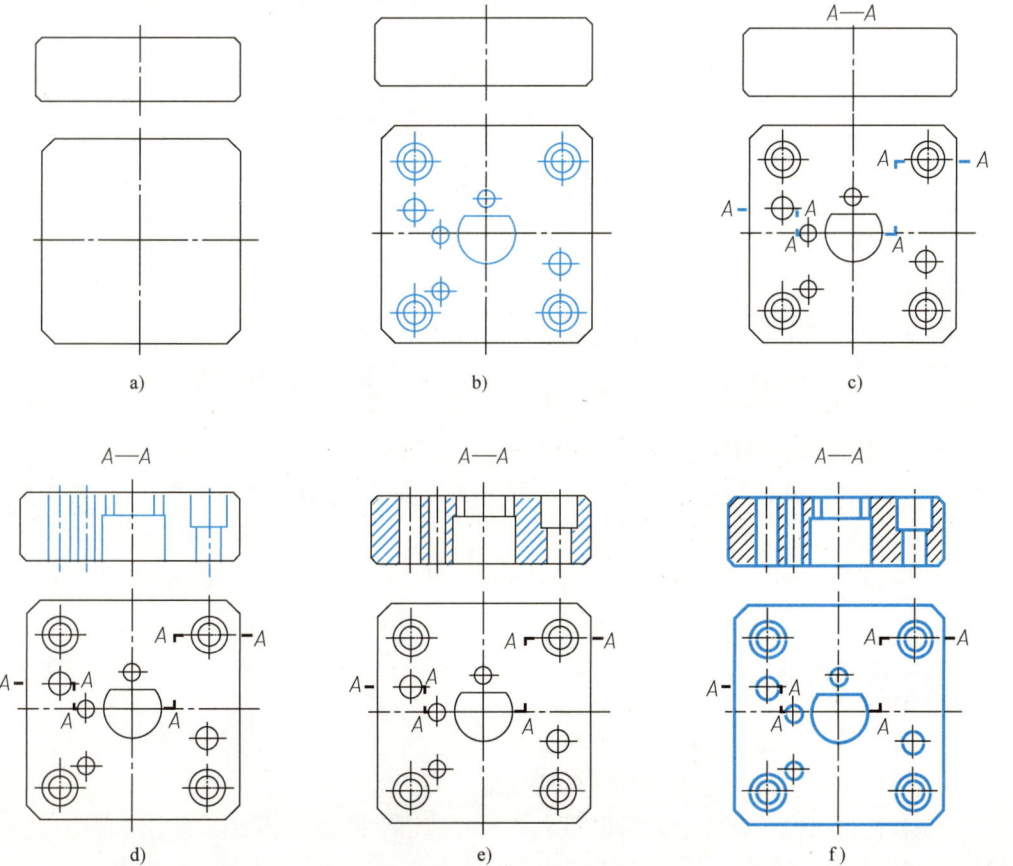

图 7-43 落料凹模的剖视图绘制步骤

2）根据各孔的位置及大小完成俯视图（虚线不画），如图7-43b所示。

3）确定三个剖切平面的位置，画出剖切符号，并在剖切平面开始、转折和结束处标注相同的字母A，在主视图的上方标注A—A，如图7-43c所示。

4）根据剖切位置完成主视图，未剖到的孔不必画出，如图7-43d所示。

5）在主视图上实体部分画上剖面符号，如图7-43e所示。

6）检查无误后加深轮廓线，如图7-43f所示。

【例2】 如图7-44所示，请解读该机件的表达方法。

如图7-44所示，该零件为阀体类零件，使用时内部要包容其他零件，并且内部通道较多，内部结构较复杂，且是该零件的主要工作部分，因此内部结构是该零件的重点表达部分。

主视图A—A采用了全剖视图，表示该零件内部是左右、上下相通的，故称为四通管。剖切位置如俯视图B—B中的剖切符号标注所示，是由两个相交的剖切平面剖切得到的。

俯视图B—B也采用了全剖视图，进一步表示左右通道相通，内孔相贯及内孔轴线所成的角度。剖切位置如主视图A—A中的剖切符号标注所示，是由两个互相平行的剖切平面剖切得到的。

C—C全剖视图表示左部法兰盘形状，剖切位置如主视图A—A中的剖切符号标注所示。

D—D全剖视图表示右端凸台形状及小孔分布位置，剖切位置如俯视图B—B中的剖切符号标注所示。

E向局部视图表示了顶面形状及4个小孔分布位置。F—F局部剖视图则表示顶板4个小孔深度。

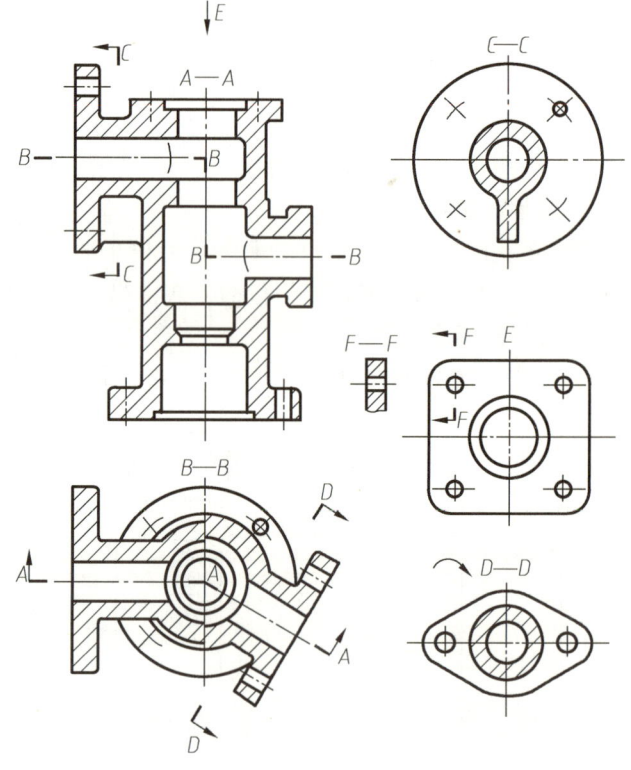

图7-44 四通管的表达方法

课后思考

1）剖视图按照剖切方法可以分为哪几类？

2）采用单一剖切面的剖视图有哪几种情况？

3）哪种机件的内部结构适合采用两个平行的剖切平面剖视表达？采用这种剖切方法画剖视图时应注意哪些问题？

4）哪种机件的内部结构适合采用几个相交的剖切平面剖视表达？采用这种剖切方法画

剖视图时应注意哪些问题？

课题四　绘制断面图

如图 7-2 所示，用左视图表达小轴的键槽深度和小孔是否贯通，不清晰也不便于标注尺寸。国家标准规定，可用断面图表达机件的某处断面结构。

一、断面图的概念和分类

假想的用剖切平面将机件的某处切断，仅画出该剖切面与机件接触部分的图形，称为断面图。

如图 7-45a 所示，为了表示键槽的深度，假想在键槽处用垂直于轴线的剖切平面将轴切断，只画出断面的形状，并在断面上画出剖面线，如图 7-45b 所示。

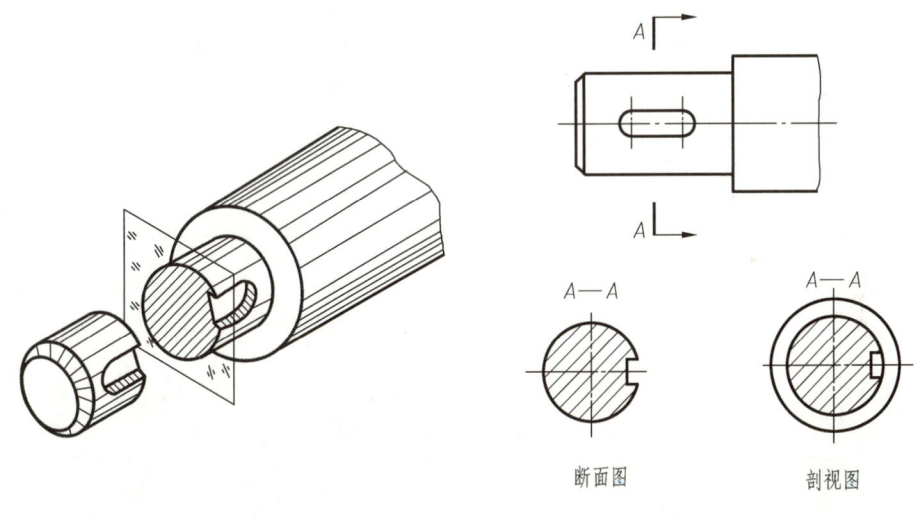

a) 立体图　　　　　　　　　　　　b) 断面图与剖视图的区别

图 7-45　断面图的形成及与剖视图的比较

断面图和剖视图的主要区别：断面图仅画出断面的形状；剖视图不仅要画出断面的形状，还要画出剖切面后面机件完整的投影，如图 7-45b 所示。

断面图主要用来表达机件上某部分的断面形状，如肋板、轮辐、键槽、小孔及各种细长杆件和型材的断面形状等。

断面轮廓线用粗实线绘制，且画在视图外的断面图称为移出断面图。断面轮廓线用细实线绘制，且画在视图内部的断面图称为重合断面图。

二、断面图的画法与标注

1. 移出断面图的画法

1）根据断面图的定义用粗实线只画出断面形状，如图 7-45 所示。

2）特殊结构按剖视画法绘制。

① 当剖切面通过回转面形成的孔或凹坑的轴线时，这些结构应按剖视图绘制，如图7-46所示。

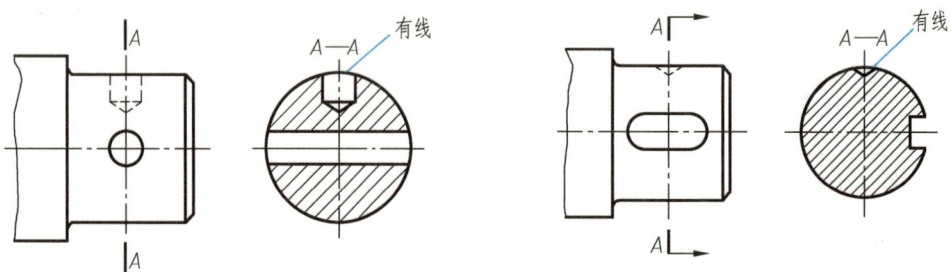

图7-46　移出断面图画法示例（一）

② 当剖切面通过非圆孔，导致出现完全分离的两个断面时，这些结构应按剖视图绘制，如图7-47a所示。

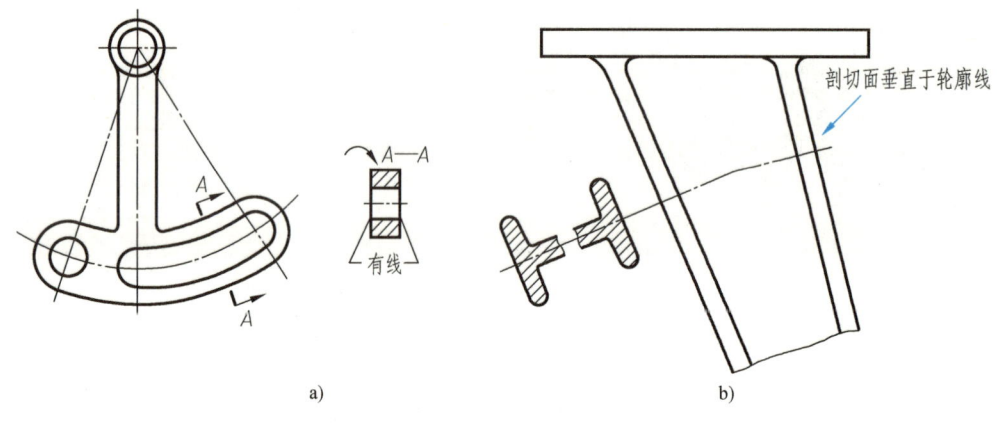

图7-47　移出断面图画法示例（二）

③ 为了表示机件上倾斜板的断面形状，剖切平面应垂直于板的轮廓线。由两个或多个相交的剖切平面剖切机件，所得到的移出断面图一般应断开，如图7-47b所示。

2. 移出断面图的配置与标注

移出断面图应按国家标准规定进行标注，剖视图的标注同样适合于移出断面图。移出断面图的配置及标注方法见表7-2。

3. 重合断面图的画法及标注

重合断面图用细实线画在视图之内，当视图中轮廓线与重合断面图的图形重叠时，视图中的轮廓线仍应连续画出，不可间断，如图7-48所示。

表 7-2 移出断面图的配置及标注方法

配置	对称的移出断面图	不对称的移出断面图
配置在剖切线或剖切符号延长线上	（剖切线（细点画线））不必标注字母、剖切符号和箭头	不必标注字母
按投影关系配置	不必标注箭头	不必标注箭头
配置在其他位置	不必标注箭头	应标注字母、剖切符号和箭头

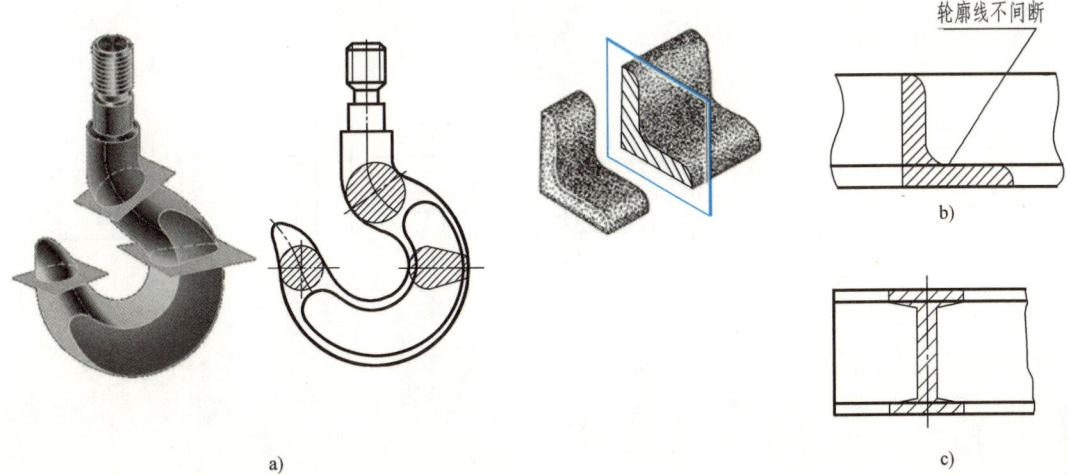

图 7-48 重合断面图

 提示

重合断面图不必标注，如图7-48所示。

三、断面图应用示例

【例】 看懂如图7-49所示小轴的视图，用移出断面图表达小轴的键槽和孔。

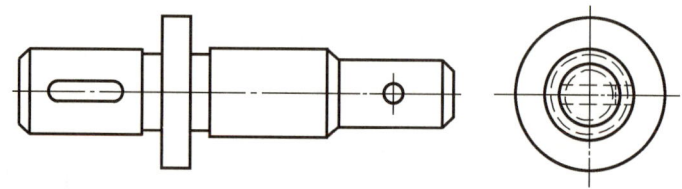

图7-49 小轴的视图

1. 确定剖切平面

如图7-50所示，分别从键槽的左右对称平面和小圆孔的轴线处断开，剖切平面与 W 面平行。

2. 绘制小轴的移出断面图

1）绘制左端键槽的断面图，注意不要多线，因图形不对称，配置在剖切平面的延长线上，可省略字母，只需标注剖切位置和投射方向，如图7-51a所示。

2）绘制小孔的断面图，注意不要漏线，因图形对称且配置在剖切平面延长线上，可不标注，如图7 51b所示。

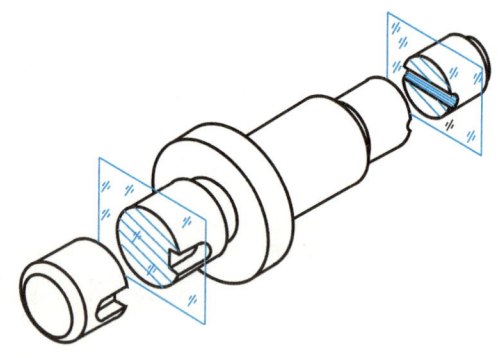

图7-50 小轴的剖切平面

3）完成小轴的移出断面图的绘制，如图7-51c所示。

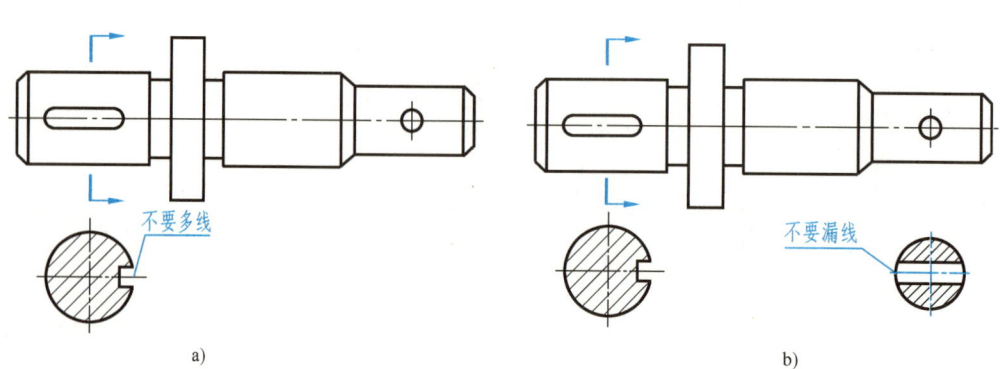

图7-51 小轴移出断面图的绘制步骤

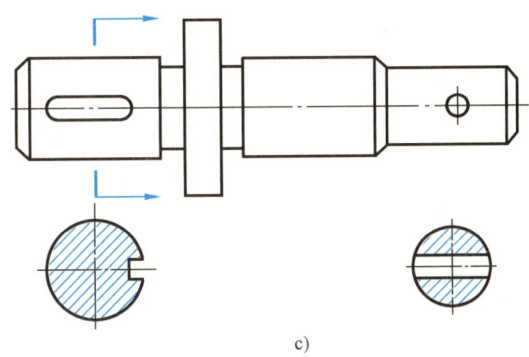

c)

图 7-51 小轴移出断面图的绘制步骤（续）

知识拓展

1) 移出断面图在不致引起误解时，允许将图形旋转，但要标注清楚，如图 7-52 所示。

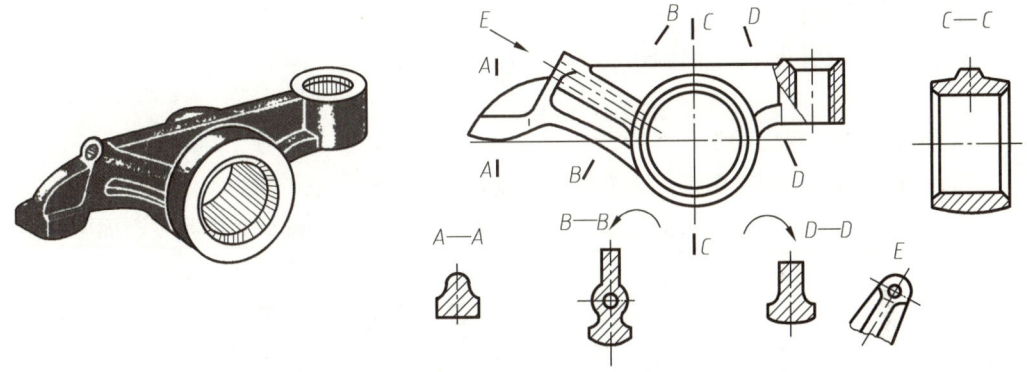

图 7-52 移出断面图标注示例（一）

2) 断面图形对称时，可画在视图的中断处，不加任何标注，如图 7-53 所示。

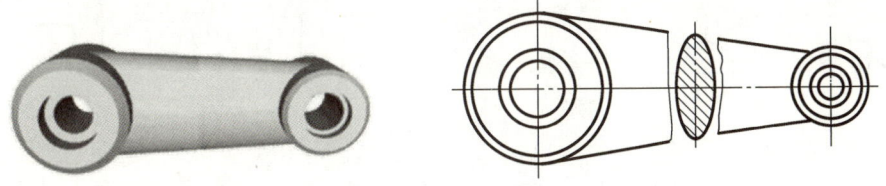

图 7-53 移出断面图标注示例（二）

课后思考

1) 断面图与剖视图的区别是什么？
2) 断面图分为哪几种？
3) 移出断面图的画法中需要注意哪些问题？
4) 移出断面图配置在什么位置？如何标注？
5) 重合断面图绘制在什么位置？如何标注？

课题五 其他表达方法

如图 7-54 中的 Ⅰ、Ⅱ 处，是轴上的细小结构，用原比例画图时，很难将其表达清楚，也不便于标注尺寸。为此，可将该部分结构用局部放大图表达。

除了局部放大图以外，在绘制机械图样时，还会用到一些国家标准规定的简化画法。本课题主要研究如何绘制和识读局部放大图，并掌握一些常见图形的简化画法。

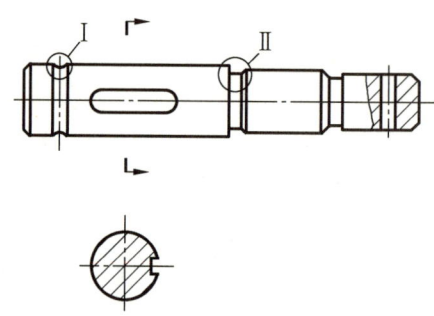

图 7-54　小轴的视图

相关知识

一、局部放大图

1. 局部放大图的概念

用大于原图形所采用的比例画出物体上部分结构的图形，称为局部放大图，如图 7-55 所示。

2. 局部放大图的规定画法

1）局部放大图可以根据需要画成视图、剖视图、断面图，它与被放大部分的表达方式无关。如图 7-55a 所示，Ⅱ 处在原图上是用外形视图表达的，而其局部放大图是用断面图表达的。

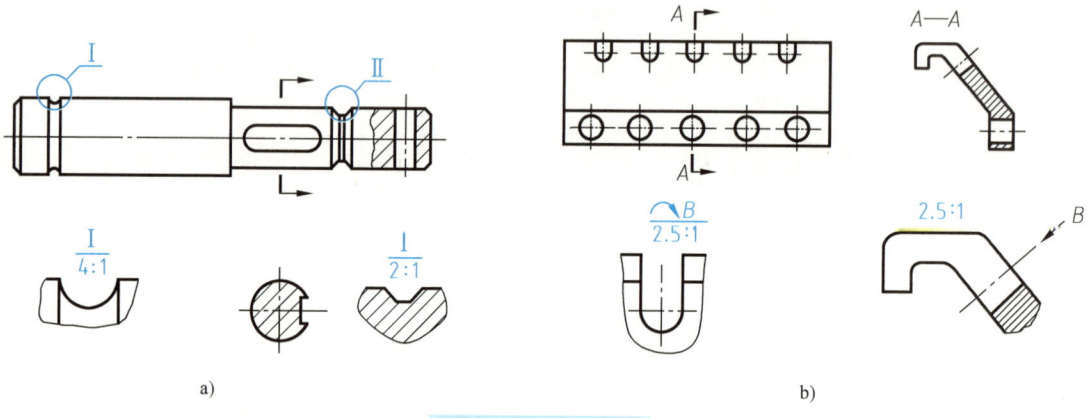

图 7-55　局部放大图

2）局部放大图上所标注的比例，是指该图形中机件要素的线性尺寸与实际机件相应要素的线性尺寸之比，与原图形所采用的比例无关。

3）画局部放大图时，应用细实线圆（或长圆形）圈出被放大的部位，局部放大图应尽量配置在被放大部位的附近，以方便看图。必要时可用几个图形同时表示同一被放大的结构，如图 7-55b 所示。

3. 局部放大图的标注

1）当机件上有几个被放大部位时，必须用罗马数字和指引线（用细实线表示）依次标明

单元七　图样的基本表示法

被放大部位的顺序，并在局部放大图上方正中位置注出相应的罗马数字，如图 7-55a 所示。

2) 若同一机件上不同部位的局部放大图相同或对称，只需画出一个，如图 7-55b 所示。

二、常用图形的简化画法

1. 相同结构要素的简化画法

1) 当机件具有若干相同结构（齿、槽等），并按一定规律分布时，只需画出几个完整的结构，其余用细实线连接，在零件图中必须注明该结构的总数，如图 7-56 所示。

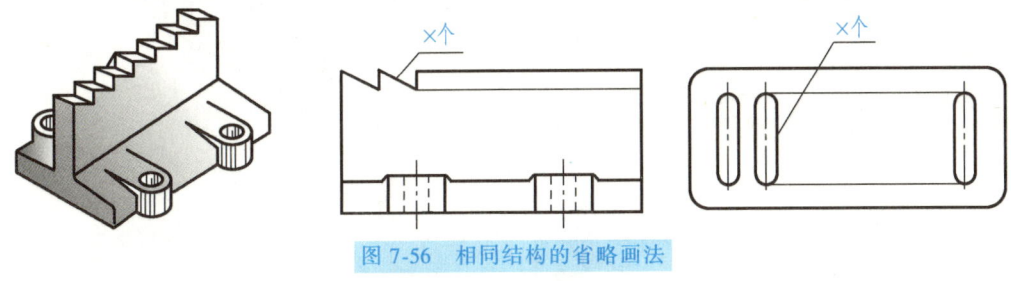

图 7-56　相同结构的省略画法

2) 若干直径相同且成规律分布的孔（圆孔、螺孔、沉孔等），可以仅画出一个或几个，其余只需用点画线表示其中心位置，在零件图中应注明孔的总数，如图 7-57 和图 7-58 所示。

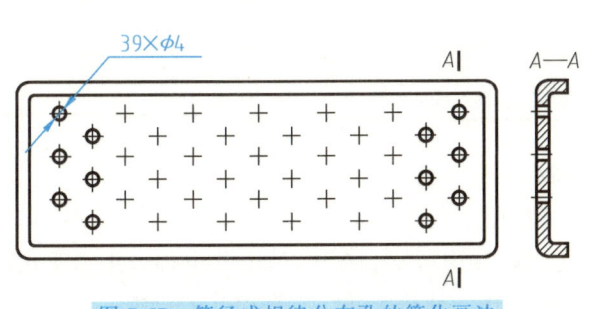 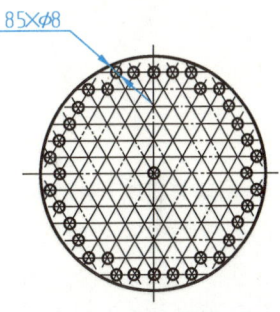

图 7-57　等径成规律分布孔的简化画法　　图 7-58　均布孔的简化画法

2. 肋板、轮辐及薄壁等的剖切画法

对于机件上的肋板（起支承和加固作用的薄板）、轮辐及薄壁等结构，若按纵向剖切（剖切面通过这些结构的轴线或对称面），这些结构在剖视图上都不画剖面符号，而用粗实线将它与其邻接部分分开，如图 7-59 和图 7-60 所示。按其他方向剖切肋板、轮辐及薄壁等

图 7-59　轮辐在剖视图中的画法

结构时，应画上剖面符号。

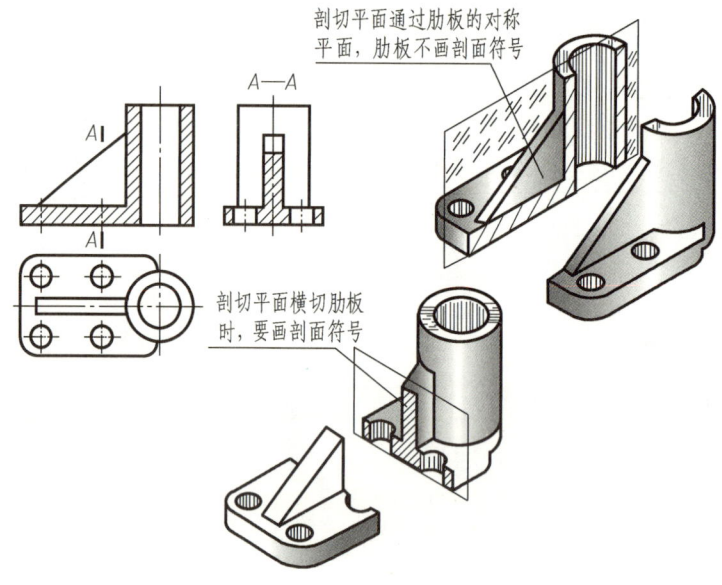

图 7-60　肋板在剖视图中的画法

3. 回转体上均匀分布的肋板、孔、轮辐等结构的画法

在剖视图中，当回转体上均匀分布的肋板、孔、轮辐等结构不处于剖切平面上时，可假想把这些结构旋转到剖切平面上对称画出，如图 7-61 所示。在图 7-61 中小孔采用了简化画法，即只画出一个孔的投影，其余的孔只画中心线，标注尺寸时应标出孔的总数。

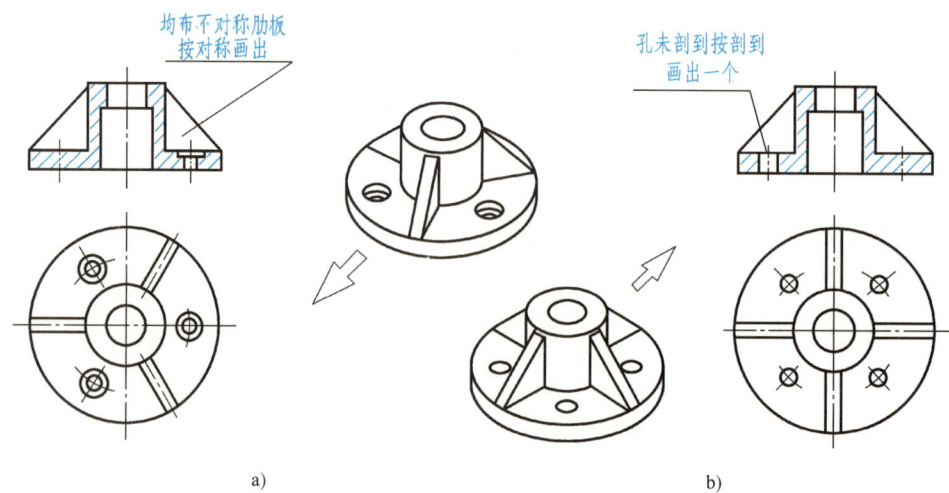

图 7-61　均匀分布的肋板和孔的画法

4. 较长机件的断开画法

对于较长的机件（如轴、连杆、筒、管、型材等），当其沿长度方向的形状一致或按一定规律变化时，可断开后缩短绘制，但要标注机件的实际尺寸，如图 7-62 所示。

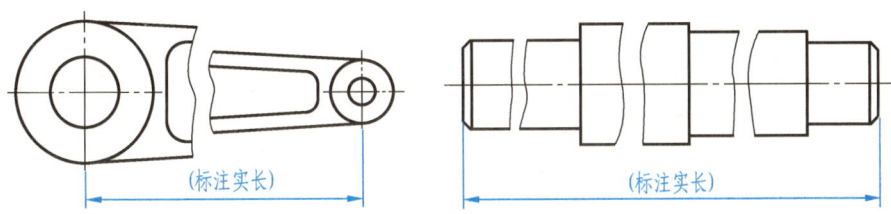

图 7-62　较长机件的简化画法

5. 对称图形的简化画法

在不致引起误解时，对于对称机件的视图可只画一半或四分之一，并在对称中心线的两端画出两条与其垂直的平行细实线，如图 7-63 所示。

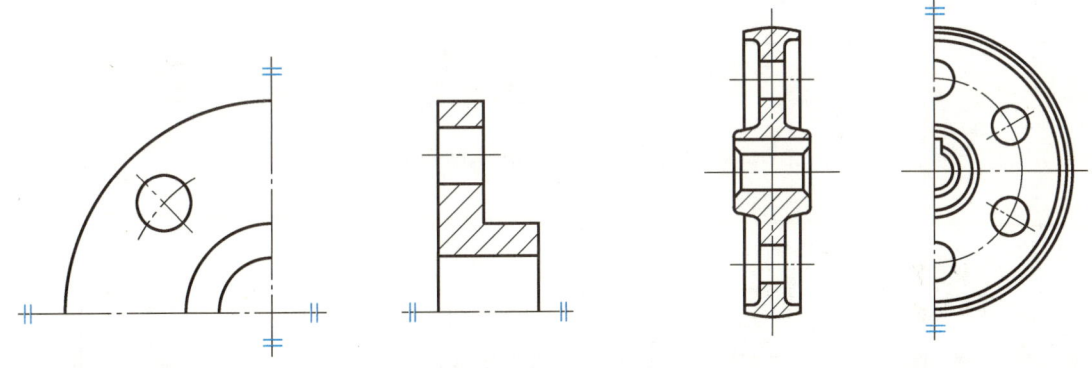

图 7-63　对称机件的简化表示法

6. 较小结构的简化画法

当机件上较小的结构及斜度等已在一个图形中表达清楚时，其他图形应当简化或省略，如图 7-64 所示。

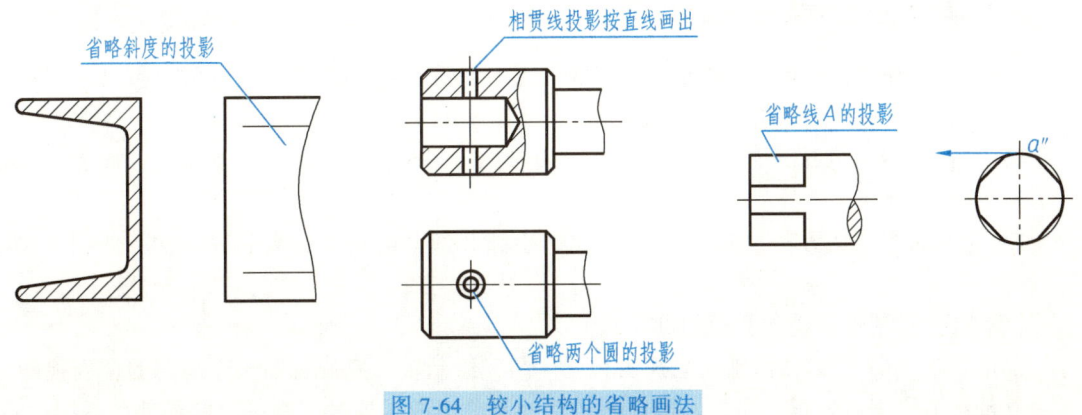

图 7-64　较小结构的省略画法

7. 其他简化表示法

1）圆柱形法兰和类似零件上均匀分布的孔，可按图 7-65 所示的方法表示（由机件外向该法兰端面方向投射）。

2）除确属需要表示的某些圆角、倒角外，其他圆角、倒角在零件图中均可不画，但必须注明尺寸，或在技术要求中加以说明，如图 7-66 所示。

3）当图形不能充分表达平面时，可用平面符号（相交的两条细实线）表示。这种方法常用于较小的平面，如图 7-67 所示。

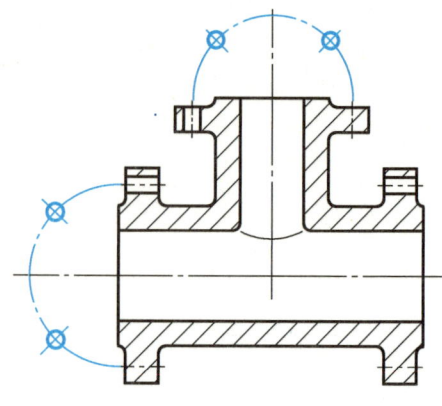

图 7-65　圆柱形法兰均布孔的简化画法

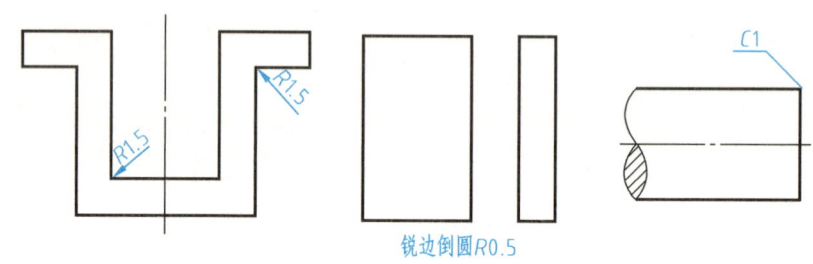

图 7-66　圆角、倒角的简化画法

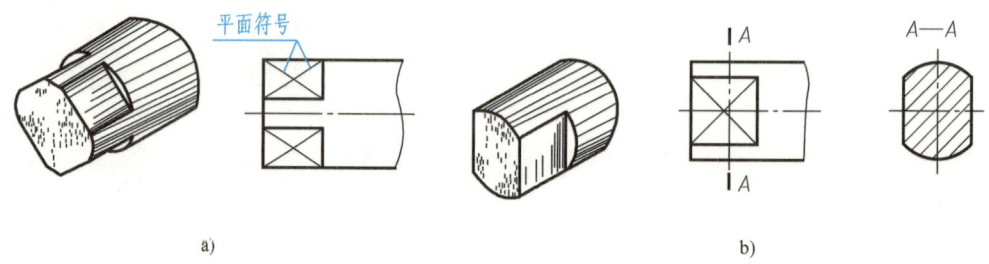

图 7-67　平面的简化表示法

三、其他表达方法应用示例

【例 1】　如图 7-54 所示，要求将图上Ⅰ、Ⅱ处细小结构用放大的比例单独画出。

绘制小轴上细小结构的局部放大图的步骤如图 7-68 所示。

1）用视图表达方法，采用 2∶1 的比例绘制Ⅰ部分的局部放大图并标注，如图 7-68a 所示。

2）用断面图表达方法，采用 5∶1 的比例绘制Ⅱ部分的局部放大图并标注，如图 7-68b 所示。

【例 2】　绘制轴承座上肋板的剖视图。

根据如图 7-69 所示轴承座的主视图和立体图，绘制轴承座俯视图和左视图的全剖视图。

分析：轴承座由底板、肋板、圆筒和凸台四部分组成。通过主视图上的局部剖视图表达

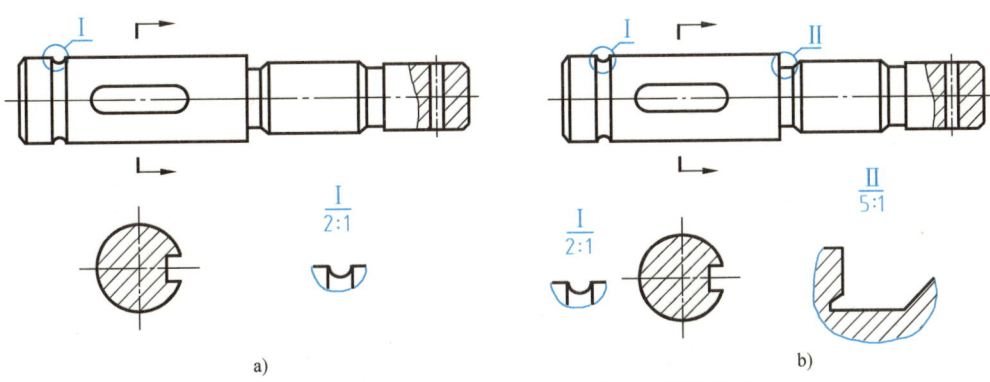

图 7-68 绘制小轴上细小结构的局部放大图的步骤

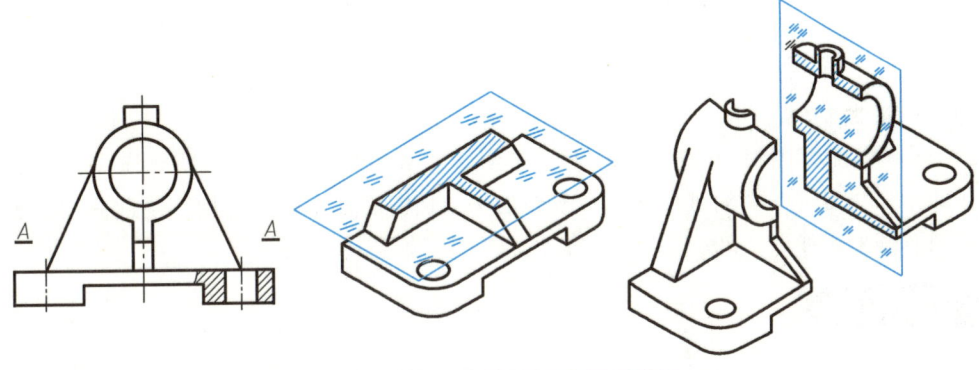

图 7-69 轴承座的主视图和立体图

了底板上两个小孔的内部结构。另需通过俯视图的剖视图来表达肋板的断面形状，通过全剖的左视图表达圆筒、凸台的内部结构和肋板的结构。肋板的剖视图必须按照国家标准绘制。

轴承座剖视图的绘图方法与步骤如图 7-70 所示。

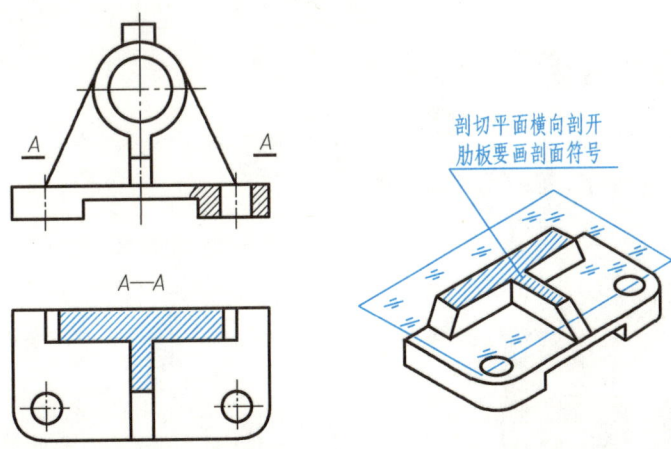

a)

图 7-70 轴承座剖视图的绘图方法与步骤

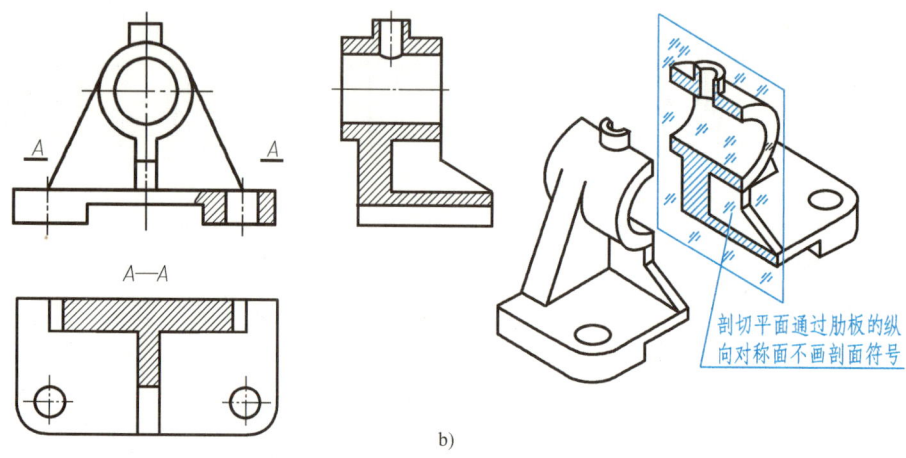

图 7-70 轴承座剖视图的绘图方法与步骤（续）

1）绘制 A—A 剖视图。剖切平面横向剖开肋板，将轴承座上方剖去，肋板断面要画上剖面符号，如图 7-70a 所示。

2）绘制全剖左视图。由于剖切面通过了中间肋板的纵向对称面，因此应用粗实线将其与相邻部分分开，且不画剖面符号。由于剖切平面横向剖开了后面肋板，因此后面肋板的剖面要画剖面符号，如图 7-70b 所示。

第三角画法

GB/T 17451—1998《技术制图 图样画法 视图》规定：技术图样中应采用正投影法绘制，并优先采用第一角画法。世界上大多数国家，如中国、法国、英国、德国等都是采用第一角画法。但是，美国、加拿大、日本、澳大利亚等则采用第三角画法，为了便于国际间的技术交流与合作，我国在《技术制图 投影法》中规定：必要时，允许使用第三角画法。

一、空间的划分与角

三个互相垂直的投影面 V、H、W，将 W 面左侧空间划分为四个区域，按顺序分别称为第一角、第二角、第三角、第四角，如图 7-71a 所示。

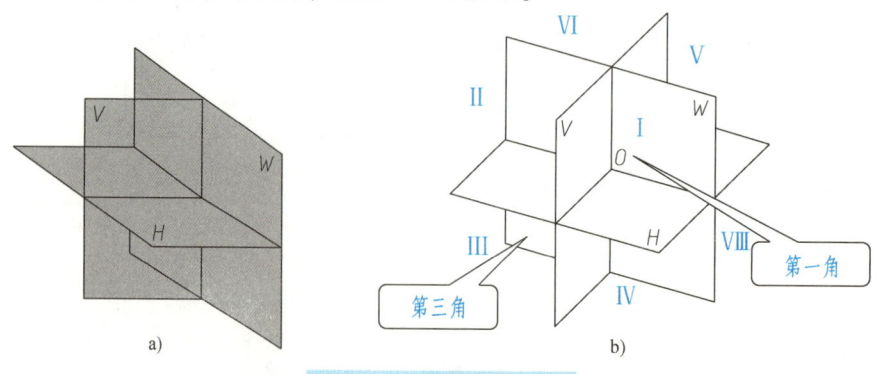

图 7-71 空间的划分与角

右侧也有四个分角,分别为第五角、第六角、第七角、第八角,如图 7-71b 所示。

二、第一角画法与第三角画法

将机件放在第一角中用正投影法绘制图形,称为第一角画法;在第三角中用正投影法绘制图形,称为第三角画法,如图 7-72 所示。如图 7-73 所示,第三角画法的展开过程和第一角画法不一样:V 面保持不动;H 面绕 OX 轴向上旋转 90°,与 V 面共面;W 面绕 OZ 轴向右旋转 90°,与 V 面共面。

与第一角画法类似,采用第三角画法的三视图也有下述特性:主、俯视图长对正;主、右视图高平齐;俯、右视图宽相等。

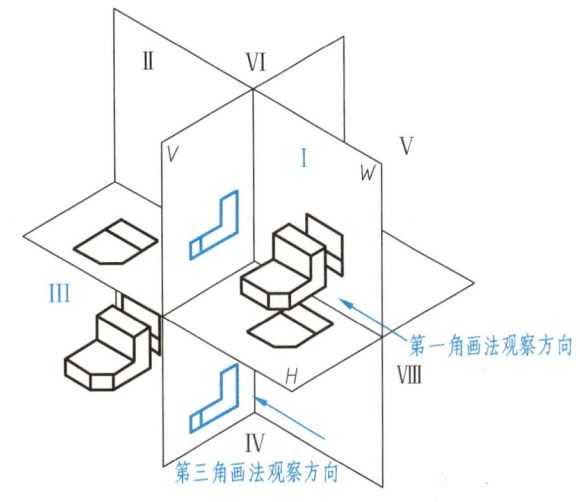

图 7-72 第一角画法与第三角画法

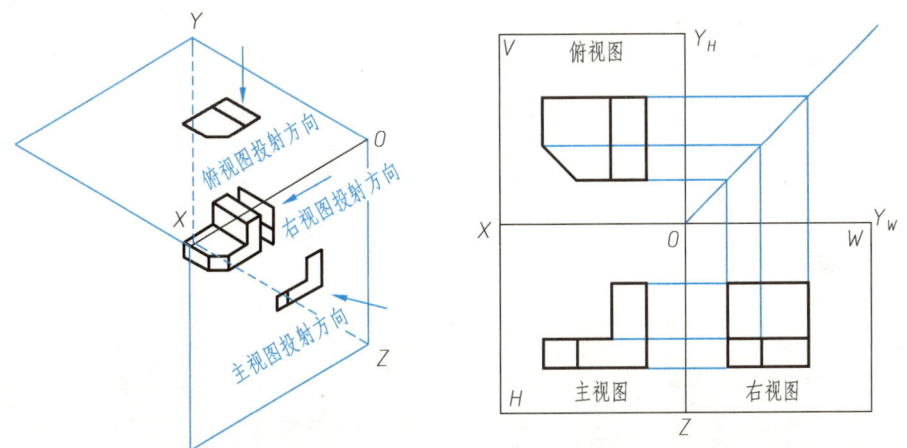

图 7-73 第三角画法的展开

三、第一角画法与第三角画法的比较

1. 机件、投影面、观察者之间的关系不同

第一角画法中,机件处于观察者和投影面之间,即观察者—机件—投影面。

第三角画法中,投影面处于观察者和机件之间(把投影面看作是透明的),即观察者—投影面—机件,如图 7-72 和图 7-73 所示。

2. 视图的配置不同

由于机件、投影面、观察者之间的关系不同,采用的展开方法不同(与第一角画法正好相反),因此视图的配置关系也不相同。除主、后视图外,其他视图一一对应相反,即上下对调,左右颠倒,如图 7-74 所示。

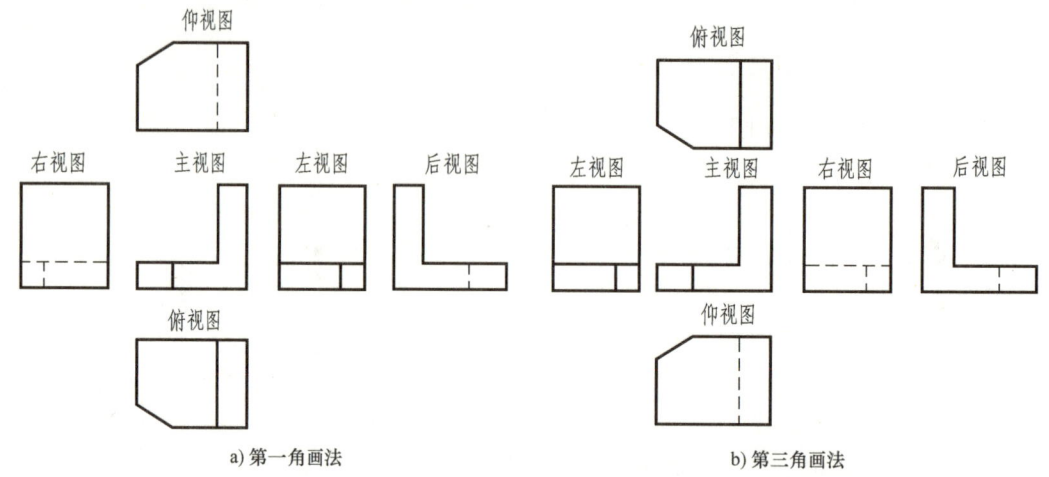

图 7-74 第一角画法与第三角画法的六个基本视图

3. 视图与机件的方位关系不同

由于视图的配置关系不同，因此第三角画法中的俯视图、仰视图、左视图、右视图靠近主视图的一侧，表示机件的前面；远离主视图的一侧表示机件的后面。这与第一角画法的"里后外前"正好相反，如图 7-75 所示。

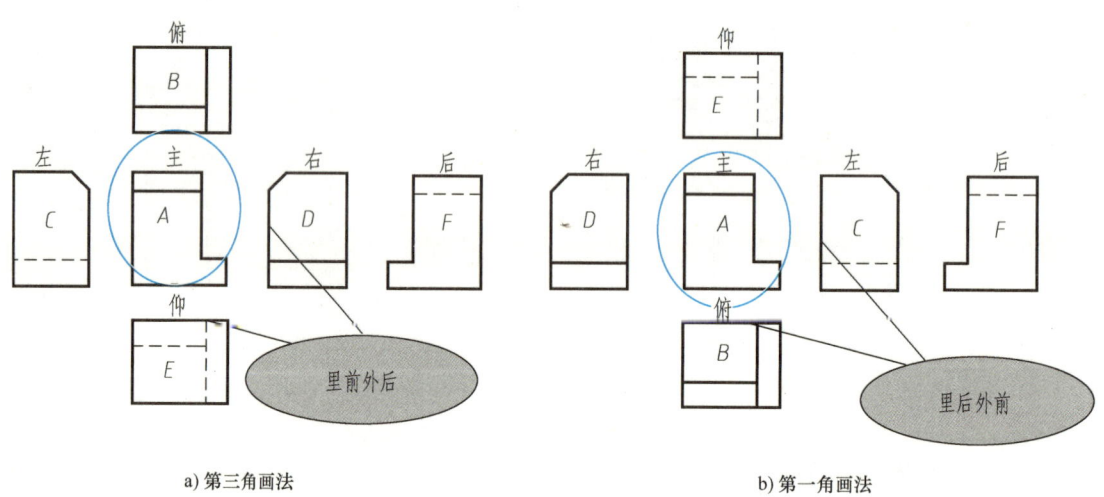

图 7-75 第一角画法与第三角画法的六个基本视图

四、第一角画法和第三角画法投影识别符号

在国际标准（ISO）中规定，当采用了第一角或第三角画法时，必须在标题栏中专设的格内（一般放置在标题栏中名称及代号区的下方）画出相应的投影识别符号。由于我国采用第一角画法，不需画出投影识别符号。当采用第三角画法时，必须画出投影识别符号，如图 7-76 所示。

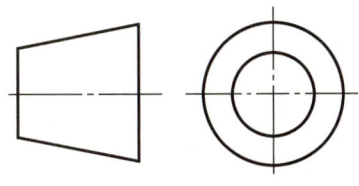
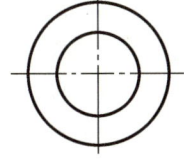
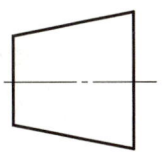

a) 第一角画法投影识别符号　　　　　　b) 第三角画法投影识别符号

图 7-76　第一角和第三角画法投影识别符号

课后思考

1) 什么是局部放大图？
2) 局部放大图的表达方式必须与被放大部分的表达方式相同吗？
3) 回转体上均匀分布的肋板、孔、轮辐等结构的规定画法是什么？
4) 有的较长机件可断开后缩短绘制，标注尺寸时需要注意什么？
5) 试列举几种常见的简化画法。

单 元 总 结

在实际生产中，由于机件内外形状结构的多样性，仅用三视图不足以完整清晰地表达出其形状和结构。因此，本单元学习了各种图样的基本表达方法，视图主要用于表达机件的外形；剖视图主要用于表达机件的内形；断面图主要用于表达机件的断面形状等。

本单元要求重点掌握视图、剖视图、断面图等机件的基本表达方法，具体内容包括：

1) 基本视图、向视图、斜视图和局部视图的画法、配置关系和标注。
2) 剖视图的画法和标注，剖面线的画法要求。
3) 按零件内部结构的表达需要及其剖切范围，剖视图可分为全剖视图、半剖视图、局部剖视图。各种剖视图的适用范围及绘制要点。
4) 常用的剖切面分为以下三种：单一剖切面、几个平行的剖切平面、几个相交的剖切平面。各种剖切方法得到的剖视图的适用范围及绘制要点。
5) 移出断面图和重合断面图的画法与标注。
6) 局部放大图的概念和规定画法。
7) 回转体上均匀分布的肋板、孔、轮辐等结构的规定画法。

要把机件的内外结构形状正确、完整、清晰地表达出来，就必须根据机件的结构特点，灵活地选用适当的表达方法。这些专门用于机械制图的表达方法和简化画法，不仅可以确切地表达各种机件，还为制图、看图提供了方便。

单元八
图样的特殊表示法

知识引入

如图 8-1 所示，齿轮泵的组成示意图中，除了泵体、泵盖等一般零部件外，还有一些起紧固连接和动力传递作用的零件，如螺钉、螺母、齿轮、键和销等。这些零件在机械制造中用途广、用量大，国家标准中将它们全部或部分的结构和尺寸进行了标准化，实现了零件的互换性和批量生产，加速了现代工业的发展。

将部分结构和尺寸标准化的零部件称为常用件，如齿轮、弹簧。将结构、尺寸、画法、标记等各个方面完全标准化，并由专业厂生产的常用的零（部）件称为标准件，如螺纹紧固件、键、销、滚动轴承，在实际生产中以商品的形式出售。

为简化作图，提高绘图效率，在机械图样中，标准件及常用件上的标准结构都不需要画出真实投影，国家标准对标准件及常用件规定了特殊表示法（含画法和标注法）。本单元的学习重点便是熟练掌握螺纹、齿轮、键和销等标准件及常用件的规定画法、代号及其标注方法。

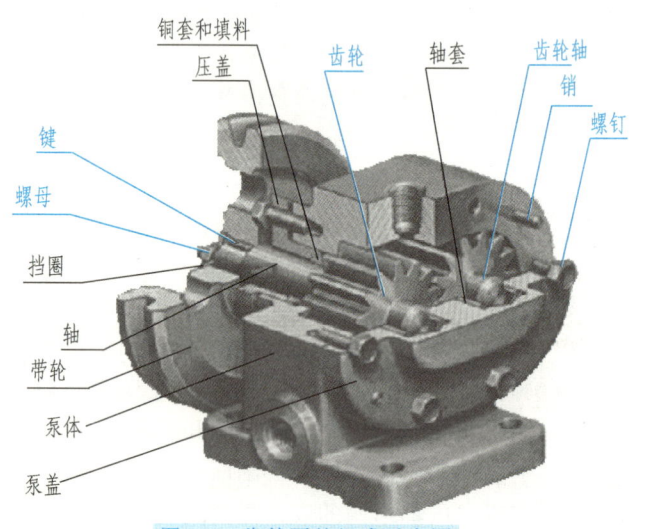

图 8-1 齿轮泵的组成示意图

学习目标

1) 熟练掌握螺纹及螺纹紧固件的规定画法及标注方法。
2) 熟练掌握单个直齿圆柱齿轮的规定画法和两个齿轮的啮合画法。
3) 了解键和销连接图的画法规定及标记。
4) 掌握滚动轴承的代号、特征画法和规定画法。
5) 了解弹簧的规定画法。

能力目标

1) 能够熟练用规定画法绘制螺纹并进行标注，能够快速识读机械图样中的螺纹紧固件。

2）熟知直齿圆柱齿轮轮齿部分的名称及尺寸关系和规定画法，能够熟练识读各种齿轮的零件图。

3）熟知键连接和销连接的规定画法。

4）熟悉圆柱螺旋压缩弹簧的规定画法。

5）能够说出常用滚动轴承的类型及代号，会用特征画法和规定画法绘制滚动轴承。

课题一　绘制并识读带螺纹结构的图形

在加工零件时，经常在圆柱（孔）表面上见到具有相同截面形状的连续凸起和沟槽，这种结构可以把两个零件牢固地连接在一起，机械上把这种结构称为螺纹，如图 8-2 所示。为简化作图，提高绘图效率，国家标准把螺纹的结构和尺寸都进行了标准化，规定了螺纹结构要素的特殊表示法，即螺纹结构的规定画法和螺纹的规定标记格式。

一、螺纹的分类和要素

1. 螺纹分类

按螺纹分布的内、外回转面分为外螺纹和内螺纹。

外螺纹：在圆柱或圆锥外表面上加工的螺纹称为外螺纹。

内螺纹：在圆柱或圆锥内表面上加工的螺纹称为内螺纹。

图 8-2　阀体的直观图

按生产实际应用分为：紧固螺纹、管螺纹、传动螺纹和专门用途螺纹。

2. 螺纹的结构要素

（1）牙型　牙型是指在通过螺纹轴线剖开的截面上，螺纹的轮廓形状。它由牙顶、牙底和牙侧构成，牙型上两相邻牙侧间的夹角称为牙型角，如图 8-3a 所示。

常见的螺纹牙型有三角形、矩形、梯形、锯齿形等，如图 8-3 所示。

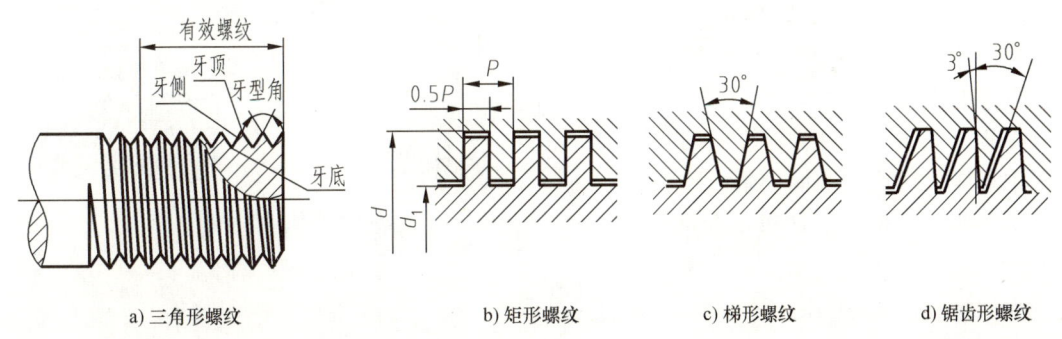

a) 三角形螺纹　　b) 矩形螺纹　　c) 梯形螺纹　　d) 锯齿形螺纹

图 8-3　螺纹牙型

（2）直径　螺纹的直径有大径（d、D）、中径（d_2、D_2）和小径（d_1、D_1）之分，如图 8-4 所示。

大径：通过外螺纹牙顶（或内螺纹牙底）的假想圆柱面的直径，分别用 d、D 表示。

小径：通过外螺纹牙底（或内螺纹牙顶）的假想圆柱面的直径，分别用 d_1、D_1 表示。

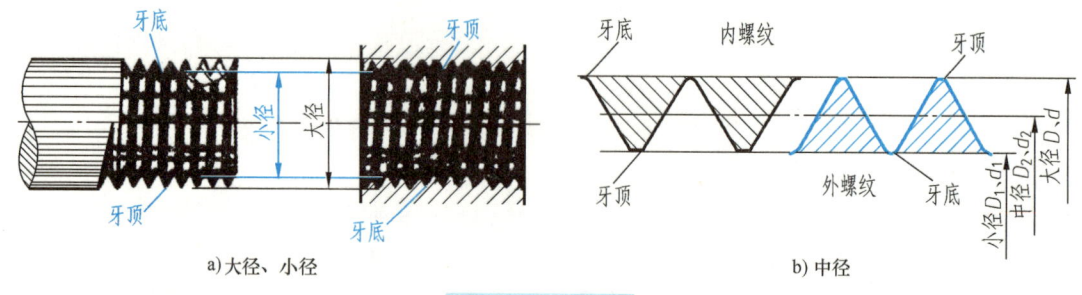

图 8-4　螺纹直径

中径：指通过外螺纹（或内螺纹）的大径与小径之间，假想有一圆柱面或圆锥面的直径，它的母线通过牙型上沟槽和凸起宽度相等处，分别用 d_2、D_2 表示。

 提示

标准螺纹大径的基本尺寸称为公称直径，是代表螺纹尺寸的直径。

（3）线数（n）　螺纹有单线和多线之分。沿一条螺旋线形成的螺纹称为单线螺纹；沿两条或两条以上在轴向等距分布的螺旋线形成的螺纹称为多线螺纹，如图 8-5 所示。

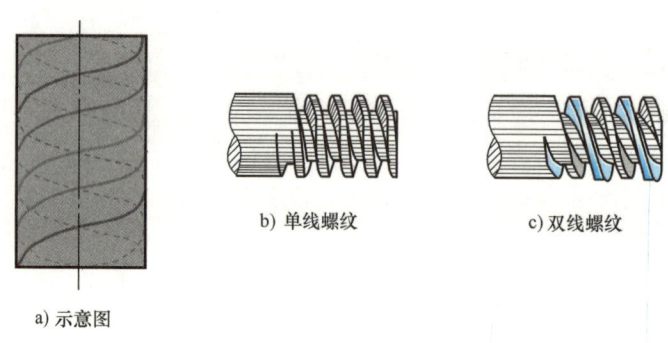

图 8-5　螺纹线数

（4）螺距和导程（图 8-6）

螺距（P）：相邻两牙在中径线上对应两点间的轴向距离。

导程（P_h）：同一螺旋线上的相邻两牙在中径线上对应两点间的轴向距离。

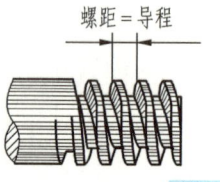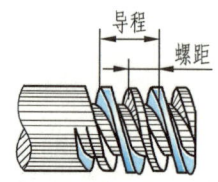

图 8-6　螺距和导程

由图 8-6 可知 P_h、P 和 n 之间存在以下的关系：

多线螺纹：$P=P_h/n$。

单线螺纹：$P=P_h$。

（5）旋向　内、外螺纹旋合时的旋转方向称为旋向，有左、右旋之分。

右旋螺纹：顺时针为旋入时，称为右旋螺纹。

左旋螺纹：逆时针为旋入时，称为左旋螺纹。

提示

螺纹方向判断方法：将螺纹沿轴线垂直放置，左高右低的为左旋螺纹，右高左低的为右旋螺纹，如图 8-7 所示。

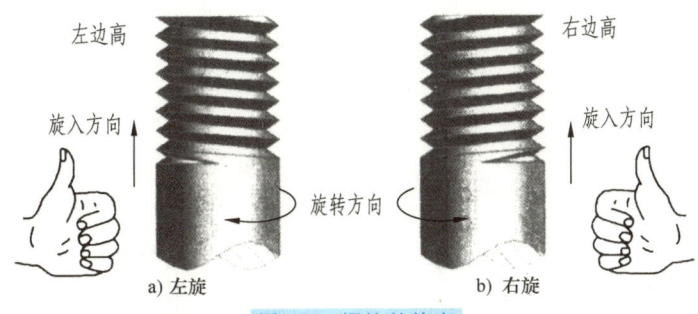

图 8-7　螺纹的旋向

二、螺纹的规定画法

外螺纹、内螺纹及内、外螺纹旋合的画法分别如图 8-8～图 8-10 所示。

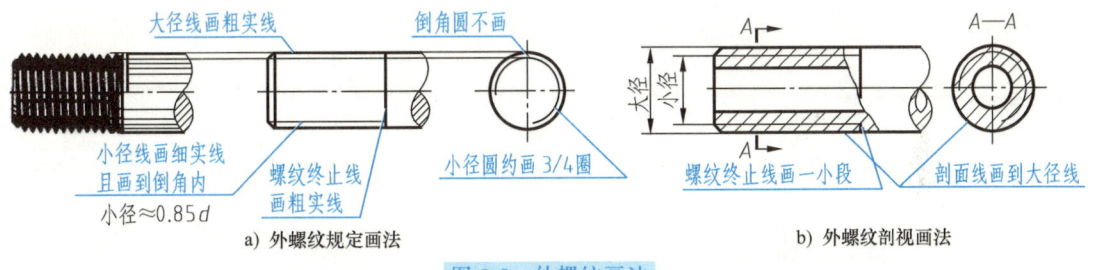

图 8-8　外螺纹画法

在螺纹的规定画法中要把握以下几点：

1）主视图要画倒角，在垂直于螺纹轴线的投影面的视图中倒角投影省略不画，只画约 3/4 的表示牙底的细实线圆。

2）视图与剖视图的螺纹中止线用粗实线。要注意大小径线型的变化及剖面线的画法。

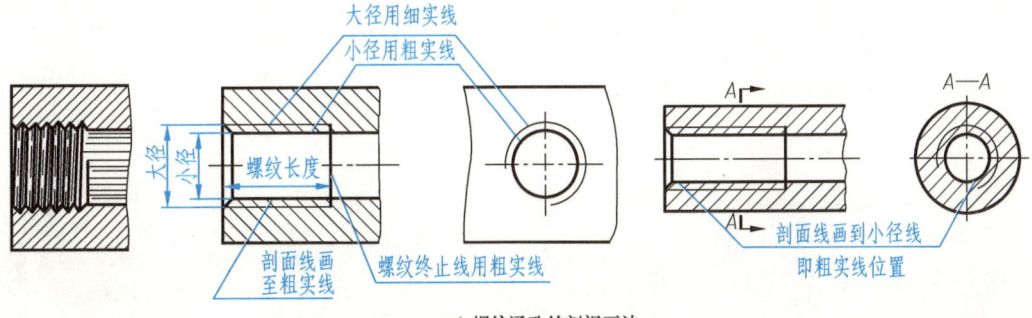

a) 螺纹通孔的剖视画法

图 8-9　内螺纹画法

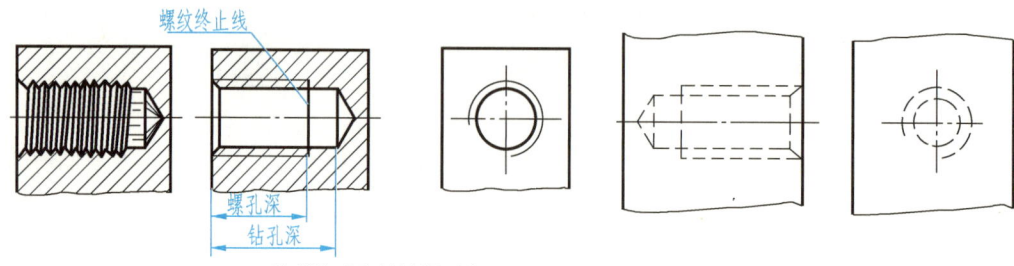

b) 螺纹不通孔的剖视画法　　　　c) 螺纹视图的画法

图 8-9　内螺纹画法（续）

3）内外螺纹连接时，在剖视图中旋合部分要按外螺纹的画法画。要注意大小径的线型变换及对应关系。

三、螺纹的标记及标注方法

由于螺纹的规定画法不能表示螺纹的种类和螺纹的其他要素，因此需要熟知国家标准所规定的标记格式和相应代号的含义。常见螺纹的种类、标记及标注方法见表 8-1。

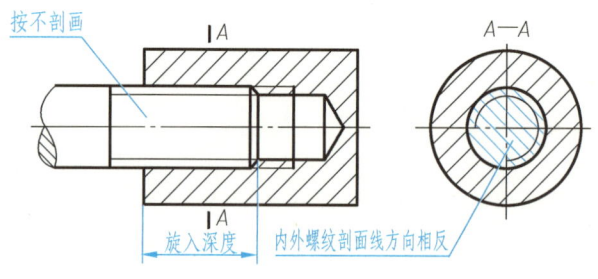

图 8-10　内、外螺纹旋合画法

表 8-1　常见螺纹的种类、标记及标注方法

螺纹种类		标注示例	代号识别	标注要点说明
连接螺纹	普通螺纹	M20-5g6g-S	粗牙普通外螺纹，公称直径是 20mm，右旋，中径、顶径公差带代号分别是 5g、6g，短旋合长度	1）粗牙螺纹不标注螺距，螺距可以在标准中查得；细牙螺纹必须标注螺距 2）右旋省略不标注，左旋以"LH"表示（各种螺纹都是如此） 3）中径、顶径公差带代号相同时，只标注一个公差带代号 4）旋合长度分为长（L）、中等（N）、短（S）三种，中等旋合长度不注 5）螺纹标记应直接标在大径的尺寸线或延长线上
		M20×2-6H-LH	细牙普通内螺纹，公称直径是 20mm，螺距是 2mm，左旋，中径、顶径公差带代号是 6H，中等旋合长度	
	管螺纹	G3/4A	55°非密封管螺纹，尺寸代号 3/4，公差等级为 A 级，右旋	1）55°非密封管螺纹，其内外螺纹都是圆柱管螺纹 2）外螺纹的公差等级代号分别是 A、B 两级，内螺纹不标记 3）55°密封管螺纹，只标注螺纹特征代号、尺寸代号、旋向 4）管螺纹一律标注在引出线上，引出线应由大径处引出或由对称中心线引出 5）55°非密封管螺纹的螺纹特征代号用 G 表示。55°密封管螺纹的螺纹特征代号：Rc 表示圆锥内螺纹；Rp 表示圆柱内螺纹；R_1、R_2 表示圆锥外螺纹
		Rc1/2	55°密封管螺纹，尺寸代号 1/2，右旋	

(续)

螺纹种类		标注示例	代号识别	标注要点说明
连接螺纹	管螺纹	Rp3/4LH	圆柱内螺纹,尺寸代号 3/4,左旋	
		R₁1/2 或 R₂1/2	R₁1/2 表示与圆柱内螺纹相配合的圆锥外螺纹,尺寸代号为 1/2,右旋 R₂ 表示与圆锥内螺纹相配合的圆锥外螺纹,尺寸代号为 1/2,右旋	
传动螺纹	梯形螺纹	Tr36×12(P6)-7h	梯形螺纹,公称直径是 36mm,双线,导程 12mm,螺距 6mm,右旋,中径公差带是 7h,中等旋合长度	1) 两种螺纹只标注中径公差带代号 2) 旋合长度只有中等旋合长度(N)和长旋合长度(L)两组 3) 中等旋合长度不标注
	锯齿形螺纹	B40×7LH-8g	锯齿形螺纹,公称直径是 40mm,单线,螺距 7mm,左旋,中径公差带是 8h,中等旋合长度	

按照 GB/T 197—2018,普通螺纹的完整螺纹标记由螺纹特征代号、尺寸代号、公差带代号及其他有必要做进一步说明的个别信息组成。其他螺纹标记请查相关标准。

四、带螺纹结构的图形识读示例

【例】 在图 8-11 所示阀体零件图中,指出螺纹结构共有几处,并说明其具体含义。

对照阀体的直观图(图 8-2)及其零件图可以看出,阀体上共有三处螺纹标记,具体如下:

1) 标注在主视图上部的 M24×1.5-7H,其含义如下:大径为 24mm 的螺纹孔,普通细牙螺纹,螺距为 1.5mm,右旋,中径和小径的公差带代号均为 7H,中等旋合长度。

2) 标注在主视图右部的 M36×2,其含义如下:大径为 36mm 的外螺纹,普通细牙螺纹,螺距为 2mm,右旋。

3) 标注在左视图下部的 4×M12-7H,其含义如下:4 个大径为 12mm 的螺纹孔,普通粗牙螺纹,右旋,中径和小径的公差带代号均为 7H,中等旋合长度。

课后思考

1) 在螺纹的规定画法中,牙顶圆、牙底圆和螺纹终止线的线型分别是什么?

2) 螺纹种类有哪些?请列举出其名称及螺纹特征代号。

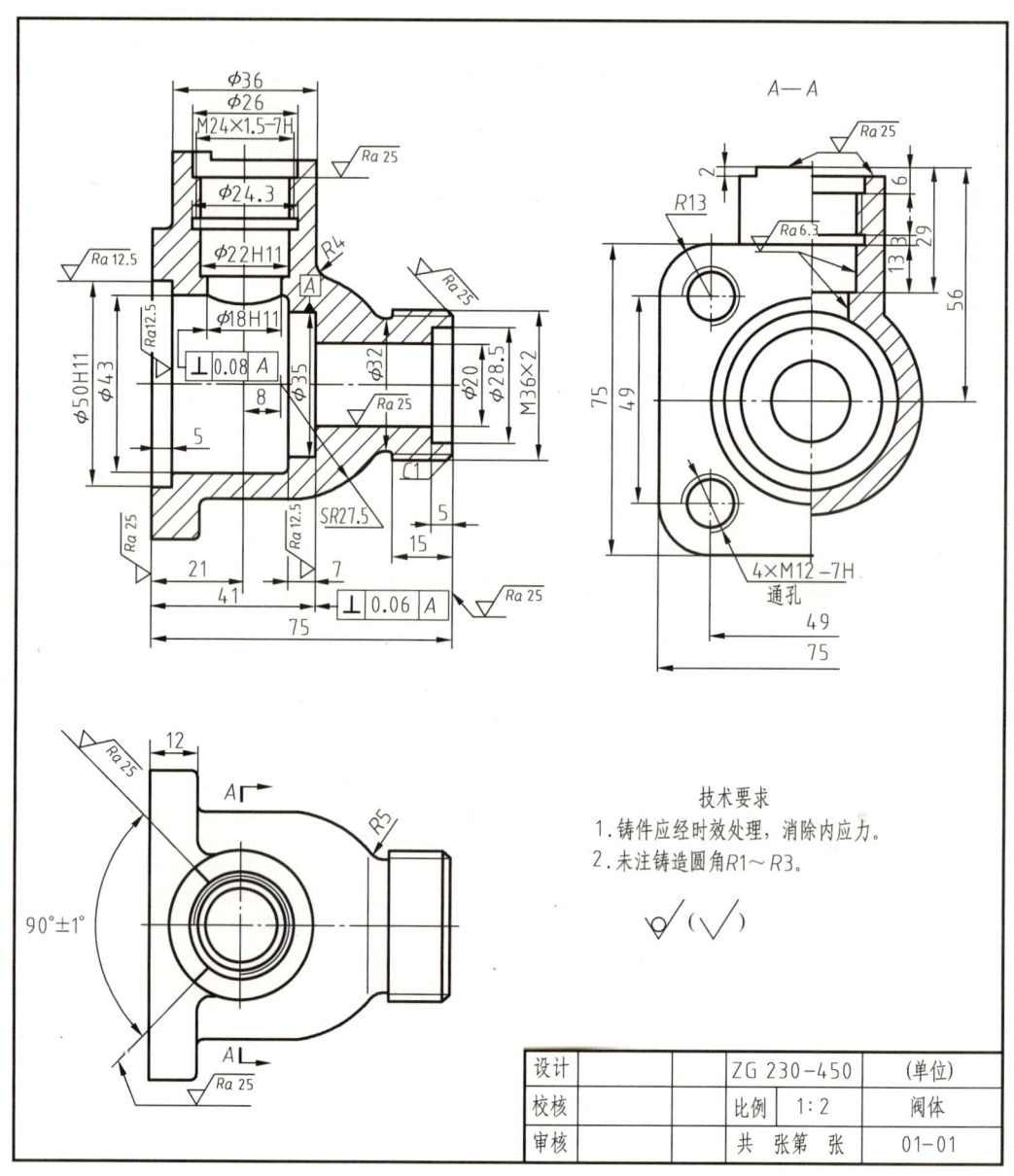

图 8-11 阀体零件图

3) 普通螺纹的标记是什么？请解释 M20×2-5g6g-S-LH 的含义。

4) 管螺纹标记中的尺寸代号是螺纹的大径吗？

课题二　绘制螺纹紧固件的连接图

用螺纹起连接和紧固作用的零件称螺纹紧固件。常见的螺纹紧固件有：螺栓、双头螺柱、螺钉、螺母、垫圈等，如图 8-12 所示。它们是标准件，结构、形式、尺寸都已标准化。

单元八 图样的特殊表示法　179

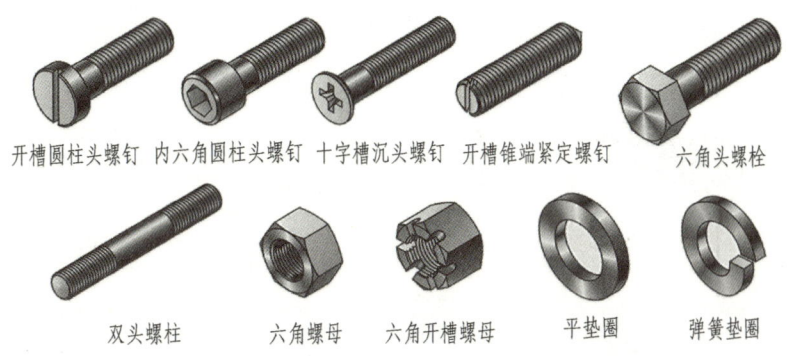

图 8-12　常见的螺纹紧固件

一、螺纹紧固件的标记及画法

在 GB/T 1237—2000《紧固件标记方法》中对紧固件产品的标记方法进行了规范，只要知道其规定标记就可以从有关标准中查得。常用螺纹紧固件的简化标记见表 8-2。

表 8-2　常用螺纹紧固件的简化标记

名称	立体图	画法及规格尺寸	简化标记及说明
六角头螺栓			螺栓　GB/T 5782　M12×80 表示螺纹规格 $d=12$ mm、公称长度 $l=80$ mm、性能等级为 8.8 级、表面氧化、产品等级为 A 级的六角头螺栓
双头螺栓			螺柱　GB/T 899　M10×40 表示两端均为粗牙普通螺纹，$d=10$ mm、$l=40$ mm、性能等级为 4.8 级、不经表面处理、B 型、$b_m=1.5d$ 的双头螺柱
开槽沉头螺钉			螺钉　GB/T 68　M8×30 表示螺纹规格 $d=8$ mm、公称长度 $l=30$ mm、性能等级为 4.8 级、不经表面处理的 A 级开槽沉头螺钉
内六角圆柱头螺钉			螺钉　GB/T 70.1　M5×20 表示螺纹规格 $d=5$ mm、公称长度 $l=20$ mm、性能等级为 8.8 级、表面氧化的 A 级内六角圆柱头螺钉

(续)

名称	立体图	画法及规格尺寸	简化标记及说明
开槽圆柱头螺钉	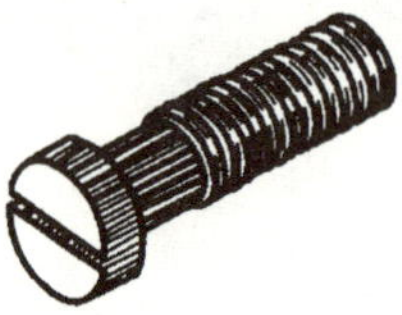	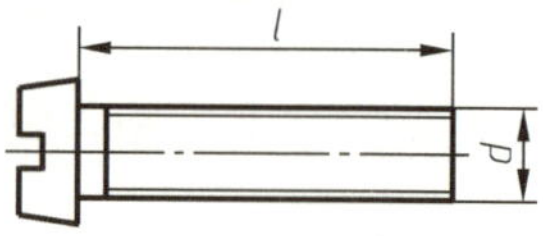	螺钉 GB/T 65 M5×20 表示螺纹规格 $d=5$mm、公称长度 $l=20$mm、性能等级为 4.8 级、不经表面处理的 A 级开槽圆柱头螺钉
六角螺母	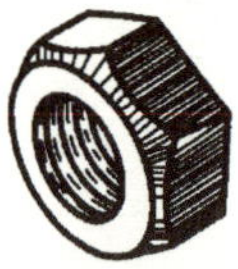	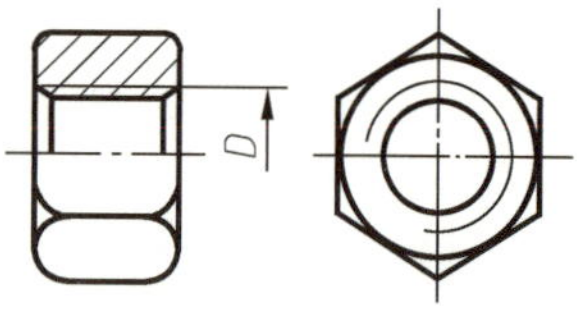	螺母 GB/T 41 M12 表示螺纹规格 $D=12$mm、性能等级为 5 级、不经表面处理、产品等级为 C 级的六角螺母
平垫圈	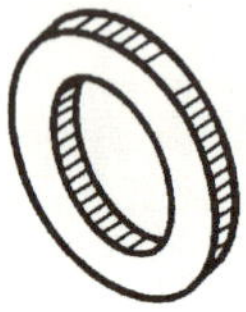	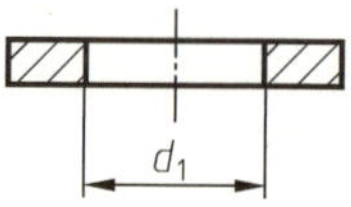	垫圈 GB/T 97.1 10 表示标准系列、公称规格 10mm、由钢制造的硬度等级为 200HV 级、不经表面处理、产品等级为 A 级的平垫圈
弹簧垫圈	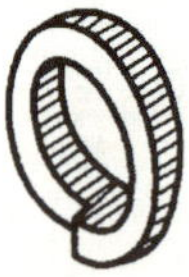	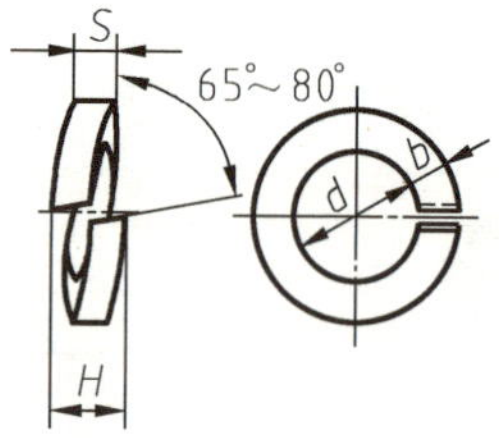	垫圈 GB/T 93 10 表示公称规格为 10mm，材料为 65Mn、表面氧化的标准型弹簧垫圈

绘制螺纹紧固件一般有两种方法：

（1）查国家标准绘制　根据已知螺纹紧固件的规格尺寸，从相应的标准中查得各部分尺寸画出。

（2）按比例画法画出　除螺纹紧固件的公称长度 l 需要计算，并查有关标准选标准值外，其余各部分尺寸都按与螺纹公称直径 d（或 D）成一定比例确定（简单易画，建议使用）。常用螺纹紧固件的比例画法见表 8-3。

表 8-3　常用螺纹紧固件的比例画法

名称	比例画法	名称	比例画法
螺栓	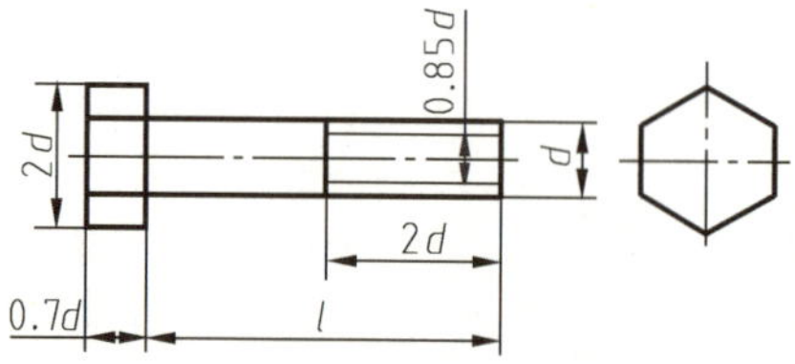	螺母	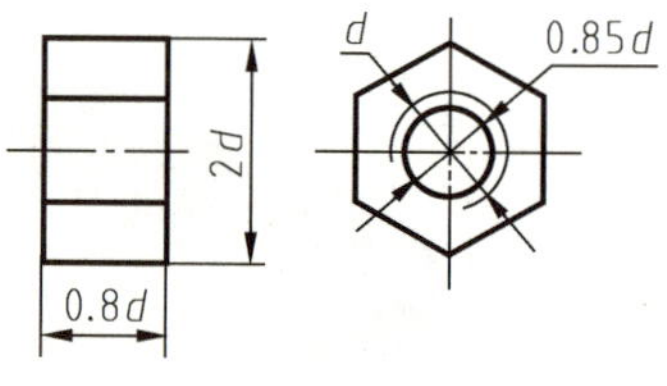

(续)

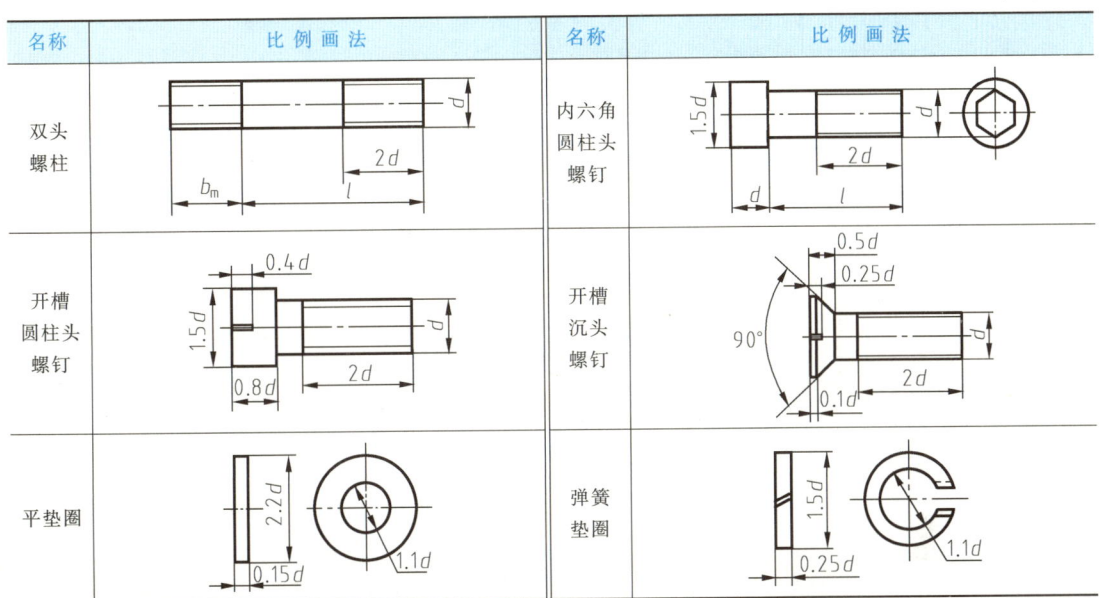

二、螺纹紧固件连接图的画法

1. 螺纹紧固件连接图的规定画法

实际应用中,螺纹紧固件的连接过程需要由螺纹紧固件及几个被连接件共同完成,因此其连接图的画法不同于单个零件图的画法,应遵循以下基本规定:

1) 被连接的两零件的接触面只画一条线,不接触面必须画两条线。

2) 在剖视图中,相互接触的两个零件的剖面线方向要相反;同一个零件在各剖视图中,剖面线的方向和间隔都应一致。

3) 在剖视图中,当剖切平面通过紧固件的轴线时,紧固件按不剖绘制。

2. 常见的螺纹紧固件连接图画法

常见的螺纹紧固件连接形式有:螺栓连接、双头螺柱连接、螺钉连接,如图 8-13 所示。

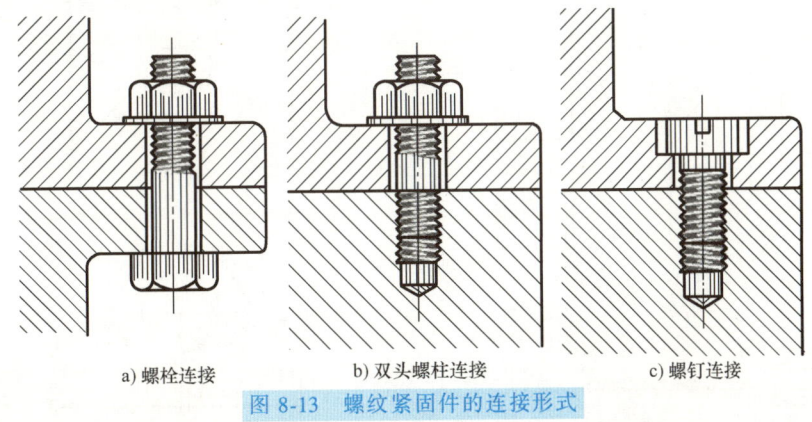

a) 螺栓连接　　b) 双头螺柱连接　　c) 螺钉连接
图 8-13　螺纹紧固件的连接形式

(1) 螺栓连接　螺栓连接主要用来连接不太厚并能钻成通孔(通孔直径 d_0 大于螺杆直径,一般 $d_0 = 1.1d$)的零件,用于经常拆卸的场合。螺栓连接的简化画法如图 8-14 所示。

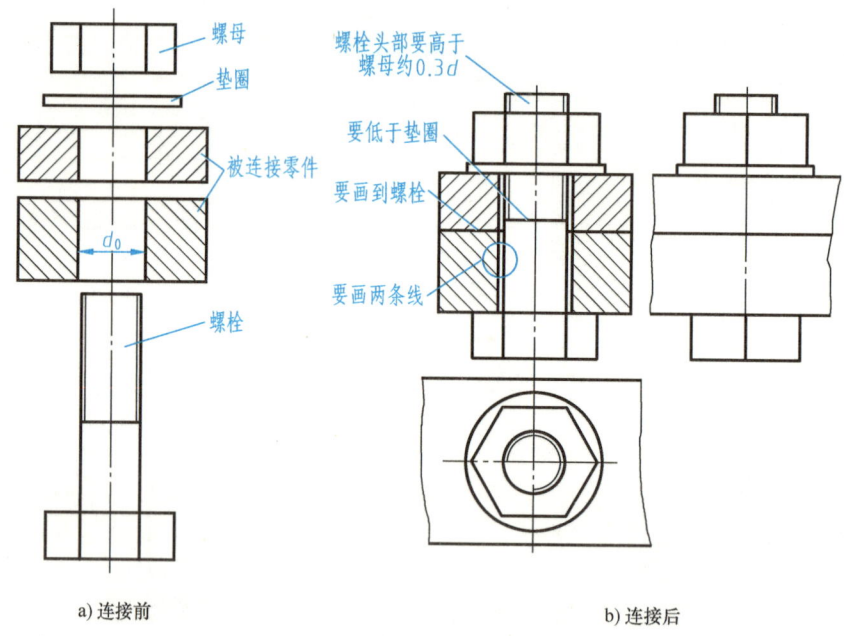

图 8-14 螺栓连接的简化画法

（2）双头螺柱连接　适用于连接两零件一薄一厚，不适合螺栓连接的场合。在较厚的零件上加工出不通孔，在较薄的零件上加工通孔。双头螺柱的旋入端穿过通孔拧在螺纹孔上，在另一紧固端安装垫圈，再拧上螺母将两零件连接在一起。双头螺柱连接的简化画法如图 8-15 所示。

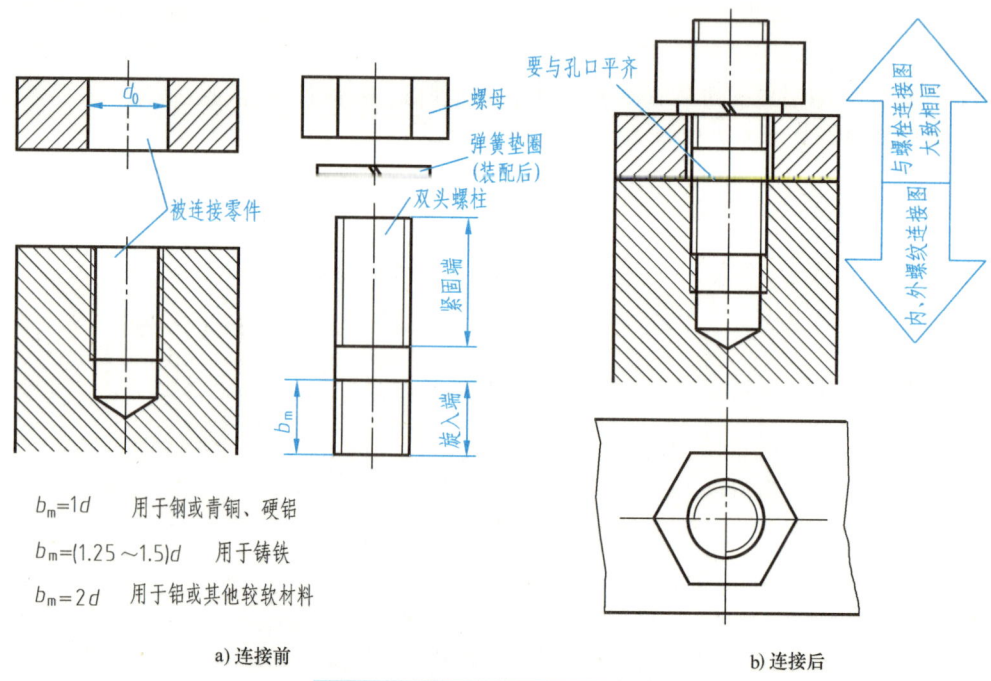

$b_m = 1d$　用于钢或青铜、硬铝

$b_m = (1.25 \sim 1.5)d$　用于铸铁

$b_m = 2d$　用于铝或其他较软材料

图 8-15　双头螺柱连接的简化画法

(3) 螺钉连接 适用于受力不大又不需要经常拆装，而且被连接件之一较厚的情况下的零件之间的连接。连接时，较薄的零件加工出通孔，较厚的零件加工出不通孔，将螺钉直接拧入零件的螺纹孔中，依靠螺钉头部压紧被连接件。螺钉连接的简化画法如图8-16所示。

三、螺纹紧固件连接图的绘制示例

【例1】 完成内六角圆柱头螺钉 GB/T 70.1—2008 M5×20 的图形。

1）根据螺钉标记 GB/T 70.1—2008 M5×20 查表确定各部分尺寸。

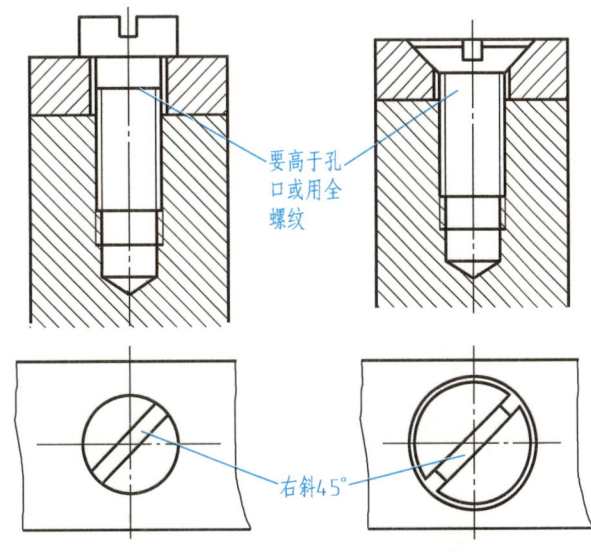

图8-16 螺钉连接的简化画法

2）选择合适的图形表达内六角圆柱头螺钉，如图8-17所示。

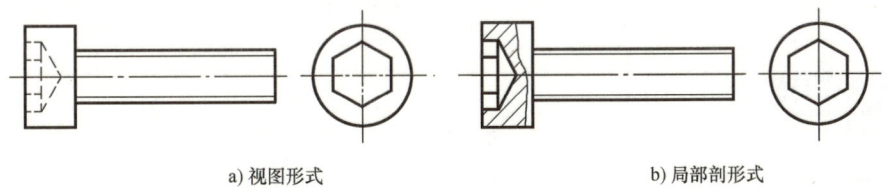

a）视图形式　　　　　　b）局部剖形式

图8-17 内六角圆柱头螺钉的图形

【例2】 完成内六角圆柱头螺钉连接两零件的连接图。

1）根据两零件连接厚度，选择合适的内六角圆柱头螺钉。

2）按规定绘制其连接图。内六角圆柱头螺钉是标准件。在装配图中，为了画图方便，常采用比例画法，即以螺纹公称直径 d 为标准，将螺纹连接件的各部分尺寸折合成一定的比例关系，然后再画图。在装配图中，不穿通的螺纹孔可不画出钻孔深度，仅按有效螺纹部分的深度画出，如图8-18所示。这样，只要知道螺纹的公称直径，无须查表，即可通过比例关系计算出各部分的近似尺寸，从而轻松画图。

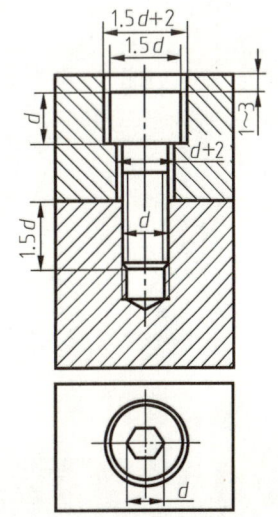

图8-18 内六角圆柱头螺钉连接图

课后思考

1）试列举几种常见的螺纹紧固件，并描述它们的简化标记。

2）螺纹紧固件连接形式有哪几种？连接图的画法中需要注意什么问题？

课题三　绘制并识读直齿圆柱齿轮零件图

如图 8-19 所示，齿轮一般由轮体和轮齿两部分组成，圆柱齿轮的轮齿一般加工在圆柱表面上，有直齿、斜齿、人字齿 3 种，其中最常用的是直齿圆柱齿轮。齿轮的轮齿数量较多，因此一般不需要画出它的真实投影，而是采用国家标准规定的简化画法。齿轮除轮齿部分外，其余轮体结构均应按真实投影绘制。

a）直齿　　　　b）斜齿　　　　c）人字齿

图 8-19　圆柱齿轮

相关知识

一、直齿圆柱齿轮轮齿部分的名称与尺寸关系

1. 标准直齿圆柱齿轮各部分名称及有关参数（图 8-20）

几何要素：

（1）齿顶圆直径 d_a　轮齿顶部所在圆柱面直径。

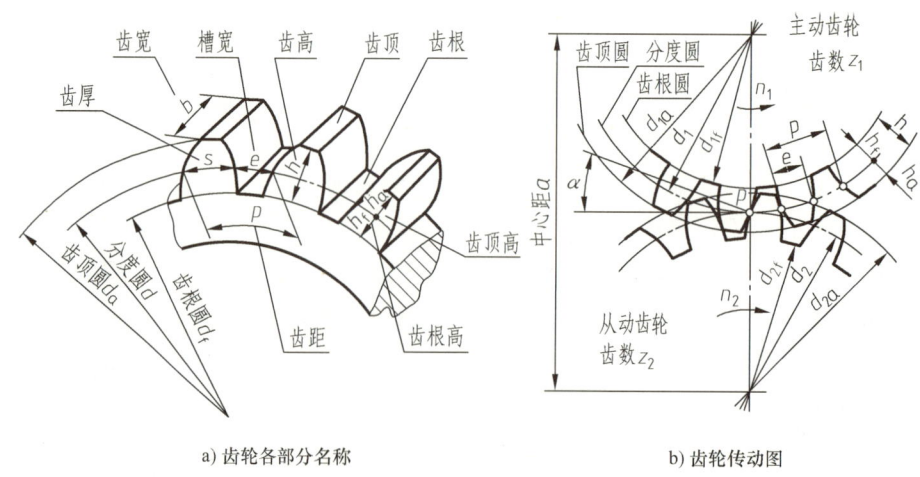

a）齿轮各部分名称　　　　b）齿轮传动图

图 8-20　标准直齿圆柱齿轮各部分名称及有关参数

（2）齿根圆直径 d_f　齿轮根部所在圆柱面直径。

（3）分度圆直径 d　是一个约定的假想圆，在该圆上，齿厚 s 等于槽宽 e（s 和 e 均指弧长）。它是设计、制造齿轮时计算各部分尺寸的基准圆。

（4）齿顶高 h_a　齿顶圆与分度圆之间的径向距离。

（5）齿根高 h_f　齿根圆与分度圆之间的径向距离。

（6）齿高 h　齿顶圆与齿根圆之间的径向距离。

（7）齿厚 s　一个齿的两侧齿廓之间所夹分度圆弧长。

（8）槽宽 e　一个齿槽两侧齿廓之间所夹分度圆弧长。

（9）齿距 p　相邻两齿同侧齿廓之间的分度圆弧长。

（10）齿宽 b　齿轮轮齿的轴向宽度。

基本参数：

（1）齿数 z　齿轮轮齿的数目称为齿数。

（2）模数 m　由于分度圆周长$=pz=\pi d$，因此 $d=pz/\pi$。

令 $m=p/\pi$，则 $d=mz$。式中 m 称为齿轮的模数，它等于齿距 p 与圆周率的比值。模数以毫米为单位。为了便于齿轮的设计和制造，齿轮的模数已经标准化，见表 8-4。

表 8-4　圆柱齿轮标准模数　　　　　　　　　　（单位：mm）

第一系列	1，1.25，1.5，2，2.5，3，4，5，6，8，10，12，16，20，25，32，40，50
第二系列	1.125，1.375，1.75，2.25，2.75，3.5，4.5，5.5，(6.5)，7，9，11，14，18，22，28，36，45

注：选用时应优先选用第一系列，其次选用第二系列，括号内的模数尽可能不选用。

（3）压力角 α　分度圆上接触点的受力方向和该点的瞬时运动方向的夹角，称为压力角，以 α 表示。国家标准规定标准齿轮的压力角为 20°。

（4）传动比 i　主动齿轮转速 n_1（r/min）与从动齿轮转速 n_2（r/min）之比，也是从动齿轮齿数 z_2 与主动齿轮齿数 z_1 之比，即 $i=n_1/n_2=z_2/z_1$。

（5）中心距 a　两圆柱齿轮轴线之间的最短距离。

2. 标准直齿圆柱齿轮的尺寸计算

在设计齿轮时，要先确定模数和齿数，其他各部分尺寸都可由模数和齿数计算出来。标准直齿圆柱齿轮各基本尺寸计算公式见表 8-5。

表 8-5　标准直齿圆柱齿轮各基本尺寸计算公式

名称及代号	计算公式	名称及代号	计算公式
模数 m	（设计确定）	齿高 h	$h=h_a+h_f=2.25m$
齿数 z	（设计确定）	齿顶圆直径 d_a	$d_a=d+2h_a=m(z+2)$
分度圆 d	$d=mz$	齿根圆直径 d_f	$d_f=d-2h_f=m(z-2.5)$
齿顶高 h_a	$h_a=m$	中心距 a	$a=(d_1+d_2)/2=m(z_1+z_2)/2$
齿根高 h_f	$h_f=1.25m$		

二、直齿圆柱齿轮的规定画法

齿轮的轮齿属多次重复出现的结构，为简化制图，国家标准（GB/T 4459.2—2003）对其规定了特殊表示法。

1）一般用两个视图来表达，主视图轴线水平放置，也可用主视图加轴孔的局部视图表示。

2）主视图可以采用基本视图，也可以采用剖视图，具体规定如下：

① 基本视图画图要点，如图 8-21a 所示。

齿顶圆（齿顶线）用粗实线绘制。

齿根圆（齿根线）用细实线绘制，也可省略不画。

分度圆（分度线）用细点画线绘制。分度线要超出图形轮廓线 3～5mm。

② 剖视图画图要点。剖视图中，轮齿一律按不剖处理，齿根线画成粗实线，其他不变，如图 8-21b 所示。

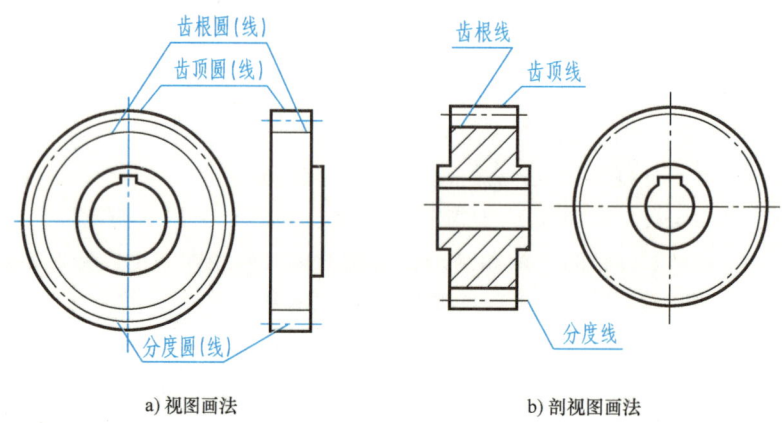

a) 视图画法　　　　　　　　b) 剖视图画法

图 8-21　圆柱齿轮画法

 提示

可采用半剖视及局部剖视来表达（适合于斜齿轮、人字齿轮），在视图部分上用三条与轮齿方向一致的细实线表示轮齿方向，如图 8-22 所示。

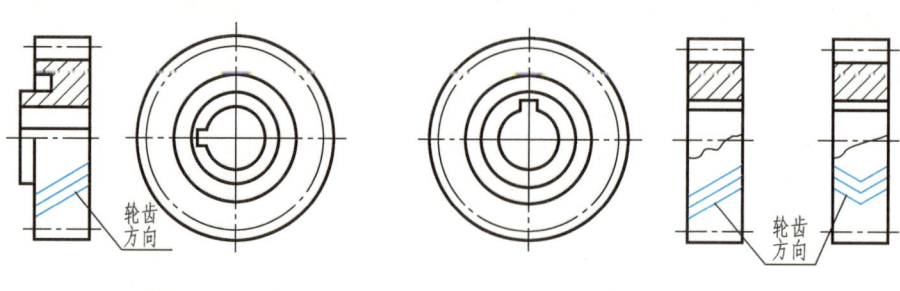

a) 用半剖视图表示斜齿轮　　　　　　b) 用局部剖视图表示斜齿轮、人字齿轮

图 8-22　斜齿轮、人字齿轮的表示方法

【例】　如图 8-19a 所示的直齿圆柱齿轮，已知齿轮为标准直齿圆柱齿轮，$m=2\text{mm}$，$z=30$，齿宽 $b=40\text{mm}$，用合适的表达方法绘制其视图。

1）计算齿轮各部分尺寸。

已知齿轮为标准直齿圆柱齿轮，$m=2\text{mm}$，$z=30$，齿宽 $b=40\text{mm}$。根据公式计算：

分度圆直径 $d=mz=2\times30\text{mm}=60\text{mm}$。

齿顶圆 $d_a = m(z+2) = 2×(30+2)\text{mm} = 64\text{mm}$。
齿根圆 $d_f = m(z-2.5) = 2×(30-2.5)\text{mm} = 55\text{mm}$。

2）绘制齿轮视图，将轴线按水平位置放置，采用两面视图表达（投影为非圆的视图采用全剖视图），具体绘图步骤如图 8-23 所示。

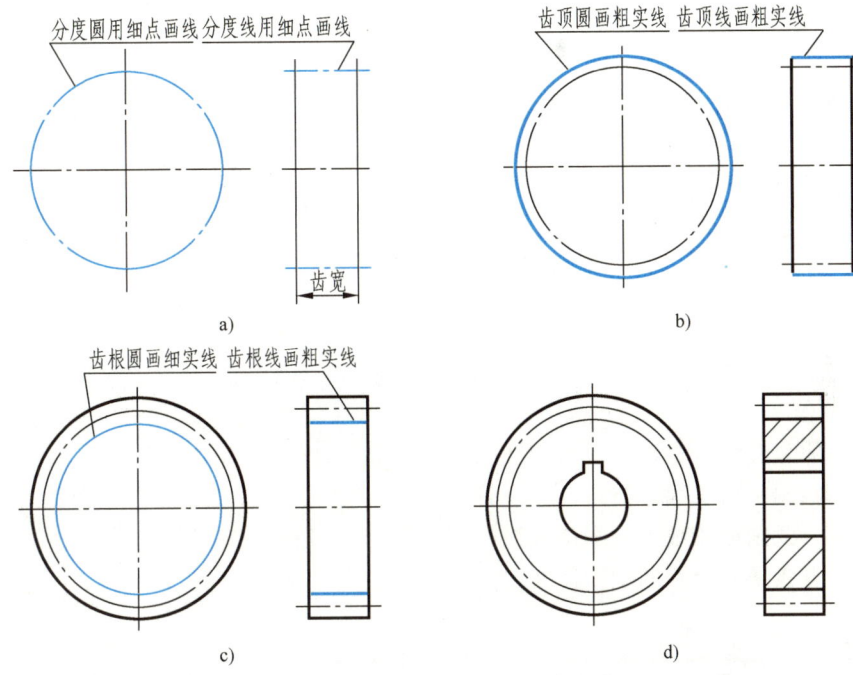

图 8-23　直齿圆柱齿轮的作图步骤

① 画齿轮中心线、定位辅助线，并根据尺寸用细点画线绘制分度圆、分度线，如图 8-23a 所示。

② 根据尺寸用粗实线画出齿顶圆、齿顶线，如图 8-23b 所示。

③ 根据尺寸用细实线绘制齿根圆（或省略不画）、用粗实线绘制齿根线，如图 8-23c 所示。

④ 画孔、键槽等，检查校核后绘制剖面线，并按规定线型描深图线，最后结果如图 8-23d 所示。也可以采用全剖的主视图加轴孔局部视图的形式表达，如图 8-24 所示。

三、齿轮啮合图的规定画法

画图要点：正确啮合时，两齿轮分度圆相切。投影为圆的视图：与画两个单独齿轮一样，如图 8-25a 所示。啮合区内两分度圆相切，齿顶圆可省略不画，如图 8-25b 所示。

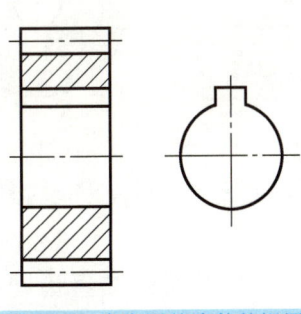

图 8-24　直齿圆柱齿轮的视图

投影为非圆的视图：与画两个单独齿轮一样。但要注意：啮合区内分度线变成一条节线（画粗实线），如图 8-25c 所示。

投影为非圆的剖视图：与画两个单独齿轮一样，如图 8-26 所示。

注意啮合区内五条线：

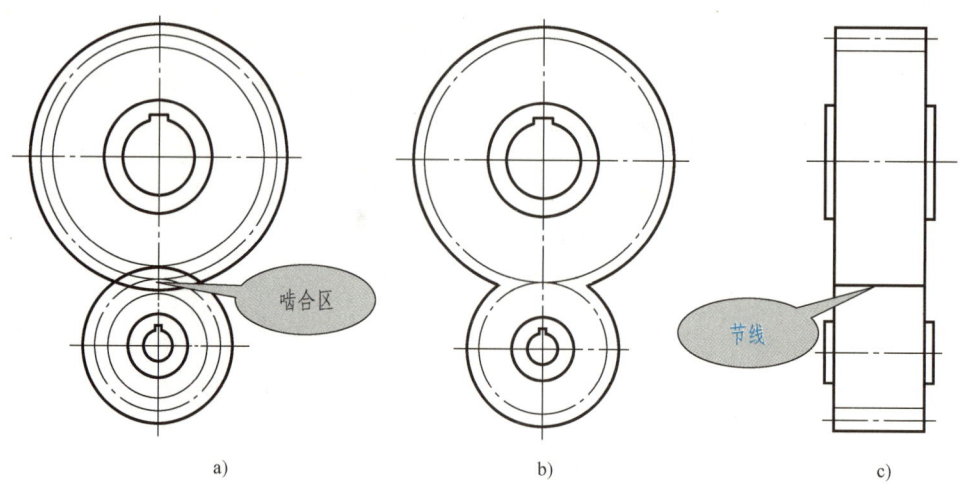

图 8-25 圆柱齿轮啮合的视图画法

分度线：两分度线重合，画一条细点画线。
齿根线：画两条粗实线。
齿顶线：一条画粗实线，一个画虚线。
啮合区内五条线的投影图示如图 8-27 所示。

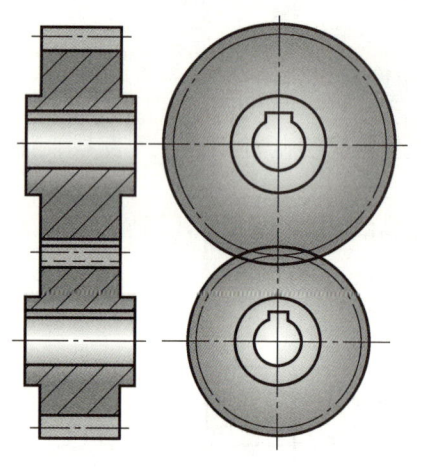

图 8-26 圆柱齿轮啮合的剖视图画法

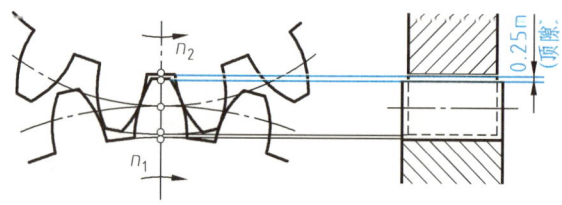

图 8-27 啮合区内五条线的投影图示

四、识读标准直齿圆柱齿轮工作图

国家标准规定的齿轮的视图只表达了齿轮的形状，齿轮的基本参数及相关尺寸并未表达，因此必须要绘制出齿轮零件图。在铣床上加工齿轮时，必须要先看懂齿轮零件图，了解齿轮的基本参数及有关尺寸，才能够选择合适的刀具进行加工。

齿轮零件图的内容包括以下内容：

1. 两面视图

1）全剖（直齿）、半剖或局部剖（斜齿或人字齿）的主视图。

2）带键槽的轴孔的局部视图。

2. 必要的尺寸及参数表

齿顶圆直径、分度圆直径必须直接注出，齿根圆直径规定不注。在图样右上角画出参数表，应注写清楚模数、齿数、压力角等基本参数（参数表中列出的参数项目可根据需要增减，检验项目按功能要求而定）。

3. 技术要求及标题栏

在图样上用文字或符号对齿轮提出技术要求。标题栏中填写制图人员信息、材料及绘图比例等。

【例】 读懂图 8-28 所示的齿轮零件图，并回答下列问题：

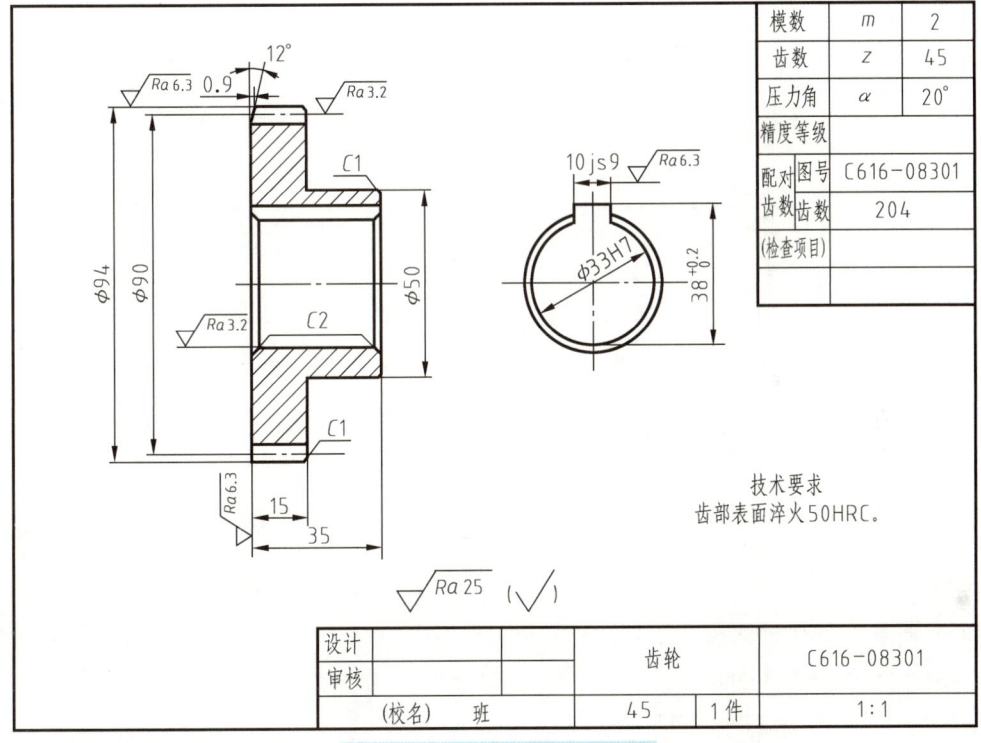

图 8-28 直齿圆柱齿轮零件图

1）该齿轮的模数是多少？齿数为多少？压力角为多少度？

2）齿顶圆直径、分度圆直径、轴孔直径、轮毂直径分别为多少？齿宽为多少？

3）键槽的宽度、深度分别为多少？

【解答】 如图 8-28 齿轮零件图所示。

1）由右上角的参数表可知：该齿轮模数为 2，齿数为 45，压力角为 20°。

2）从齿轮的主视图中可知：齿顶圆直径为 94mm；分度圆直径为 90mm；轮毂直径为 50mm；齿宽为 15mm。

3）从齿轮局部视图中可知：轴孔直径为 $\phi33$mm；键槽的宽度为 10mm，深度（38-

33) mm = 5mm。

知识拓展

圆柱齿轮测绘

齿轮测绘是指根据齿轮实物，通过测量，计算并确定其主要参数和各部分尺寸，画出齿轮零件图。其步骤如下。

1) 数齿数 z，如 $z=45$。

2) 测量齿顶圆直径 d_a。

偶数齿轮可直接量得 d_a，如图 8-29a 所示。

奇数齿轮按图 8-29b 所示，测出齿轮孔径 d 和齿顶到孔壁的径向尺寸 e，得 $d_a = d+2e$。例如，测得齿顶圆直径 d_a 为 94.1mm。

3) 确定模数。

$m = d_a/(z+2) = 94.1/(45+2)$mm $= 2.002$mm。

与表 8-4 核对，2.002mm 与第一系列标准模数 2mm 最接近，所以选取 $m=2$mm。

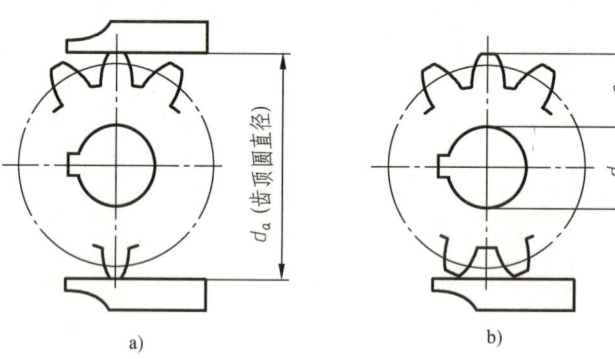

图 8-29 齿轮齿顶圆直径的测量

4) 计算轮齿各部分的尺寸。

$d = mz = 2×45$mm $= 90$mm。

$d_a = m(z+2) = 2×(45+2)$mm $= 94$mm。

$d_f = m(z-2.5) = 2×(45-2.5)$mm $= 85$mm。

5) 测量轮齿以外其他各部分尺寸，如齿宽 b、轮孔直径 D、键槽宽、槽顶至孔底的尺寸等。

6) 绘制齿轮零件图，如图 8-28 所示。

课后思考

1) 齿轮规定画法中，齿顶线和齿顶圆、分度线和分度圆、齿根线和齿根圆分别用什么线型绘制？

2) 在齿轮剖视图中，轮齿如何处理？齿顶线、齿根线和分度线分别用什么线型绘制？

3) 在齿轮啮合画法中，两分度圆相切，啮合区如何绘制？

课题四　识读其他齿轮零件图

齿轮是机械传动中应用最广的一种传动件，它不仅可以传递动力，还可以用来改变轴的转速和旋转方向。常见的齿轮传动，除了上一课题中介绍的圆柱齿轮传动外，还有锥齿轮传动和蜗杆传动等，它们主要用于不同位置的两轴之间的传动：

（1）圆柱齿轮　用于两平行轴之间的传动，如图 8-30a 所示。

（2）锥齿轮　用于两相交轴之间的传动，如图 8-30b 所示。

（3）蜗杆与蜗轮　用于两交错轴之间的传动，如图 8-30c 所示。

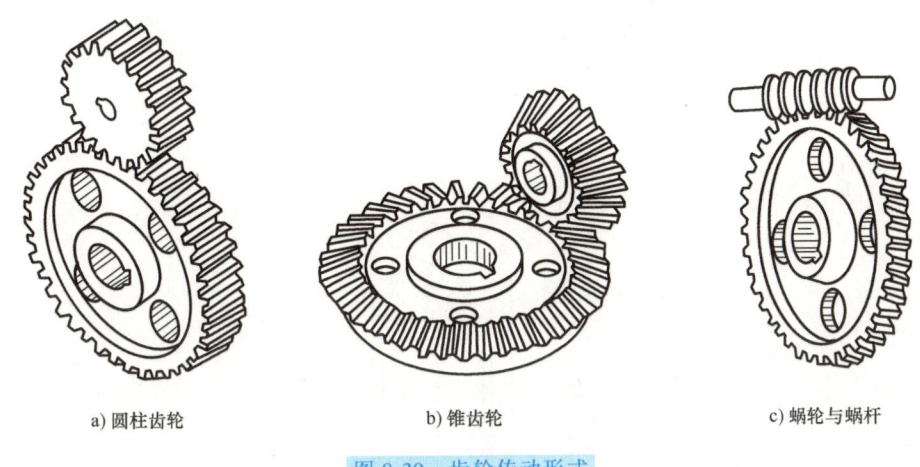

a) 圆柱齿轮　　　　　b) 锥齿轮　　　　　c) 蜗轮与蜗杆

图 8-30　齿轮传动形式

一、识读直齿锥齿轮零件图

锥齿轮的轮齿是在圆锥面上加工出的，因此轮齿沿着圆锥素线方向的大小不同，模数、齿高及齿厚也随之变化。为了设计、制造方便，国标规定以锥齿轮的大端模数为标准模数，并按大端模数计算各部分的尺寸。

1. 直齿锥齿轮各部分名称、代号

单个锥齿轮各部分名称及代号如图 8-31 所示。

2. 圆锥齿轮的规定画法

锥齿轮的主视图一般采用剖视图，轴线水平放置，轮齿按不剖处理。

左视图用粗实线画出大端和小端的齿顶圆，用细点画线画出大端分度圆，大、小端齿根圆及小端分度圆均不画出，轮齿其余部分的结构按投影关系绘制。

3. 锥齿轮零件图的内容（图 8-32）

（1）两个视图

1）全剖（直齿）、半剖或局部剖（斜齿）的主视图。

2）带键槽的轴孔的局部视图。

（2）必要的尺寸及参数表　大端齿顶圆直径、分度圆直径必须直接注出，大端齿根圆直径、小端齿顶圆、分度圆、齿根圆直径规定不注；图样右上角的参数表中，应注写清楚锥齿轮大端模数、齿数、压力角等，另外还可注出配对齿轮的相关参数。

（3）技术要求及标题栏

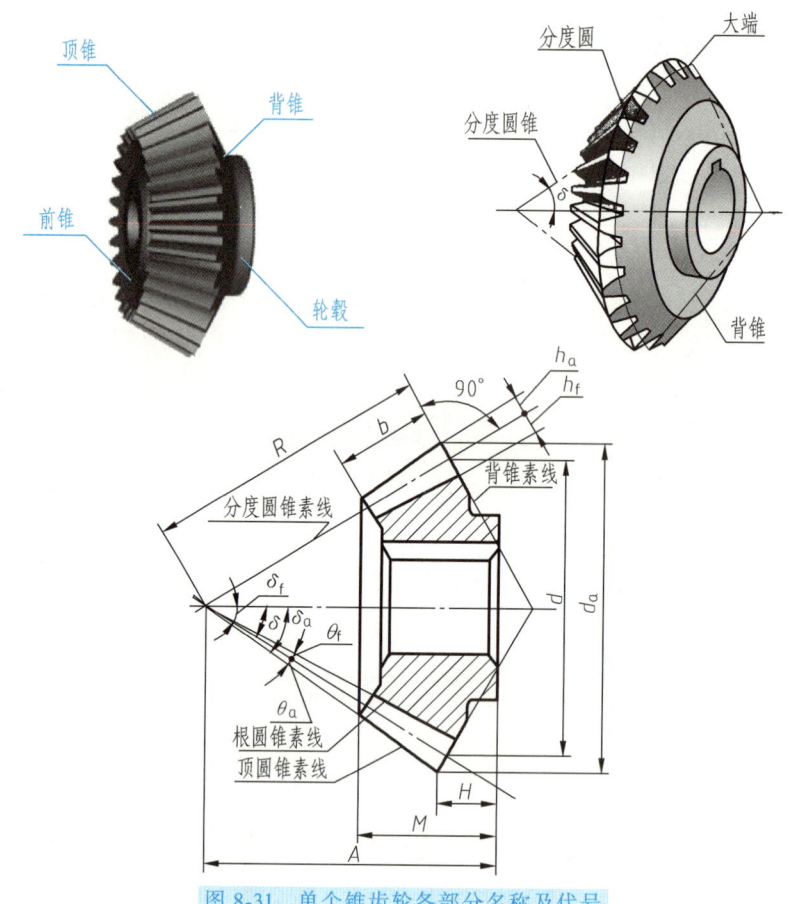

图 8-31　单个锥齿轮各部分名称及代号

【例 1】　读懂图 8-32 所示的锥齿轮零件图，并回答下列问题：

1）该锥齿轮的模数是多少？齿数为多少？压力角为多少度？

2）大端的齿顶圆直径、分度圆直径分别为多少？轴孔直径、轮毂直径分别为多少？齿宽为多少？

3）分度圆锥角为多少？分度圆锥素线长为多少？

4）键槽的宽度、深度分别为多少？

锥齿轮零件图的内容与圆柱齿轮零件图基本一样，在铣床上加工锥齿轮时也必须要先看懂锥齿轮零件图，了解锥齿轮的基本参数及有关尺寸。

【解答】　如图 8-32 锥齿轮零件图所示。

1）由零件图右上角的参数表可知：该锥齿轮模数为 3mm，齿数为 25，压力角为 20°。

2）从锥齿轮的主视图中可知：齿顶圆直径为 79.2mm；分度圆直径为 75mm；轮毂直径为 30mm；齿宽为 18mm。

3）分度圆锥角为45°，分度圆锥素线为53mm。

4）从锥齿轮局部视图中可知：轴孔直径为20mm；键槽的宽度为6mm。深度为（22.6-20）mm＝2.6mm。

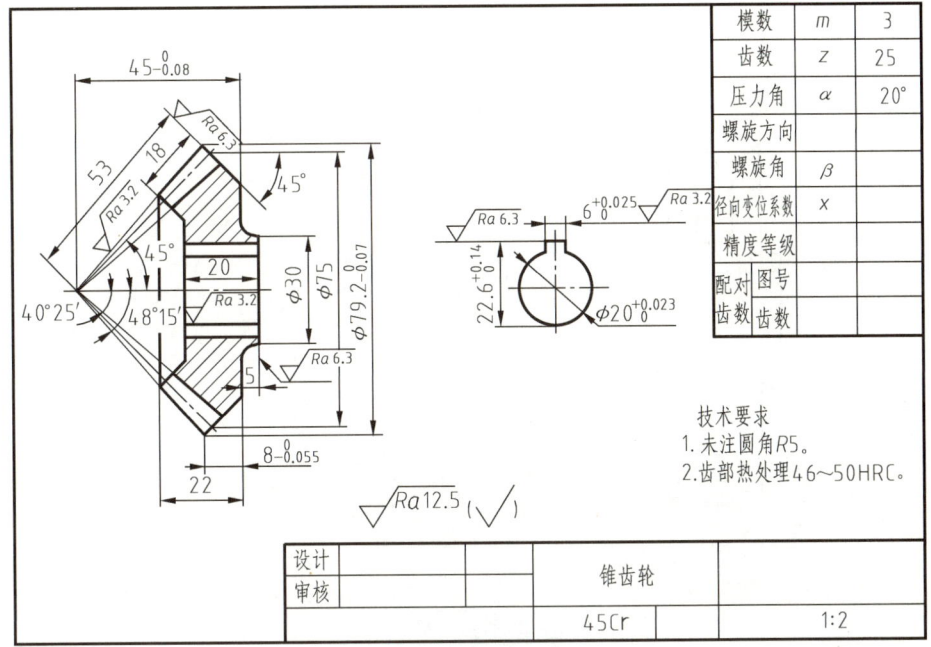

图8-32 锥齿轮零件图

二、识读蜗轮工作图

如图8-30c所示，蜗杆传动中，蜗杆是主动件，蜗轮是从动件，因此可实现较大的传动比。蜗杆的齿形是螺旋形，蜗轮相当于一个轮齿顶面制成环面的斜齿轮，以增加与蜗杆的接触面。

1. 蜗杆蜗轮的主要参数及其尺寸关系

为设计和加工方便，蜗杆蜗轮的主要参数是在通过蜗杆轴线并垂直于蜗轮轴线的平面内确定的。在此平面内，蜗轮的模数称为端面模数，蜗杆模数称为轴向模数，一对相啮合的蜗轮蜗杆，蜗轮的端面模数与蜗杆的轴向模数相等。

2. 蜗杆蜗轮的规定画法

蜗杆的规定画法如图8-33所示，齿顶圆（齿顶线）用粗实线绘制，分度圆（分度线）用点画线绘制，齿根圆（齿根线）用细实线绘制或省略不画。

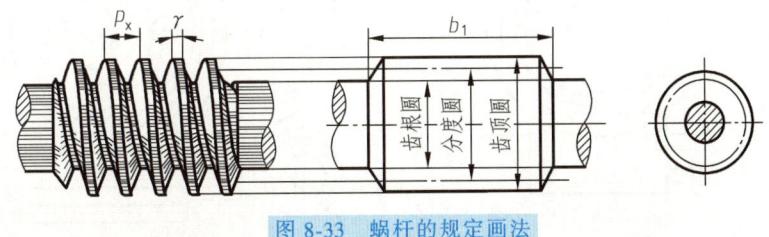

图8-33 蜗杆的规定画法

如图8-34所示，蜗轮的画法与圆柱齿轮画法基本相同，在投影为圆的视图中，只画最外圆和分度圆，齿顶圆和齿根圆不必画出，其他结构按真实投影绘制。

与轴线平行的投影面上的视图（主视图），环形圆弧中心应是啮合的蜗杆轴线位置，一般采用剖视，轮齿规定不剖。

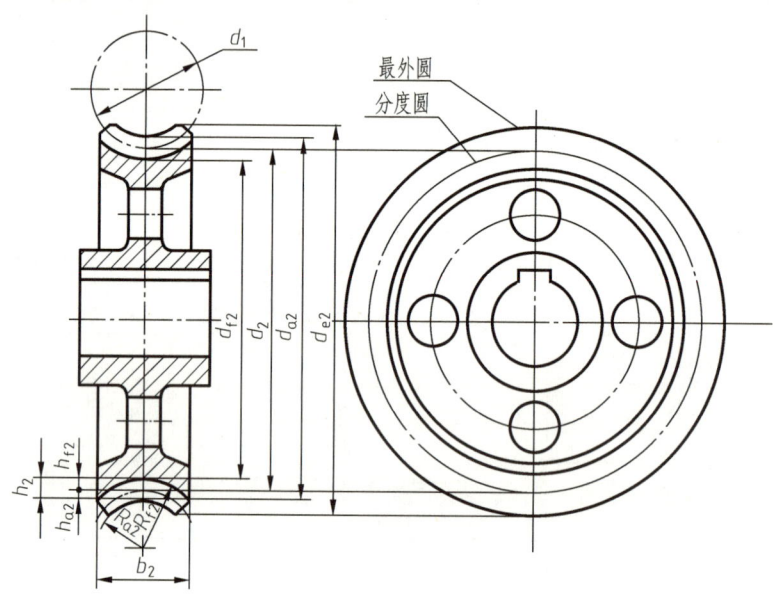

图 8-34　蜗轮的规定画法

d_2—分度圆直径　d_{a2}—齿顶圆直径　d_{f2}—齿根圆直径　d_{e2}—最大外圆直径　h_{a2}—齿顶高　h_{f2}—齿根高　h_2—齿高　R_{a2}—喉圆半径　R_{f2}—齿根圆半径

3. 蜗轮与蜗杆啮合的规定画法

蜗轮与蜗杆啮合的外形图如图 8-35a 所示，在蜗杆投影为圆的视图上，蜗轮被蜗杆遮住的部分不画；在蜗轮投影为圆的视图上，蜗轮的分度圆和蜗杆的分度线相切，在啮合区内的蜗轮最大外圆和蜗杆齿顶线都用粗实线绘制。

用剖视图表达的蜗轮与蜗杆啮合图如图 8-35b 所示。在蜗杆投影为圆的视图上，蜗轮被蜗杆遮挡的部分不画；在蜗轮投影为圆的视图上，蜗轮的分度圆和蜗杆的分度线相切，蜗轮在啮合区内的齿顶圆（或齿顶线）都可省略不画。

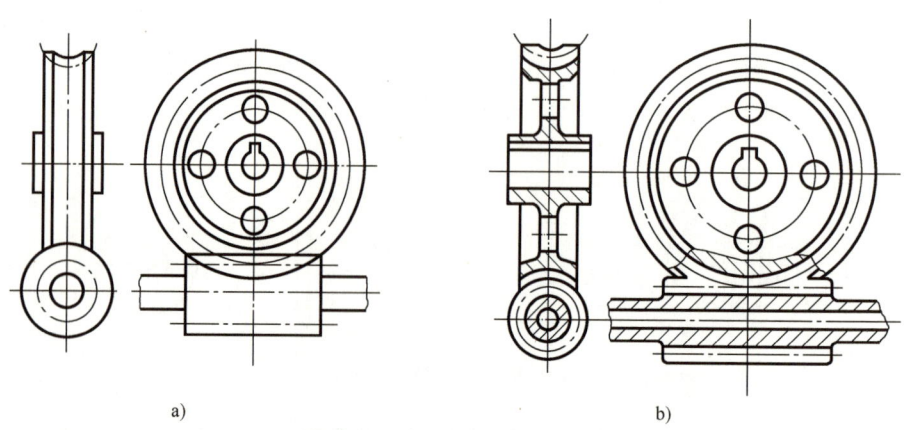

a)　　　　　　　　　　　　　b)

图 8-35　蜗轮与蜗杆啮合的规定画法

【例2】 读懂图8-36所示的蜗轮零件图,并回答下列问题:
1) 该蜗轮的模数是多少?齿数为多少?与蜗杆啮合时的中心距为多少?
2) 最大外圆直径、分度圆直径、喉圆半径分别为多少?齿宽为多少?
3) 轴孔的键槽宽度、深度分别为多少?

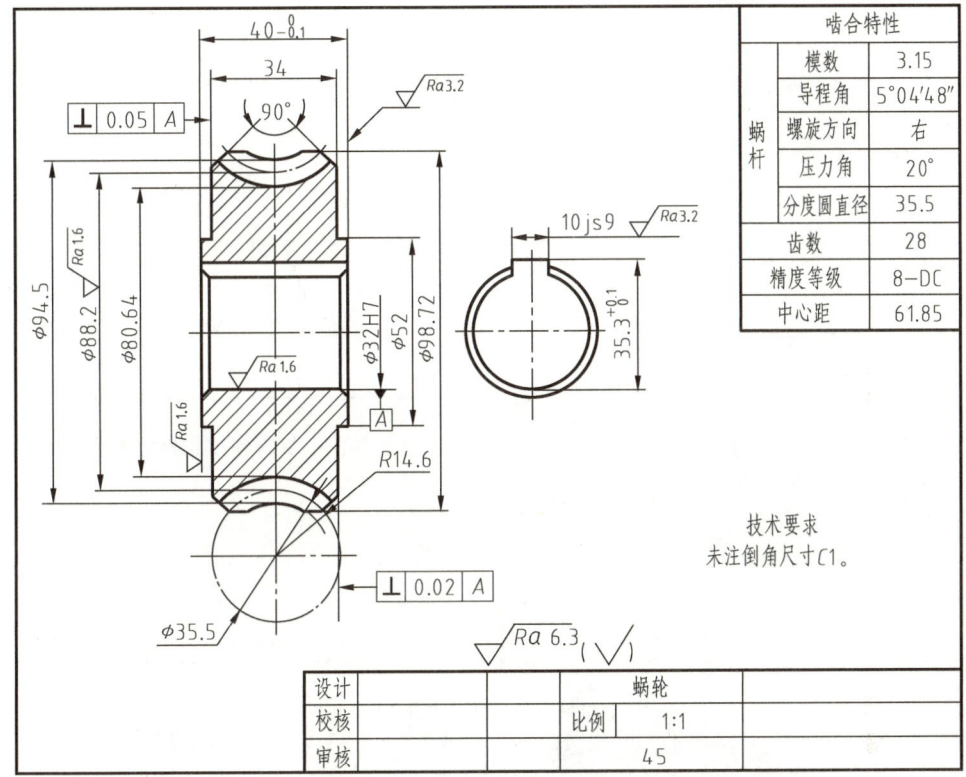

图8-36 蜗轮零件图

【解答】 如图8-36蜗轮零件图所示。

1) 由蜗轮零件图右上角的参数表可知:该蜗轮的模数为3.15mm;齿数为28,与蜗杆啮合时的中心距为61.85mm。

2) 从蜗轮的主视图中可知:最大外圆直径为98.72mm;分度圆直径为88.2mm;喉圆半径为14.6mm;齿宽为34mm。

3) 从蜗轮局部视图中可知:轴孔的键槽宽度为10mm;深度为(35.3 − 32)mm = 3.3mm。

识读齿条零件图

齿条可以看作是圆柱齿轮的特殊形式,当圆柱齿轮的齿数增加到无穷多时,其圆心位于无穷远处,齿轮上的分度圆、齿顶圆等各圆成为分度线、齿顶线等互相平行的直线,渐开线齿廓也变成直线齿廓,齿轮即演化成为齿条。齿条分为直齿齿条和斜齿齿条,分别与直齿圆柱齿轮和斜齿圆柱齿轮配对使用。

一、齿条的特点

1）齿条齿廓上各点的压力角均相等，且等于齿廓的倾斜角，标准值为20°。由于齿条的齿廓是直线，且齿条做直线运动，齿廓上各点的速度大小和方向相同。

2）在与分度线平行的各直线上，齿距均相同，模数为同一标准值。齿条分度线上齿厚和槽宽相等，是确定齿条各部分尺寸的基准线。标准齿条的齿顶高和齿根高的计算与外齿轮相同。

二、齿条各部分名称及尺寸计算

齿条的齿宽 b、齿距 p、法向齿距 p_b、齿厚 s、槽宽 e、齿顶高 h_a、齿根高 h_f 及压力角 α 如图8-37所示。

标准直齿条法向齿距 $p_b = p\cos\alpha$，其他计算公式与标准直齿圆柱齿轮一样，见表8-5。

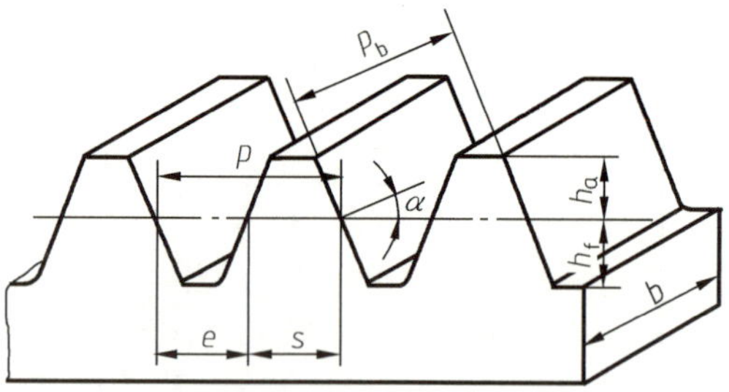

图8-37 齿条各部分的名称及代号

三、齿条的规定画法

画齿条比画齿轮容易得多，因为齿条的齿廓是直线不是渐开线，所以齿条可以把齿廓精确画出，而齿轮就不行。画齿条有以下两种方法：

1）齿数不是很多的齿条，可以根据齿廓尺寸将所有的齿形画出，如图8-38a所示。

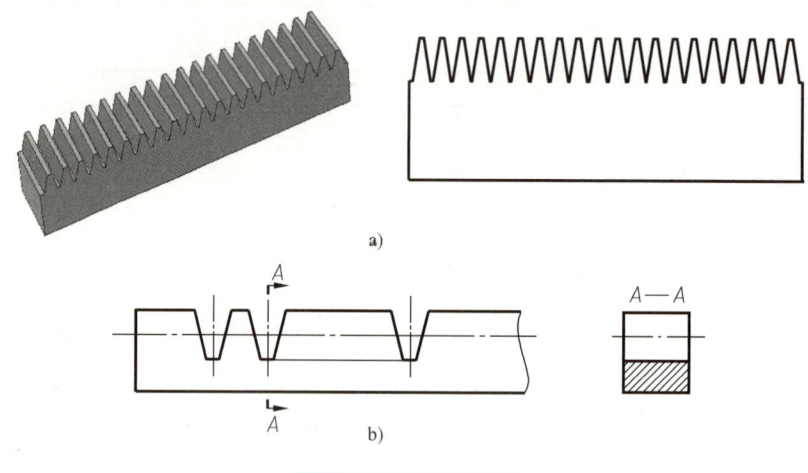

图8-38 齿条的画法

2）齿数很多的齿条，可以只画几个齿形，然后在轮齿位置分别用粗实线、细点画线和细实线画出齿顶线、分度线（即齿轮的分度圆）和齿根线。齿根线可以省略，具体如图8-38b所示。

【例3】 读懂图8-39所示的齿条零件图，并回答下列问题：

1）该齿条的模数是多少？齿数为多少？压力角为多少度？

2）该齿条的齿厚是多少？齿顶高是多少？齿距是多少？

3）该齿条的长度是多少？高度是多少？工作高度是多少？

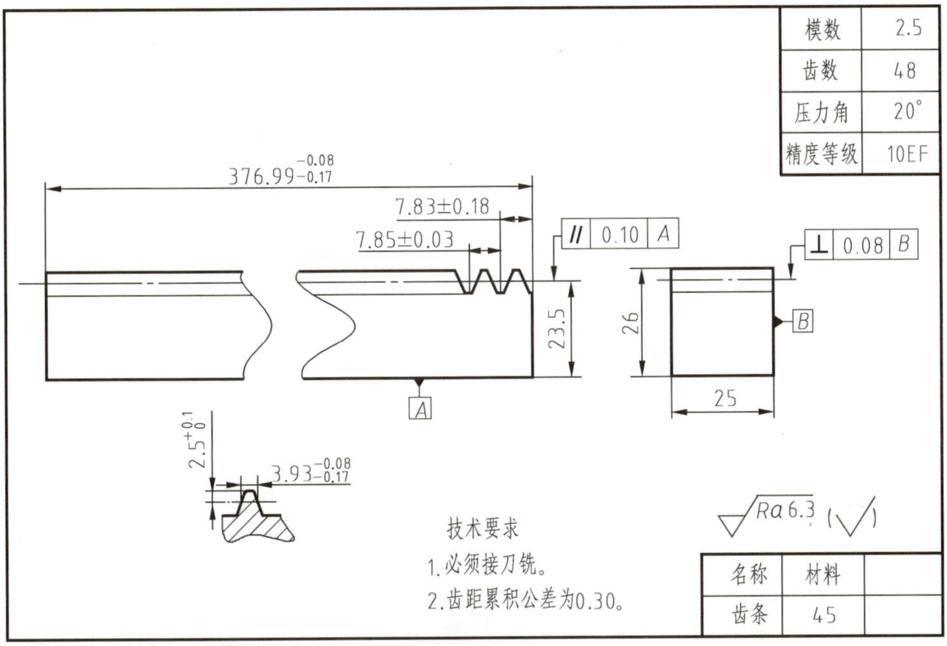

图 8-39 齿条零件图

由图 8-39 所示的齿条零件图可知：
1）该齿条的模数是 2.5mm；齿数为 48；压力角为 20°。
2）该齿条的齿厚是 3.93mm；齿顶高是 2.5mm；齿距是 7.85mm。
3）该齿条的长度是 376.99mm；高度是 26mm；工作高度是 23.5mm。

1）国家标准如何规定锥齿轮的标准模数？锥齿轮的规定画法包括哪些？
2）蜗杆蜗轮的规定画法包括哪些？蜗杆蜗轮啮合区如何绘制？

课题五 绘制键和销连接图

在机械传动中，齿轮传动是应用最广泛的一种传动形式，主要用于改变轴的转速和旋转方向，因此齿轮与轴之间必须可靠连接，其连接方式通常采用键连接，如图 8-40 所示，其中的键是标准件。另外还可以采用销连接的方式。

相关知识

一、键连接

1. 键连接过程

在被连接的轴上和轮毂孔中加工了键槽，先将键嵌入轴上的键槽内，再对准齿轮轮毂孔

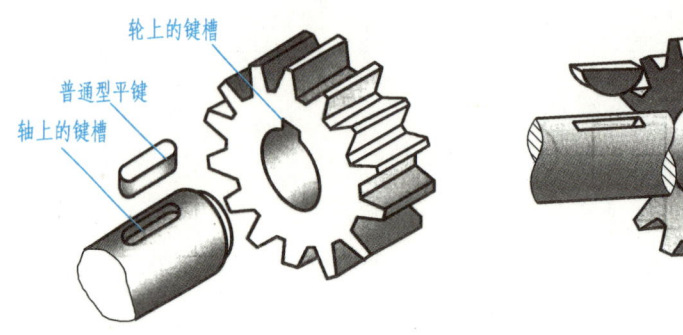

图 8-40　齿轮和轴的连接

中的键槽（该键槽是穿通的），将它们装配在一起，便可达到连接的目的。

2. 键的分类

常用的键有普通平键、半圆键、钩头楔键等，如图 8-41 所示。

图 8-41　键的分类

3. 常用键的形式及标记

常用键是标准件，其形式及标记见表 8-6。

表 8-6　常用键的形式及标记

名称	图例	标记示例
普通平键		$b=16mm, h=10mm, L=50mm$ 普通 B 型平键 标记 GB/T 1096　键 B16×10×50 （普通 A 型平键不标出 A）
半圆键		$b=10mm, h=13mm, D=32mm$ 半圆键 标记 GB/T 1099.1　键 10×13×32

（续）

名称	图例	标记示例
钩头楔键		$b=18\text{mm}, h=11\text{mm}, L=50\text{mm}$ 钩头楔键 标记 GB/T 1565　键 18×50

4. 键的连接图画法

（1）普通平键　普通平键是应用最广的一种键，其形式又分为 A 型（圆头）、B 型（方形）和 C 型（单圆头）三种形式，如图 8-42 所示。普通平键在工作时，其两个侧面为工作面，即其两个侧面与轴、孔上键槽侧面接触，键的底面与轴上键槽的底面接触。轴上键槽及齿轮孔的键槽如图 8-43 所示。

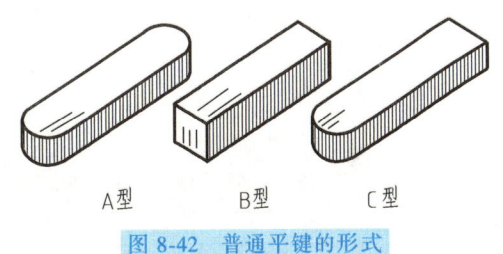

图 8-42　普通平键的形式

普通平键连接图如图 8-44 所示。绘制时应遵循以下的画法规定：

1）由于普通平键的侧面是工作表面，连接时与键槽接触，按照机械制图国家标准的规定，接触表面应画一条线。

2）键在安装时应首先嵌入轴上的键槽中，因此键与轴上键槽的底面之间也是接触表面，应画一条线。

3）键顶端与孔上的键槽顶面之间有间隙，应画两条线，即分别画出它们的轮廓线。

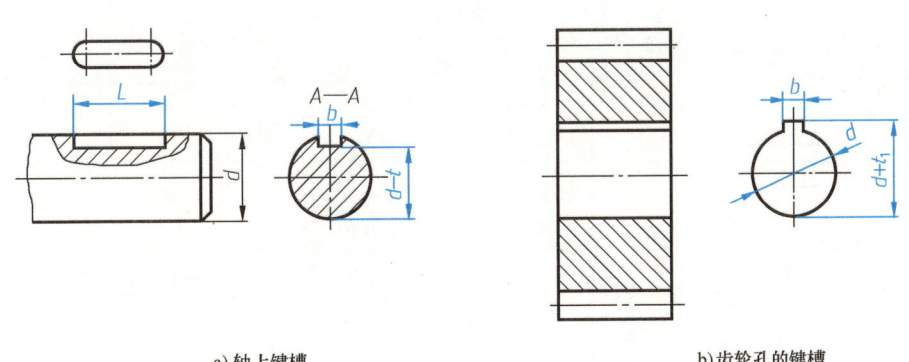

图 8-43　轴上键槽及齿轮孔的键槽

4）在反映键长的视图中，轴采用局部剖视，由于纵向剖切键，因此键按不剖处理；横向剖切键时，键上应画剖面线，键的倒角或圆角一般省略不画。

（2）半圆键　半圆键也是一种常用的连接键，其工作原理与普通平键相同，键的两侧面为工作面。半圆键连接画法也与普通平键一样，如图 8-45 所示。

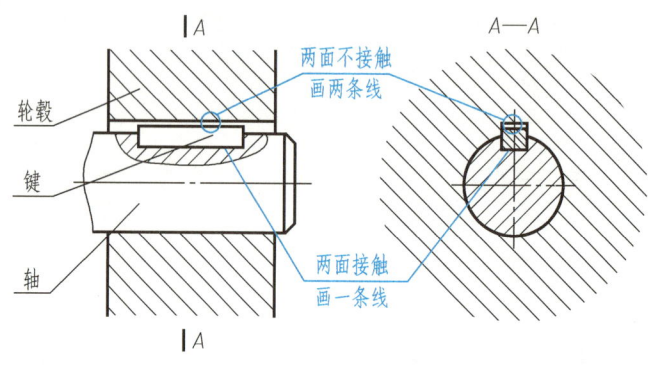

图 8-44 普通平键连接图

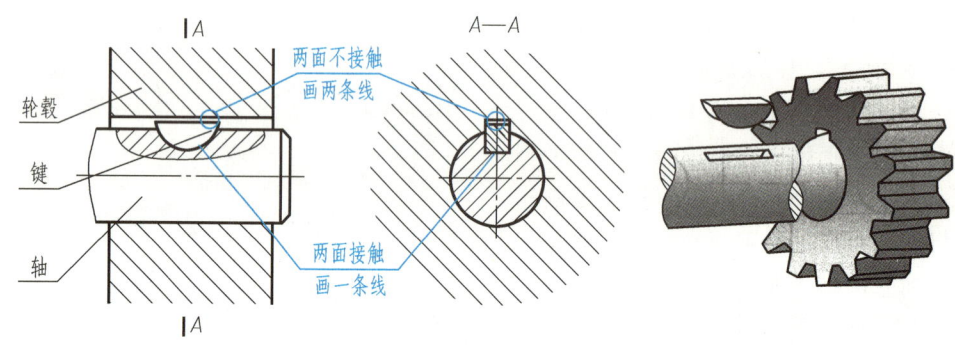

图 8-45 半圆键连接图

二、销连接

1) 结构。销主要用于零件间的连接和定位,按结构分为圆柱销和圆锥销两种。
2) 常用销的标记及连接图见表 8-7。

表 8-7 常用销的标记及连接图

名称	形式及规定标记	连接图	说明
圆柱销	销 GB/T 119.1 10×80 直径 $d=10$mm,长度 $L=80$mm,材料为钢,不经淬火,不经表面处理		根据销的标记就可以查出销的形式和尺寸。圆锥销公称尺寸指小端直径 剖切平面沿销的轴线剖切时,按不剖画;垂直轴线剖切时,要画剖面线
圆锥销	销 GB/T 117 10×100 直径 $d=10$mm,长度 $L=100$mm,材料为 35 钢,热处理硬度 28~38HRC,表面氧化处理的 A 型圆锥销		

识读离合器与花键轴零件图

花键和离合器是机器中常用的零部件，是铣床上常见的加工件，可以在普通铣床和数控铣床上进行加工。

一、外花键

花键连接又称为多键槽连接。它的特点是键和槽的数目较多，轴和键制成一体，适用于载荷较大和定心要求较高的连接上。

花键按齿形可分为矩形花键和渐开线花键等。其中矩形花键最为常见。

1. 外花键

在平行于花键轴线的视图中，大径用粗实线，小径用细实线绘制，花键工作长度的终止端和尾部长度末端均用细实线绘制，并与轴线垂直。尾部画成与轴线成30°的细实线，如图8-46a所示。也可以采用局部剖视来表达，在剖视部分，大、小径线均用粗实线画，如图8-46b所示。

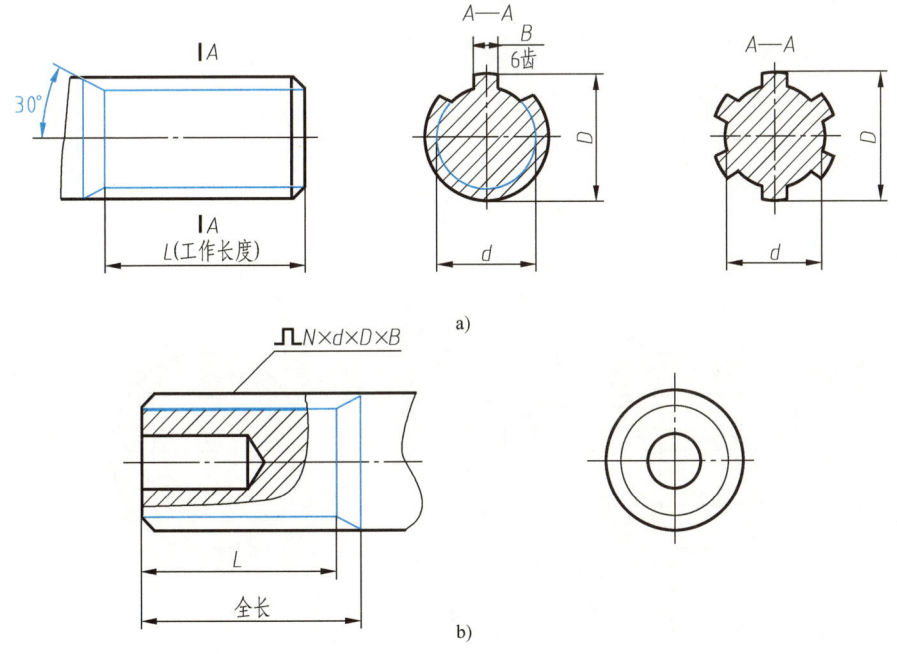

图8-46 外花键的画法和标注

垂直于花键轴线的投影面的视图，可以用断面图画出其中一部分或全部齿形，如图8-46a所示。也可以画成视图的形式，如图8-46b所示。

2. 花键轴的标注方法

花键长度标注：可以标注工作长度，如图8-46a所示，或同时标注工作长度和全长，如

图 8-46b 所示。

花键的尺寸标注：须标注齿数 N、小径 d、大径 D 和键宽 B，标注方法可以分别标注，如图 8-46a 所示。也可采用规定的标记代号标注，如图 8-46b 所示。

二、内花键

1. 内花键的画法及标注

在平行于花键轴线的投影面的剖视图中，内花键的大径及小径均用粗实线绘制，并在局部视图中画出一部分或全部齿形，如图 8-47 所示。

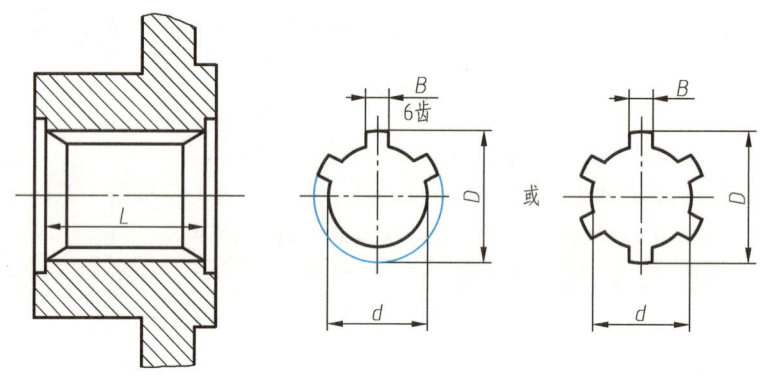

图 8-47　内花键的画法

2. 内、外花键连接画法

花键连接一般用剖视图表示，如图 8-48 所示，其连接部分按外花键绘制，在花键连接图中应标注花键标记代号。

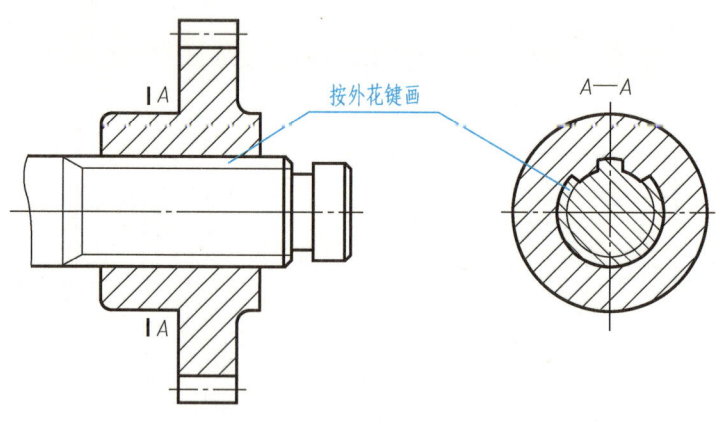

图 8-48　内、外花键连接画法

三、牙嵌离合器

如图 8-49 所示，牙嵌离合器由两个端面上有牙的半离合器组成，一个半离合器固定在主动轴上，另一个半离合器用导键或花键与从动轴连接，并通过操纵机构使其做轴向移动，从而起到离合作用。

【例】 读懂图 8-50 所示的离合器与外花键零件图，并回答下列问题：

1）该外花键的花键宽度是多少？花键的工作长度为多少？

2）花键的大径、小径分别为多少？

3）离合器的槽深为多少？

由图 8-50 中的主视图和移出断面图可知：

图 8-49 牙嵌离合器实物图及模型

1）该花键的花键宽度是 8mm，花键的工作长度为 65mm。

2）花键的大径、小径分别为 30mm 和 26mm。

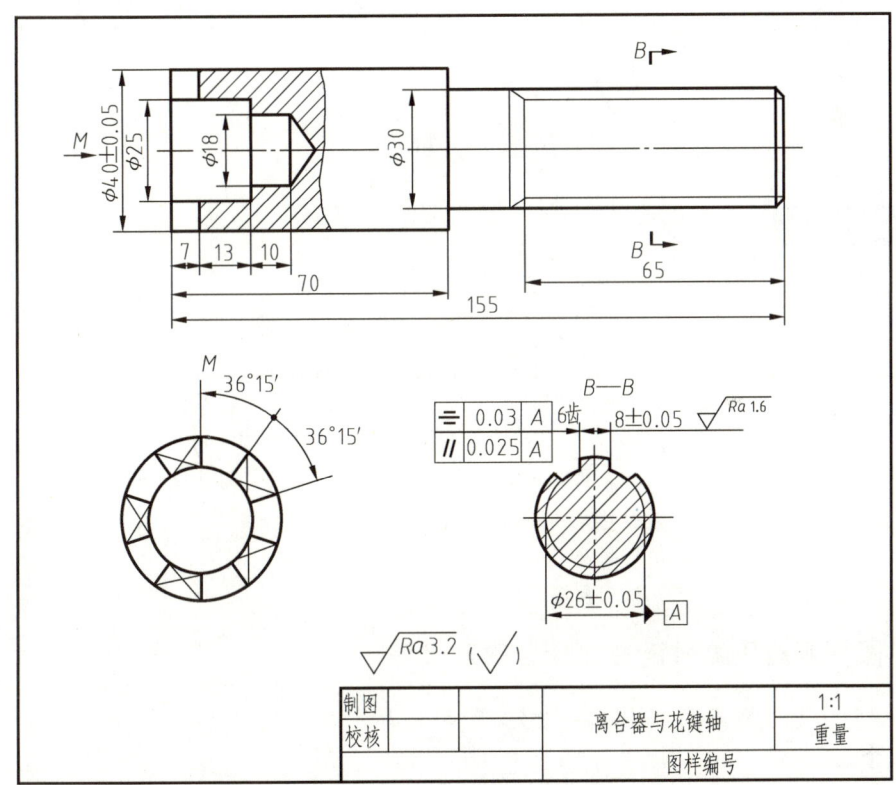

图 8-50 离合器与外花键零件图

3）离合器的槽深为 7mm。

课后思考

1）常用的键分哪几类？分别如何标记？

2）普通平键的工作表面是哪个面？绘制键连接图时应注意什么问题？

3）常用的销分哪几类？如何标记？圆锥销的公称直径是哪一个直径？

4）你了解内外花键的规定画法和标注方法吗？

课题六　绘制圆柱螺旋压缩弹簧的图形

弹簧是用途很广的常用零件。它主要用于减振、夹紧、储存能量和测力等方面。弹簧的特点是去掉外力后，能立即恢复原状。常用的弹簧如图 8-51 所示。圆柱螺旋压缩弹簧是机械零件中应用最广的一种弹簧。

图 8-51　常用弹簧

弹簧的分类：

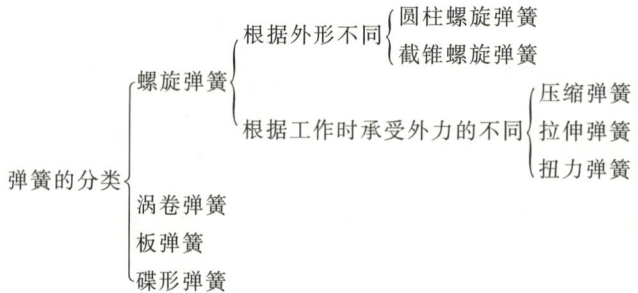

一、圆柱螺旋压缩弹簧各部分名称及代号

圆柱螺旋压缩弹簧各部分名称及代号如图 8-52 所示。

1. 四个直径

（1）材料直径（d）　是指弹簧丝的直径。

（2）弹簧外径（D_2）　是指弹簧的最大直径。

（3）弹簧内径（D_1）　是指弹簧的最小直径。

（4）弹簧中径（D）　是指弹簧的平均直径，$D=(D_1+D_2)/2=D_1+d=D_2-d$。

2. 三个圈数

（1）有效圈数（n）　保持相等距离的圈数。

（2）支承圈数（n_z）　为使弹簧工作平稳，将弹簧两端并紧磨平部分的圈数。

支承圈仅起支承作用，常用的有 1.5 圈、2 圈和 2.5 圈三种，以 2.5 圈居多。

(3) 总圈数 (n_1) 弹簧的有效圈数与支承圈数之和，即 $n_1 = n + n_z$。

3. 节距 (t)

除两端支承圈外，弹簧上相邻两圈对应两点之间的轴向距离，称为节距。

4. 弹簧的自由高度和展开长度

(1) 弹簧的自由高度 (H_0) 弹簧未受载荷时的高度 $H_0 = nt + (n_z - 0.5)d$。

(2) 弹簧的展开长度 (L) 制造弹簧所需簧丝的长度。

5. 弹簧的旋向

弹簧的旋向有左旋和右旋之分。

二、圆柱螺旋压缩弹簧的规定画法

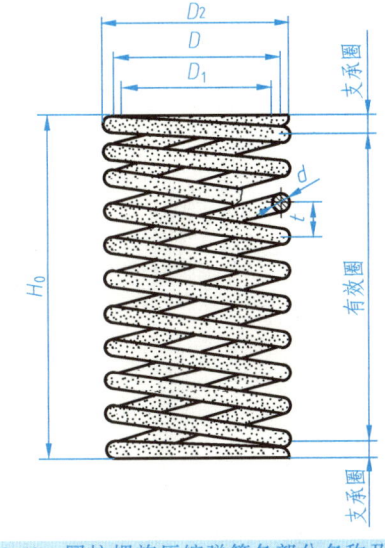

图 8-52 圆柱螺旋压缩弹簧各部分名称及代号

圆柱螺旋压缩弹簧整体可以分成两部分——两端的支承部分（支承圈）和中间等距离的有效部分（有效圈）。因有效部分是有规律的重复结构，绘图时可以简化。

1) 圆柱螺旋压缩弹簧可以画成视图、剖视图和示意图三种形式，如图 8-53 所示。

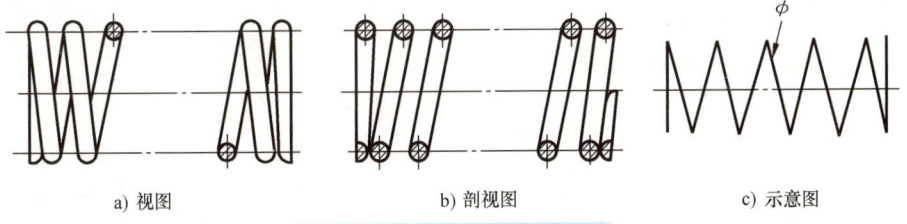

a) 视图　　　　b) 剖视图　　　　c) 示意图

图 8-53 压缩弹簧的表达形式

2) 弹簧在平行于轴线投影面上的视图中，各圈的轮廓不必按螺旋的真实投影画出，而用直线来代替螺旋线的投影。

3) 螺旋弹簧均可画成右旋，但左旋弹簧不论画成左旋或右旋，一律要加注旋向"左"字。在有特定的右旋要求时也应注明"右旋"。

4) 有效圈数在四圈以上的螺旋弹簧，中间各圈可以省略，只画出其两端的 1~2 圈（不包括支承圈），中间只需用通过簧丝剖面中心的细点画线连起来。省略后，允许适当缩短图形的长度，但应注明弹簧设计要求的自由高度。

根据圆柱螺旋压缩弹簧的外径 D_2、材料直径 d、节距 t 和圈数等即可计算出弹簧的中径 D 和自由高度 H_0，从而绘制出弹簧的视图。圆柱螺旋压缩弹簧的绘制步骤见表 8-8。

三、弹簧在装配图中的画法

1) 弹簧各圈取省略画法后，其后面结构按不可见处理。可见轮廓线只画到弹簧钢丝的断面轮廓线或弹簧钢丝剖面的中心线处，如图 8-54a 所示。

2) 在弹簧被剖切时，若材料直径 $d \leq 2$mm，其剖面上可以不画剖面符号而涂黑来表示，如图 8-54b 所示；也可采用示意画法，如图 8-54c 所示。若弹簧内部还有零件，为了便于表达，则可按图 8-54d 所示的示意图形式绘制。

表 8-8 圆柱螺旋压缩弹簧的绘制步骤

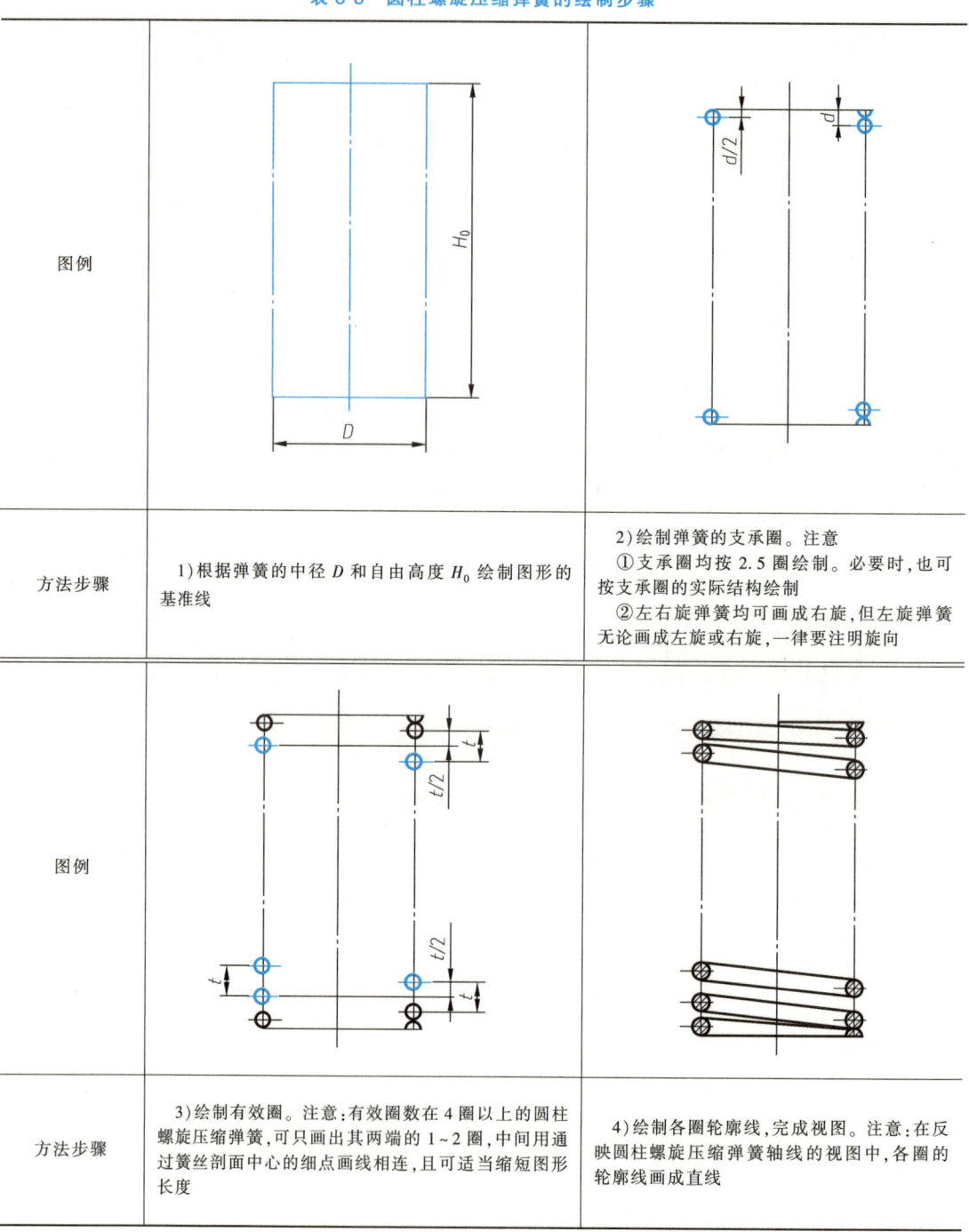

课后思考

1) 弹簧分哪几类？什么是弹簧的有效圈数？什么是节距？

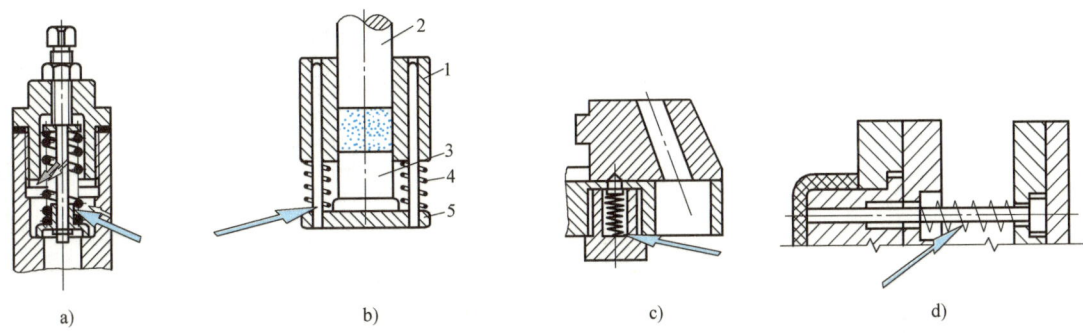

图 8-54 装配图中弹簧的画法

1—阴模　2—上冲头　3—下冲头　4—弹簧　5—底垫

2）圆柱螺旋压缩弹簧表达方法有哪三种形式？绘制步骤中应该注意什么问题？

课题七　绘制滚动轴承的图形

轴要能带动齿轮转动，必须要由轴承支承。由于滚动轴承大大减小了轴与孔之间的摩擦力，因此得到了广泛应用。常用的滚动轴承及结构如图 8-55 所示。

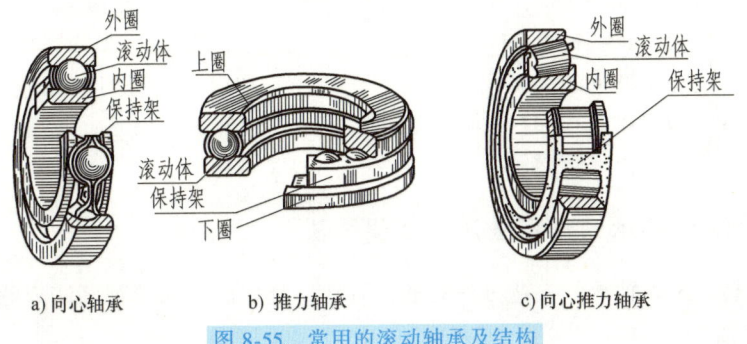

图 8-55 常用的滚动轴承及结构

相关知识

一、常用滚动轴承的类型、代号

1. 组成

滚动轴承一般由内圈（或上圈）、外圈（或下圈）、滚动体、保持架等四部分组成，是一种标准件，如图 8-55 所示。在工作时，轴承外圈装在机座孔内，一般不动；内圈装在轴上，随轴转动。

2. 滚动轴承的代号

轴承是标准件，不需画零件图。其结构尺寸、公差等级用规定的代号表示。需要时根据要求从标准中查取。轴承类型代号见表 8-9。

表 8-9　轴承类型代号

代号	轴 承 类 型
0	双列角接触球轴承
1	调心球轴承
2	调心滚子轴承和推力调心滚子轴承
3	圆锥滚子轴承
4	双列深沟球轴承
5	推力球轴承
6	深沟球轴承
7	角接触球轴承
8	推力圆柱滚子轴承
N	圆柱滚子轴承（双列或多列用字母 NN 表示）
U	外球面球轴承
QJ	四点接触球轴承
C	长弧面滚子轴承（圆环轴承）

滚动轴承的基本代号由一组数字构成，这组数字代表了滚动轴承的类型代号、尺寸系列代号和内径代号。下面举例说明轴承代号的含义。

【例 1】　说明"滚动轴承 6204"的含义。

6 表示轴承类型代号：深沟球轴承。

2 表示尺寸系列代号（02）：宽度系列代号 0 省略，直径系列代号为 2。

04 表示内径代号。$d = 4 \times 5 \text{mm} = 20 \text{mm}$。

【例 2】　说明"滚动轴承 31312"的含义。

3 表示轴承类型代号：圆锥滚子轴承。

13 表示尺寸系列代号（13）：宽度系列代号为 1，直径系列代号为 3。

12 表示内径代号。$d = 12 \times 5 \text{mm} = 60 \text{mm}$。

一般情况下，滚动轴承的类型代号、尺寸系列代号和内径代号可从相应的标准中查取。当内径代号是 00、01、02、03 时，内径尺寸为 10mm、12mm、15mm、17mm；内径代号数字 ≥ 04 时，内径尺寸 = 代号数字 ×5。

二、常用滚动轴承的规定画法和简化画法

国家标准规定滚动轴承的表达方法有通用画法、规定画法和特征画法三种。

1. 通用画法

在剖视图中，当不需确切地表示滚动轴承的外形轮廓、载荷特性和结构特征时，可用如图 8-56 所示的通用画法绘制。通用画法适用于表达各种类型的滚动轴承。

画法规定：用矩形线框及位于线框中央正立的十字形符号表示，矩形线框和十字符号的线型均为粗实线。画图时需要 D、d、B 和 A 四个尺寸。

2. 特征画法

当只需要表示滚动轴承的形状特征时，可采用特征画法。

3. 规定画法

当需要表达滚动轴承的主要结构时，可采用规定画法。采用规定画法绘制滚动轴承的剖视图时，轴承的滚动体不画剖面线，其内外圈的一侧可画上方

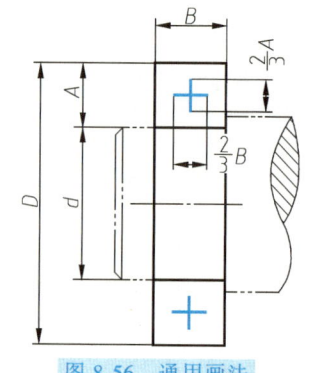

图 8-56　通用画法

向、间隔相同的剖面线，另一侧可以按通用画法绘制。

常用滚动轴承的特征画法和规定画法见表 8-10。

表 8-10 常用滚动轴承的特征画法和规定画法

名称和标准号	查表主要数据	特征画法	规定画法	装配示意
深沟球轴承 GB/T 276—2013	D d B			
圆锥滚子轴承 GB/T 297—2015	D d B T C			
推力球轴承 GB/T 301—2015	D d T			

课后思考

1) 解释滚动轴承代号的含义：6210、30205。
2) 你能够熟练地在轴端画出滚动轴承的特征画法和规定画法吗？

单 元 总 结

本单元要求重点掌握螺纹、齿轮、键和销、弹簧和滚动轴承的特殊表达方法，具体内容包括：

1）螺纹的规定画法和标注。注意视图与剖视图的螺纹中止线、大小径线型的变化及剖面线的画法。

2）常用螺纹紧固件的画法及标记。常见的螺纹紧固件连接形式有：螺栓连接、双头螺柱连接、螺钉连接。

① 被连接的两零件的接触面只画一条线，不接触面必须画两条线。

② 同一个零件在各剖视图中，剖面线的方向和间隔都应一致。

③ 在剖视图中，当剖切平面通过紧固件的轴线时，紧固件按不剖绘制。

3）圆柱齿轮的画法及两圆柱齿轮啮合画法。

单个圆柱齿轮的画法：齿顶圆和齿顶线用粗实线画出；齿根圆和齿根线用细实线画出，也可省略不画；分度圆和分度线画细点画线。

注意啮合区内五条线：分度线，画一条细点画线；齿根线，两条粗实线；齿顶线，一条粗实线，一个虚线。

4）锥齿轮零件图、蜗轮蜗杆零件图及齿条零件图的识读。

5）键连接和销连接的画法。

6）圆柱螺旋压缩弹簧的规定画法和作图步骤。

7）滚动轴承的标记及简化画法。需要较详细地表达滚动轴承的主要结构时，可采用规定画法；在只需简单地表达滚动轴承的主要结构特征时，可采用特征画法。

标准件和常用件在机械行业应用非常广泛，学会熟练识读并绘制它们的规定画法，是一项很重要的技能。

单元九
零件图

知识引入

组成机器的最小单元称为零件。任何机器或部件都是由各种零件按一定的要求装配而成。表示零件的结构形状、尺寸和技术要求等内容的图样称为零件图。图 9-1 所示为端盖零件图。数控加工人员在编制程序、加工零件之前，必须要熟悉零件图的所有内容，看懂各类典型零件的零件图。

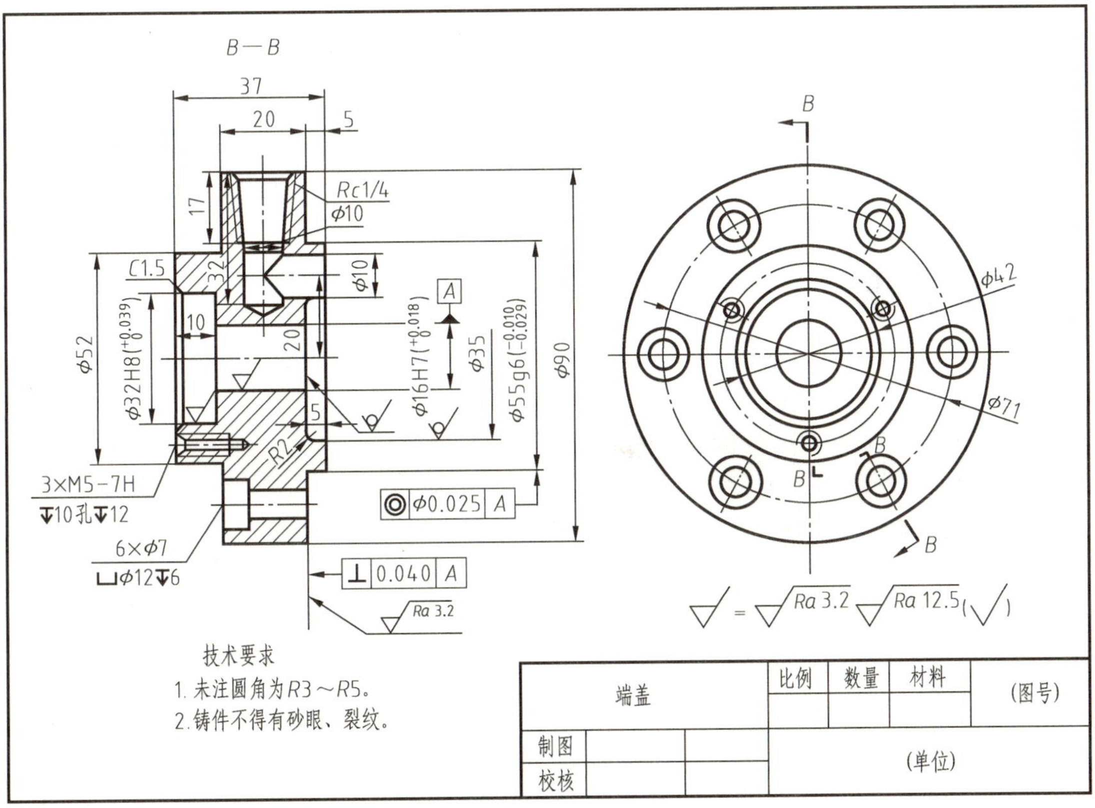

图 9-1 端盖零件图

本单元的学习重点是绘制并标注简单零件图，识读典型零件的零件图。

学习目标

1) 了解零件图的用途和内容。

2) 掌握零件图的视图选择原则和方法。
3) 理解零件图的尺寸基准选择原则，掌握合理标注零件图尺寸的方法。
4) 了解零件常见的工艺结构及尺寸标注。
5) 掌握零件图上的表面结构、极限配合及几何公差等技术要求的识读和标注。
6) 理解主视图的选择原则，掌握零件图绘制的方法和步骤。
7) 了解典型零件的特点，掌握读典型零件图的方法和步骤。
8) 掌握测绘零件的基本方法与步骤。

能力目标

1) 能够正确选择零件的表达方案，绘制简单零件图。
2) 理解零件图的尺寸基准选择原则，学会对简单零件图进行尺寸标注。
3) 熟练识读零件图上的各种技术要求。
4) 熟悉典型零件的零件图的识读方法和步骤。
5) 熟悉零件测绘的方法和步骤，能够快速测绘零件的草图。

课题一　认识零件图

表达零件的结构、大小及技术要求的图样称为零件图，如图 9-1 所示的端盖零件图。零件图是直接指导加工零件和检验零件是否合格的重要技术文件，在实际生产中起着重要作用。

零件图的作用和内容

零件图既要反映出设计师的设计意图，又要考虑到制造的可行性与合理性。因此，零件图是加工制造和检验零件的唯一依据，是生产中的重要技术文件。

一张完整的零件图应具备以下的基本内容：

1. 一组图形

选用一组适当的视图、剖视图、断面图等图形，正确、完整、清晰地表达零件各部分的结构形状。

2. 完整的尺寸

正确、完整、清晰、合理地标注出零件在制造和检验过程中所需要的尺寸。

3. 技术要求

用一些规定的符号、代号、标记或文字说明，标注出零件在制造、检验和使用过程中应达到的各项技术指标。

4. 标题栏

说明零件的名称、材料、比例、数量、图号以及制图、审核人员的责任签字等。

如图 9-1 所示的端盖零件图，该零件图包含以下四项内容：

1) 用主、左视图两个图形来表达端盖的形状，其中主视图采用了全剖视图。

2）用一组尺寸将制造端盖所需的全部尺寸正确、完整、清晰、合理地标注出来。

3）图中有  $\phi16H7\left({}^{+0.018}_{0}\right)$ $\sqrt{Ra\ 3.2}$ 等符号对端盖加工时的几何形状、尺寸及表面结构提出要求，另外在图样下方还有用文字表述的技术要求。

4）图样右下角的标题栏中，可以填写单位、零件名称、图样代号、材料、比例、数量，以及设计、制图、审核、校核人员签名和签名日期等。

知识拓展

零件分类

数控加工工人接触的零件根据其结构形状、功能与作用，大致可分为以下四类：

一、轴套类零件

轴套类零件由同一轴线上不同直径的圆柱或圆锥构成，轴向尺寸远远大于径向尺寸，一般结构简单，需要在铣床上加工键槽及小平面等结构，常用于传递动力和承载回转运动的其他零件，如图9-2所示。

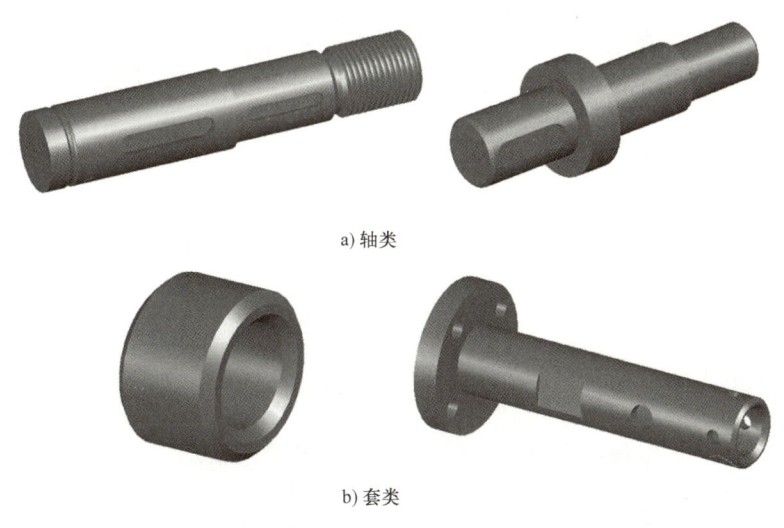

a) 轴类

b) 套类

图9-2 轴套类零件

二、轮盘类零件

轮盘类零件包括手轮、带轮、齿轮、法兰盘、端盖等。其中轮类零件多用于传递转矩；盘盖类则多用于连接、支承或密封。轮盘类零件的主体结构是同轴线的回转体或其他平板形，径向尺寸远远大于轴向长度，如图9-3所示。

三、叉架类零件

叉架类零件的形状比较复杂，一般由支承部分、工作部分和连接部分组成，需要经过铸造和铣削等切削加工工序才能完成，如轴承座、支架等，如图9-4所示。

图 9-3 轮盘类零件

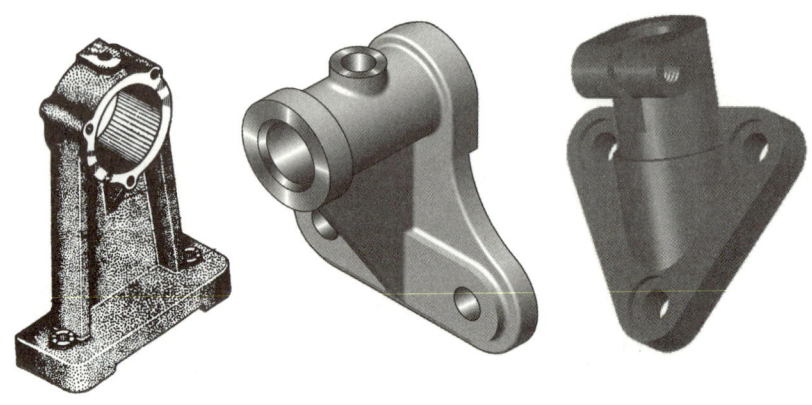

图 9-4 叉架类零件

四、箱体类零件

箱体类零件是机器中的主要零件之一，其内、外结构都比较复杂，常用薄壁围成不同形状的空腔，一般起支承、容纳其他零件的作用，如图 9-5 所示。

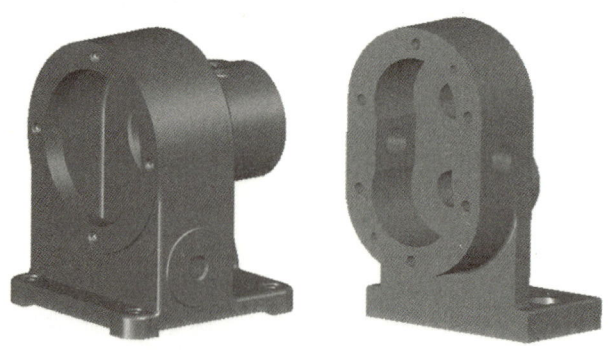

图 9-5 箱体类零件

课后思考

1）一张完整的零件图必须包含哪几项基本内容？

2）零件根据其结构形状、功能与作用，可以分为哪四类？

课题二　零件图上的尺寸标注

图 9-1 所示端盖在制造和检验过程中所需要的尺寸必须正确、完整、清晰、合理。

相关知识

一、零件图上尺寸标注的基本要求

零件图上的尺寸是加工、检验、装配零件的重要依据，因此零件图的尺寸标注不但要遵守国家标准，做到正确、完整、清晰（前面单元的学习中已经介绍过），还要做到合理，所谓合理就是要符合生产实际，本课题主要解决标注尺寸的合理性问题。

要做到合理标注尺寸，必须满足以下两点：
1）满足设计要求，以保证机器的质量。
2）满足工艺要求，以便于加工制造和检测。

二、尺寸分类和尺寸基准

1. 尺寸分类

按作用尺寸可分为定形尺寸、定位尺寸、总体尺寸三类。定形、定位尺寸在前面已经介绍过。总体尺寸是指确定零件总长、总宽、总高的尺寸。

2. 尺寸基准

零件图上标注定位尺寸时也需要尺寸基准，就是零件上标注尺寸的起始位置，或者说是度量尺寸的起始点。由于任何零件都有长、宽、高三个方向的尺寸，因此每个方向至少要有一个尺寸基准。选择基准时，一般把机件上较大的加工平面（底面或端面）、轴线、对称平面或某个点等几何元素作为尺寸基准。

尺寸基准有设计基准和工艺基准两种。

（1）设计基准　设计基准是根据零件在机器中的作用和结构特点，为保证零件的设计要求而选定的一些基准。它一般是用来确定零件在机器中位置的接触面、对称面或回转面的轴线。

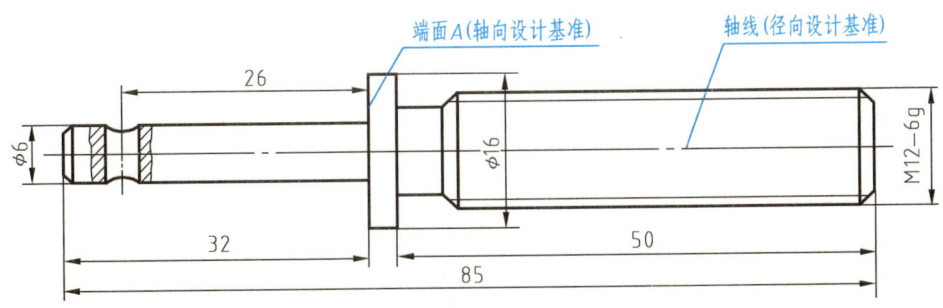

图 9-6　螺杆的设计基准

图 9-6 所示的螺杆，其径向是通过螺杆与支座上的轴孔处于同一条轴线来定位的，而轴向是通过轴肩左端面与轴套的右端面来定位的，所以螺杆的回转轴线和端面（轴肩） A 就是其径向和轴向的设计基准。

（2）工艺基准　工艺基准是指零件在加工过程中，用于装夹定位、测量、检验零件已加工面时所选定的基准，主要是零件上的一些面、线或点。

如图 9-7 所示，在车床上加工螺杆上的螺纹时，夹具是以 φ6 的圆柱面定位的，车削及测量长度时以端面 B、C 为起点，因此轴线和端面 B、C 分别是加工螺杆时的工艺基准。

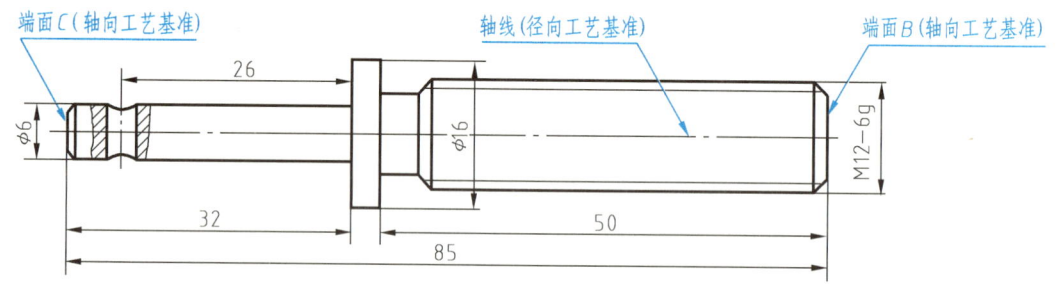

图 9-7　螺杆的工艺基准

三、零件图上合理标注尺寸的方法

1. 正确选择尺寸基准

从设计基准出发标注尺寸，能保证设计要求；从工艺基准出发标注尺寸，则便于加工和测量。因此，最好使工艺基准和设计基准重合。当设计基准和工艺基准不重合时，所注尺寸应在保证设计要求的前提下，满足工艺要求。

提示

设计基准和工艺基准一致，可以减少误差的影响。标注尺寸时重要的尺寸从设计基准标注，以保证设计要求；一些次要的尺寸则从工艺基准标注，以便于加工和测量。

2. 避免注成封闭的尺寸链

同一方向上的一组尺寸顺序排列时，连成一个封闭回（环）路，其中每一个尺寸均受到其余尺寸的影响，这种尺寸回路，称为尺寸链。尺寸链中的每一个尺寸均称为一个环。如图 9-8a 中的 a、d、e、c 组成一个尺寸链。

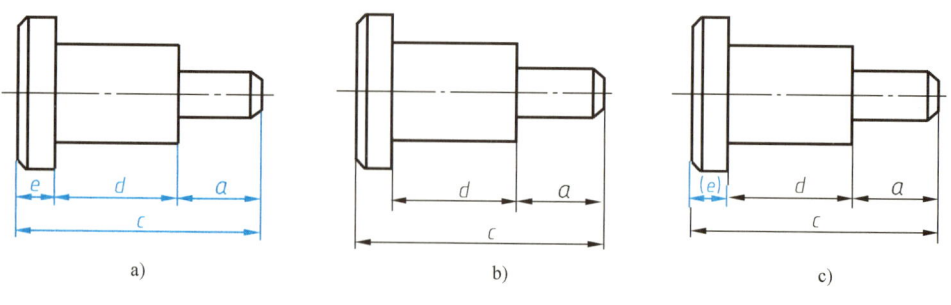

图 9-8　尺寸链

标注尺寸时，每个尺寸链中均应有一环不注尺寸，此环称为封闭环。这是因为加工某一表面时，将受到同一尺寸链中几个尺寸的约束，标注不当时容易产生矛盾，甚至造成废品。因此，设计时通常将某一个最不重要的尺寸（如 e）空出不注，如图 9-8b 所示。

但有时为了设计、加工、检测或装配时提供参考，也可经计算后把封闭环的尺寸加上括号（称为参考尺寸），如图 9-8c 所示。

3. 重要尺寸必须直接标注

重要尺寸是指零件上对机器（或部件）的使用性能和装配质量有直接影响的尺寸。这些尺寸必须在图样上直接注出。

如图 9-9 所示，灭火器壳上长孔的定位尺寸 28 是重要尺寸，确定了长孔距离底面的高度，必须在零件图上直接标注。

4. 按加工顺序标注尺寸

阶梯轴的加工顺序如图 9-10a～d 所示，标注尺寸时按照加工顺序标注每道工序的轴径尺寸和长度尺寸，可以方便加工和测量，如图 9-10e 所示。

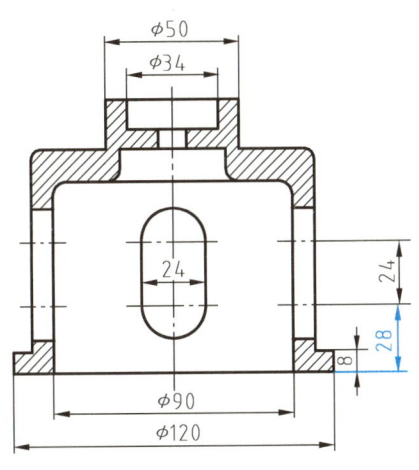

图 9-9 灭火器壳

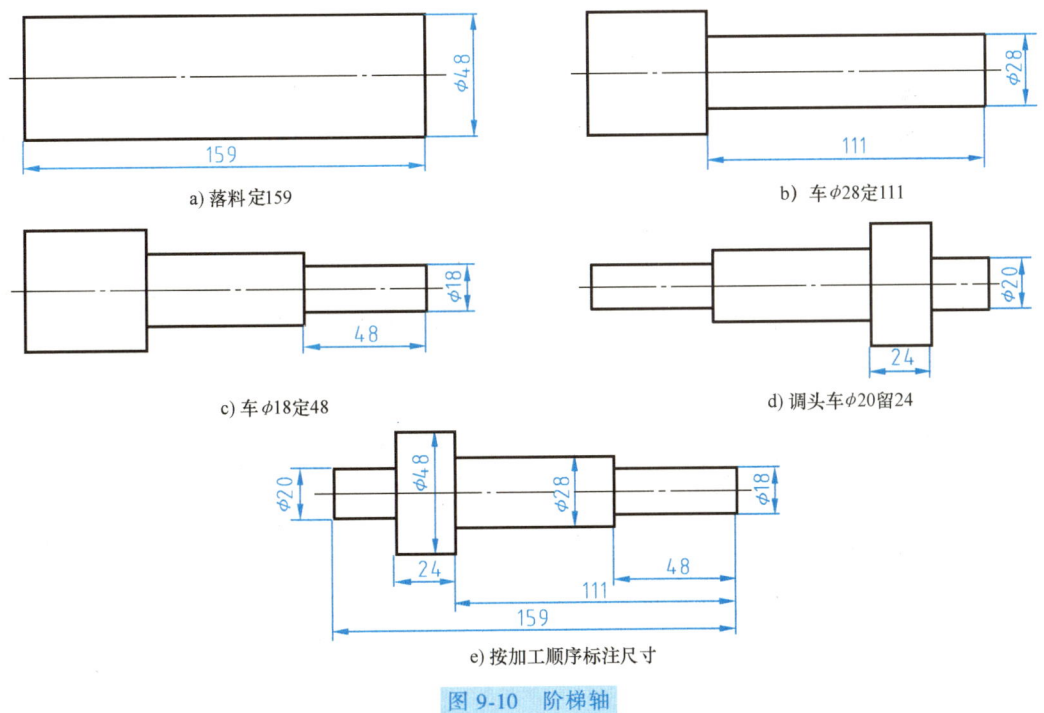

图 9-10 阶梯轴

5. 按加工方法标注尺寸

图 9-11 所示的轴，键槽需要在铣床上加工，因此将键槽的尺寸标注在视图上方，方便识图。

6. 按加工工艺标注尺寸

图 9-12 所示的零件，加工时需要将两个零件合起来镗孔，所以应该注直径而不注半径尺寸。

7. 按测量与检验方便标注尺寸

标注尺寸时应考虑到测量和检验是否方便，如图 9-13b 所示的尺寸 A 不便于测量，而图 9-13a 所示的尺寸 B 就便于测量。又如图 9-14a 所示的两端大孔的深度尺寸 23 和 8 的标注，而不应像图 9-14b 所示那样标注。

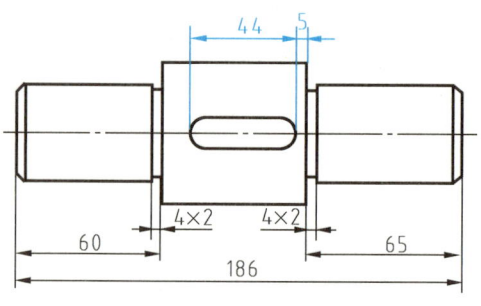

图 9-11　车、铣尺寸分开标注

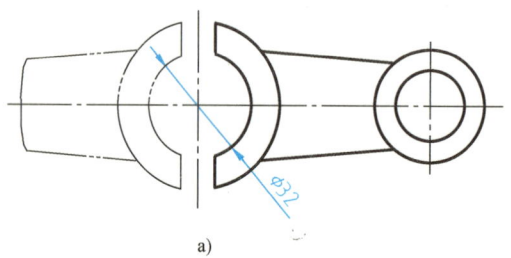
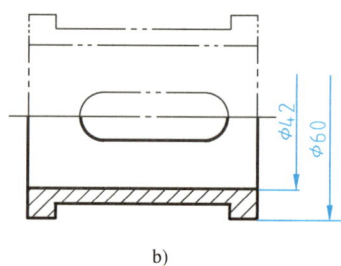

图 9-12　按加工工艺标注尺寸

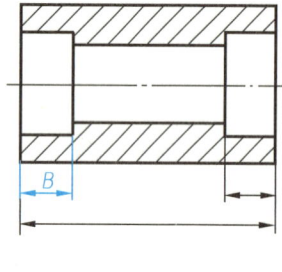

a) 便于测量

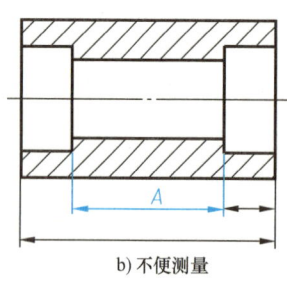

b) 不便于测量

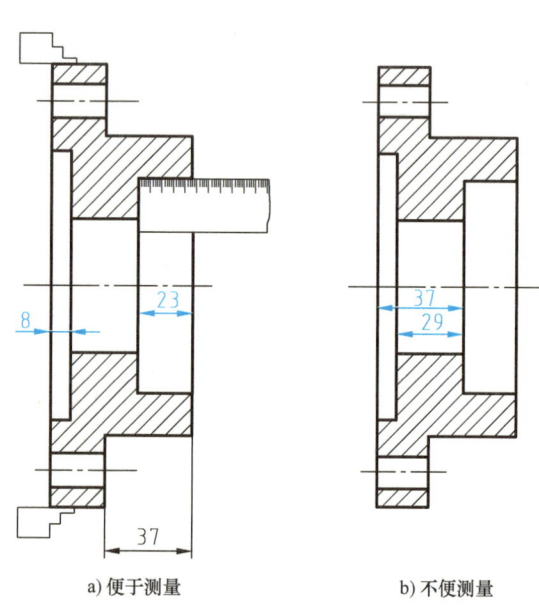

a) 便于测量　　　　b) 不便测量

图 9-13　按测量与检测方便标注尺寸（一）　　　图 9-14　按测量与检测方便标注尺寸（二）

四、典型零件的尺寸标注

如图 9-15 所示，要求在落料凹模的图形上，正确、完整、清晰、合理地完成尺寸标注。

1. 选择尺寸基准

落料凹模外形为一长方体，内部结构前后、左右基本上呈对称分布，所以长度、宽度尺寸基准分别为落料凹模左右对称面、前后对称面。考虑到工作情况，高度尺寸基准为落料凹模的顶面，具体如图 9-16 所示。

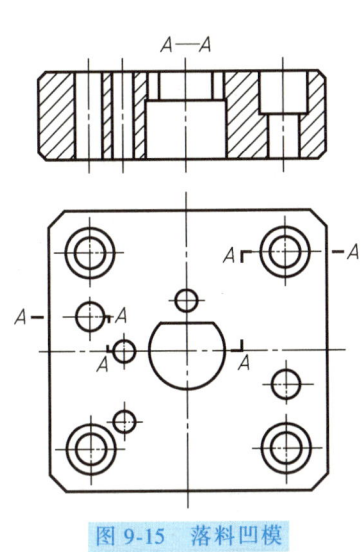

图 9-15　落料凹模

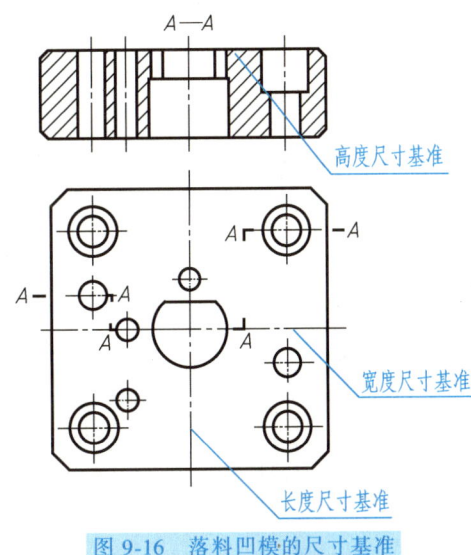

图 9-16　落料凹模的尺寸基准

2. 分部分完成落料凹模的尺寸标注

1）标注落料凹模外形尺寸，即落料凹模的总长 80、总宽 80、总高 25，以及外形四周尺寸分别为 C2 和 C5 的倒角，如图 9-17a 所示。

2）标注落料凹模四个 φ9 孔（沉孔 φ14）的定位尺寸 56、56，以及定形尺寸，可采用简化画法集中标注在俯视图上，如图 9-17b 所示。

3）标注凹模刃口的尺寸：φ23、φ21.74、18.74 和 8，如图 9-17c 所示。

4）标注两个 φ8 定位销孔的定形尺寸 2×φ8，定位尺寸 56、10、10，如图 9-17d 所示。

5）标注三个 φ6 导料销孔的定形尺寸 3×φ6，定位尺寸 18、20 和 14.5，如图 9-17e 所示。

3. 检查尺寸标注

检查各部分尺寸标注是否完整，因主视图做全剖，可把各孔的定形尺寸移至主视图，使标注清晰美观，如图 9-18 所示。

零件上常见工艺结构的尺寸注法

一、倒角和倒圆

为便于装配和操作安全，常在轴和孔的端部加工出 45°、30° 或 60° 的倒角。当角度为 45° 时，可在倒角距离尺寸数字前加注符号"C"，如图 9-19 中的"C2"。非 45° 的倒角尺寸

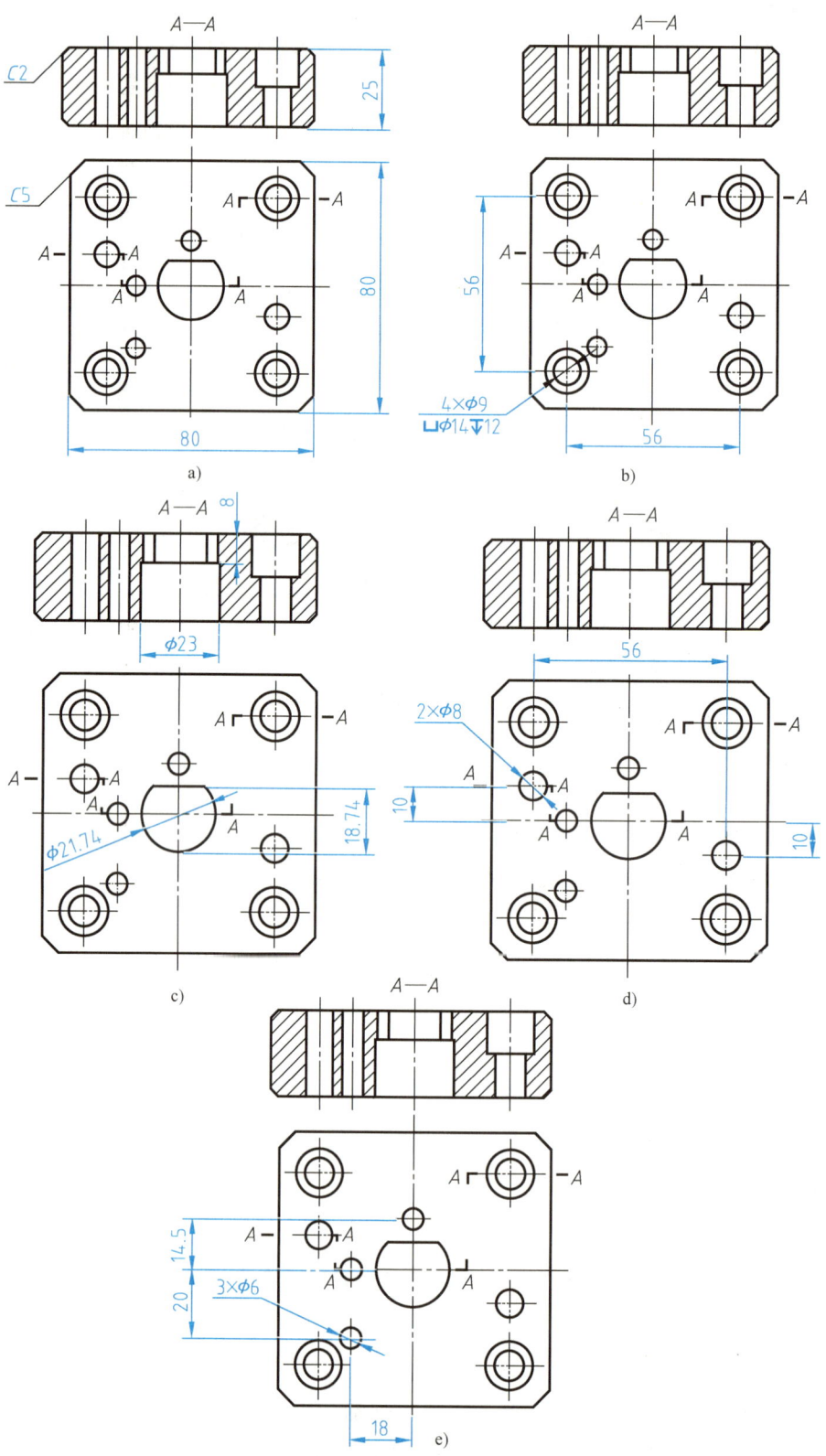

图 9-17 落料凹模各部分的尺寸标注

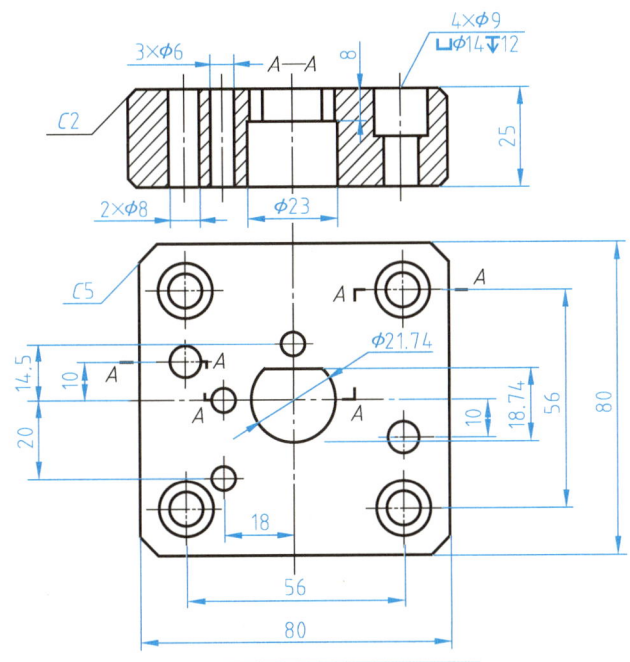

图 9-18 落料凹模的全部尺寸

必须分别注出倒角的高度和角度尺寸，如图 9-19 所示。

为避免因应力而产生裂纹，在阶梯轴或阶梯孔的转折处，常用圆环面过渡，这种过渡的圆环面称为倒圆，如图 9-19 中的 $R2$。

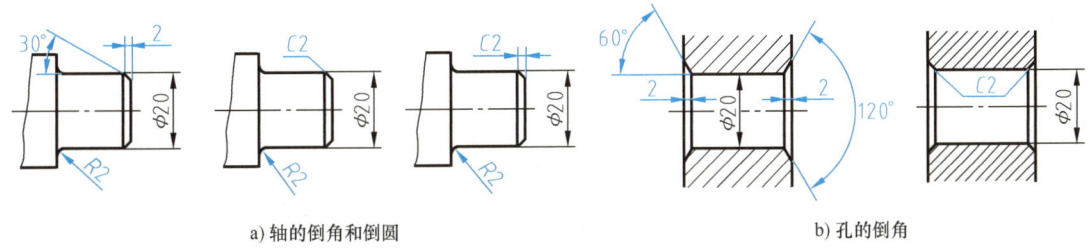

a) 轴的倒角和倒圆　　　　　　　　　　b) 孔的倒角

图 9-19 倒角和倒圆的尺寸标注

二、孔的简化画法及标注

孔（光孔、沉孔、螺孔）的尺寸注法已标准化，国家标准《技术制图　简化表示法　第 2 部分：尺寸注法》要求标注尺寸时，应尽可能使用符号和缩写词。常见孔的简化画法及标注见表 9-1。

三、退刀槽和砂轮越程槽

车削螺纹时，为便于螺纹车刀的退出，需要在螺纹终端加工出退刀横槽；而在磨削时，为了使砂轮可以稍稍越过加工面，常常在零件的待加工面的终端预先加工出沟槽，这个结构称为砂轮越程槽。退刀槽和砂轮越程槽的尺寸可按"槽宽×直径"或"槽宽×槽深"的形式进行标注，如图 9-20 所示。

表 9-1 常见孔的简化画法及标注

类型		旁注法及简化画法	普通注法	说明
光孔	一般孔	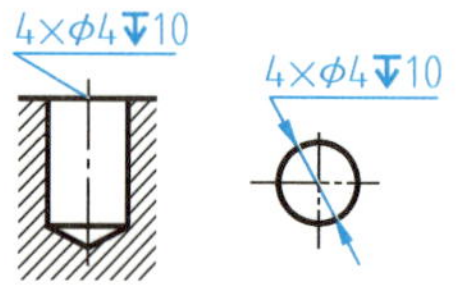 4×φ4▽10	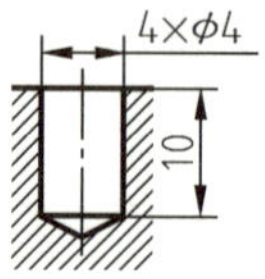 4×φ4，深10	▽深度符号 4×φ4▽10 表示直径为 4 均匀分布的 4 个光孔，光孔深为 10
	圆锥销孔	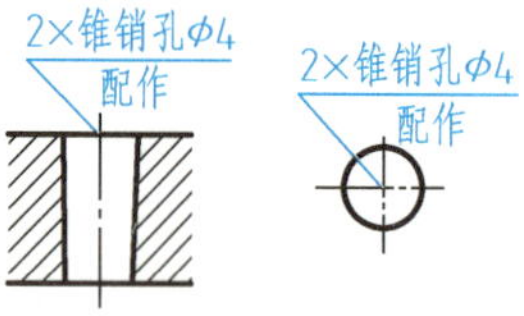 2×锥销孔φ4 配作	无普通注法	圆锥销孔都采用旁注法，所注直径是指配用的圆锥销的公称直径 4（小端直径）。2 个圆锥销孔在两零件装配后加工
沉孔	锥形沉孔	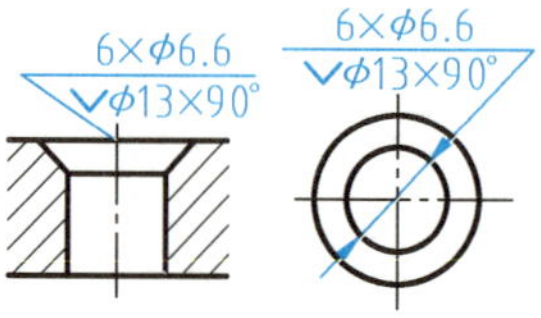 6×φ6.6 ▽φ13×90°	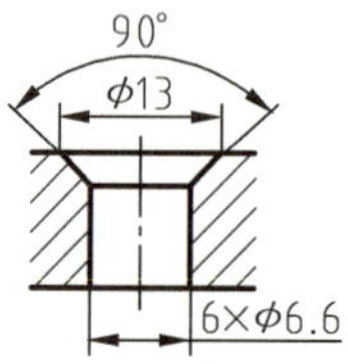 90° φ13 6×φ6.6	▽为锥形沉孔（埋头孔）符号 6×φ6.6 表示直径为 6.6 均匀分布的 6 个孔，锥形沉孔直径为 φ13，锥角为 90°
	柱形沉孔	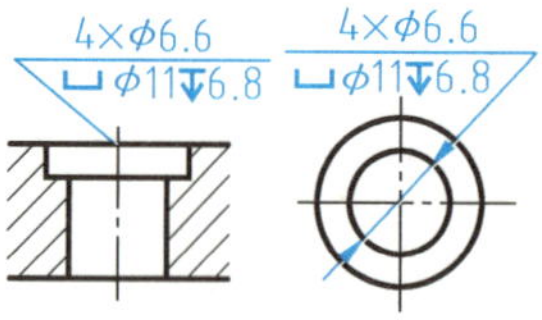 4×φ6.6 ⊔φ11▽6.8	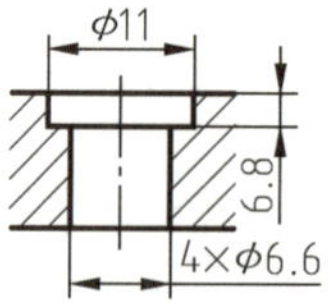 φ11 6.8 4×φ6.6	⊔是柱形沉孔及锪平孔符号。柱形沉孔直径为 φ11，深度为 6.8
	锪平沉孔	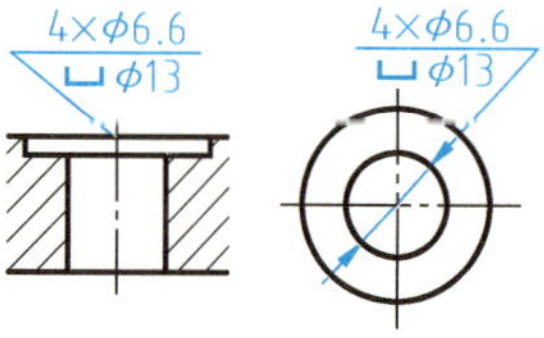 4×φ6.6 ⊔φ13	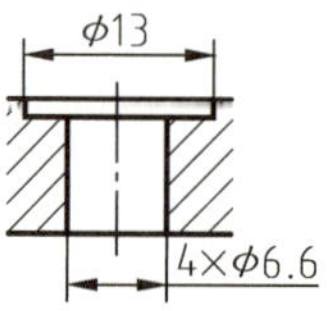 φ13 4×φ6.6	锪平面 φ13，锪平深度不必标注，一般锪平到不出现毛坯面为止
螺孔	通孔	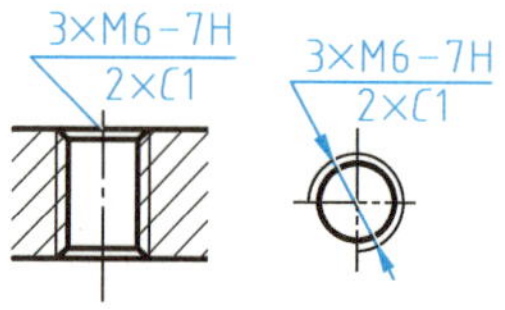 3×M6-7H 2×C1	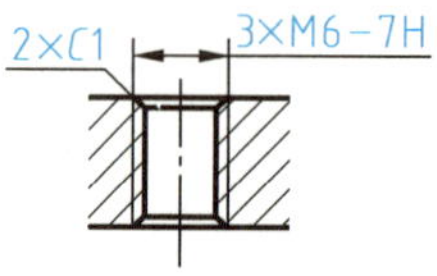 2×C1 3×M6-7H	3×M6 表示直径为 6，均匀分布的 3 个螺孔，7H 为中径和顶径的公差带
	不通孔	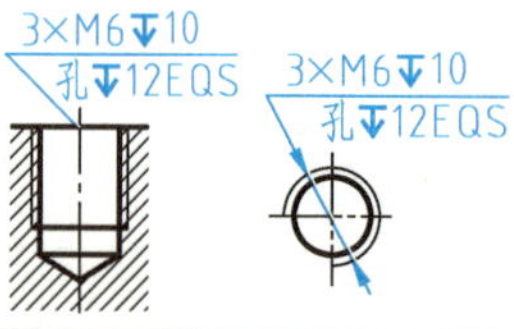 3×M6▽10 孔▽12EQS	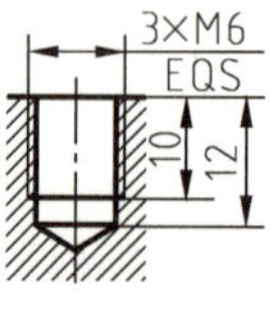 3×M6 EQS 10 12	10 表示螺孔的螺纹深度为 10。孔▽12 表示钻孔深度为 12。EQS 是均匀分布的意思

单元九 零件图

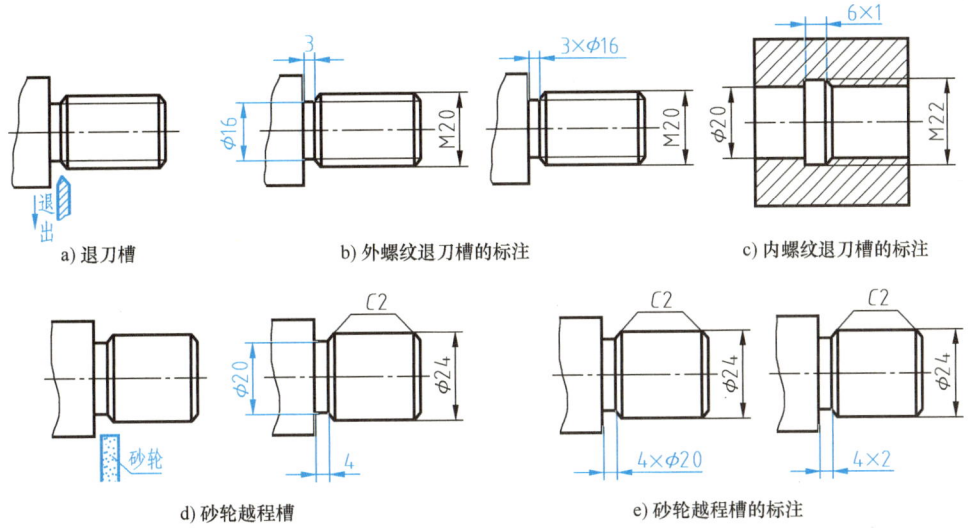

图 9-20 退刀槽和砂轮越程槽的尺寸标注

课后思考

识读图 9-21 所示轴的尺寸标注。

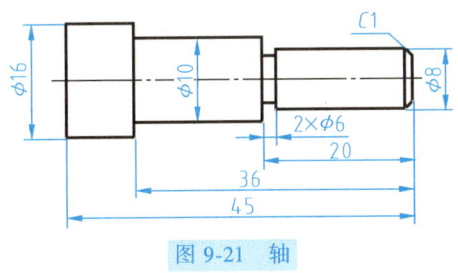

图 9-21 轴

课题三　零件图上的表面结构要求

在零件的加工过程中，由于刀具和零件之间的切削作用产生的塑性变形，以及刀具、工件和机床的振动等原因的影响，零件表面都会留下许多凸峰和凹谷所组成的痕迹。零件被加工表面上存在的这些峰谷的高低程度和间距状况会影响到零件的配合性质、定位精度、疲劳强度、耐蚀性、密封性等，它反映的是零件加工表面上的微观几何形状误差。因此，要根据零件表面的工作情况，合理选择和标注表面结构要求，以便保证产品质量，同时也可提高经济效益。

相关知识

一、表面粗糙度及其评定参数

将一个指定平面与实际表面相交所得到的轮廓，称为"表面轮廓"，如图 9-22 所示。国家标准中将表面轮廓分为原始轮廓（P 轮廓）、粗糙度轮廓（R 轮廓）、波纹度轮廓（W 轮廓）等，其中最常用的是粗糙度轮廓（R 轮廓），即表面粗糙度。对于机械零件表面结构来说，表面粗糙度的评定参数可从下列两项中选取：

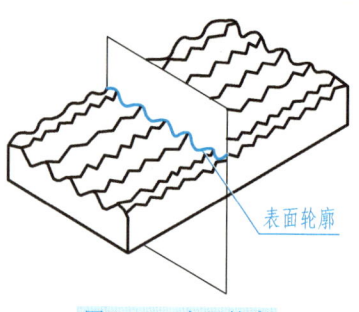

图 9-22 表面轮廓

1. 轮廓的算术平均偏差 Ra

在一个取样长度内，纵坐标值 Z_i 绝对值的算术平均值如图 9-23 所示。

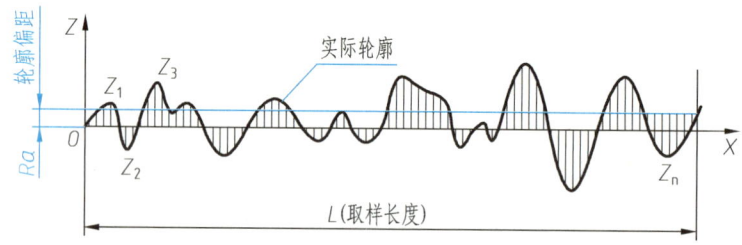

图 9-23 轮廓算术平均偏差 Ra

2. 轮廓的最大高度 Rz

在一个取样长度内，最大轮廓峰高和最大轮廓谷深之和（即轮廓峰顶线与轮廓谷底线之间的距离），如图 9-24 所示。

表面结构的轮廓评定参数 Ra 和 Rz 常用的数值为 0.2μm、0.4μm、0.8μm、1.6μm、3.2μm、6.3μm、12.5μm、25μm、50μm。

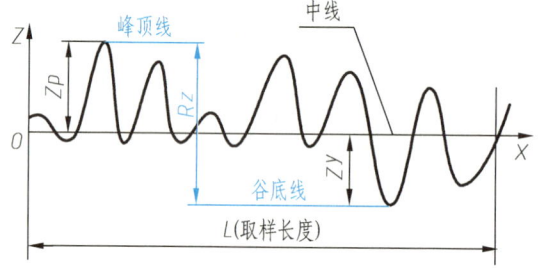

图 9-24 轮廓的最大高度 Rz

3. 有关检验规范的基本术语

（1）取样长度和评定长度

1）取样长度。在基准线上选取的进行测量的一段长度称为取样长度（国标有规定，不能过短也不能过长）。

2）评定长度。在基准线上用于评定轮廓的、包含一个或几个取样长度的测量段称为评定长度（各取样长度测得结果的平均值作为最终的参数值）。

3）评定参数代号后要注明取样长度的个数，未注明时默认为 5 个取样长度，如 Rz 0.4、Ra 3 0.8、Rz 1 3.2 分别表示评定长度为 5 个（默认）、3 个、1 个取样长度。

（2）测量值判断规则 完工零件的表面按检验规范测得轮廓参数值后，需与图样上给定的极限值比较，以判断零件表面是否合格。极限值判断规则有两种：

1）16% 原则。当图样中给出上下限要求（或只给上限值），运用此规则时，被检的整个表面上测得的全部参数值中，超过上或下限值的个数不多于总个数的 16%，则该表面是合格的（默认规则，如 Ra 0.8）。

2）最大原则。运用此规则时，被检的整个表面上测得的参数值一个也不应超过给定值（参数代号后注写 "max" 字样，如 Ra max 0.8）。

二、表面结构的表示法

在图样中，对表面结构的要求可用几种不同的符号表示。表面结构的图形符号及其含义见表9-2。

表9-2 表面结构的图形符号及其含义

名称	符号	含义及说明
基本图形符号	✓	仅用于简化代号标注，无补充说明时不能单独使用
扩展图形符号	✓	指定表面是用去除材料的方法获得的。例如：车、铣、钻、磨、剪切、抛光、腐蚀、电火花加工、气割等
扩展图形符号	✓	指定表面是用不去除材料的方法获得的，例如：铸、锻、冲压变形、热轧、冷轧、粉末冶金等
完整图形符号	✓ ✓ ✓	当要求标注表面结构特征的补充信息时，应在扩展图形符号的长边上加一横线。左边三个符号依次用于"允许任何工艺""去除材料""不去除材料"方法获得的
工件轮廓各表面的图形符号	(图示)	当在图样某个视图上构成封闭轮廓的各表面有相同的表面结构要求时，应在上图完整图形符号上加一圆圈，标注在图样中工件的封闭轮廓线上。若标注会引起歧义，则各表面应分别标注

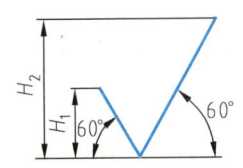

图9-25 表面结构的图形符号画法

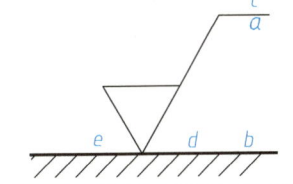

图9-26 补充要求的注写位置及尺寸要求

表面结构的图形符号画法如图9-25所示，其中 $H_1 \approx 1.4h$，$H_2 = 2H_1$，$h=$字高。

补充要求的注写位置及尺寸要求如图9-26所示，具体如下：

位置 a：注写表面结构的单一要求，或注写第一个表面结构要求。

位置 b：注写第二个表面结构要求，如果要注写第三个或更多个表面结构要求，图形符号应在垂直方向扩大，以空出足够的空间位置。

位置 c：注写指定的加工方法、表面处理、涂层或其他加工工艺要求等，如车、铣、磨、镀等。

位置 d：注写表面纹理方向符号。

位置 e：注写加工余量，数值以 mm 为单位。

⚠ 提示

在标注轮廓参数时，必须标注出参数代号 Ra、Rz 等，不得省略。为避免误解，在参数代号和极限值之间应插入空格，如 "Ra 0.8"。

三、表面结构要求的标注和识读

在同一张零件图上，每一表面一般只标注一次表面结构要求，并尽可能标注在相应的尺寸及其公差附近。除非另有说明，否则所标注的表面结构要求是对完工零件的表面要求。

1. 表面结构符号、代号的标注位置与方向

标注的总原则是：根据 GB/T 4458.4—2003 的规定，表面结构的注写和读取方向应与尺寸的注写和读取方向一致，如图 9-27 所示。

（1）标注在轮廓线或指引线上 表面结构要求可标注在轮廓线上，其符号应从材料外指向接触表面。必要时，表面结构符号也可用带箭头或黑点的指引线引出标注，如图 9-28 和图 9-29 所示。

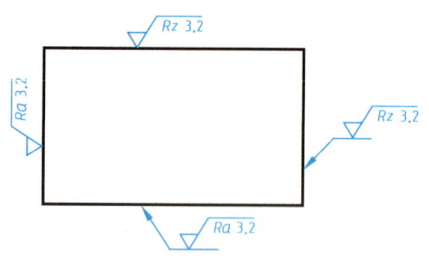

图 9-27 表面结构要求的注写方向

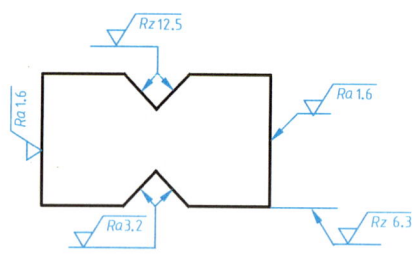

图 9-28 表面结构要求标注在轮廓线上

（2）标注在特征尺寸的尺寸线上 在不致引起误解时，表面结构要求可以标注在给出的尺寸线上，如图 9-30 所示。

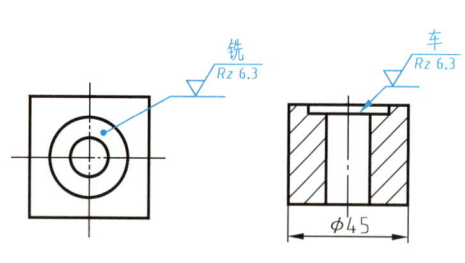

图 9-29 表面结构要求标注在指引线上

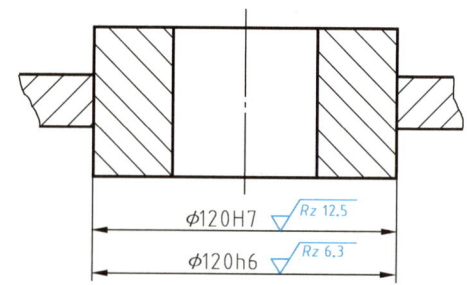

图 9-30 表面结构要求标注在尺寸线上

（3）标注在几何公差框格上 表面结构要求可标注在几何公差框格的上方，如图 9-31 所示。

（4）标注在延长线上 表面结构要求可以直接标注在延长线上，或用带箭头的指引线引出标注，如图 9-32 所示。

（5）标注在圆柱和棱柱表面上 圆柱和棱柱表面的表面结构要求只标注一次，如

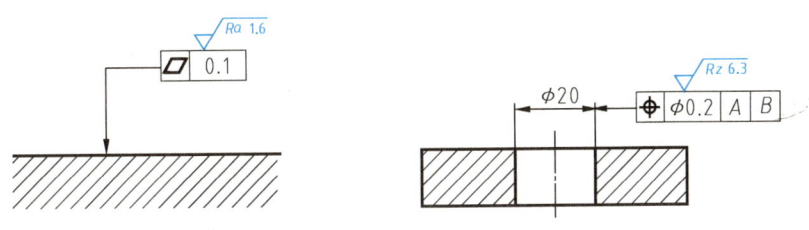

图 9-31　表面结构要求标注在几何公差框格的上方

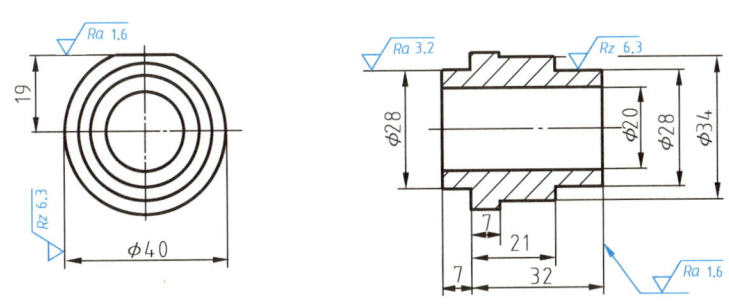

图 9-32　表面结构要求标注在圆柱特征的延长线上

图 9-32 所示。若每个棱柱表面有不同的表面结构要求，则应分别单独标注，如图 9-33 所示。

2. 表面结构要求的简化注法

（1）零件有相同表面结构要求的简化注法　当零件的多数表面有相同的表面结构要求时，可在图样的标题栏附近统一标注，并在表面结构要求的符号后面写上圆括号，圆括号内给出无任何其他标注的基本图形符号（以便表示图上已给出的表面结构要求），如图 9-34 所示；或在圆括号内给出图中已给出的几个不同的表面结构要求，如图 9-35 所示。不同的表面结构要求应直接标注在图形中。

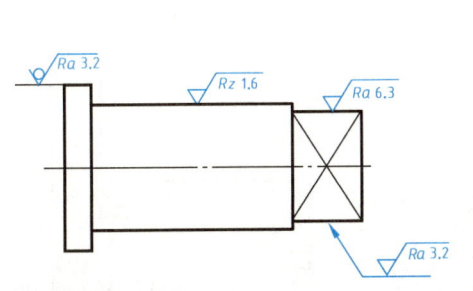

图 9-33　圆柱和棱柱的表面结构要求的注法

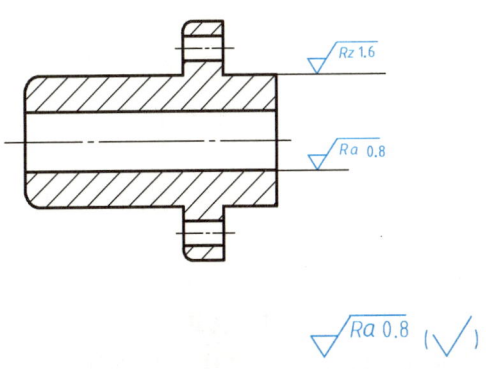

图 9-34　大多数表面具有相同表面结构要求的简化注法（一）

当零件的全部表面有相同的表面结构要求时,可在图样的标题栏附近统一标注表面结构要求,如图 9-36 所示。

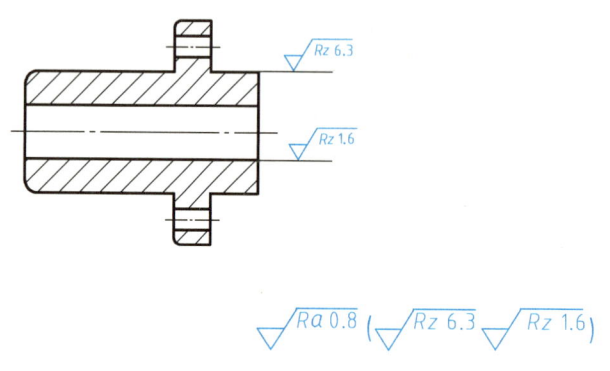

图 9-35　大多数表面具有相同表面结构要求的简化注法（二）

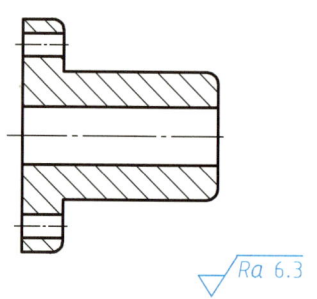

图 9-36　全部表面有相同表面结构要求的简化注法

（2）多个表面有共同表面结构要求的简化注法

1）用带字母的完整符号,以等式的形式,在图形或标题栏附近,对有相同表面结构要求的表面进行标注,如图 9-37 所示。

2）只用表面结构符号,如用基本符号、扩展符号,以等式的形式给出对多个表面共同的表面结构要求,如图 9-38 所示。

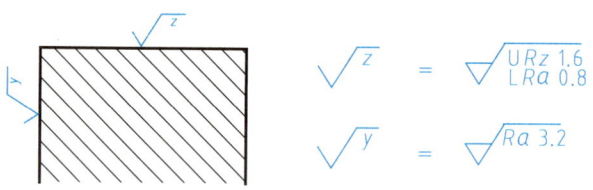

图 9-37　当多个表面有相同的表面结构要求时的简化注法

a) 未指定工艺方法　　b) 要求去除材料　　c) 不允许去除材料

图 9-38　只用表面结构符号的简化注法

3. 两种或多种工艺获得的同一表面的表面结构要求的注法

由两种或多种工艺方法获得的同一表面,当需要对每种工艺方法明确标注表面结构要求时,可按图 9-39 所示注法进行标注。

4. 键槽、倒角等工艺结构的表面结构要求的注法

键槽、倒角的表面结构要求的注法如图 9-40 所示。

5. 不连续的同一表面的表面结构要求的注法

零件上不连续的同一表面,用细实线连接后,可只标注

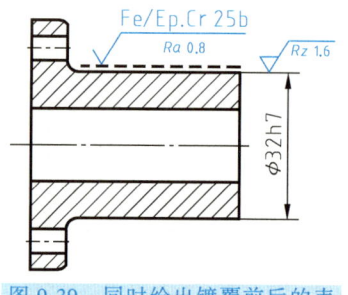

图 9-39　同时给出镀覆前后的表面结构要求的注法

一次表面结构要求,如图 9-41 所示,否则需分别标注。

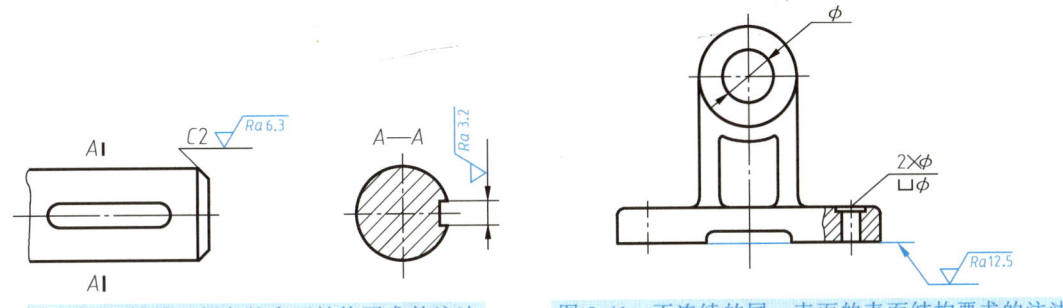

图 9-40　键槽、倒角的表面结构要求的注法　　图 9-41　不连续的同一表面的表面结构要求的注法

6. 连续表面的表面结构要求的注法

连续表面和轮齿等重复要素的表面结构要求,只需标注一次,如图 9-42 所示。

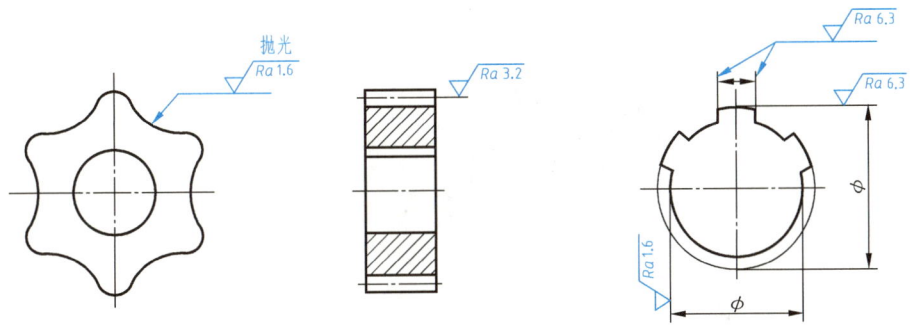

图 9-42　连续表面的表面结构要求的注法

四、表面结构要求的选择

正确确定表面结构要求是一项重要的技术经济工作。表面结构要求应根据零件表面的作用和要求确定,接触面与配合面的表面结构要求要高些,自由表面的表面结构要求要低些。合理选择表面结构要求,涉及许多专业知识,初学者可参照同类产品的相应零件图用类比法确定。表面结构要求的使用范围见表 9-3。

表 9-3　表面结构要求的使用范围

表面粗糙度 $Ra/\mu m$	使用范围
0.2	抛光的成形面或平面
0.4	1)成形工序的凸模和凹模刃口 2)圆柱表面和平面的刃口 3)滑动和精确导向的表面
0.8	1)成形的凸模和凹模刃口 2)凸、凹模镶块的接合面 3)过盈配合和过渡配合的表面——用于热处理零件 4)支承定位和紧固表面——用于热处理零件 5)磨削加工的基准平面 6)要求准确的工艺基准表面
1.6	1)内孔表面——在非热处理零件上配合用 2)底板平面

(续)

表面粗糙度 $Ra/\mu m$	使 用 范 围
3.2	1) 不磨削加工的支承、定位和紧固表面——用于非热处理零件 2) 底板平面
6.3~12.5	不与冲压零件及模具工件零件表面接触的表面
25	粗糙、不重要的表面

【例】 图 9-43a 所示为在数控铣床上加工的比较简单的工件,根据要求在图 9-43b 所示的工件图形上标注表面结构要求。

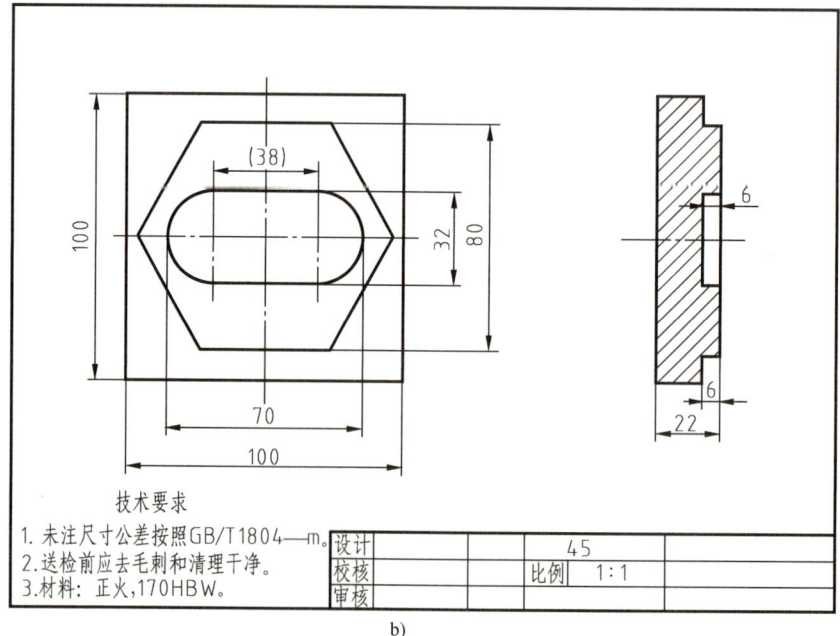

图 9-43 工件立体图及平面图形

1）工件上六棱柱外表面的表面结构要求为 MRR Ra3.2（用去除材料方法得到的表面结构要求为 Ra3.2μm）。

2）腰形槽内表面的表面结构要求为 MRR Ra3.2（用去除材料方法得到的表面结构要求为 Ra3.2μm）。

3）其余各表面的表面结构要求为 MRR Ra6.3（用去除材料方法得到的表面结构要求为 Ra6.3μm）。

零件上表面结构要求的标注如图9-44所示。

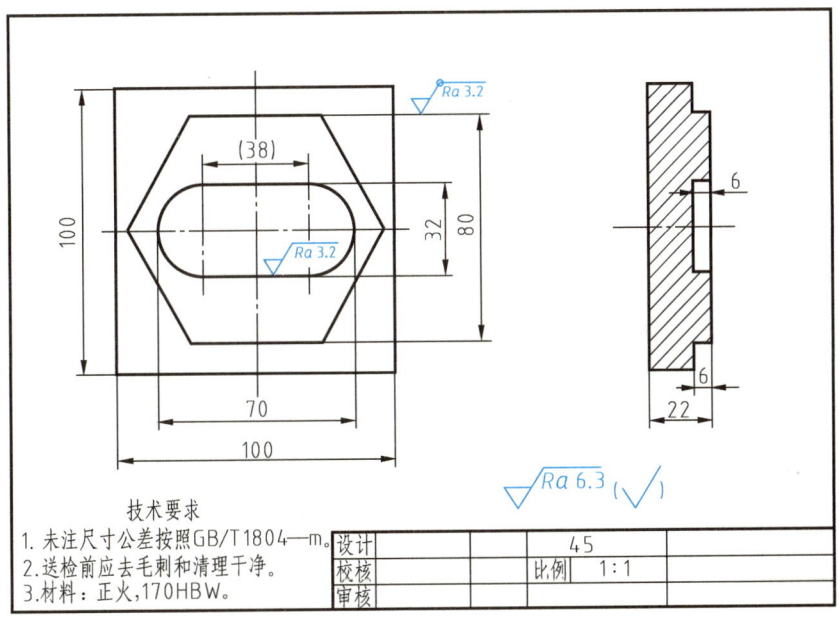

图9-44 零件上表面结构要求的标注

课后思考

1）表面结构极限值判断规则有哪两种？

2）请说明代号含义：$\sqrt{\begin{smallmatrix} U\ Ra\max 32 \\ L\ Ra\ 0.8 \end{smallmatrix}}$。

3）读图9-45，识读输出轴的表面结构要求并完成下面填空。

① 零件表面结构的参数值数值越大，其表面越_____。

② 零件上所有的表面都是用_____的方法加工而成的，有_____个表面结构的参数值为 Ra3.2μm，_____个表面结构的参数值为 Ra0.8μm，图中键槽侧面的表面结构的参数值为_____，图形上没有标注的表面，表面结构的参数值均为_____。

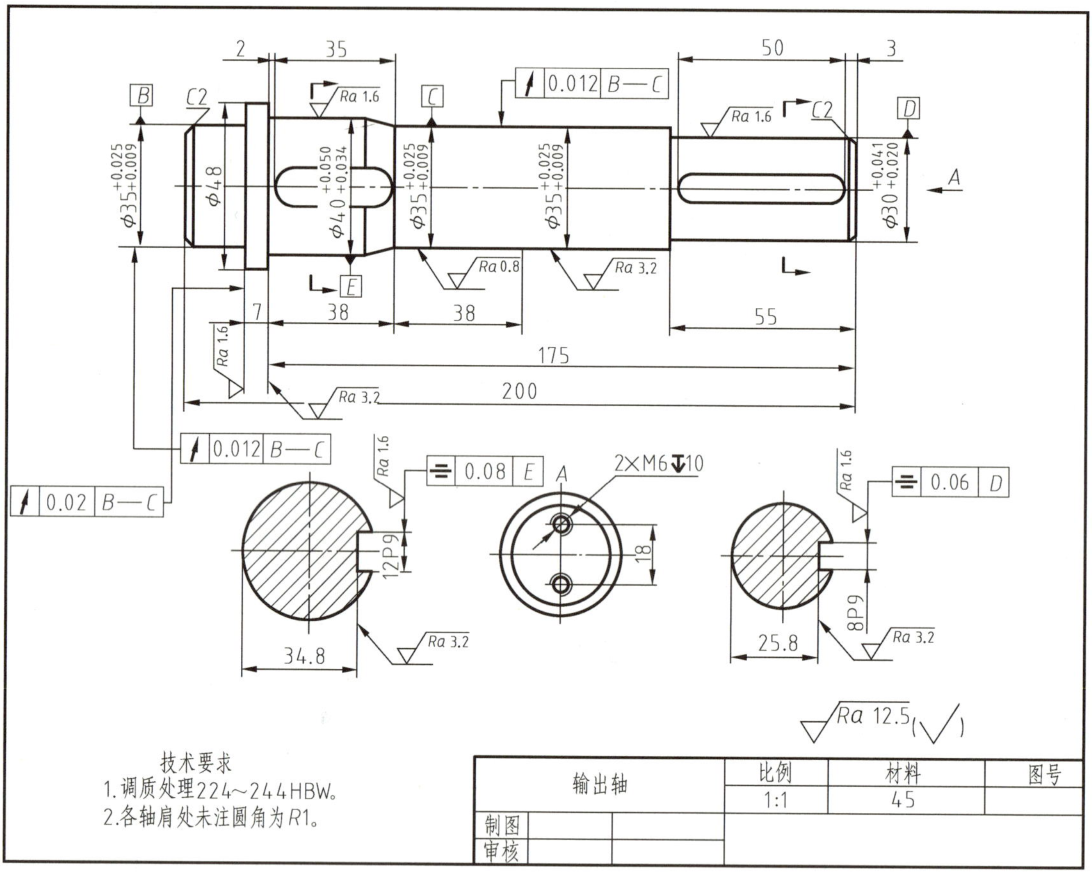

图 9-45　输出轴零件图

课题四　零件图上的尺寸加工要求

在机器制造过程中，为了便于装配和维修，要求在相同规格的一批零件中，不用选择，不经修配就能装配在机器上，且达到规定的性能要求。但在实际加工中，由于设备、量具、操作人员的技术水平等原因，不可能将所有零件都准确地加工成同一个指定的固定尺寸，只能将尺寸控制在某个合理的公差范围内。因此，国家标准中提出了"极限与配合"的概念。

相关知识

一、极限的概念及术语

为了保证产品的互换性，满足经济生产的要求，应使相配合的零件具有一定的尺寸变动量，这个允许的尺寸变动量称为公差。

提示

零件加工后测量出的尺寸（即实际尺寸），只要在尺寸允许变动的范围内即合格。

极限与配合的概念和常用术语见表 9-4。

表 9-4 极限与配合的概念和常用术语

术语	定义		孔的尺寸 $\phi50H8(^{+0.039}_{0})$	轴的尺寸 $\phi50f8(^{-0.025}_{-0.050})$
公称尺寸/mm	由图样规范确定的理想形状要素的尺寸		$D = 50$	$d = 50$
实际组成要素（实际尺寸）	通过测量某一具体零件获得的尺寸		D_a	d_a
极限尺寸/mm	尺寸要素允许的两个极端值	上极限尺寸	$D_{max} = 50.039$	$d_{max} = 49.975$
		下极限尺寸	$D_{min} = 50$	$d_{min} = 49.950$
偏差	某一尺寸减其公称尺寸所得的代数差			
极限偏差	上极限偏差和下极限偏差。轴的上、下极限偏差代号用小写字母 es、ei 表示；孔的上、下极限偏差代号用大写字母 ES、EI 表示			
上极限偏差（ES、es）/mm	上极限尺寸减其公称尺寸所得的代数差		$ES = D_{max} - D = +0.039$	$es = d_{max} - d = -0.025$
下极限偏差（EI、ei）/mm	下极限尺寸减其公称尺寸所得的代数差		$EI = D_{min} - D = 0$	$ei = d_{min} - d = -0.050$
尺寸公差（简称公差）/mm	上极限尺寸减下极限尺寸之差，或是上极限偏差减下极限偏差之差。它是允许的尺寸变动量，是一个没有符号的绝对值		$T_D = D_{max} - D_{min}$ $= ES - EI = 0.039$	$T_d = d_{max} - d_{min}$ $= es - ei = 0.025$
零线	在极限与配合的图解中，表示公称尺寸的一条直线，以其为基准确定偏差和公差。通常，零线沿水平方向绘制，正偏差位于其上，负偏差位于其下。偏差数值多以 μm 为单位			
公差带	在公差带图解中，由代表上极限偏差和下极限偏差的两条直线所限定的一个区域。它由公差大小和其相对零线的位置（如基本偏差）来确定			

二、标准公差与基本偏差

在国家标准中，公差带是由公差大小和基本偏差组成的。公差带的大小由标准公差等级确定，公差带的位置由基本偏差确定。

1. 标准公差和公差等级

标准公差是指国家标准列出的用以确定公差带大小的任一公差。国家标准把标准公差分为 20 个等级，标准公差等级代号用符号 IT 和数字组成，即 IT01、IT0、IT1、IT2、…、IT18，数字越大公差值越大，精度越低。IT01 公差值最小，精度最高；IT18 公差值最大，精度最低。

 提示

国家标准将公称尺寸分段，每一尺寸段公差等级规定一公差值。同一公差等级基本尺寸不同,那么公差值也不同,但认为具有相同精度。

2. 基本偏差

基本偏差是指极限与配合中确定公差带相对于零线位置的那个极限偏差。它可以是上极限偏差或下极限偏差,一般指靠近零线的那个极限偏差。当公差带在零线以上时,下极限偏差为基本偏差;当公差带在零线以下时,上极限偏差为基本偏差。

国标已制定了基本偏差代号,对孔用大写字母 A、B、…、ZC 表示,对轴用小写字母 a、b、…、zc 表示,各 28 个,构成基本偏差系列,如图 9-46 所示。

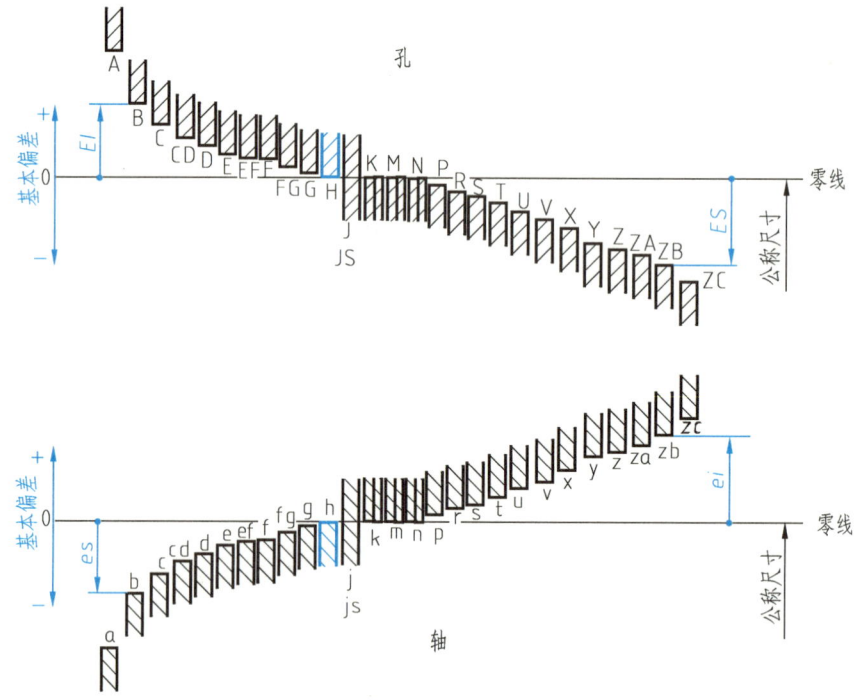

图 9-46 基本偏差系列示意图

公差带用基本偏差的字母和标准公差等级的数字表示。孔与轴的公差带代号如图 9-47 所示。

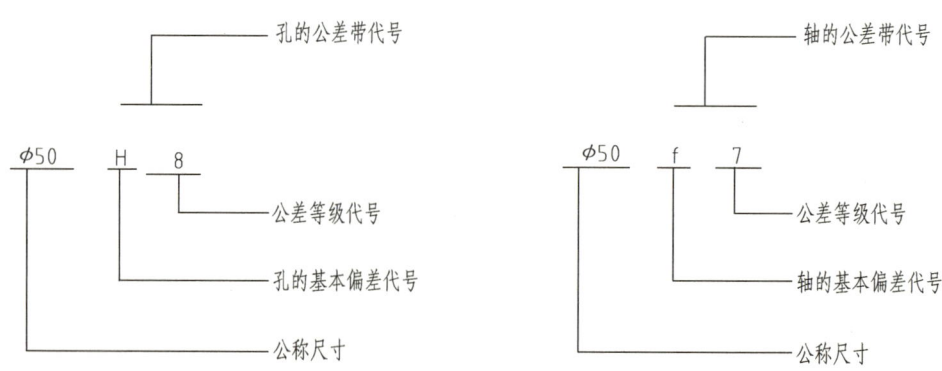

图 9-47 孔与轴的公差带代号

三、配合类型和配合制

1. 配合

配合指公称尺寸相同、相互结合的孔和轴公差带之间的关系。公差带的相对位置不同，孔和轴的配合松紧程度就不同，从而满足不同的装配和使用需求。

（1）间隙和过盈　用来表示孔和轴配合的松紧程度。孔的尺寸减去相配合轴的尺寸的值，为正时是间隙，配合较松；为负时是过盈，配合较紧。

（2）配合的类型

1）间隙配合　具有间隙的配合称为间隙配合，即孔的下极限尺寸大于或等于轴的上极限尺寸的配合（包括最小间隙等于零的配合）。此时，孔的公差带在轴的公差带之上，如图9-48a所示。

2）过渡配合。可能具有间隙或过盈的配合称为过渡配合。此时，孔的公差带与轴的公差带相互交叠，如图9-48b所示。

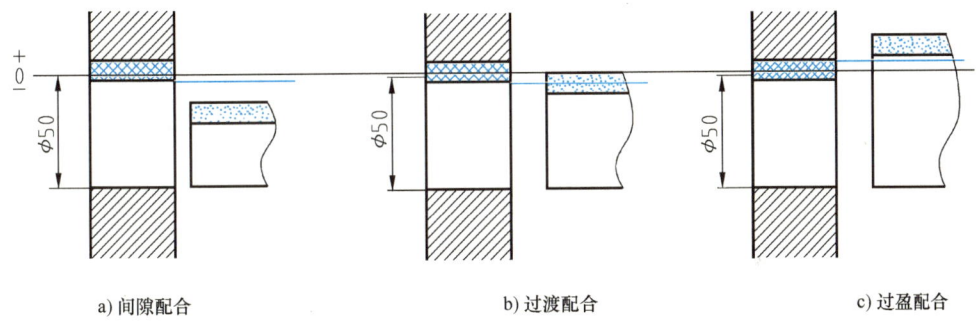

a) 间隙配合　　　　b) 过渡配合　　　　c) 过盈配合

图9-48　配合

3）过盈配合　具有过盈的配合称为过盈配合，即孔的上极限尺寸小于或等于轴的下极限尺寸的配合（包括最小过盈等于零的配合）。此时，孔的公差带在轴的公差带之下，如图9-48c所示。

2. 配合制

同一极限制的孔和轴组成配合的一种制度。国家标准规定，孔、轴配合时有两种制度：基孔制配合和基轴制配合。

（1）基孔制配合　指基本偏差为一定的孔的公差带，与不同基本偏差的轴的公差带形成各种配合的一种制度。基孔制配合的孔的下极限尺寸与公称尺寸相等（即基本偏差代号为H），孔的下极限偏差为零，如图9-49所示。

（2）基轴制配合　指基本偏差为一定的轴的公差带，与不同基本偏差的孔的公差带形成各种配合的一种制度。基轴制配合的轴的上极限尺寸与公称尺寸相等（即基本偏差代号为h），轴的上极限偏差为零，如图9-50所示。

四、尺寸加工要求的标注和识读

公差尺寸在零件图上的标注有三种形式，可根据具体需要选用。

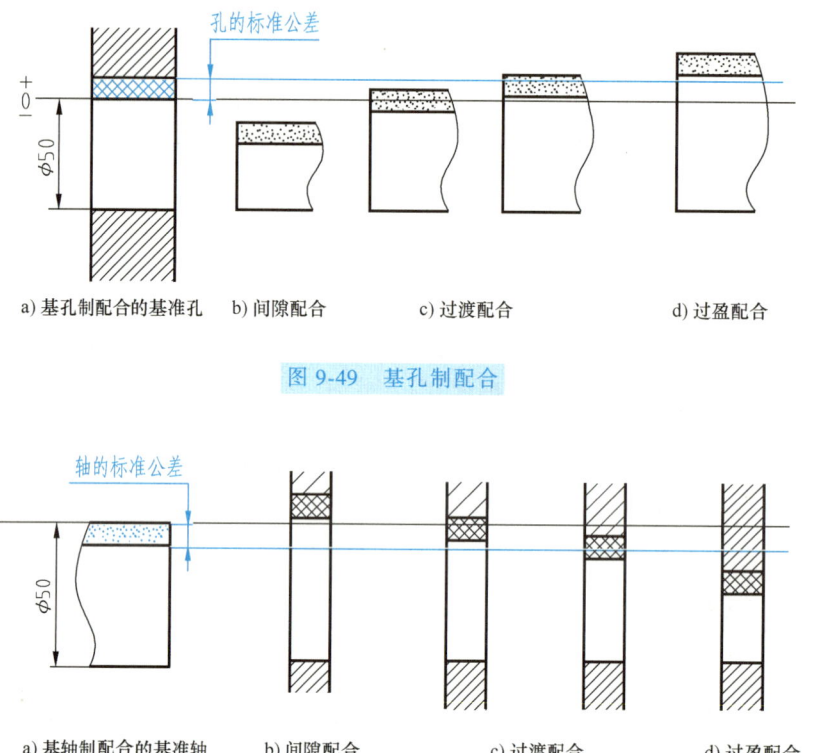

a) 基孔制配合的基准孔　b) 间隙配合　c) 过渡配合　d) 过盈配合

图 9-49　基孔制配合

a) 基轴制配合的基准轴　b) 间隙配合　c) 过渡配合　d) 过盈配合

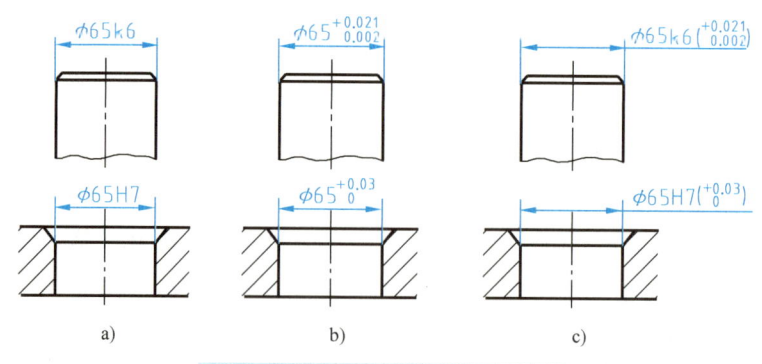

图 9-50　基轴制配合

1）标注公差带代号，如图 9-51a 所示。在公称尺寸右边标注公差带代号，此时，基本偏差代号字体与公差等级字体的高度相同。这种注法适合于大批量生产，采用专用量具检验零件尺寸的场合。

a)　b)　c)

图 9-51　零件图中公差尺寸的标注

2）标注极限偏差，如图 9-51b 所示。在公称尺寸的右边标注极限偏差数值，此时上极限偏差标注在公称尺寸的右上方，下极限偏差与公称尺寸在同一水平线上，极限偏差值的字体应比公称尺寸的字体小一号。当上、下极限偏差数值不相同时，极限偏差的小数点必须对齐，小数点后的位数也必须相同；当其中一个基本偏差为“零”时，可直接用数字“0”注出，但需注意与另一个极限偏差的个位上的数"0"对齐；当上、下极限偏差数值相同，符号不同时，可在极限偏差值与公称尺寸之间注出"±"符号，极限偏差值的字体高度应与公称尺寸的字体高度相同，如 50±0.015。这种注法主要用于单件和小批量生产，使用通用量具测量检验的场合，可减少查表时间。

3）公差带代号与极限偏差一起标注，如图 9-51c 所示。公差带代号和极限偏差依次标注在公称尺寸的右边，此时极限偏差值应加注圆括号。这种标注形式集中了前两种标注形式的优点，常用于产品转产较频繁的生产中。

【例】 根据要求在图 9-44 所示的工件上标注尺寸公差。

1）工件的整体尺寸 100 的上极限偏差为 0，下极限偏差为 -3。

2）腰形槽的宽度尺寸 32 的上极限偏差为 +0.062，下极限偏差为 0；长 70 的上极限偏差为 +0.074，下极限偏差为 0；深度尺寸 6 的上极限偏差为 +0.075，下极限偏差为 0。

3）六棱柱的尺寸 80 的上极限偏差为 0，下极限偏差为 -0.074；高度尺寸 6 的上极限偏差为 +0.038，下极限偏差为 -0.038。

零件上的尺寸公差标注如图 9-52 所示。

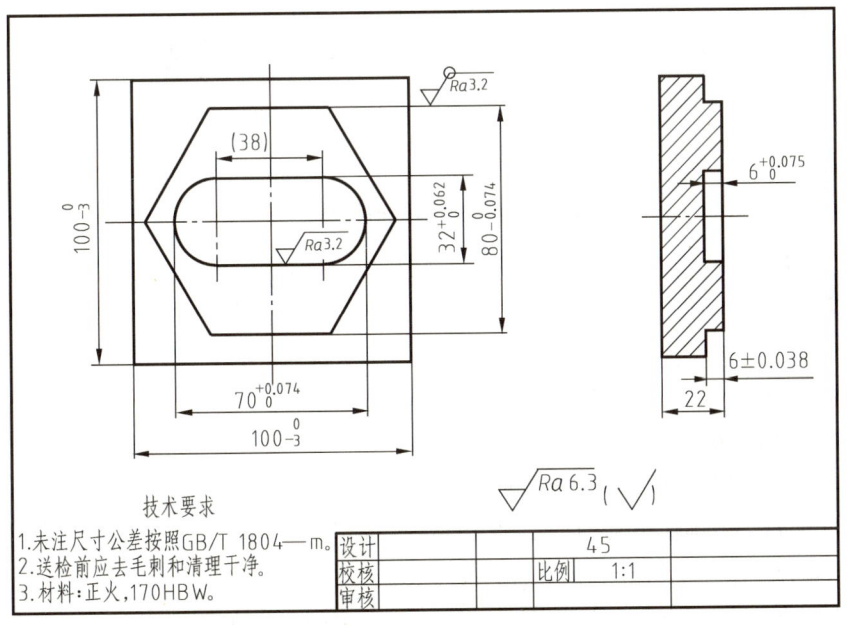

图 9-52 零件上的尺寸公差标注

装配图中配合代号的标注

对有配合要求的尺寸，应在公称尺寸之后标注配合代号。配合代号由孔与轴的公差带代号组合而成，并写成分数形式，分子为孔公差带代号，分母为轴公差带代号。

装配图中配合代号的标注形式如图 9-53 所示。

1）标注孔和轴的配合代号，应用最多，如图 9-53a 所示。
2）零件与标准件或外购件配合时，可仅标注该零件的公差代号，如图 9-53b 所示，只标注出了与轴承配合的孔和轴的公差带代号。
3）标注孔和轴的极限偏差值。

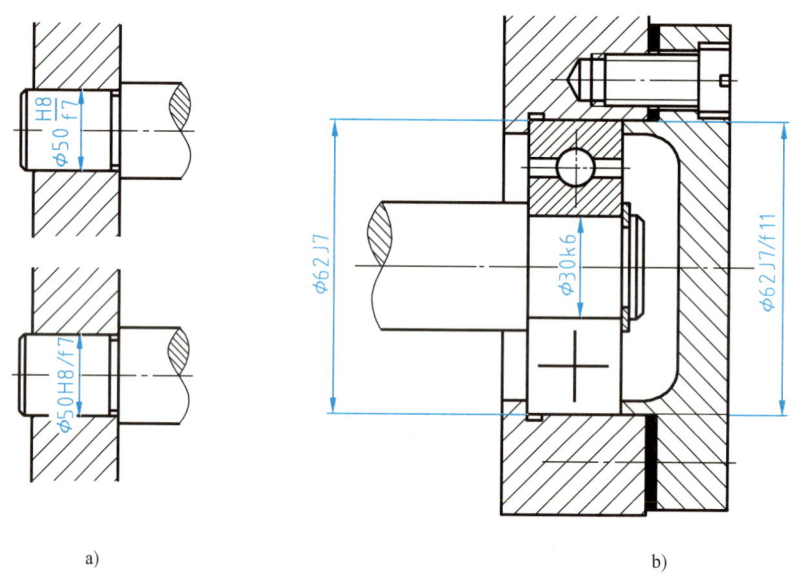

图 9-53　装配图中配合代号的标注形式

课后思考

1）解释公差和配合的概念。
2）解释公差带代号 $\phi16H7$ 的含义。
3）配合分为哪几种？如何区分？
4）配合制分为哪几种？如何辨识？
5）读图 9-45，识读输出轴的加工尺寸要求并完成下面填空。
① 尺寸 $\phi35^{+0.025}_{+0.009}$ 的公差值为_____。
② 零件上有_____处尺寸具有公差要求，$\phi40^{+0.050}_{+0.034}$ 中的 $\phi40$ 为_____，+0.050 为_____，+0.034 为_____。

课题五　零件图上的几何公差要求

在机械零件加工时不但会产生尺寸误差，而且还会产生形状和位置误差。实际加工零件时，要求相同规格的每个零件，都具有相同的形状误差和几何要素间的位置误差是不可能的，只能把形状误差和相互位置误差控制在某些几何公差范围内。

除了前面学过的表面结构要求、尺寸公差外，零件的几何公差也是评定零件质量的一项重要指标。加工时，看懂图样上对各零件形状和位置误差的要求，对保证零件精度，降低生产成本非常重要。

一、几何误差与几何公差

1. 几何误差

零件加工后，其表面、中心线等的实际形状和位置偏离设计时所要求的理想形状和位置而形成的误差，称为几何误差。

如图 9-54 所示，孔轴配合时，如果轴线存在较大的弯曲，就不可能满足配合要求，甚至无法装配。如图 9-55 所示，因机床导轨面不平直，影响了机床的运动精度，导致加工出的零件轴线不在同一条线上（不同轴），影响了零件的装配。

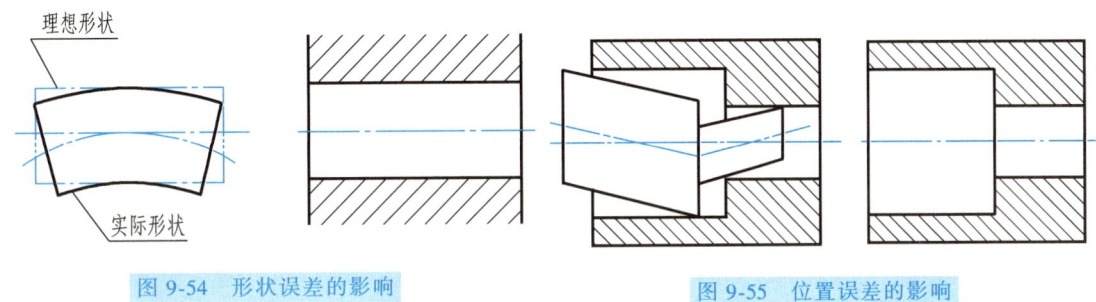

图 9-54　形状误差的影响　　　　　　　图 9-55　位置误差的影响

2. 几何公差

零件图样上除了规定尺寸公差来限制尺寸误差外，还规定了几何公差来限制几何误差，以满足零件的功能要求。对零件几何要素的形状、方向、位置、跳动所提出的精度要求，称为几何公差。几何公差分为形状公差、方向公差、位置公差和跳动公差几种，每种几何公差又有不同的项目，并且都规定了专用符号，具体见表 9-5。

3. 几何公差带

限制实际形状与位置变动的范围可以像尺寸公差一样用公差带来表示，称为几何公差带，每个项目的公差带的形式和有关详细情况可查阅相关标准或手册。

二、几何公差的标注

1. 被测要素与基准要素

构成零件的点、线或面称为要素，在几何公差的标注中用到最多的要素是被测要素和基准要素。

1) 被测要素是指给出了几何公差的要素。
2) 基准要素是指用来确定被测要素的方向或位置的要素。

2. 几何公差代号与基准代号

（1）几何公差代号　在零件图里，几何公差一般用几何公差代号标注，只有当无法采用代号标注或采用代号标注过于复杂时，才允许在技术要求中用文字说明几何公差要求。几何公差代号由几何特征符号、公差框格、指引线、公差数值和其他有关符号、基准字母等组成。

几何公差在图样中以公差框格的形式给出，有两格或多格，它可以水平放置，也可以垂直放置，其形式如图 9-56a 所示。公差框格用细实线绘制，其高度推荐为图样上尺寸数字高度的 2 倍，推荐宽度为：第一格等于框格高度，第二格与标注内容的长度相适应，第三格及以后各格也应与有关的字母宽度相适应。公差框格内容从左至右（从下至上）依次填写几何特征符号、公差数值（单位为 mm）、基准字母，如图 9-56b 所示。

表 9-5　几何公差的分类、项目及符号

公差类型	几何特征	符号	有无基准
形状公差	直线度	—	无
	平面度	▱	
	圆度	○	
	圆柱度	⌭	
	线轮廓度	⌒	
	面轮廓度	⌓	
方向公差	平行度	∥	有
	垂直度	⊥	
	倾斜度	∠	
	线轮廓度	⌒	
	面轮廓度	⌓	
位置公差	位置度	⊕	有或无
	同心度（用于中心点）	◎	有
	同轴度（用于轴线）	◎	
	对称度	≡	
	线轮廓度	⌒	
	面轮廓度	⌓	
跳动公差	圆跳动	↗	
	全跳动	⌰	

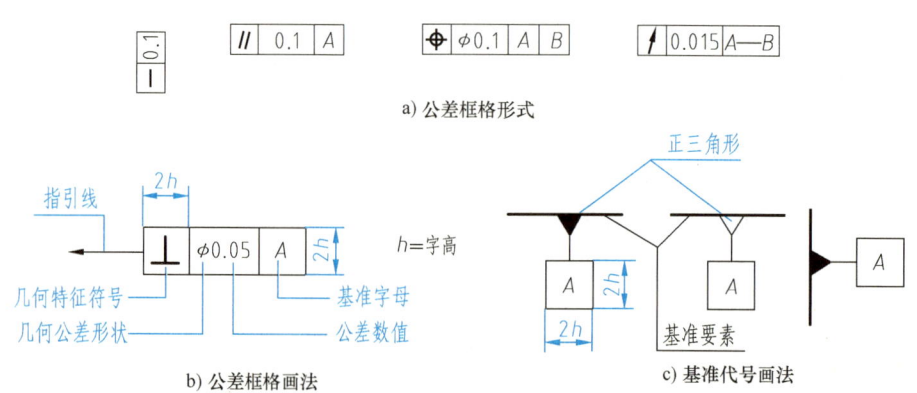

a) 公差框格形式

b) 公差框格画法　　　　c) 基准代号画法

图 9-56　公差框格与基准

指引线用细实线绘制，用于连接被测要素和公差框格，可从公差框格的任意一侧引出，引出段必须垂直于公差框格，终端带箭头，如图9-56b所示。指引线指向被测要素时允许折弯，但不得多于两次。

（2）基准代号　图9-56c所示为基准代号。基准代号的正方格用细实线绘制，高度与公差框格的高度保持一致，表示基准名称的字母标注在正方格内，总是水平方向书写。基准方格与一个涂黑或空白的正三角形相连，以表示基准。涂黑的和空白的基准三角形含义相同。

3．几何公差的标注方法

（1）被测要素的标注　当被测要素是轮廓线或轮廓面时，指引线箭头指向该要素的轮廓线或其延长线，应与尺寸线明显错开，如图9-57所示。当被测要素是轮廓面时，也可指向引出线的水平线，引出线引自被测面，如图9-58所示。

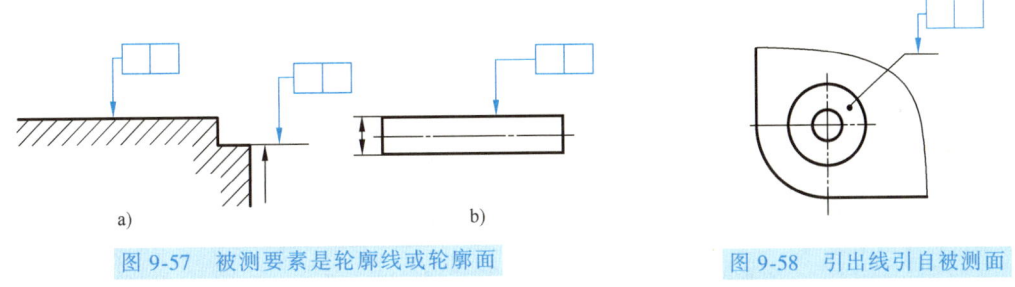

图9-57　被测要素是轮廓线或轮廓面　　　图9-58　引出线引自被测面

当被测要素为中心线、中心面或中心点时，箭头应与相应尺寸线的箭头对齐，如图9-59所示。

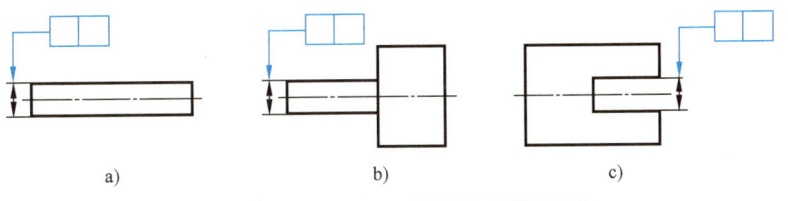

图9-59　被测要素为中心线、中心面

（2）基准要素的标注　当基准要素为轮廓线或轮廓面时，基准三角形放置在要素的轮廓线或其延长线上，并应明显地与尺寸线错开，如图9-60所示。

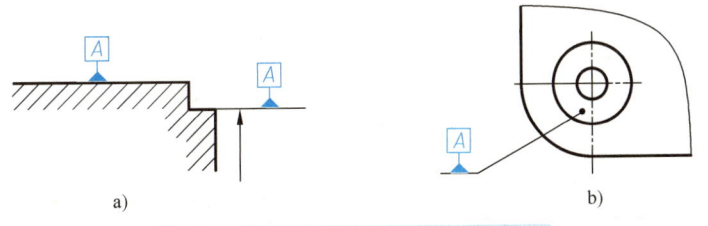

图9-60　基准要素为轮廓线或轮廓面

当基准要素是尺寸要素确定的轴线、中心平面或中心点时，基准三角形应放置在该尺寸线的延长线上，如图9-61所示。当没有足够的位置标注基准要素尺寸的两个尺寸箭头时，其中一个箭头可用基准三角形代替，如图9-61b所示的基准A。

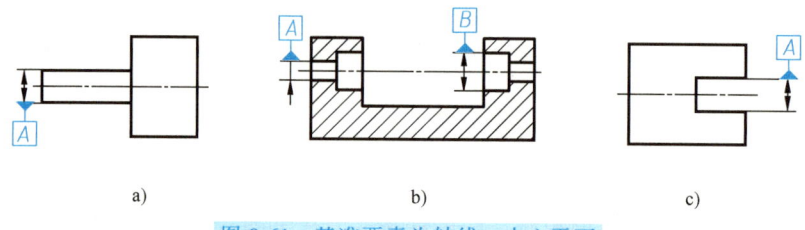

图 9-61　基准要素为轴线、中心平面

当基准要素为单一要素的轴线或各要素的公共轴线、公共中心面时，基准符号可直接靠近公共轴线标注，如图 9-62 所示。

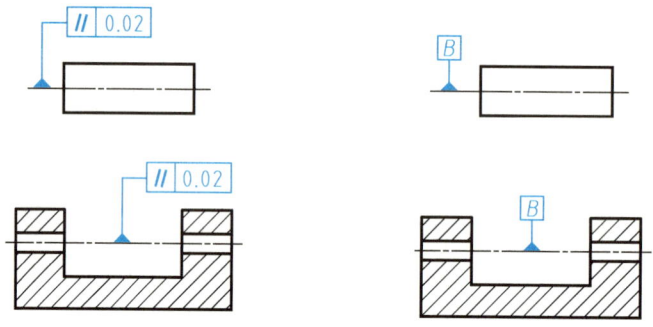

图 9-62　基准要素为单一要素或公共轴线时的注法

【例】　识读图 9-63 所示零件的几何公差要求，并解释其含义。

图 9-63 中几何公差的解读见表 9-6。

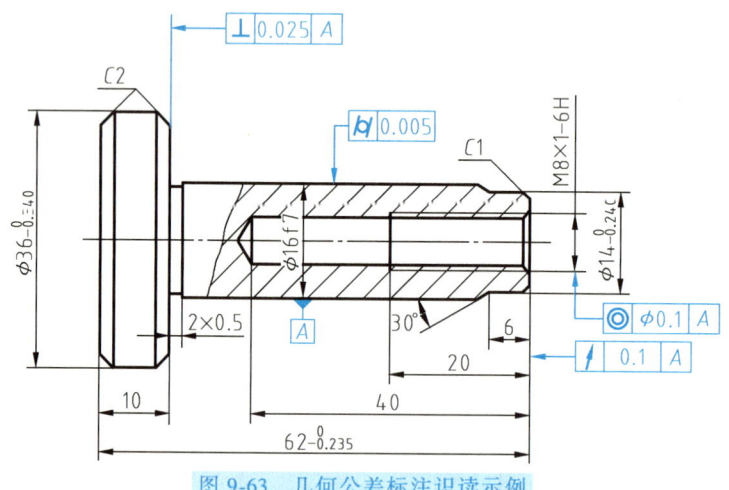

图 9-63　几何公差标注识读示例

表 9-6　图 9-63 中几何公差的解读

几何公差的标注符号	解　　读
⌭ 0.005	ϕ16f7 外圆柱面的圆柱度公差为 0.005mm
◎ ϕ0.1 A	螺孔 M8×1-6H 的轴线对基准 A（ϕ16f7 的轴线）的同轴度公差为 0.1mm
↗ 0.1 A	圆柱 ϕ14mm 的端面对基准 A（ϕ16f7 的轴线）的轴向圆跳动公差为 0.1mm
⊥ 0.025 A	圆柱 ϕ36mm 的右端面对基准 A（ϕ16f7 的轴线）的垂直度公差为 0.025mm

课后思考

读图 9-45，识读输出轴的几何公差标注并完成下面填空。

1) 零件图中几何公差 ⌐ 0.08 E 的含义：_____。
2) 图中的基准符号 B 表示的要素为_____。

课题六　零件图上的材料及热处理要求

零件图除了对零件表面结构、尺寸公差、几何公差有要求外，还要合理选择零件材料及热处理方法，以满足零件对工作性能的要求。

相关知识

一、零件材料的选取

标题栏内的材料栏主要填写零件材料的牌号。机械零件材料的选用，主要是根据零件的生产批量、复杂程度、工作条件及工作环境、结构特点、尺寸大小以及生产成本等因素来考虑。一般原则是在保证零件的使用条件下，尽可能节约贵重钢材。

二、零件的热处理要求及标注方法

1. 热处理要求

热处理是利用加热、保温、冷却等手段，使金属内部组织发生变化，从而使机械零件获得所需要的强度、韧性、耐磨性等各种力学性能的一种工艺过程。热处理对零件的性能与使用寿命影响很大，因此，通常要把热处理方法及热处理后表面所应达到的性能表达出来。

2. 热处理标注方法

1) 用符号或代号在图样上进行标注，如图 9-64 所示，图中符号含义：E_p——电镀；Fe——电镀基材为铁；Cr——铬；25——镀层厚度为 25μm；b——光亮。

2) 不便注写在视图中、但在制造时又必须保证的条件和技术要求等，可以用文字注明在图纸右下方的"技术要求"中，如对材质的要求、表面处理、表面涂层及表面修饰（如锐边倒钝、清砂等）、未注倒圆半径的说明、个别部位的修饰加工要求和其他特殊要求等。

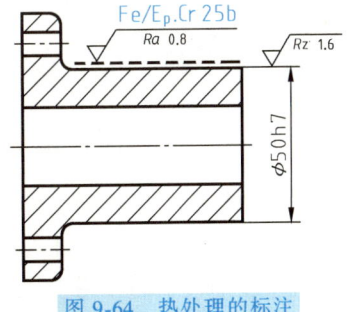

图 9-64　热处理的标注

【例】　识读图 9-45 输出轴的材料及热处理要求。

如图 9-45 所示，输出轴的材料是 45 钢，碳的质量分数约为 0.45%。零件加工完后要求进行调质处理，布氏硬度值为 224~244HBW。

课题七 绘制零件图

根据图 9-65 所示拨叉结构图及下面给定的要求,绘制拨叉零件图。

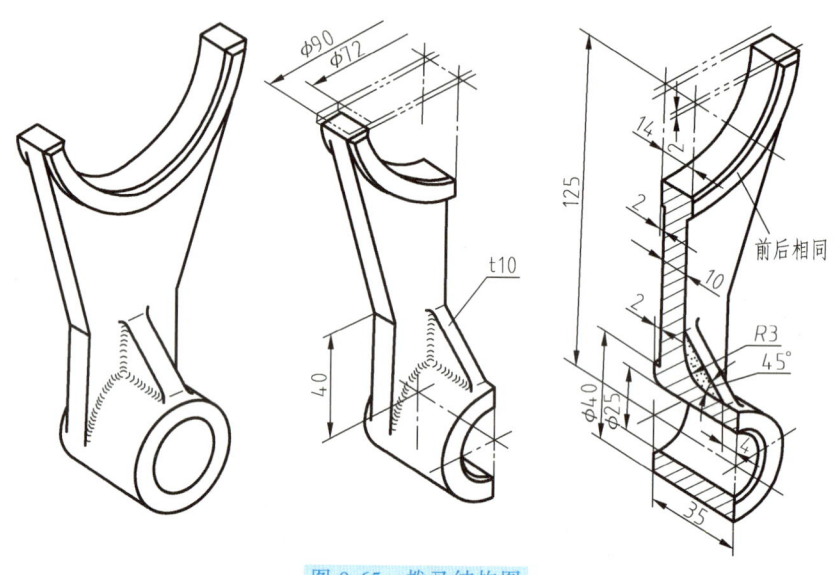

图 9-65 拨叉结构图

1)尺寸 φ72 基本偏差为 H,公差等级为 6 级;尺寸 φ25 基本偏差为 H,公差等级为 6 级。

2)φ72 孔内表面表面结构要求为 $Ra3.2\mu m$;φ25 孔内表面表面结构要求为 $Ra1.6\mu m$;φ40 圆柱两侧面表面结构要求为 $Ra6.3\mu m$;φ90 半圆柱两侧面表面结构要求为 $Ra6.3\mu m$;其余表面不要求加工。

3)未注倒角 C2;φ25 圆柱轴线相对 φ40 圆柱后端面垂直度要求为 0.05;φ25 圆柱轴线相对 φ72 圆柱轴线平行度要求为 0.015。

零件图中的尺寸、技术要求的标注方法及标题栏的相关内容,在之前的课题中详细介绍过,因此完成该零件图的关键是选择合适的图形来表达拨叉的形状。

相关知识

一、零件图的视图选择原则

零件的图形除了要正确、完整、清晰地表达零件的全部结构形状外,还应考虑符合生产要求,方便读图和看图。因此,必须对零件的结构及其形状特点进行分析,要尽可能地了解零件在机器或部件中的作用、位置以及它的加工方法,合理地选择主视图和其他视图,并适当地选用基本视图、剖视图、断面图及其他表达方法。

1. 主视图的选择

主视图是零件图上最重要的一个视图,主视图选择得好与否,直接影响到画图与识图。因此,在表达零件时,首先应确定主视图,然后再确定其他视图。

一般来说，零件主视图的选择应符合"工作位置""加工位置"和"形状特征"三个基本原则。

(1) 工作位置原则　主视图应尽量符合零件的工作（安装）位置。这种画法是为了在设计过程中核对零件间的相关尺寸，在装配时方便对照图样。

(2) 加工位置原则　有些零件如轴、套、模具杆类等零件，大部分是在车床或磨床上进行加工的，因此一般将此类零件按轴线水平放置画出主视图。这种画法便于在加工时直接进行图物对照，减少加工差错。

(3) 形状特征原则　主视图是主要视图，最好使人一看主视图就能大致了解该零件的形状，因此主视图应能明显地反映零件主要结构形状及各组成形体之间的相互关系。

2. 其他视图的选择

通常仅用一个视图是不能把零件的结构形状完全表达清楚的，还需要配合其他视图，来表达主视图尚未表达清楚的部位。因此，可根据零件的复杂程度和内外结构全面考虑所需要的其他视图，使每个视图都有一个表达的重点。

提示

其他视图选择时，采用的视图数目不宜过多，且尽可能少用虚线，力求制图简便。

二、绘制零件图的方法和步骤

以图9-65所示的拨叉为例，说明绘制零件图的方法和步骤。

1. 结构分析

如图9-65所示，该零件是叉架类零件，由支承部分$\phi 25$孔、工作部分$\phi 72$孔和连接部分肋板组成，需要经过铸造和铣削等切削加工工序才能完成，$\phi 72$孔和$\phi 25$孔是该零件需要表达的重要结构。

2. 选择主视图，确定其他视图

(1) 主视图　选拨叉的工作位置并能反映拨叉结构特点的视图为主视图，如图9-66所示，主视图反映了$\phi 72$孔和$\phi 25$孔的形状特征及位置关系。

(2) 其他视图　用全剖的左视图表达$\phi 25H6$圆柱孔内部结构。

3. 选择尺寸基准，标注尺寸

在主视图上选拨叉的对称面作为长度方向的基准，选$\phi 25H6$圆柱孔轴线作为高度基准，在左视图上选$\phi 40$圆柱后端面为宽度基准；先标注$\phi 90$半圆柱、连接板的定位尺寸125、2；再根据尺寸公差要求标注$\phi 25H6$、$\phi 72H6$尺寸；最后根据轴测图逐一标出定形尺寸；倒角$C2$在技术要求中标注。

4. 标注技术要求

$\phi 40$圆柱前端面的表面结构要求，以及$\phi 90$半圆筒前面的表面结构要求，用带箭头的指引线引出标注。其他几项表面结构要求直接标在相应轮廓线上，其余表面的表面结构要求标在图形右下角（标题栏上方）。

$\phi 25H6$圆柱孔轴线相对$\phi 72H6$半圆柱孔轴线平行度公差框格标注在$\phi 25H6$尺寸线延长线上，基准A的三角符号与$\phi 72H6$尺寸线对齐；$\phi 25H6$轴线相对$\phi 40$圆柱后端面垂直度公差框格标注在$\phi 25H6$尺寸线延长线上，基准B的三角符号直接标在$\phi 40$圆柱后端面上。

5. 填写标题栏

在标题栏中填写比例 1∶2、材料 HT200 等，完成拨叉零件图的绘制。如图 9-66 所示。

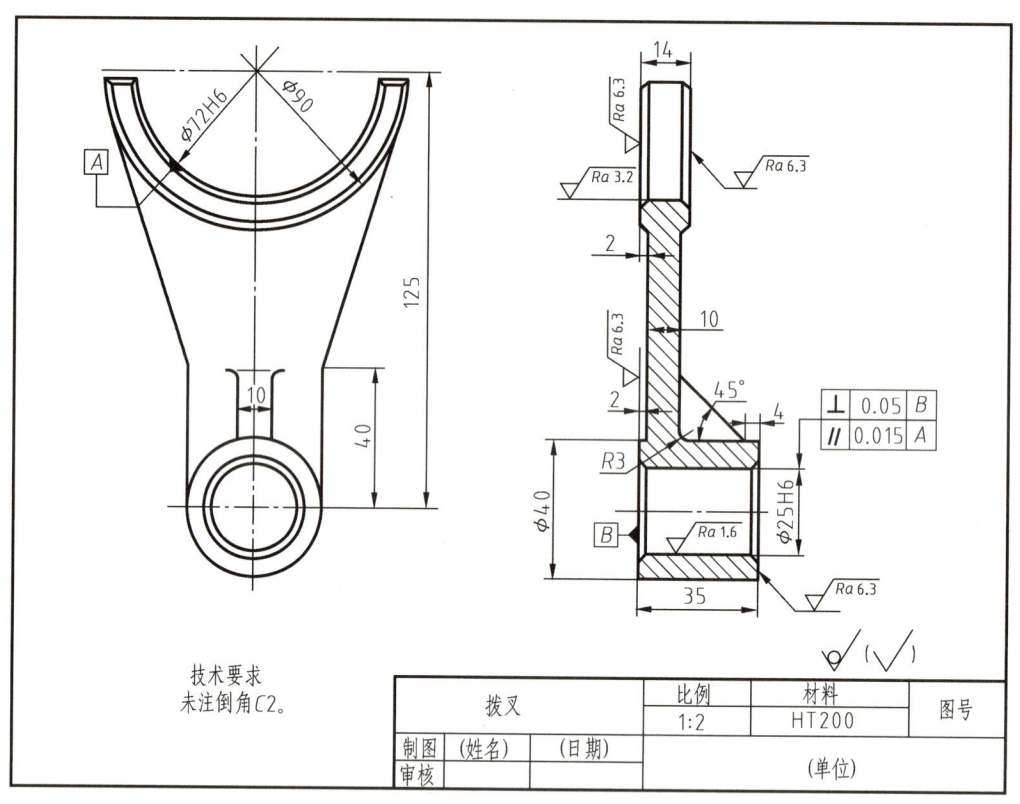

图 9-66　拨叉零件图

零件上常见的工艺结构

绝大多数零件都是通过机械加工、铸造而成的，因此绘制零件图时，除了要满足零件的工作性能之外，还要考虑机械加工、铸造所具有的合理的工艺性。除了课题二中提过的倒角、倒圆、退刀槽和砂轮越程槽外，还有以下常见工艺结构：

一、凸台与凹坑

为了使得零件在装配时零件表面接触良好，并减少加工面积，改善工艺性，常在零件上设计出凸台和凹坑等结构，如图 9-67 所示。

二、起模斜度和铸造圆角

为了起模方便，一般沿着起模方向做成一定斜度，称为起模斜度。若无特殊要求，起模斜度不必画出，也不必标注。为防止铸造过程中，浇注时的金属液将砂型尖角处冲坏和避免铸件冷却收缩时在尖角处产生裂纹，铸件各表面相交处都做成圆角，称为铸造圆角，如图

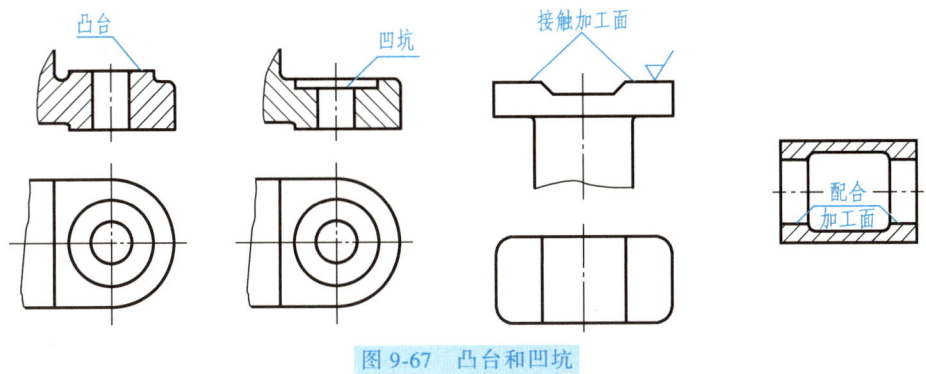

图 9-67 凸台和凹坑

9-68 所示。

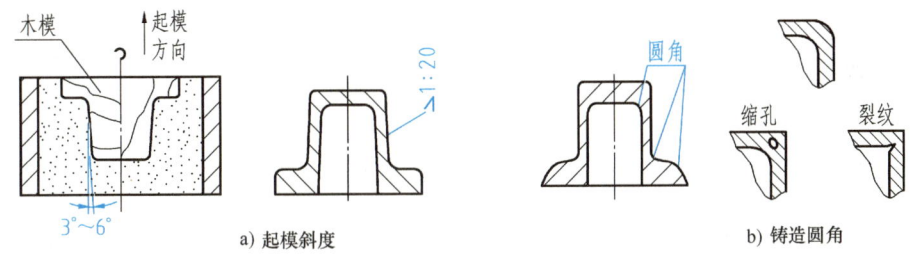

a) 起模斜度　　　　　　　　b) 铸造圆角

图 9-68 起模斜度和铸造圆角

三、铸件壁厚

为避免浇注后零件各部分冷却速度不同，而产生缩孔、裂纹等缺陷，要尽可能地使得壁厚均匀或逐渐过渡，如图 9-69 所示。

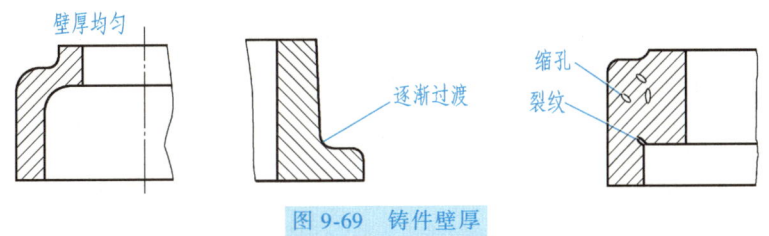

图 9-69 铸件壁厚

课后思考

1）绘制零件图，主视图的选择原则有哪几个？
2）绘制零件图的步骤分哪几步？

课题八　识读零件图

数控加工时，工人需要先根据零件图要求的材料及尺寸准备好零件坯料，然后按照图中的尺寸和技术要求确定加工工艺，最后根据技术要求检验零件是否合格。因此，准确、熟练地识读零件图，是数控加工工人必须具备的基本功之一。识读零件图的目的是通过图样的表达想象出零件的形状结构，理解每个尺寸的作用和要求，了解各项技术要求的内容和实现这些要求应该采取的工艺措施等，以便加工出符合图样要求的合格零件。

一、识读零件图的方法和步骤

第一步：看标题栏

通过标题栏可以了解零件的名称、材料、比例、件数等。从名称可以判断该零件在机器或部件中的作用，还可判断大概属于哪一类零件；从材料可以大致了解其加工方法，选择什么样的刀具等。

第二步：分析视图，想象零件结构形状

看图时，首先找出主视图，然后找其他视图，了解各个视图的名称、主要采用的表达方法及所表达的目的。在看图过程中应用投影规律分析视图，先看整体后看细节，先看主要部分后看次要部分，先看易的后看难的，逐个弄清零件各部分的结构。按投影对应关系分析形体时，要兼顾零件的尺寸及其功用，以便帮助想象零件的形状。

第三步：分析尺寸和技术要求

1）分析零件的长、宽、高各个方向的基准，了解主要基准和主要尺寸、加工面与非加工面。

2）主要尺寸的尺寸公差要求，确定主要尺寸的合格范围。

3）加工表面的表面结构要求、加工过程中需要保证的几何公差要求。

4）机械加工完成后需进行的热处理要求。

第四步：综合分析

根据以上分析，对零件的结构形状、尺寸标注和技术要求等进行综合归纳，以便更全面地了解该零件，从而读懂零件图。

在实际读图过程中，上述步骤常常是穿插进行的。

二、典型零件图识读示例

1. 识读轴套类零件图

轴套类零件的特点见表9-7。

表9-7 轴套类零件的特点

	轴套类零件的特点
结构特点	通常由几段不同直径的同轴回转体组成，常有键槽、退刀槽、砂轮越程槽、中心孔、销孔，以及轴肩、螺纹等结构
主要加工方法	毛坯一般用棒料，主要加工方法是车削、镗削和磨削
视图表达	主视图按加工位置放置，表达其主体结构。采用断面图、局部剖视图、局部放大图等表达零件的局部结构
尺寸标注	以回转轴线作为径向尺寸基准，轴向的主要尺寸基准是重要端面。主要尺寸直接注出，其余尺寸按加工顺序标注
技术要求	有配合要求的表面，其表面粗糙度值较小。有配合要求的轴颈、主要面一般有几何公差要求

【例1】 识读图9-70所示齿轮轴零件图。

齿轮轴是轴和齿轮合成一个整体的轴类零件,是减速器内传递动力的零件之一。这类零件上常有键槽、退刀槽、砂轮越程槽、中心孔、油槽、倒角、圆角、锥度等结构。该零件大部分表面在车床上加工完成,轮齿和键槽部分可以在铣床上完成。

(1) 看标题栏　从标题栏中可知零件的名称是齿轮轴,材料是45钢,比例是1:1。

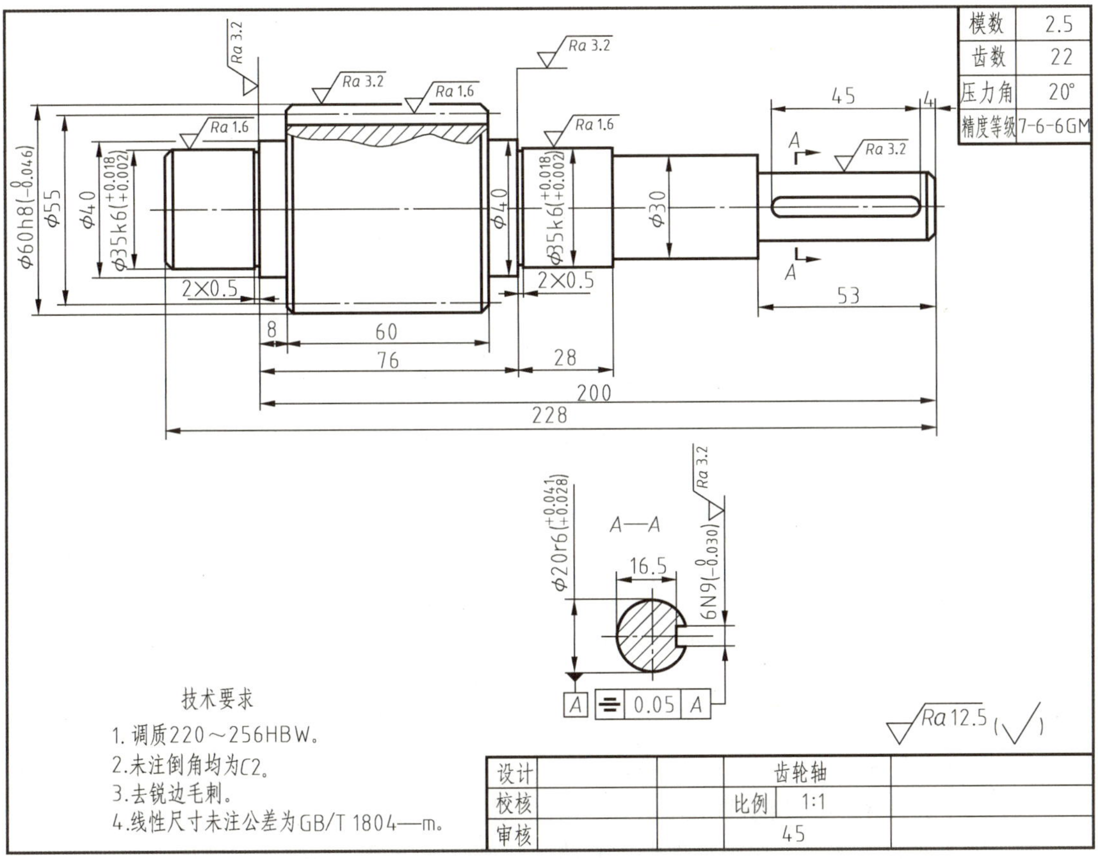

图 9-70　齿轮轴零件图

(2) 视图分析　该零件采用一个主视图和一个移出断面图表达。主视图按加工位置水平放置,表达该轴是由直径不同并在同一轴线的回转体组成的,最大圆柱上制有轮齿,轮齿部分做了局部剖,最右端圆柱上有一键槽,用一个移出断面图来表达键槽深度和进行有关标注。此外轴上有倒角、砂轮越程槽等工艺结构。该齿轮轴的形状如图9-71立体图所示。

(3) 尺寸分析　根据设计要求,轴线为径向尺寸的主要基准。轮齿左侧φ40轴段的左端面为该轴轴向方向尺寸的主要基准。根据加工工艺要求确定右端面为第一辅助基准;

图 9-71　齿轮轴立体图

轮齿右侧 $\phi40$ 轴段的右端面为第二辅助基准。主要基准与两个辅助基准之间的联系尺寸分别为 200 和 76。另外键槽的定位尺寸为 4。

（4）看技术要求　从图 9-70 中可知，注有极限偏差数值的尺寸，如 $\phi60h8\left(^{\ 0}_{-0.046}\right)$、$\phi35k6\left(^{+0.018}_{+0.002}\right)$ 和 $\phi20r6\left(^{+0.041}_{+0.028}\right)$ 都是保证配合质量的尺寸，均有一定的公差要求。

两处 $\phi35$ 轴段及轮齿的分度圆表面的表面结构要求 Ra 值最小，为 $Ra1.6\mu m$；轮齿齿顶圆表面、两处 $\phi40$ 轴段的左右轴肩、键槽工作面以 $\phi20$ 轴段的表面结构要求为 $Ra3.2\mu m$；其余表面结构要求为 $Ra12.5\mu m$。

此外对键槽工作面有几何公差要求：6N9 键槽的两工作面对 $\phi20$ 轴段轴线的对称度公差为 0.05。

在技术要求中，要求该零件需经调质处理到 220~256HBW；各轴肩处未注倒角均为 C2；要求零件去锐边毛刺；线性尺寸未注公差为 GB/T 1804—m。

2. 识读轮盘类零件图

轮盘类零件的特点见表 9-8。

表 9-8　轮盘类零件的特点

轮盘类零件的特点	
结构特点	主体部分常有回转体组成，也可能是方体或组合体。零件通常有键槽、轮辐、均布孔等结构，并且常有一个端面与部件中的其他零件接合
主要加工方法	毛坯多为铸件，主要在车床上加工，轻薄时采用刨床或铣床加工
视图表达	一般采用两个基本视图表达，主视图按加工位置原则，轴线水平放置，通常采用全剖视图表达其内部结构，另一个视图表达外形轮廓和其他结构，如孔、肋板、轮辐的相对位置
尺寸标注	以回转轴线作为径向尺寸基准，轴向尺寸则以主要接合面为基准。对于圆或圆弧形盘类零件上的均布孔，一般采用"$n\times\phi mEQS$"的形式标注，角度定位尺寸可省略
技术要求	重要的轴、孔的端面尺寸精度较高，且一般都有几何公差要求，如同轴度、垂直度、平行度和轴向圆跳动等。配合的内、外表面及轴向定位端面有较高的表面结构要求，材料多为铸件，有时效处理和表面处理等要求

【例 2】　识读图 9-72 所示端盖零件图。

端盖属于轮盘类零件，这类零件上常有凸台、凹坑、方槽等结构要在铣床上加工。为方便工人对照看图，主视图往往也按加工位置摆放，即轴线水平放置。

（1）看标题栏　由标题栏可知零件的名称是端盖，起密封作用；材料为 HT200；比例为 1：2 等。

（2）视图分析　端盖零件采用两个基本视图表达。主视图按加工位置选择，轴线水平放置，并采用两相交平面的全剖视图，以表达端盖上孔及方槽的内部结构。左视图则表达端盖的基本外形和 4 个圆孔、两个方槽的分布情况。通过视图可知该零件为有同一轴线的回转体，其整体轴向尺寸小于径向尺寸。端盖右端有与主体同轴、深为 2 的沉孔 $\phi60$；左端阶梯形圆柱内铸有大端直径为 $\phi62$、锥度为 1：10 的锥孔；盖上均布 $4\times\phi9$ 的通孔，垂直方向有对称的长宽均为 10 的方槽两个。另有倒角、圆角等工艺结构。

（3）尺寸分析　该零件的公共回转轴线为径向尺寸的主要基准，由此标出 $4\times\phi9$ 孔的定位尺寸 $\phi88$。$\phi105$ 端盖左端面 B 为重要配合面，作为轴向方向尺寸的主要基准，由此标出阶梯圆柱 $\phi72$ 的定位（定形）尺寸 10。为满足工艺要求，把 $\phi70$ 左端面 D 定为长度方向尺

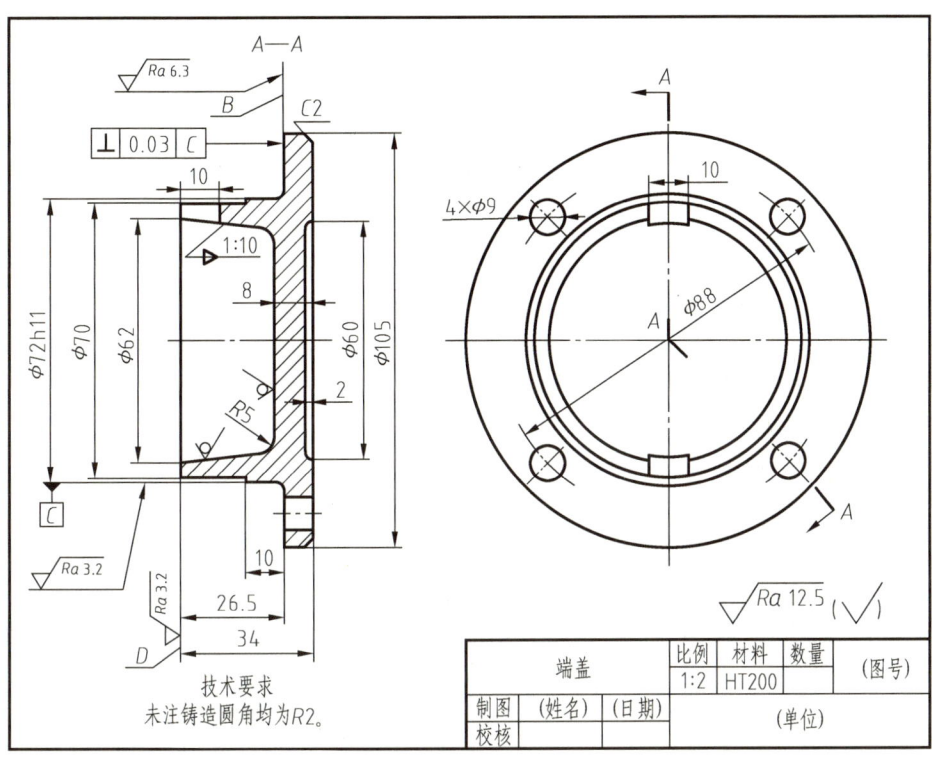

图 9-72 端盖零件图

寸的辅助基准,并标出整体长度 34。两基准的联系尺寸为 26.5。其他尺寸均为定形尺寸。

(4) 看技术要求 在图 9-72 中,$\phi72h11$ 是配合尺寸。为满足端盖的配合要求,$\phi70$ 左端面和 $\phi72h11$ 圆柱面的表面结构要求为 $Ra3.2\mu m$,$\phi105$ 圆柱左端面的表面结构要求为 $Ra6.3\mu m$;锥孔内表面保持原铸造状态。其余表面的表面结构要求为 $Ra12.5\mu m$。此外,对有配合要求的 $\phi105$ 左端面有几何公差要求,图中几何公差符号是指 $\phi105$ 左端面对 $\phi72h11$ 轴线的垂直度要求公差值为 $0.03mm$。所有未注铸造圆角均为 $R2$。

3. 识读叉架类零件图

叉架类零件的特点见表 9-9。

表 9-9 叉架类零件的特点

叉架类零件的特点	
结构特点	通常由工作部分、支承部分及连接部分组成,形状比较复杂且不规则,零件上常有叉形结构、肋板和孔、槽等
主要加工方法	毛坯多为铸件或锻件,经车、镗、铣、刨、钻等多种工序加工而成
视图表达	一般需要两个以上基本视图表达,常以工作位置为主视图,反映主要形状特征。连接部分和细部结构采用局部视图或斜视图,并采用剖视图、断面图、局部放大图表达局部结构
尺寸标注	尺寸标注比较复杂,各部分的形状和相对位置的尺寸要直接标注。尺寸基准常选择安装基面、对称平面、孔的中心线和轴线
技术要求	支承部分、运动配合面及安装面,均有较严的尺寸公差、几何公差和表面结构要求

【例3】 识读图 9-73 所示托架零件图。

托架属于叉架类零件，这类零件包括各种拨叉、连杆、摇杆、支架、支座等，它们一般由承托轴或轴套等的工作部分、固定用的连接部分及支承连接两部分的支承部分组成。零件上常见的结构有轴孔、通孔、凸台、倒角、圆角等。

（1）看标题栏　由标题栏可知零件的名称为托架，主要起连接支承作用。材料为HT150，比例为 1∶2 等。

（2）视图分析　该零件用两个基本视图、一个局部视图、一个移出断面图共四个图形表达。主视图按照工作位置进行投射，以突出托架的形体结构特征。主视图上有两处做了局部剖视，一处表达托板上的凹槽、长孔的内部结构及板厚；另一处则表达 $\phi 35H8$ 通孔和 $2\times M8\text{-}7H$ 螺孔的内形及两者贯通的结构情况。俯视图主要表达托架的整体外形结构及长孔的位置分布情况。B 向局部视图主要表达凸台的端面形状及两个螺孔的分布情况。用移出断面图着重表达肋板的断面结构及大小。

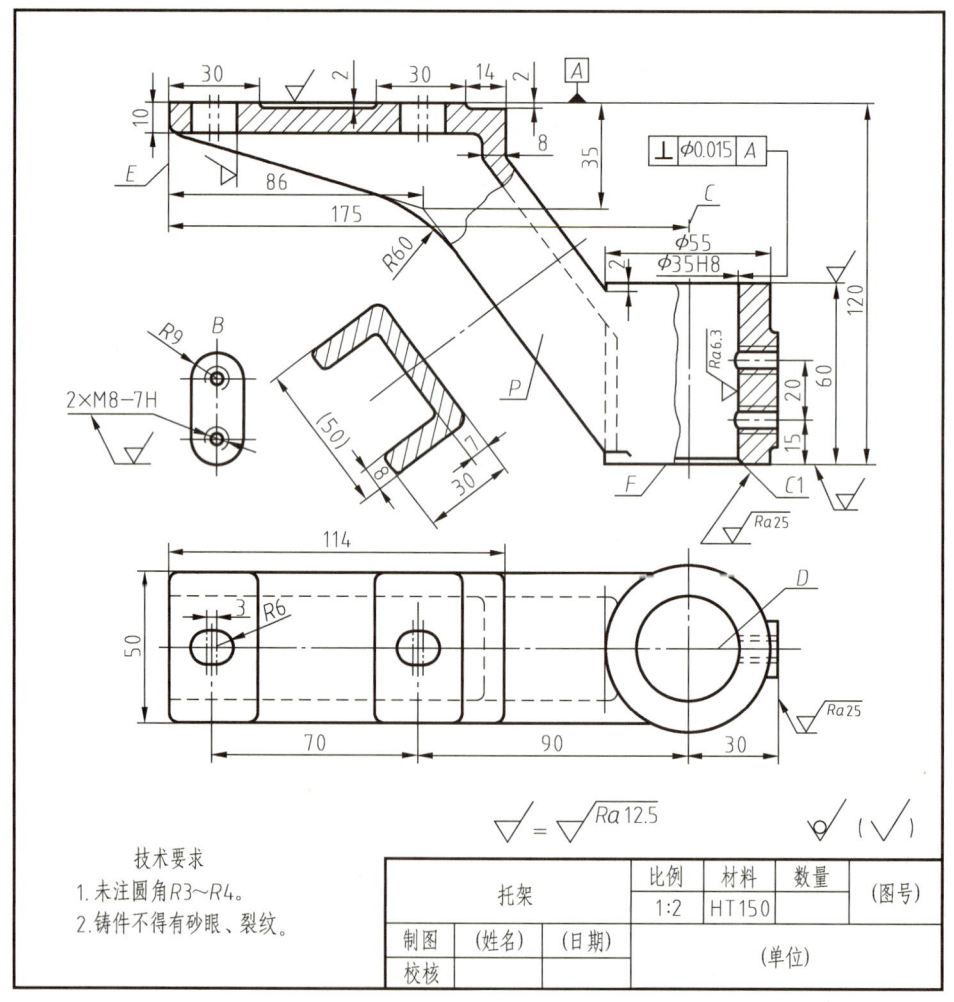

图 9-73　托架零件图

从视图中可看出，托架的结构分为上、中、下三部分：上方为长方形托板，板中间开有深为 2 的凹槽，两边各有一个 R6 的长孔，为安装紧固螺栓之用；下方为 $\phi 55$ 圆筒，右下侧

有 $R9$ 长腰凸台，并钻有 $2 \times M8$-$7H$ 的螺孔，中间为 U 形肋板，把上、下部分连接成整体。

（3）尺寸分析 该零件从设计及工艺方面考虑，应以圆筒的轴线 C 作为长度方向尺寸的主要基准，并分别标出凸台的尺寸 30、右长腰孔尺寸 90 等定位尺寸。把上托板左端面 E 定为长度方向尺寸的辅助基准，由此标出到凹槽的尺寸 30、U 形肋板转折处尺寸 86 等定位尺寸。两基准之间注有联系尺寸 175。

由于托板上平面 A 为重要接合面，应作为高度方向尺寸的主要基准，依此标注出 2、35 等尺寸。考虑到加工的复杂性，把圆筒下端面 F 作为高度方向尺寸的辅助基准，依此注出下螺孔尺寸 15 等定位尺寸。两基准之间的联系尺寸是 120。

因为托架前后对称，所以其对称中心平面 D 即为宽度方向尺寸的主要基准。

（4）看技术要求 根据托架的功用可知，$\phi 35H8$ 孔将与轴配合，其表面结构要求为 $Ra6.3\mu m$。托架上平面为重要接合面，其表面结构要求为 $Ra12.5\mu m$。$\phi 35$ 圆筒两端面的表面结构要求值为 $Ra12.5\mu m$，长腰形孔的表面结构要求为 $Ra12.5\mu m$。图中未注明的表面结构要求均为原毛坯表面状态。

几何公差也有一项要求，图中注出 $\phi 35H8$ 孔的轴线对托架上平面的垂直度公差为 $\phi 0.015$。

另外，要求整个铸件不得有砂眼、裂纹，所有结构的未注圆角为 $R3 \sim R4$。

4. 识读箱体类零件图

箱体类零件的特点见表 9-10。

表 9-10 箱体类零件的特点

箱体类零件的特点	
结构特点	箱体类零件主要起包容、支承其他零件的作用，常有内腔、轴承孔、凸台、肋板、安装板、光孔、螺孔等结构
主要加工方法	毛坯一般为铸件，主要在铣床、刨床、钻床上加工
视图表达	一般需要两个以上基本视图来表达，主视图按形状特征和工作位置来选择，采用通过主要支承孔轴线的剖视图表达其内部形状结构，局部结构常用局部视图、局部剖视图、断面图等表达
尺寸标注	长、宽、高三个方向的主要尺寸基准通常选用轴孔中心线、对称平面、接合面和较大的加工平面。定位尺寸较多，各种孔的中心线之间的距离、轴承孔轴线与安装面的距离应直接注出
技术要求	箱体类零件的轴孔、接合面及重要表面，在尺寸精度、表面结构要求和几何公差等方面有较严格的要求。常有保证铸造质量的要求，如进行时效处理，不允许有砂眼、裂纹等

【例 4】 识读图 9-74 所示蜗杆减速箱的零件图。

蜗杆减速箱属箱体类零件。这类零件包括箱体、外壳、座体等，它们是机器或部件上的主体零件之一，通常起着支承、容纳、定位其他零件的作用。其结构形状往往比较复杂，一般多为铸件，具有铸造圆角、起模斜度、支承和安装运动零件的孔以及安装端盖的凸台（或凹坑）、螺孔等。

箱体类零件的结构及加工工序较复杂，选择主视图时，主要考虑形状特征或工作位置，表达时至少需要三个基本视图，并配以剖视图、断面图等表达方法才能完整、清晰地表达它们的结构。

（1）看标题栏 从标题栏中可知，零件名称是蜗杆减速箱，它是用来容纳和支承一对相互啮合的蜗杆蜗轮的箱体。工作时箱内储有定量的润滑油，材料为 HT150，比例为

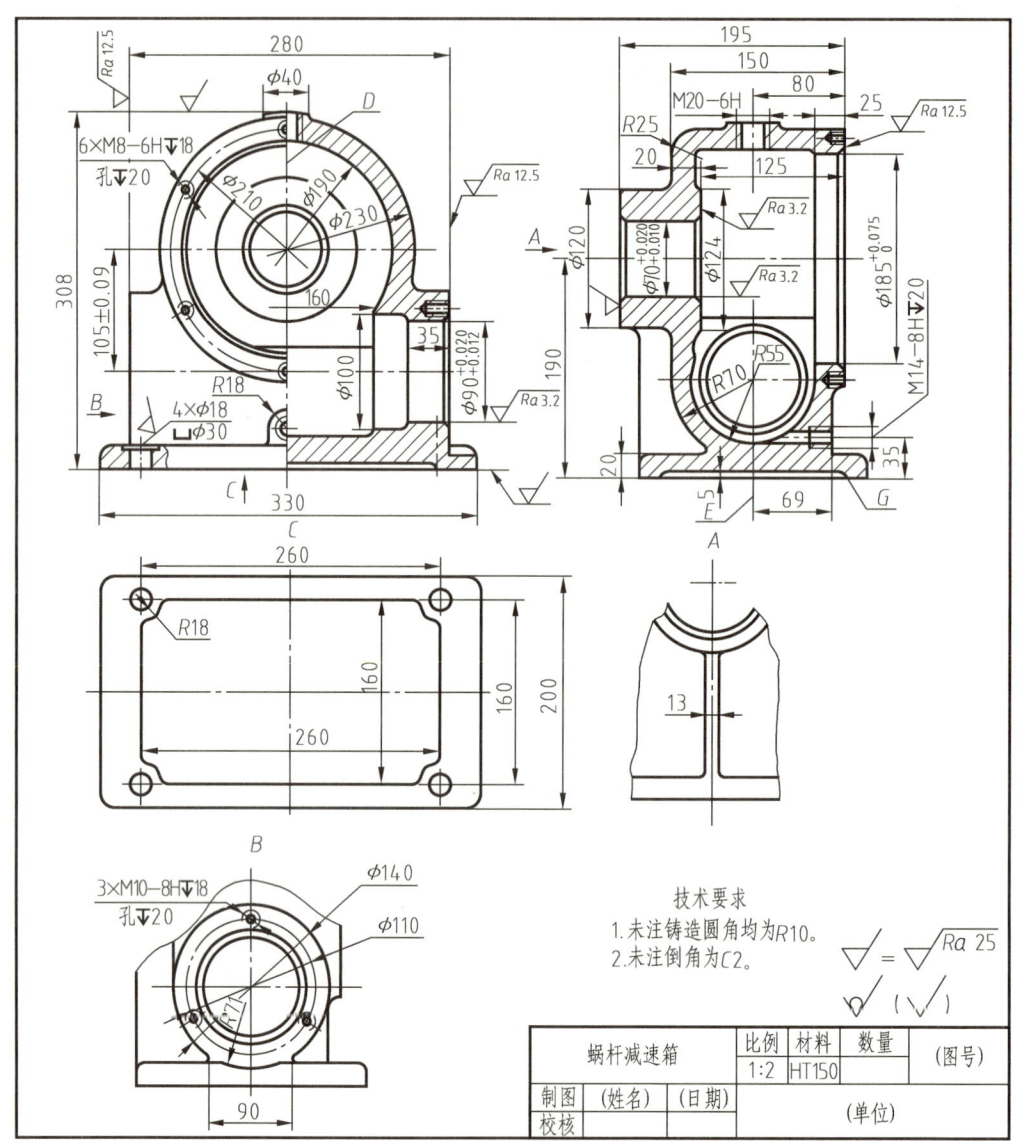

图 9-74 蜗杆减速箱零件图

1:2等。

（2）视图分析　主视图按工作位置选择，并采用半剖视图，既表达了箱体空腔和蜗杆轴孔的内部形状结构，又表达了箱体的外形结构及圆形壳体前端面的 6×M8-6H 螺孔的分布情况。

左视图采用全剖视图，在进一步表达箱体空腔形状结构的同时，着重表达圆形壳体后的轴孔和箱体上方注油孔 M20-6H 和下方排油孔 M14-8H▼20 的形状结构，以及肋板的形状。

A 向局部视图补充表达肋板的形状和位置。B 向局部视图补充表达圆筒两端外形及端面上 3×M10 螺孔的分布情况。C 向局部视图着重表达减速箱底面和凹槽的形状大小及四个安装孔的分布情况。

对照视图分析可知,该箱体主要由圆形壳体、圆筒和底板三大部分构成。圆形壳体和圆筒的轴线相互垂直交叉而形成的空腔,就是用来容纳蜗轮和蜗杆的。为了支承并保证蜗轮蜗杆平稳啮合,圆形壳体的后面和圆筒的左、右两侧配有相应的轴孔。底座为一长方形板,主要用于支承和安装减速箱体。底座下方开有长方形凹槽,以保证安装基面平稳接触。

(3) 尺寸分析　该箱体由于左、右结构对称,故选用对称中心平面作为长度方向尺寸的主要基准,由此标出 $\phi 100$ 内孔轴向间距尺寸 160 和 $4\times\phi 18$ 固定孔的中心距 260 等定位尺寸。

由于蜗轮、蜗杆啮合区正处在蜗杆轴线的中心平面上,因此宽度方向尺寸的主要基准应确定在该轴线中心平面 E 上,由此标出距壳体前端面尺寸 80,排油孔前端面尺寸 69 及 $4\times\phi 18$ 固定孔的中心距 160 等定位尺寸。另外考虑工艺要求,选择 $\phi 230$ 壳体前端面为宽度方向尺寸的辅助基准,并由此标出距 $\phi 70$ 孔前端面的定位尺寸 195。

由于箱体的底面是安装基面,各轴孔、螺孔及其他高度方向的结构均以底面为基准加工并测量尺寸,故箱体底平面 G 为高度方向尺寸的主要基准。由此标出 M14 螺孔的定位尺寸 35、$\phi 70$ 孔的定位尺寸 190。

为保证蜗轮蜗杆的装配质量和其他结构的加工精度,以 $\phi 185$ 孔和 $\phi 70$ 轴孔的公共轴线为高度方向尺寸的辅助基准,并由此标出到蜗杆轴 $\phi 90$ 轴线的距离 (105 ± 0.09)。这是一个重要的定位尺寸。

(4) 看技术要求　为确保蜗轮蜗杆的装配质量,各轴孔的定形、定位尺寸均注有极限偏差,如 $\phi 70$、$\phi 90$、105 都属于配合尺寸。箱体的重要工作部位主要集中在蜗轮轴孔和蜗杆轴孔的孔系上,这些部位的尺寸公差、表面结构要求和几何公差将直接影响减速器的装配质量和使用性能。因此,图中各轴孔内表面及蜗轮轴孔后端面的表面结构要求均为 $Ra3.2\mu m$,蜗轮轴孔前端面、蜗轮轴孔外端面的表面结构要求均为 $Ra12.5\mu m$,底面、圆筒端面、凸台端面及沉孔内表面的表面结构要求均为 $Ra25\mu m$ 等,其余表面的表面结构要求为原毛坯表面状态。

其他未注铸造圆角为 $R10mm$,未注倒角 $C2$。

课后思考

1) 试述零件图的识读方法和步骤。
2) 四种典型零件从结构特点、主要加工方法、视图表达、尺寸标注和技术要求方面各有何特点?

课题九　零件测绘

在生产过程中,当维修设备需要更换某一零件或对现有零件进行仿制时,常常需要对零件进行测绘。零件测绘一般在生产现场进行,由于受时间和场地条件的限制,不便使用绘图工具和仪器画图,需要先徒手、目测并按正确比例绘制零件草图,测量零件的尺寸和确定技术要求,然后整理草图,最后根据草图绘制零件图。因此,作为数控技术人员必须掌握零件测绘的基本技能。

相关知识

一、零件的常用测量方法

1. 测量工具

测量尺寸常用的工具有：金属直尺、内卡钳、外卡钳、游标卡尺、千分尺、螺纹量规等。

2. 常用的测量方法

常见的尺寸测量方法见表 9-11。

表 9-11　常见的尺寸测量方法

项目	图例与说明	项目	图例与说明
线性尺寸	线性尺寸一般可直接用金属直尺直接测量，若要求精确，则用游标卡尺	直径尺寸	直径尺寸可用内、外卡钳间接测量或用游标卡尺直接测量。测量时应注意：内(外)卡钳与回转面的接触点应是直径的两个端点
孔间距尺寸	孔间距可用内、外卡钳和金属直尺结合测量	中心高尺寸	中心高可用金属直尺或用内卡钳配合金属直尺测量，即 $H=A+d/2$ $(43.5\text{mm}=18.5\text{mm}+50/2\text{mm})$

(续)

项目	图例与说明	项目	图例与说明
壁厚尺寸	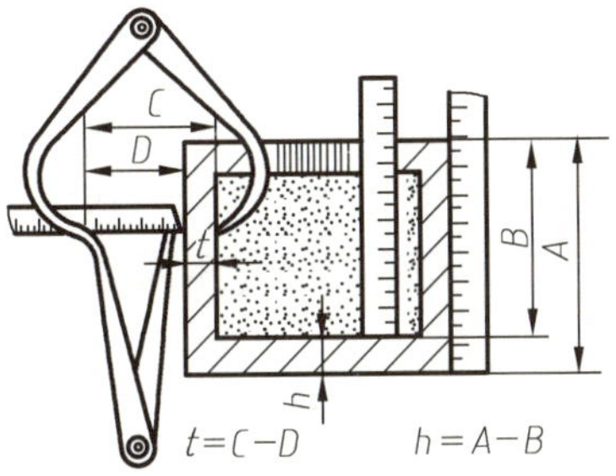 $t=C-D$　　$h=A-B$ 在无法直接测量壁厚尺寸时，可把内、外卡钳和金属直尺合并使用，将测量分两次完成，如图中 $t=C-D$；或用金属直尺测量两次，如 $h=A-B$	拓印法	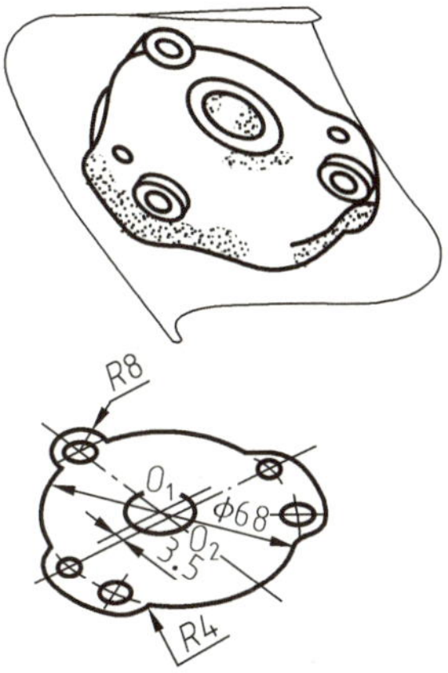 对精度要求不高的曲面轮廓，可以用拓印法拓出它的轮廓形状，然后用几何作图方法求出各连接弧的尺寸和圆心位置
螺距	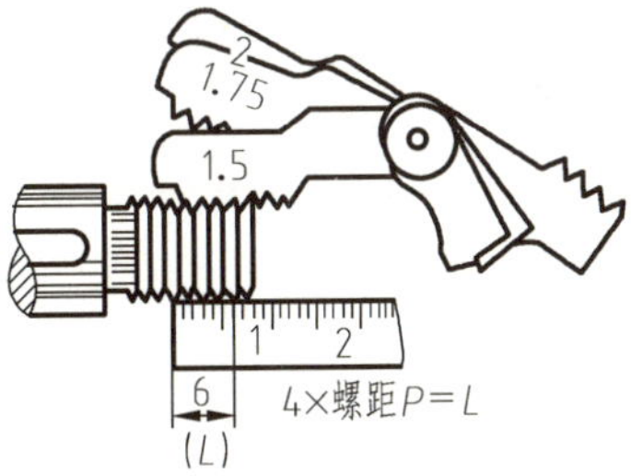 螺纹的螺距用螺纹量规直接测得	圆角半径尺寸	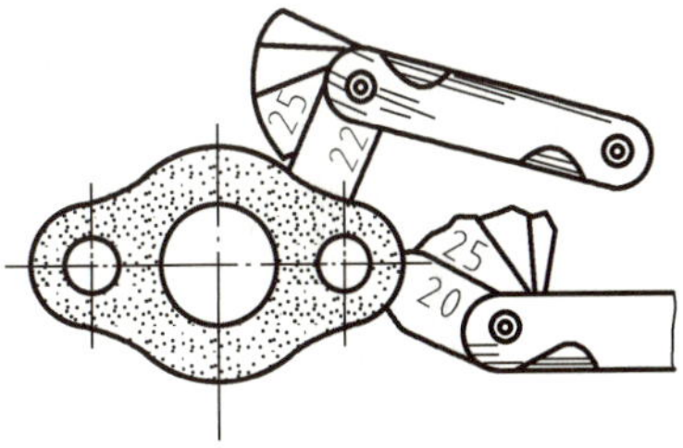 用半径样板测量圆角半径

二、零件测绘的方法和步骤

1. 分析零件

对零件进行详细分析，了解被测零件的名称、用途、零件的材料及制造方法等，用形体分析法分析零件结构，了解零件上各部分结构的作用。

2. 确定表达方案

根据零件结构特点选择主视图，再根据需要选择其他必要的图形。视图表达方案要求是：正确、完整、清晰。

3. 绘制零件草图

零件草图必须具有正规零件图所包含的全部内容，目测尺寸要合理，视图要正确，表达要完整，尺寸要齐全，图样要清晰，字体要工整，图面要整洁，技术要求要合理。配有图框和标题栏等。

4. 由零件草图绘制零件图

画零件图之前，应反复校对、检查零件草图的内容，确保视图表达完整，尺寸齐全，不重复,相关尺寸协调,并且通过查阅相关资料补充、修改后,方可绘制零件图。

三、零件测绘的注意事项

1)零件上的制造缺陷(如收缩部分、砂眼、碰伤及磨损处),在绘制草图时应予以修正。

2)零件上的工艺结构,如起模斜度、倒角、铸造圆角、退刀槽、砂轮越程槽等,应查阅有关国家标准或机械设计手册等来确定。

3)有配合关系的尺寸一般只需测出公称尺寸,其配合性质应在结构分析的基础上查阅相关手册来确定。没有配合关系的尺寸或不重要的尺寸,允许将测量的尺寸适当圆整到整数值。

【例】 对图9-75所示的凸凹模固定板进行测绘,然后绘制零件草图和零件图。

图9-75 凸凹模的直观图

1. 分析零件

此零件的名称是凸凹模固定板,用途是将凸凹模固定在模座上。零件上设置有四个螺钉孔4×M10、两个销钉孔2×ϕ10、四个卸料螺钉通孔(光孔)4×ϕ12。该零件为棱柱类零件,上下底面为长方形,所选材料是45钢。

2. 确定表达方案

该零件采用主视图和俯视图表达。主视图安放采用工作位置原则,重点表达各孔的内部形状,采用了三个平行的剖切平面剖切(阶梯剖);俯视图重点表达各类孔的分布和位置关系。两个视图可以把凸凹模固定板的结构表达清楚,因此不必画左视图。

3. 绘制零件草图

绘制零件草图步骤如下:

1)画出各主要视图的作图基准线,确定各视图之间的位置。

2)画出零件内外结构形状。

3)画剖面线。

4)选定尺寸基准,画出所有尺寸的尺寸界线、尺寸线和箭头,如图9-76所示。

5)测量尺寸,并将尺寸逐个标注在尺寸线上。

6)注写技术要求,注出表面结构要求和几何公差。

7)检查、填写标题栏,完成零件草图,如图9-77所示。

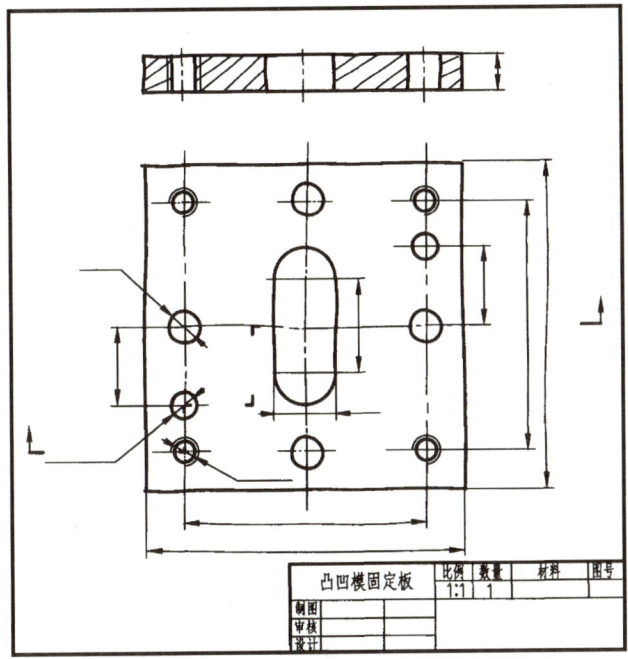

图 9-76 凸凹模固定板零件草图一

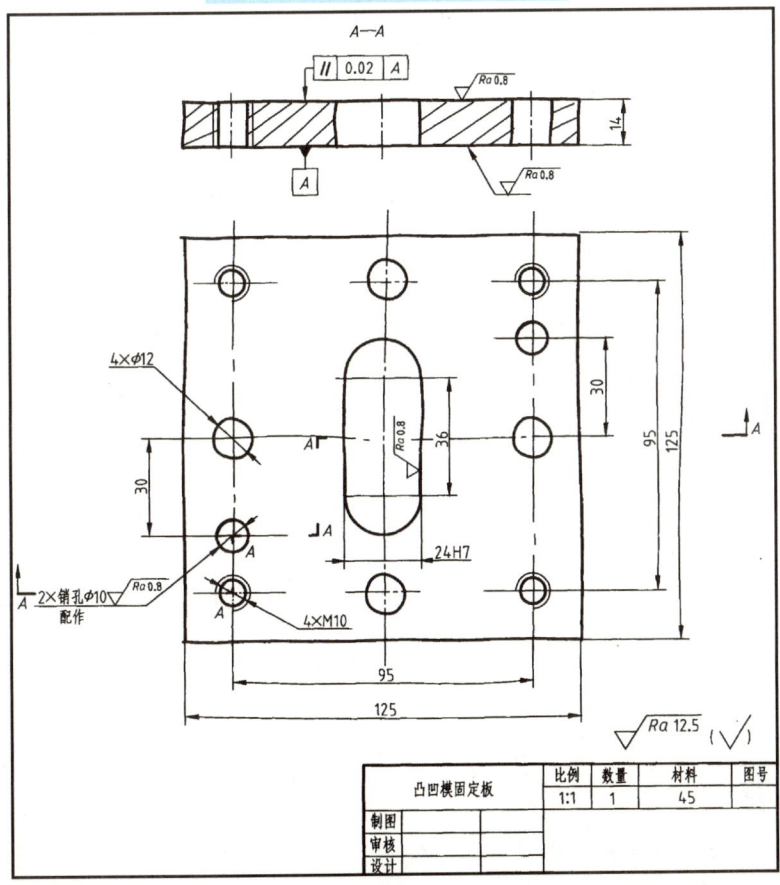

图 9-77 凸凹模固定板零件草图二

4. 由零件草图绘制零件图

1）反复校对、检查零件草图的内容，确保视图表达完整，尺寸齐全、不重复，相关尺寸协调。

2）查阅模具标准或手册补充、修改几何公差要求及表面结构要求。

3）按零件草图所注尺寸完成零件图，如图9-78所示。

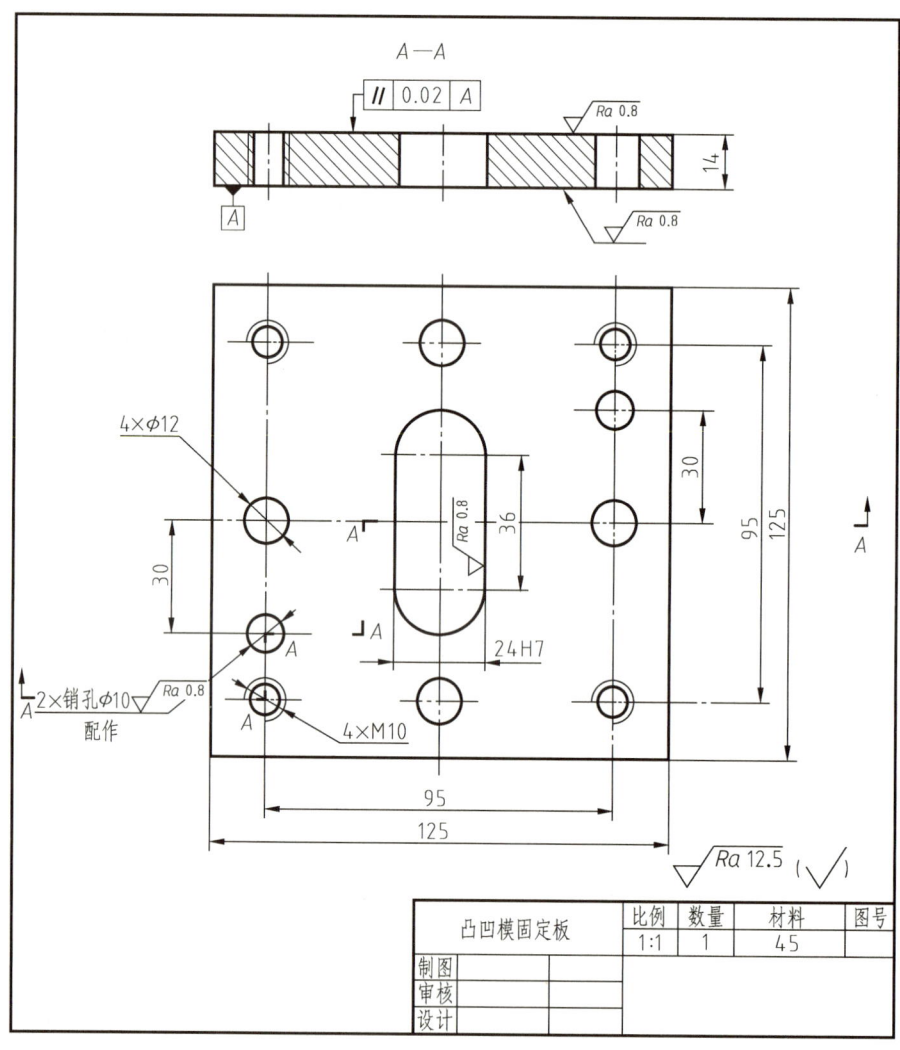

图9-78 凸凹模固定板零件图

> **课后思考**

1）常见的零件测绘工具和测量方法有哪些？

2）试述零件测绘的方法和步骤。

单 元 总 结

零件图是表达零件结构、大小和技术要求的图样，它是零件加工制造的主要依据。零件图的内容包括一组图形、全部尺寸、技术要求、标题栏四部分。我们可以清楚认识到零件图是指导加工零件的技术文件。除了理解一些必要的图形和尺寸外，还必须掌握零件图中的技术要求，包括表面结构要求、极限与配合、几何公差等内容。

本单元要求重点掌握典型零件的绘制和识读，具体内容包括：

1）零件图的用途、内容和分类。
2）零件图的视图选择原则和方法。
3）零件图的尺寸标注选择原则及注意事项。
4）零件图上的表面结构、极限与配合及几何公差等技术要求的识读和标注。
5）四种典型零件的特点，读典型零件图的方法和步骤。
6）零件常见的工艺结构及典型零件的测绘等。

识读典型零件图是本单元的重点，从以下几个步骤识读：一看标题栏；二分析视图，想象零件结构形状；三分析尺寸和技术要求。根据以上分析，对零件的结构形状、尺寸标注和技术要求等进行综合归纳，以便更全面地了解该零件，读懂零件图。在实际读图过程中，上述步骤常常是穿插进行的。有时，为了全面彻底看懂零件图，还要参考有关技术资料和其他有关机械图样等。

单元十 装配图

在实际生产中，单一的零件是没有任何作用的，必须由多个零件按一定的要求组装成机器（如一部汽车、一台机床等）或部件（如减速器、齿轮泵、机用虎钳等）才具备一定的功能。单元九中知道，生产过程中，任何一个零件的加工和检验都需要以零件图为依据。同样，加工好的零件在组装车间进行装配时，也需要一种图样来指导整个装配过程，这种图样就称为装配图。

在工业生产中，无论是新产品的设计还是原产品的改造或仿制，一般都应先画出装配图，再由装配图拆画零件图。因此，装配图是工业生产和技术交流的重要技术文件，正确绘制和识读装配图是数控技术人员必须掌握的又一技能。

本单元主要介绍装配图的内容、表达方法、尺寸及技术要求的标注规定，以及识读装配图的方法和步骤，其中绘制和识读装配图是前面所有单元内容的综合体现。因此，本单元不仅是学习新的知识，还是对以往知识的一个总结过程。

学习目标

1）了解装配图的作用和内容。
2）理解装配图的视图选择、规定画法和简化画法。
3）理解装配图中尺寸标注、序号编排和明细栏的有关规定。
4）掌握绘制和识读装配图的方法和步骤。
5）了解部件测绘的方法和步骤。

能力目标

1）会对装配图进行尺寸标注。
2）能够识读一般复杂程度的装配图。
3）能根据装配图正确拆装机器或部件，并能拆画零件图。

课题一 认识装配图

任何机器或部件都是由一些零件按一定技术要求装配而成的，如图10-1所示的铣刀头就是铣床上的专用部件。图10-2所示为该部件的组装示意图，它共由16种零件（包括标准

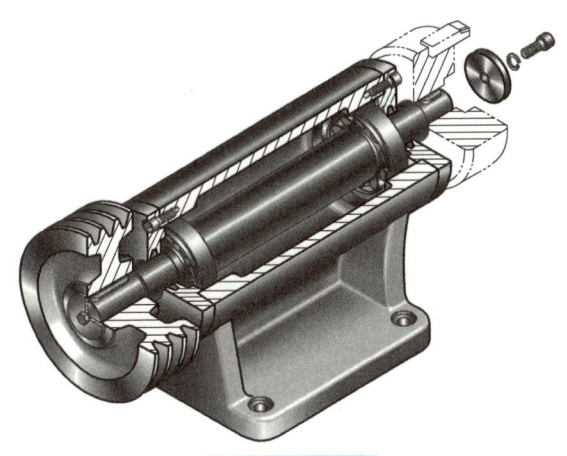

图 10-1 铣刀头

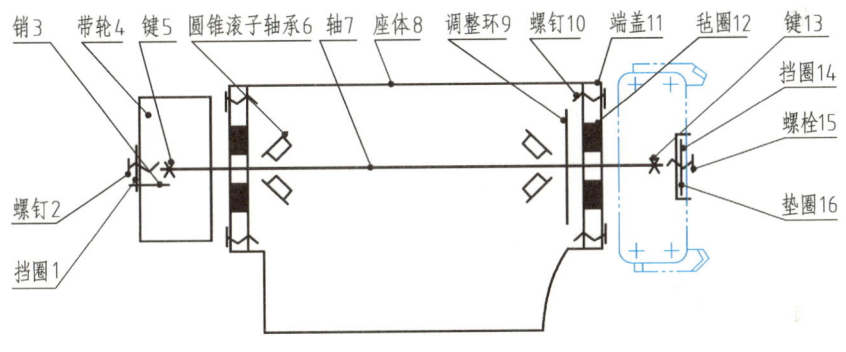

图 10-2 铣刀头组装示意图

件）组装而成，铣刀装在铣刀盘上，铣刀盘通过键与轴连接，动力通过 V 带传给带轮，再通过键传给轴，既能带动铣刀盘转动，又能对零件进行铣削加工。

相关知识

一、装配图的概念及作用

表示机器或部件（统称装配体）等产品及其组成的连接、装配关系的图样，称为装配图，如图 10-3 所示。

装配图是反映装配体的工作原理、结构关系、装配关系、拆卸关系、各零件主要结构形状和作用的图样。

在生产过程中，一般先根据零件图进行零件的加工，然后再按照装配图将零件装配成部件或机器。因此，装配图既是制订装配工艺规程，进行装配、检验、安装和维修的技术文件，又是表达设计思想、指导生产和进行技术交流的重要技术文件。

二、装配图的内容

由图 10-3 可以看出一张完整的装配图应包括以下内容：

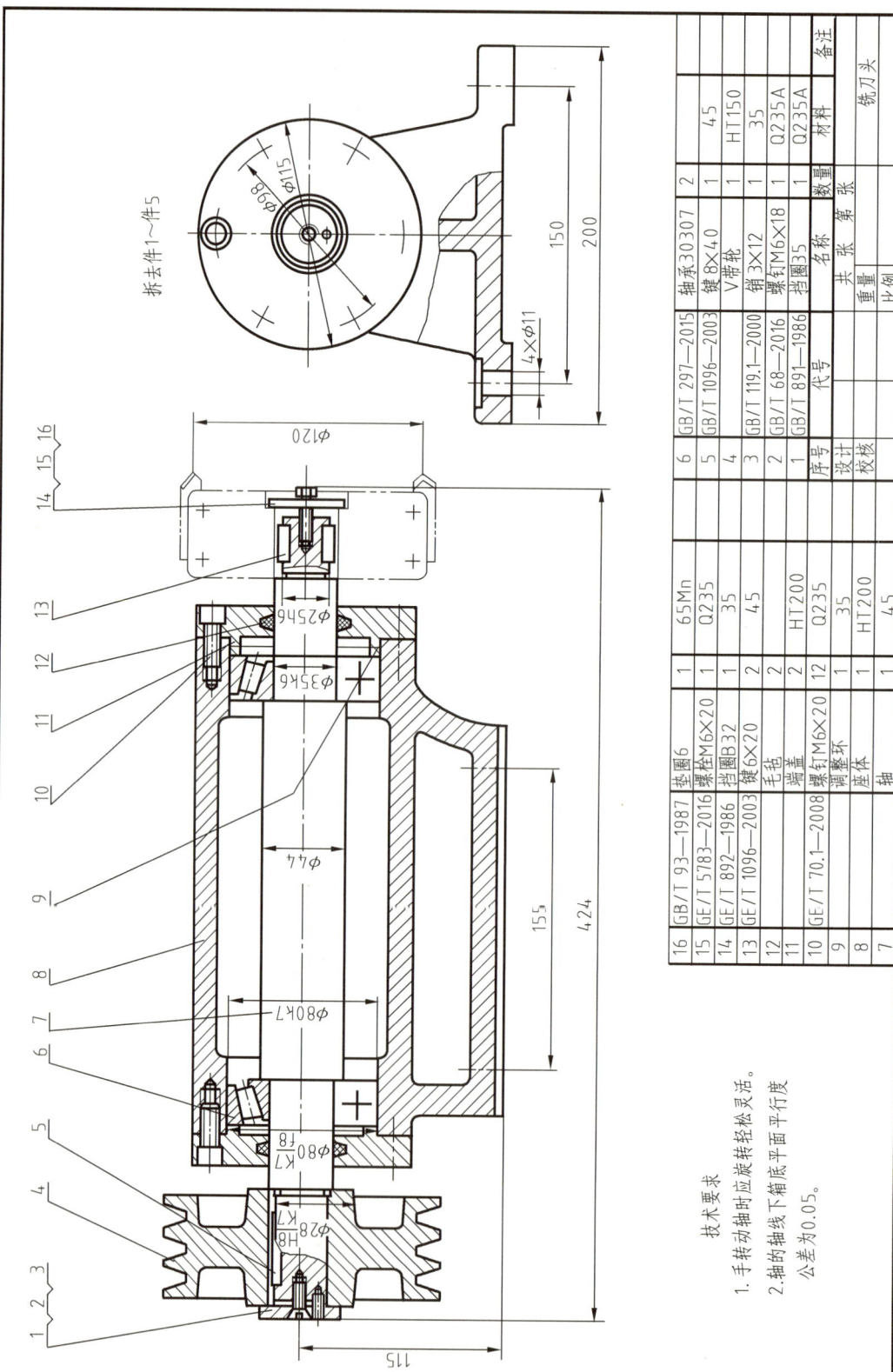

图 10-3 铣刀头装配图

1. 一组图形

用来表示装配体的结构形状、工作原理、各零件的装配和连接关系以及零件的主体结构形状。

2. 必要的尺寸

注出装配体的规格、性能、装配、检验、安装及外形所必需的尺寸。

3. 技术要求

用符号或文字注写说明装配体在装配、检验、调试、使用等方面应达到的技术要求和使用规范。

（1）装配要求　指装配过程中应注意事项及装配后应达到的技术要求，包括精度、装配间隙润滑要求等，如图 10-3 中所示的技术要求 2。

（2）检验要求　指对装配体基本性能的检验、试验、验收方法的说明等，如图 10-3 中所示的技术要求 1。

（3）使用要求　对装配体的性能、维护、保养、使用注意事项的说明。

上述各项技术要求，不是每张装配图都要求全部注写，应根据具体情况而定。

4. 零件序号、明细栏和标题栏

（1）零件序号　在装配图中，为了便于看图、装配及进行图样管理，必须对组成装配体的不同零件或组件进行编号，这种编号称为零部件的序号。

编写零部件序号应遵守以下几项规定：

1）装配图中的零件都应有对应的编号，一个或一种零件只能有一个编号，只编一次。

2）指引线的画法。零件序号与对应零件之间用细实线连接，称为指引线。指引线在零件实体轮廓内的一端画圆点，另一端画细实线短横或圆（细实线）填写序号。序号字高比图中尺寸数字大一号或两号，如图 10-4a 所示；也可直接注写在指引线附近，序号字高比尺寸数字大两号，如图 10-4b、c 所示。若所指部分很薄或已涂黑，不便画圆点，可在指引线的末端画出箭头，如图 10-4d 所示。

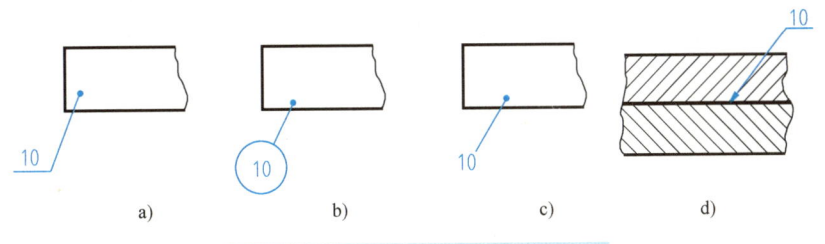

图 10-4　零件序号的编写形式（一）

⚠️ **提示**

指引线之间不能相交，当通过有剖面线的区域时，指引线尽量不与剖面线平行，必要时允许画成折线，但只允许曲折一次。

3）零件的编号应有顺序地（逆时针或顺时针）标注在装配图的周围，整齐地水平或垂直排列，如图 10-3 所示。在整个图上无法连续时，可只在每个水平或垂直方向顺次排列。在编写序号时，应先数出零件的数量，然后做统筹安排，尽量使各序号之间的距离均匀一致，从而达到美观的效果。

4)一组螺纹紧固件或其他零件组可以采用如图 10-5 所示的标注方法。

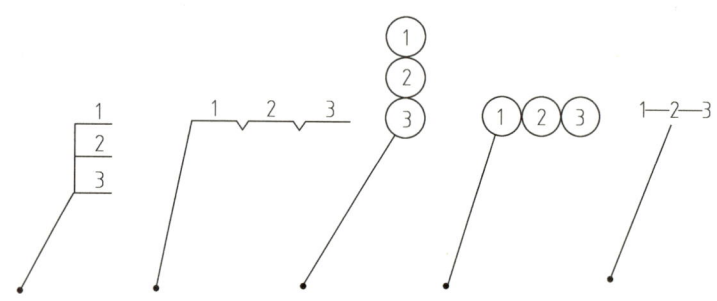

图 10-5　零件序号的编写形式（二）

（2）明细栏　明细栏是装配图中全部零部件的详细目录，它直接画在标题栏上方，序号由下向上顺序填写，如位置不够可在标题栏左边画出。对于标准件，应将其规定标记填写在备注栏内，也可将标准件的数量和规定标记直接用指引线标明在视图的适当位置上。明细栏的外框为粗实线，在校学生使用的明细栏格式如图 10-6 所示。

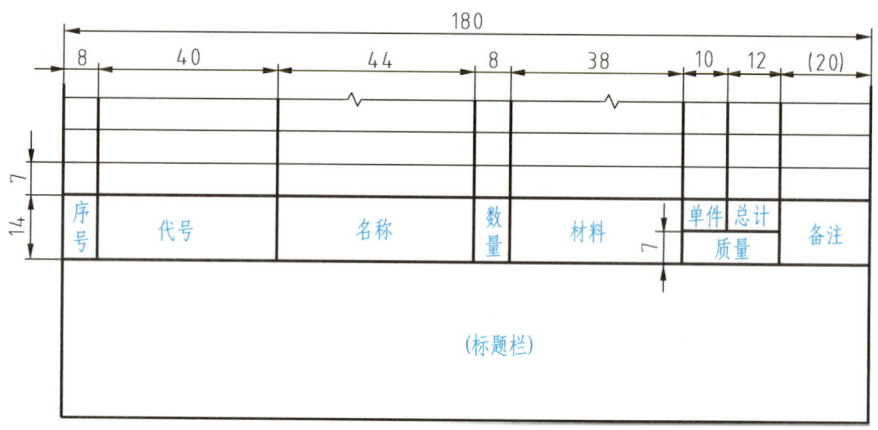

图 10-6　学生用明细栏格式

（3）标题栏　标题栏中，填写装配体名称、图号、绘图比例及有关人员的签名、日期等。

课后思考

1）什么是装配图？
2）装配图有什么作用？
3）一张完整的装配图应包括哪些基本内容？
4）装配图和零件图在内容上有什么区别？

课题二　装配图的表达方法

装配图和零件图一样，应按国家标准的规定，将装配体的内外结构和形状表达清楚，前面所讲的图样画法和选用原则，都适用于装配体。但由于装配图所表达的重点与零件图不同，因此为了便于表达和简便作图，制图国家标准对装配图的画法另有相应的规定。

一、装配图的视图特点

装配体是由多个零件组装而成的，各零件间往往相互交叠、遮盖，导致其投影重叠。为了表达某一层次或某一装配关系的情况，装配图一般都画成剖视。

二、装配图的视图选择

为了清楚地表达装配体各零件间的相对位置、装配关系的工作原理和主要零件的结构形状，在选择表达方案时，首先要选择好主视图，然后配合主视图选择好其他视图。

主视图选择原则为：

1）将能够充分表达机器形状特征的方向作为主视图的投射方向，并做适当的剖切或拆卸，将其内部零件间的关系全部表达出来，以便清楚地表达机器主要零件的相对位置、装配关系和工作原理。

2）按机器的工作位置放置，并使主要装配干线、安装面处于水平或铅垂位置。

三、装配图的画法

1. 规定画法

装配图的规定画法，有的已在第八单元中做过初步介绍，本单元将通过下列图例进一步归纳总结。

（1）零件间接触面、配合面的画法

1）相邻两个零件的接触面和公称尺寸相同的配合面（包括间隙配合），只画一条轮廓线，如图10-7所示。

2）非接触面和非配合面，无论间隙大小，均要画成两条轮廓线，如图10-7所示。

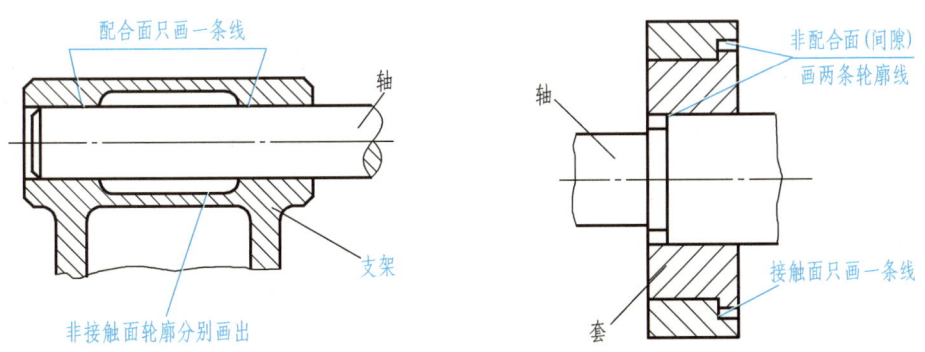

图10-7 两零件的接触面和非接触面的画法

（2）相邻零件剖面线的画法

1）为了区分不同零件的范围，相邻两个零件的剖面线方向应相反。如图 10-8a 所示的轴与箱体、轴与套的剖面线方向相反。

2）几个相邻零件的剖面线可以同向，但要改变剖面线的间隔（密度）或把两件的剖面线错开。如图 10-8a 中所示的套和箱体、图 10-8b 中所示轴承和端盖，它们的剖面线方向相同，但剖面线间隔不同。

3）同零件不同剖视图的剖面线方向和间隔相同。如图 10-3 所示的装配图中的座体 8 的主视图和左视图的剖面线都往左斜 45°，间隔相同。

当图中截面厚度≤2mm 时，允许用涂黑代替剖面线，如图 10-8b 所示的垫片。

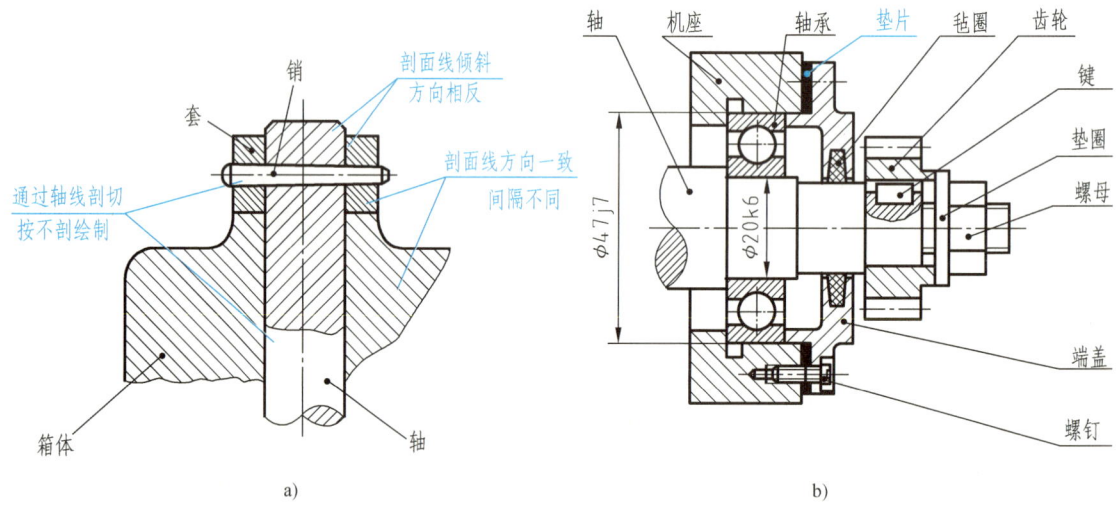

图 10-8　剖面线的规定画法

（3）实心杆和标准件的规定画法

1）对紧固件、销、键以及轴、手柄、杆、球等实心件，若纵向剖切的剖切面通过其对称面或轴线，按不剖绘图，如图 10-8a 中所示的销、图 10-8b 中所示的轴、键、螺钉、轴承中的滚动体。

2）若需表示实心杆（轴、手柄、连杆）零件上的孔、槽、螺纹、键、销或与其他零件的连接情况，可用局部剖视图，如图 10-8a 中所示的轴和销，轴是实心件但采用局部剖视表示与销的连接情况。

3）若横向剖切标准件和实心件，照常画出剖面线，如图 10-9 所示的俯视图，螺栓 6 的横截面画剖面线。

2. 简化画法

1）装配图上零件的部分工艺结构，如倒角、圆角、退刀槽等，允许不画，如图 10-8b 所示的轴的工艺结构和螺栓头部。

2）装配图中的若干相同零件组，如螺栓、螺钉、销的连接等，允许仅画出一处。其余用点画线表示中心位置，如图 10-3 所示的件 10 螺钉组的画法。

3）在装配图中，当剖切平面通过某些标准件时，只画其外形，如图 10-9 中的油杯 8 可以不剖。

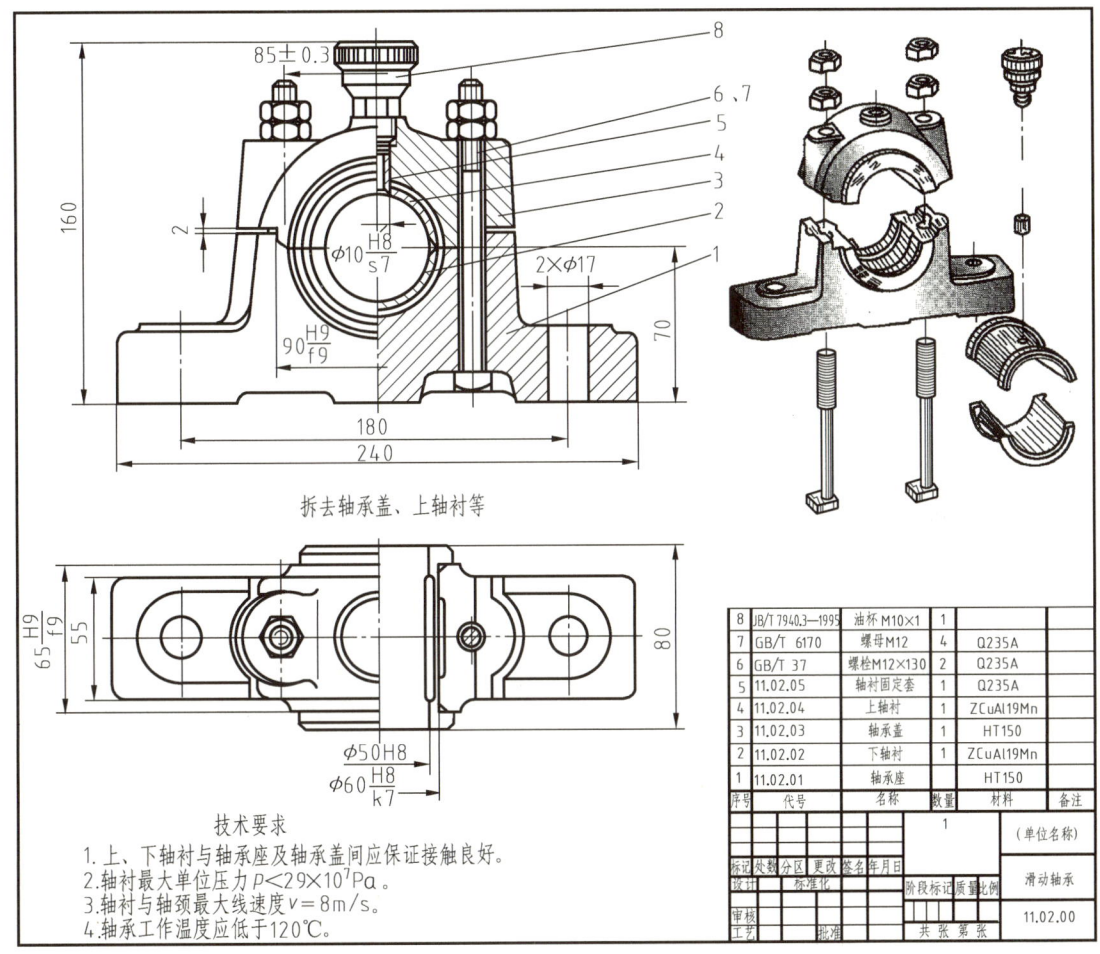

图 10-9 滑动轴承装配图

3. 特殊画法

（1）拆卸画法

1）在装配图中，有的零件把需要表达的其他零件遮盖，有的零件则重复表达，可以假想将这种零件拆卸不画，并在拆卸后的视图上方，注明"拆去×件"等。如图 10-3 中所示的左视图拆去零件 1、2、3、4、5，图 10-9 所示的俯视图拆去轴承盖、上轴衬等。

2）在装配图中，也可沿着零件的接合面剖切。画图时，零件间的接合面不画剖面线，但被剖切的零件仍应画剖面线。如图 10-9 所示的半剖的俯视图，是沿着滑动轴承接合面剖切而得的。

（2）假想画法

1）对于运动零件的运动范围和极限位置，可用双点画线来表示或用尺寸表示，如图 10-10 所示。

2）不属于本部件但与本部件有密切关系的相邻零件，可用双点画线表示其轮廓，如图 10-11 中的铣刀盘。

（3）夸大画法　装配图中的薄片、细小的零件、小间隙，当按全图采用的比例画出，表示不清楚时，允许将它们适当夸大画出。如图10-11所示垫片的厚度及轴径与端盖孔径的间隙，就是用夸大画法画出的。

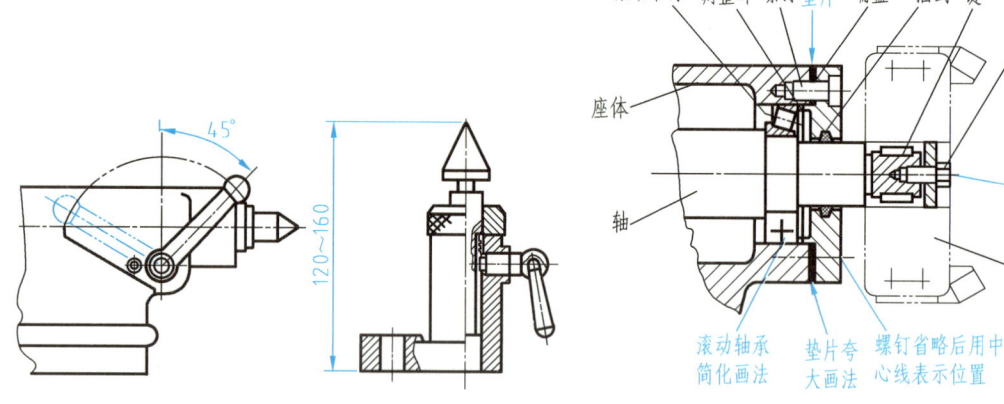

图10-10　运动极限位置表示法

图10-11　装配图的规定画法和简化画法

（4）展开画法　传动机构的传动路线和装配关系，若按正常的规定画法，在图中会产生互相重叠的空间轴系。此时，可假想按传动顺序把各轴剖开，并将其展示在一个平面上（平行某一投影面）的剖视图，并在剖视图上标注"×—×"，如图10-12所示。

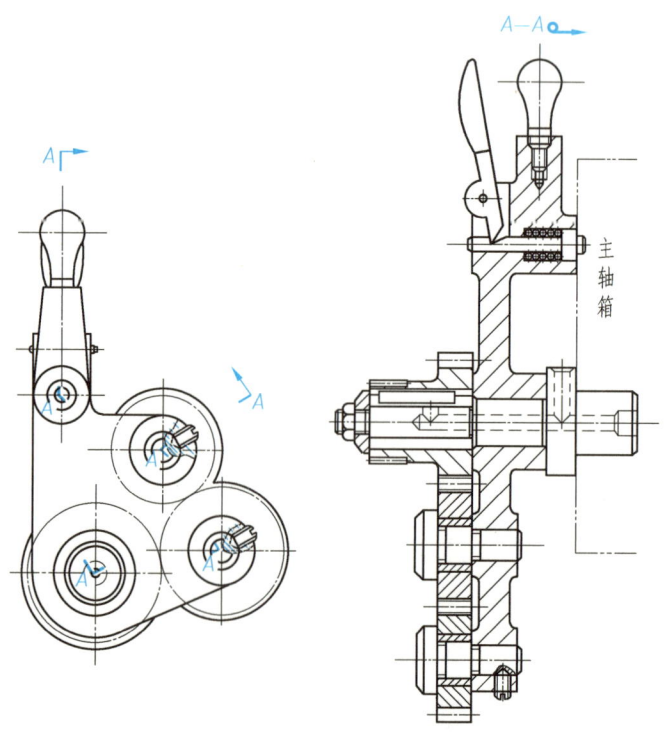

图10-12　三星轮展开画法

1）装配图主视图的选择原则是什么？
2）装配图中有哪些特殊的画法？
3）图 10-3 所示的铣刀头装配图和图 10-9 所示的滑动轴承装配图都采用了哪些特殊画法？

装配工艺结构

为了保证装配质量和装拆方便，装配体上各零（组）件之间的工艺结构应合理。

一、接触面与配合面的合理结构

1）两零件接触时，在同一方向上只能有一对配合面和接触面，这样既可保证两个零件配合制和接触良好，又可降低加工要求，如图 10-13 所示。

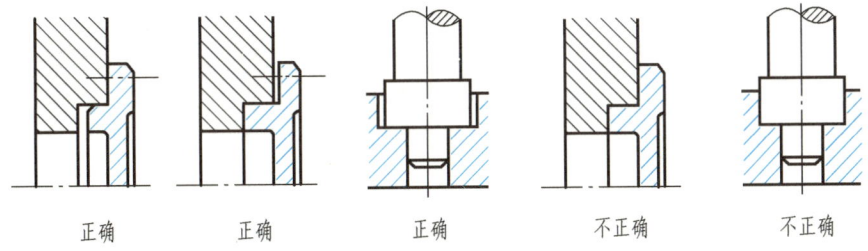

图 10-13 同一方向接触面结构

2）孔端面和轴肩面相接触时，应将孔边倒角，或将轴的根部切槽，以保证轴肩和孔口端面接触良好，保证装配和工作精度，如图 10-14 所示。

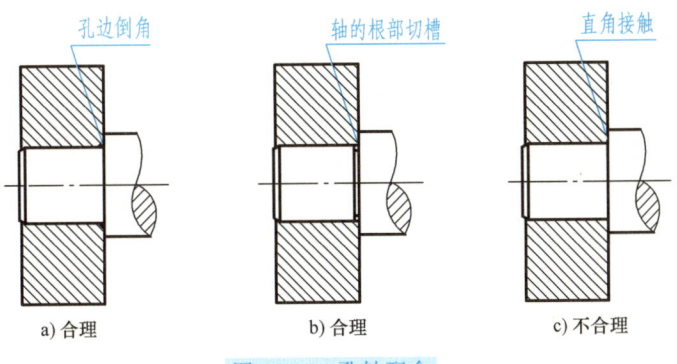

图 10-14 孔轴配合

3）为了保证重装后两零件间相对位置的精度，常采用圆柱销或圆锥销定位，所以对销孔的要求较高。为了加工销孔和拆卸销方便，在可能的条件下，将销孔加工成通孔，如图 10-15a 所示。若加工成不通孔，如图 10-15b 所示，则不合理。

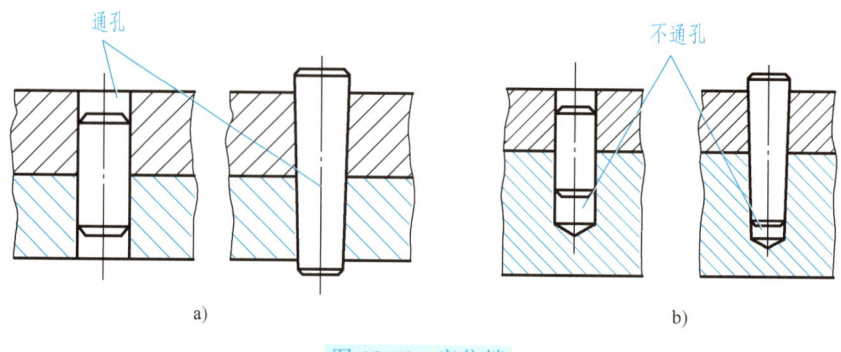

图 10-15 定位销

4)由于锥面配合能同时确定轴向和径向的位置,因此当锥孔不通时,锥体顶部与锥体底部之间必须留有间隙,否则配合不稳定,如图 10-16 所示。

5)为了保证连接件与被连接件的良好接触,在被连接件上做出沉孔、凸台等结构,这样既合理地减少了加工面积,又改善了接触情况,如图 10-17 所示。

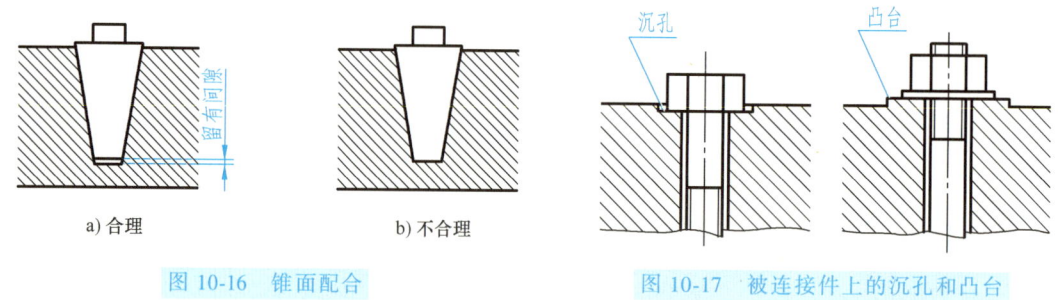

图 10-16 锥面配合　　　　图 10-17 被连接件上的沉孔和凸台

6)为了保证轴上零件的并紧,防止轴向窜动,应使尺寸 $L<b$,如图 10-18 所示。

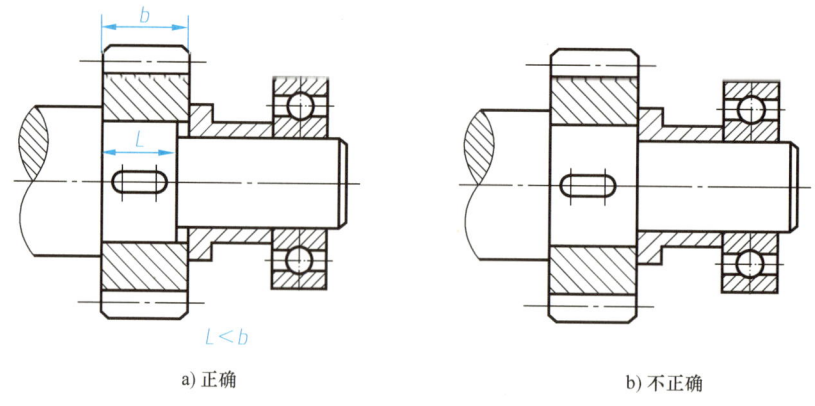

图 10-18 并紧轴上的零件结构

二、螺纹紧固件的防松装置

为了防止机器运转时振动而将螺纹紧固件松脱,常采用图 10-19 所示的双螺母、弹簧垫圈、止动垫圈及开口销等防松装置。

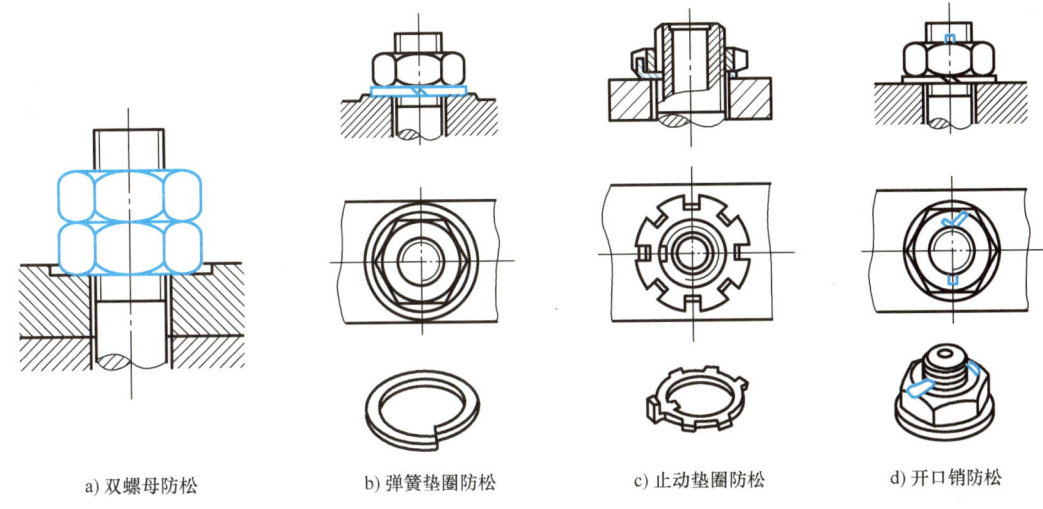

a) 双螺母防松　　　b) 弹簧垫圈防松　　　c) 止动垫圈防松　　　d) 开口销防松

图 10-19　螺纹紧固件的防松装置

三、常见的密封结构

1) 滚动轴承处的密封，如图 10-8b 和图 10-11 所示，在座体端面与端盖接触面处加装垫圈，同时能调整轴向间隙；在端盖圆孔中加工梯形圆环槽，填入密封材料，使材料紧套在轴颈上，起着防漏作用。圆孔的孔径应大于轴颈，以免轴旋转时轴颈磨损。

2) 泵和阀常见密封装置，如图 10-20a 所示，拧紧压盖螺母，通过填料压盖将填料压紧在填料槽内而起密封作用。填料压盖与阀体端面应留间隙以便将填料压紧。图 10-20b 所示画法是不正确的。

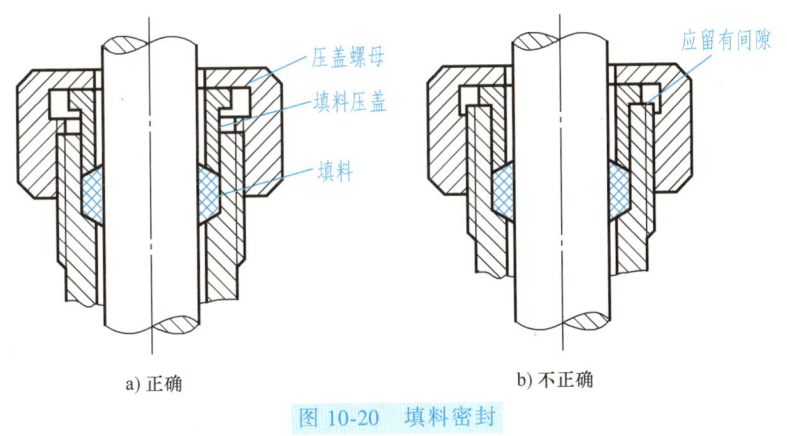

a) 正确　　　b) 不正确

图 10-20　填料密封

四、方便维修和装拆的合理结构

1) 滚动轴承若以轴肩或孔肩定位，则轴肩或孔肩的高度应小于轴承内圈或外圈的厚度，使维修时便于从孔中拆卸滚动轴承，如图 10-21 所示。

2) 用螺纹紧固件连接零件时，应考虑到拆装的可行性，应留足操作空间，如图 10-22 所示。

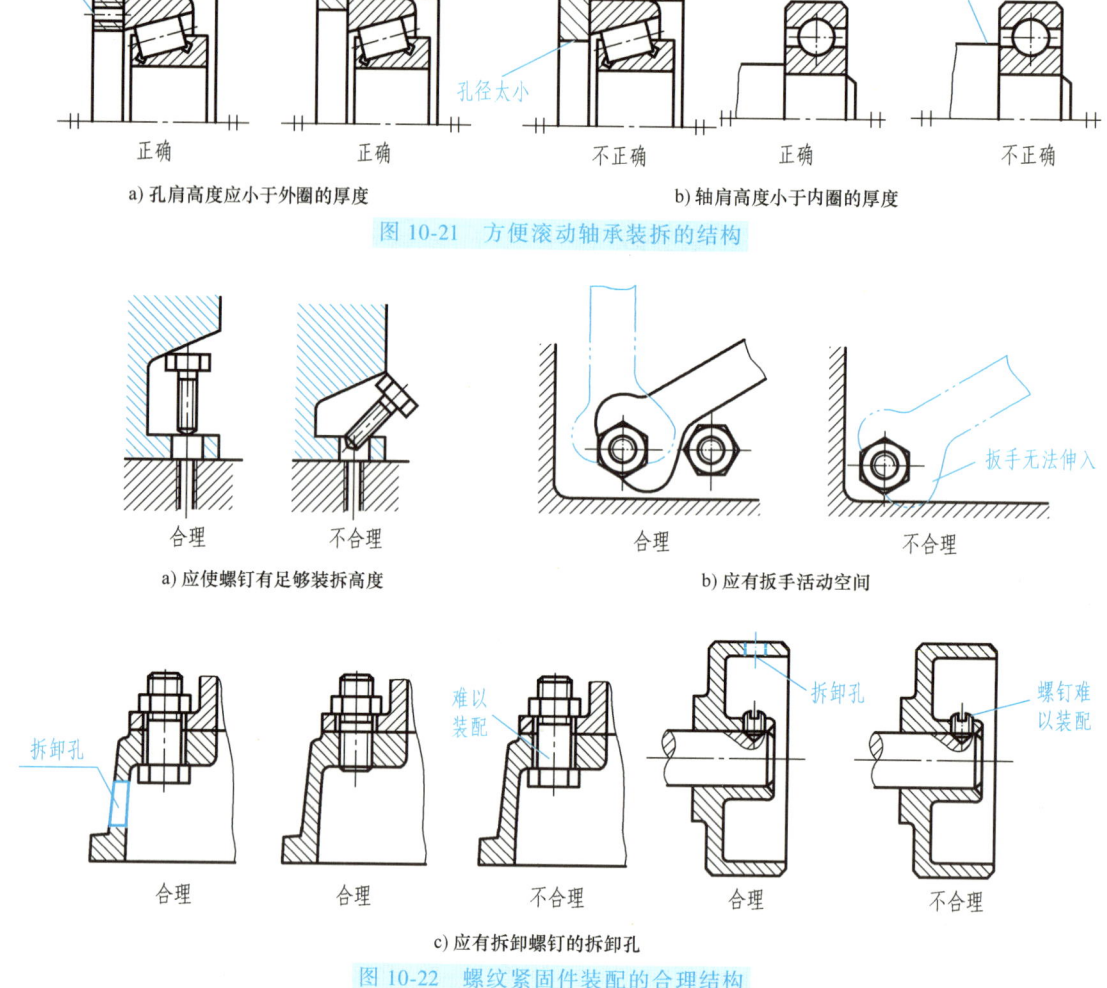

图 10-21　方便滚动轴承装拆的结构

图 10-22　螺纹紧固件装配的合理结构

课题三　装配图上的尺寸标注

由于装配图主要是用来表达零部件的装配关系的，不是制造零件的直接依据，因此在装配图上标注尺寸与零件图上标注尺寸的目的不同，不需要注出每个零件的全部尺寸，只需标出机器或部件的一些必要尺寸，以进一步说明机器或部件的规格性能尺寸、工作原理、装配关系和安装要求。

相关知识

装配图上的尺寸按其作用不同，可分为以下五大类：

一、性能（规格）尺寸

表示装配体的性能、规格和特征的尺寸，这类尺寸是设计之前或设计计算时确定的，如

图10-9所示的滑动轴承孔径 φ50H8，它反映了该部件所支承的轴径；图10-3中铣刀盘直径 φ120 等。

二、装配尺寸

表示装配体零件之间的配合尺寸和装配时保证零件之间相对位置的尺寸。

1. 配合尺寸

表示两零件之间有配合制的尺寸，如图10-3所示的 φ28H8/k7、φ80K7/f8 和图10-9所示的 90H9/f9、φ60H8/k7、65H9/f9、φ10H8/s7 等都属此类尺寸。

2. 相对位置尺寸

表示装配时需要保证的零件间较重要的相对位置的尺寸，如图10-9所示的两螺栓的中心距 85±0.3。

三、安装尺寸

机器或部件在安装时所需要的尺寸，一般是指安装孔的定形和定位尺寸，如图10-3所示的安装孔直径 4×φ11 与孔中心距离 150、155 和图10-9所示的安装孔直径 2×φ17 与孔中心距离 180。

四、外形尺寸

装配体外形轮廓所占空间的最大尺寸，即装配体的总长、总宽、总高的尺寸。这是装配体在包装、运输、厂房设计时所需的尺寸，如图10-3所示的总长424、总宽200和总高115+铣刀盘直径的1/2，图10-9中的总长240、总宽80和总高160等。

五、其他重要尺寸

指在设计中经过计算或根据需要而确定的重要尺寸。如图10-3中的铣刀盘的中心高115和图10-9中的轴承宽度尺寸80。

在标注装配图的尺寸时，并不是一定要将以上五类尺寸注齐，有时同一个尺寸可能有不同的含义。因此，装配图上到底要标注哪些尺寸，需要根据装配的结构特点而定。

课后思考

1）装配图标注的尺寸按作用分哪几类？
2）什么是性能（规格）尺寸？
3）什么是装配尺寸和安装尺寸？
4）分析图10-30中的尺寸，指出性能（规格）尺寸、装配尺寸和安装尺寸都有哪些？

课题四 装配体测绘与装配图画法

通过对现有机器或部件进行分析、测量，绘制出每一个零件草图，然后根据零件草图绘出装配图，整理并绘制出装配图的过程，称为装配体测绘。

现以旋塞部件为例，如图10-23所示，说明装配体测绘的方法与步骤。

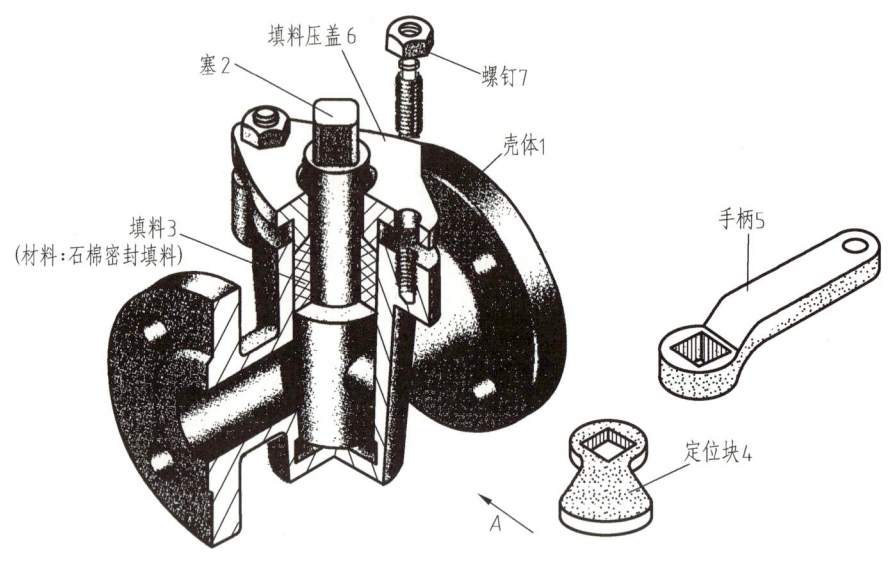

图 10-23 旋塞轴测图

相关知识

一、了解测绘对象

通过对部件进行详细观察，分析研究，了解其用途、性能、工作原理、结构特点，以及零件之间的装配关系、相对位置和拆卸方法等。若有产品说明书，可由说明书对照实物分析，也可参照同类产品图样和资料等分析。总之，必须充分了解测绘对象，才能确保测绘顺利进行。

旋塞是管路中一种控制液体流动的快速开关。它由壳体、塞、填料、填料压盖、螺钉、手柄和定位块等所组成的。壳体的左右圆柱孔是液体进出口，它通过法兰凸缘上螺栓孔用螺栓与进、出管道连接；壳体中腔圆锥孔与旋塞锥体相配，当手柄套在塞端部并旋转时塞也旋转，控制塞锥体上的圆柱孔与壳体进、出口圆柱孔是否相通以及相通大小，达到开通、控制流量或关闭的作用。在塞上方加上填料（石棉密封填料）。再装上填料压盖，拧动螺钉，填料压盖把填料压紧，防止液体泄漏。

二、拆卸零件，画装配示意图

1) 拆卸前应先测量技术、性能指标和重要的尺寸。例如部件的精度、装配间隙、性能规格尺寸和零件的相对位置尺寸等，以便重新装配部件时，核对是否达到原技术指标，同时作为绘制装配图、拟订技术要求时的参考。

2) 为了便于把拆散后的零件装配复原和便于画出装配图，拆卸之前和拆卸过程中，应做好原始记录。最简单常用的方法是绘制装配示意图，也可应用照相或录像等手段。

装配示意图的画法没有严格规定，一般把装配体当作透明体，用简单的线条和国家标准规定的图形符号，将装配体的零件之间的相对位置、装配、连接关系及传动路线表示出来。装配示意图上应编上零件序号或注写零件名称和数量，如图 10-24 所示。

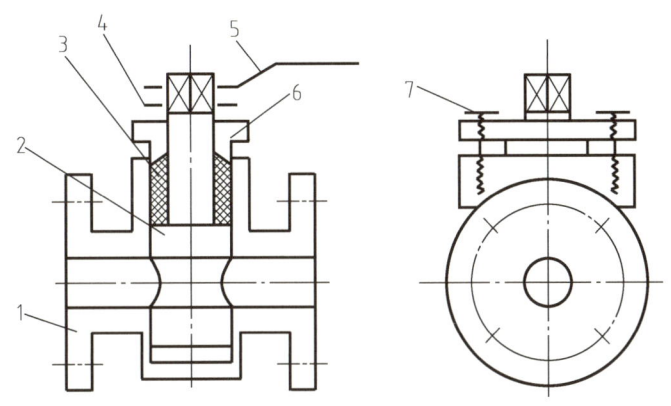

图 10-24 旋塞装配示意图

 提示

装配示意图不受前后层次的限制，宜尽可能将所有零件都集中在一个视图表示出来。只有当实在无法表示时，才画第二个视图，但应与第一个视图保持投影关系。

3) 拆卸零件时，应先研究拆卸方法和使用拆卸工具，拟订拆卸顺序，对不可拆的连接（焊接、铆接）和过盈配合的零件不要拆；对精度较高的配合零件尽量不拆。

4) 在拆下后的每个零（组）件上，逐一贴上标签，标签上注明与示意图相同的序号及名称。拆下的零件应妥善保管，避免碰坏、生锈或丢失。

三、画零件草图

拆卸后对非标准件零件逐一测绘，画出每个零件草图，如图 10-25～图 10-28 所示。画

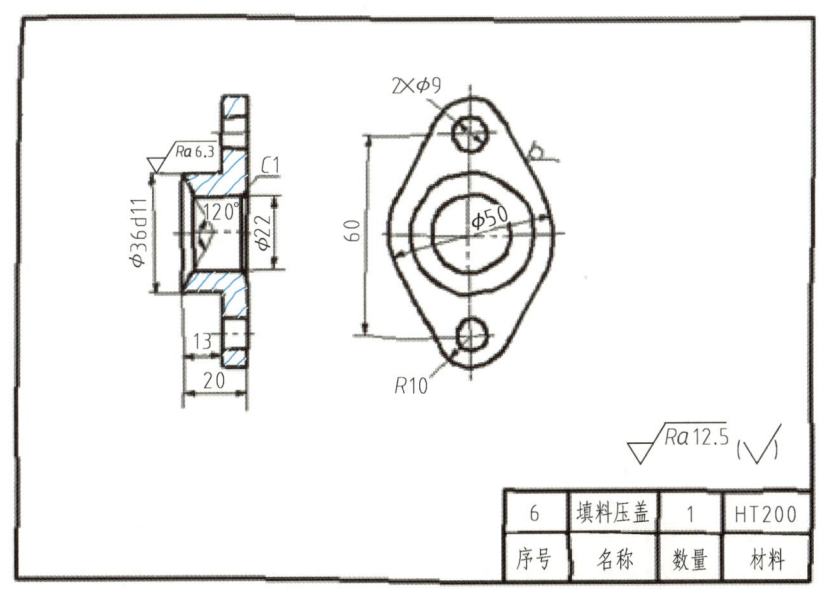

图 10-25 填料压盖零件草图

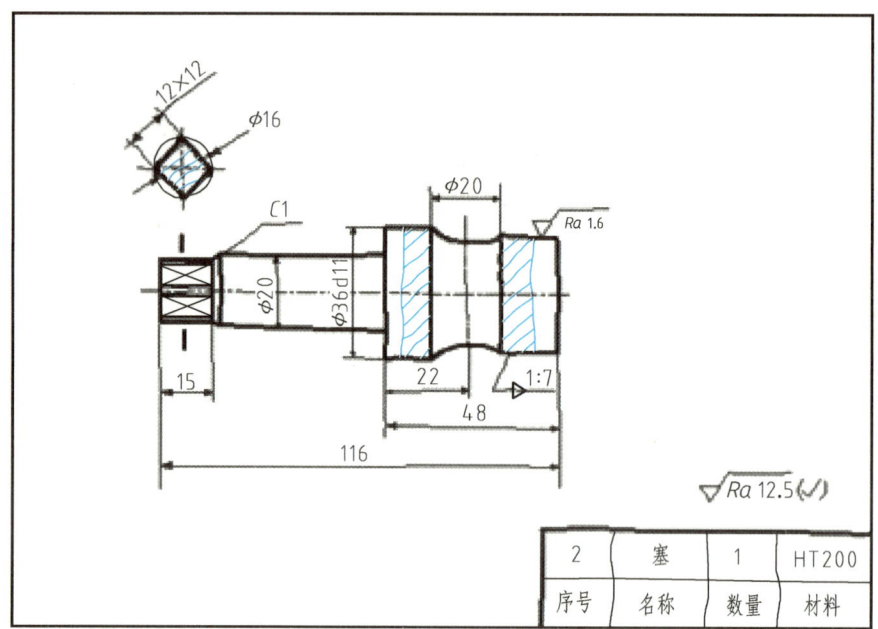

图 10-26　塞零件草图

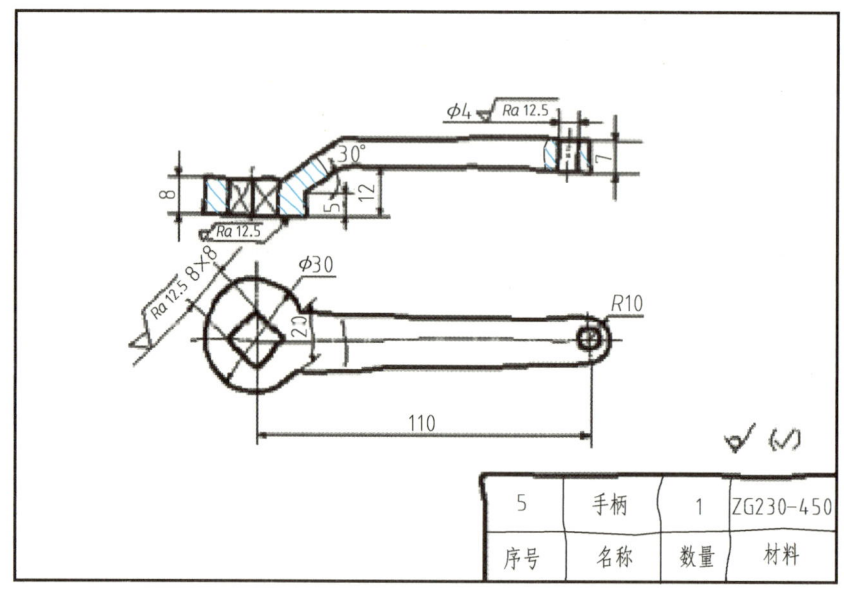

图 10-27　手柄零件草图

零件草图时，应注意下面两点：

1) 对零件之间有配合、连接关系的尺寸要协调一致。例如塞的锥度与壳体锥孔的锥度都应该是 1∶7，又如壳体圆孔 $\phi36H11$ 与压盖 $\phi36d11$ 以及它们的两螺孔中心距 60mm。

2) 对于标准件只需测量出其规格尺寸，然后查阅标准或手册，列表登记。例如螺柱 GB/T 898　M8×30、螺母　GB/T 898　M8 各两件。

四、画装配图

根据零件草图、标准件目录和装配示意图画装配图。画装配图也是一次检验、校对所绘零件草图中的零件形状和工艺结构、尺寸标注等是否正确的过程。若发现零件草图上有错误和不妥之处，应及时修正，以保证零件间的装配关系能在装配图上正确地反映出来。画装配图的具体步骤如下：

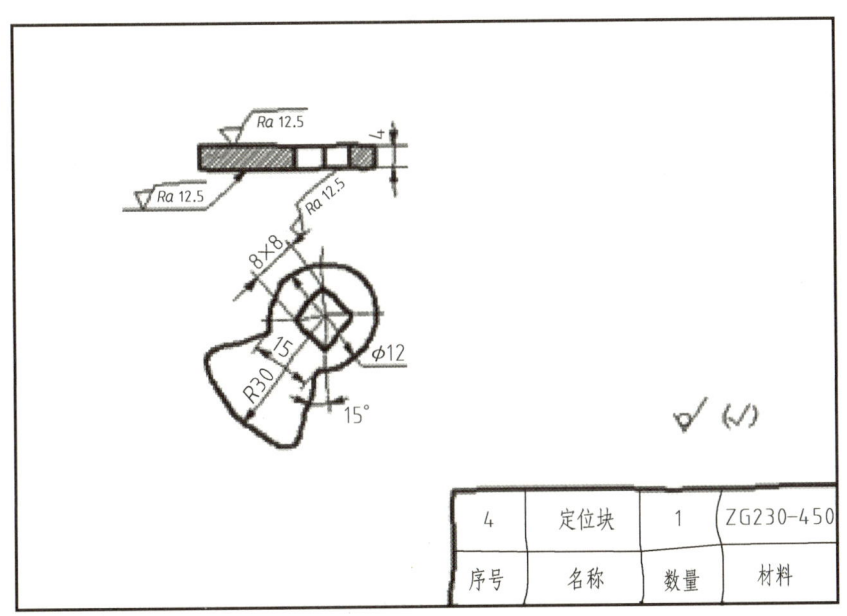

图 10-28　定位块零件草图

1. 确定表达方案

（1）主视图　以最能反映出装配体结构特征、工作原理、传动路线和主要装配关系的方向，作为画主视图的投射方向，并尽可能地以装配体的工作位置作为放置位置。主视图一般都需取剖视，以表示装配体主要装配干线各个零件的装配关系（工作系统和传动路线）。

图 10-23 所示的旋塞应以 A 向作为画主视图的投射方向，并取全剖视。它表示旋塞的结构特征、塞装配线的传动情况、密封装置和工作原理。

（2）其他视图　装配图的表达重点是零件装配关系、工作原理和主体零件形状，无须把每个零件的结构形状都完整表达清楚，但每种零件至少应在某个视图中出现一次。按这一要求选择所需其他视图，补充主视图上尚未表示清楚的内容。

在主视图全剖的基础上，为了补充表示旋塞部件的壳件（主体零件）和填料压盖的结构形状以及壳体与填料压盖用螺钉连接的关系，又采用了一个在填料压盖 B—B 处剖切的半剖俯视图。同时，采用了一个通过旋塞左右对称面剖切、并拆掉定位块和手柄的半剖左视图，这样通过主、俯、左视图及拆卸画法，把旋塞部件完全表达清楚。

2. 确定比例和图幅

根据部件的大小和复杂程度，以表达清楚主要结构为前提来选定绘图比例。选定比例后，按照确定的表达方案选定图纸幅面。布置视图时，要考虑各视图间留有足够的空隙，以便标注尺寸和编写序号，同时还要留出标题栏、明细栏等各种表格和技术要求的位置。

3. 画图步骤

1）图面布局。画出图框，定出标题栏和明细栏位置。画出各视图的主要作图基准线（装配体的主要轴线、对称中心线、主体零件上较大的平面或端面等），如图10-29a所示。

2）逐层画出各视图。围绕着装配干线，由里向外（也可由外向内），逐个画出相关零件的轮廓。一般从主视图开始，先画主要部分，后画细节部分。取剖视部分应直接画成剖开的形状；还应正确地表示装配工艺结构和轴向定位，如图10-29b、c所示。

3）校核、描深、画剖面线，如图10-29d所示。

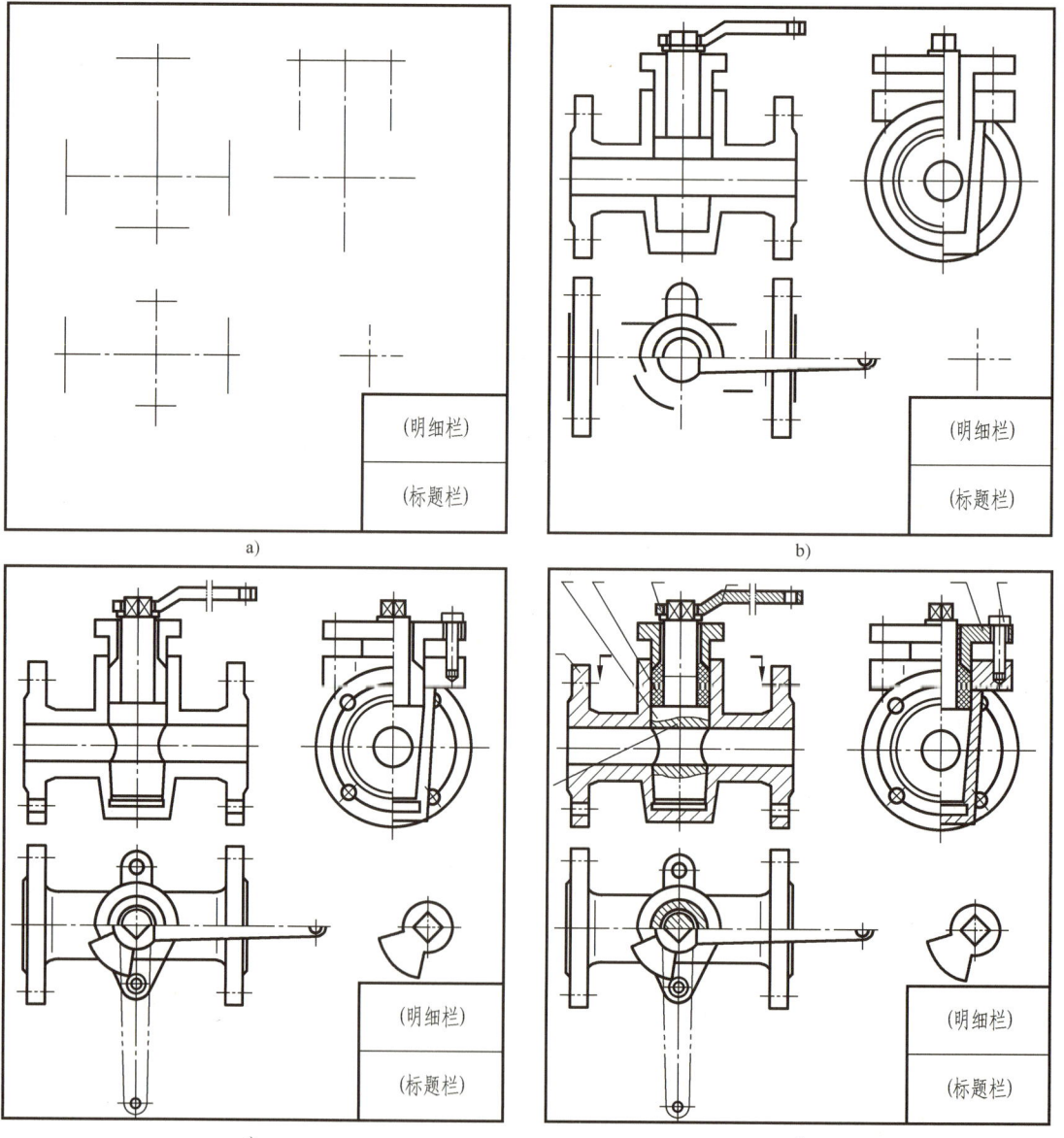

图10-29 装配图的绘图步骤

4）标注尺寸、配合代号及技术要求。

5）编注序号，填写明细栏、标题栏，如图 10-30 所示。

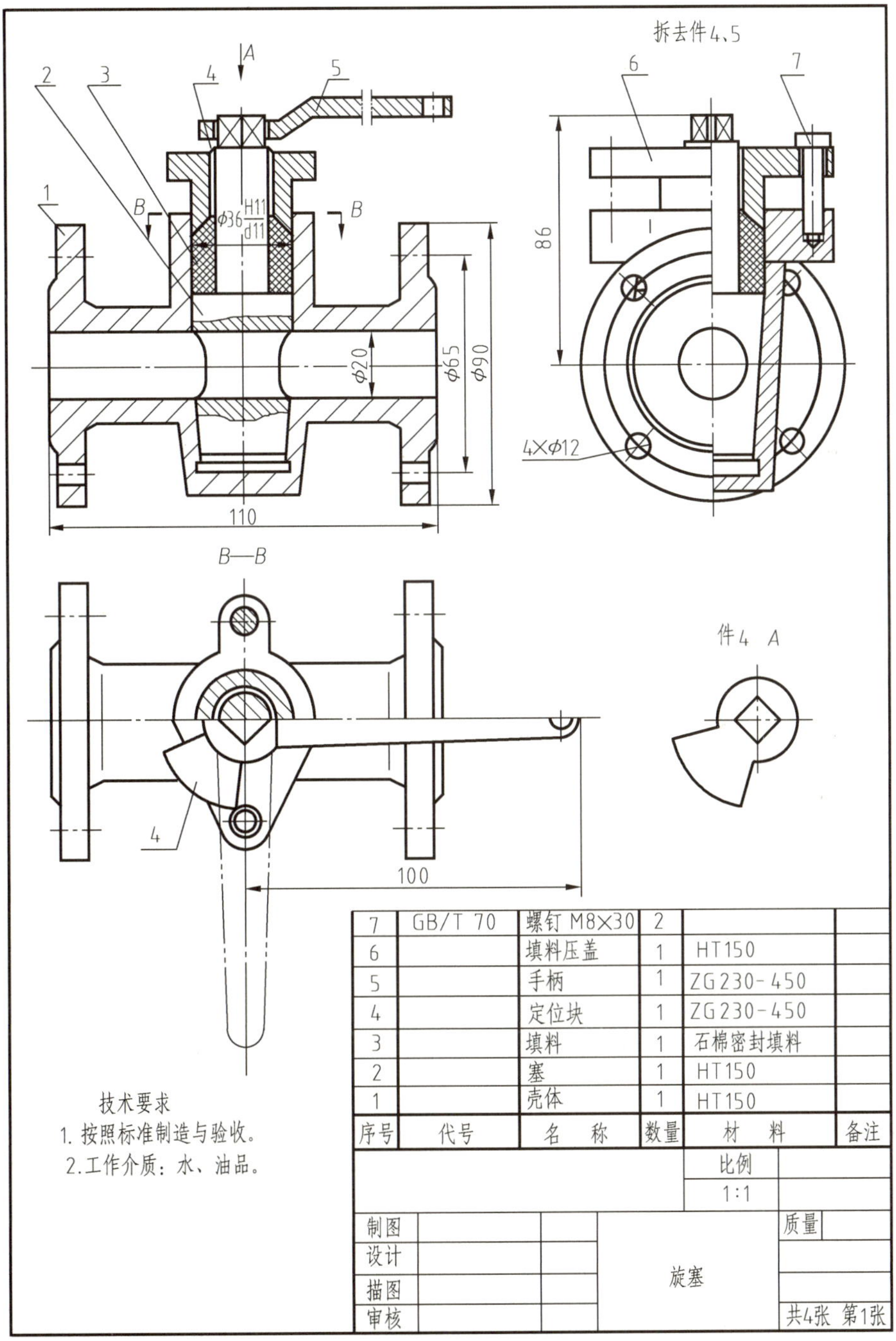

7	GB/T 70	螺钉 M8×30	2		
6		填料压盖	1	HT150	
5		手柄	1	ZG230-450	
4		定位块	1	ZG230-450	
3		填料	1	石棉密封填料	
2		塞	1	HT150	
1		壳体	1	HT150	
序号	代号	名 称	数量	材 料	备注

				比例	
				1:1	
制图			旋塞	质量	
设计					
描图					
审核				共4张 第1张	

图 10-30 旋塞装配图

课后思考

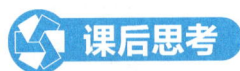

1）装配体测绘的步骤是什么？

2）装配体测绘时，拆卸零件应该注意什么？
3）画零件草图时应该注意什么问题？
4）画装配图的具体步骤是什么？

课题五　识读装配图

在产品的设计、安装、调试、维修及技术交流时，都需要识读装配图。不同的工作岗位的技术人员，读装配图的目的和内容有不同的侧重和要求。有的仅需要了解机器或部件的工作原理和用途以便选用；有的为了维修而必须了解部件中各零件间的装配关系、连接方式、拆装顺序；有的对设备进行维修、改造需要拆画部件中的某个零件，还需要进一步分析该零件的结构形状及相关的技术要求。因此，技术人员必须具备相应的识读装配图的能力。

相关知识

一、读装配图的要求

识读装配图主要是了解构成装配体的各零件间的相互关系，即它们在装配体中的位置、作用、固定或连接方法、运动情况及装拆顺序等，从而进一步了解装配体的性能、工作原理及各零件的主要结构形状，具体要求如下：

1）了解装配体的名称、用途及工作原理。
2）明确装配体的组成、各零件的位置和装配关系，以及定位和连接方法。
3）明确传动过程中相关零件的作用，以及装配体的使用和调整方法。
4）明确装拆方法及顺序。
5）想象每个零件结构形状，能从装配图中拆画零件图。

二、读装配图的方法和步骤

1. 概括了解

从标题栏或有关产品说明书了解装配体名称，大致用途；从明细栏和图中序号了解装配体上各零件名称、数量和所用材料及标准件规格，初步判断装配体的复杂度；从绘图比例及标注的外形尺寸了解装配体的大小。

2. 分析视图

对视图进行初步分析，了解各视图的名称以及各视图的投影对应关系和表示目的，根据视图、剖视图、断面图的配置和标注，找出投射方向、剖切位置，了解每个视图的表达重点。了解装配体有几条装配干线和零星装配点，为进一步深入读图做准备。

3. 了解装配关系，分析装拆顺序和工作原理

将装配体分成几条装配干线，深入分析机器或部件的装配关系、拆装顺序和工作原理，弄清零件间的相互位置。

分析时，常以主视图装配干线为主，逐一进行零件展开。分析的关键是区分各零件的范围，其区分方法有两种：一是利用装配图规定画法区分，即两零件接触面和非接触面的画法，剖面线的方向和密度、实心件和标准件纵向剖切不剖等；二是根据指引线所指位置及序

号对照明细栏来区分。

4．分析尺寸和技术要求

分析装配图的尺寸和技术要求，进一步了解装配体的规格、零件间的配合要求、外形大小及安装情况等。

5．归纳总结

在以上分析的基础上，对装配体的运动情况、工作原理、装配关系、拆装顺序等有一个完整的概念，也为拆画零件图打下基础。

【练习】 识读图 10-31 所示的机用虎钳装配图。

1．概括了解

从标题栏及明细栏可知机用虎钳是夹紧加工工件的装配体，由 11 种零件组成，属中等复杂程度，其总长为 205，总宽为（116+2 个圆弧半径），总高为 60。

2．分析视图

从图 10-31 可以看出该装配图共采用三个基本视图来表达。其中主视图采用假想画法，表示活动钳身的活动范围，并采用全剖，沿着活动钳身的前后对称面剖切，主要表示螺杆装配干线及 A—A 装配线的结构；左视图用半剖，主要表示 A—A 处断面形状和活动钳身的外形；俯视图衬托虎钳的外形，还有一个件 2 的局部视图表示螺钉的分布情况和滚花结构。

3．分析装配线和装配点的结构

（1）分析螺杆装配干线 从主视图及断面分析，当扳手套在螺杆 8 四边形头部旋转时，螺杆两端的轴颈与固定钳身 1 两孔的间隙配合（$\phi 18H8/f7$ 与 $\phi 12H8/f7$），实现旋转运动。

通过螺杆轴肩、垫圈 11 和垫圈 5、环 6 及圆柱销 7 的定位结构，避免工作时螺杆松脱和左右窜动。

（2）分析 A—A 装配线 分析时以主视图 A—A 剖切位置为主：配合 A—A 半剖左视图的投影关系，可知螺母块 9 与螺杆 8 旋合，通过螺钉 3 把螺母块 9 固定在活动钳身 4 的孔中（配合尺寸 $\phi 20H8/h7$）。

4．分析工作原理

从两条装配线分析入手。

1）当螺杆 8 进行正、反转时，螺母块 9 不能旋转，推动螺母块沿着螺杆左右移动。这时，螺母块带动活动钳身 4 左右移动。

2）活动钳身的导槽结构与固定钳身导边为 $82H8/f7$ 的间隙配合，使活动钳身沿固定钳身 1 的导边滑移。

3）两块钳口板 2，通过螺钉 10 分别装在活动钳身和固定钳身的钳口上，移动空间在 0~70 之间，实现加工工件的夹紧与松开。

4）从钳口板 2 的 B 向视图，可知钳口板上有滚花结构，使工件夹得更可靠。

5．分析装拆顺序

1）如图 10-31 所示，拆卸时，卸件 7→件 6→件 5→件 8→件 11。

旋出螺钉 3（件上有两个小圆孔）→取出件 9。活动钳身 4 的导槽沿着固定钳身 1 的导边从右往左推出。旋出件 10→件 2。

2）装配时，先把钳口板 2 通过螺钉 10 固定在活动钳身 4 和固定钳身 1 的护口槽上，然后把活动钳身 4 装入固定钳身 1，把螺母块 9 装入活动钳身孔中，并旋入螺钉 3。

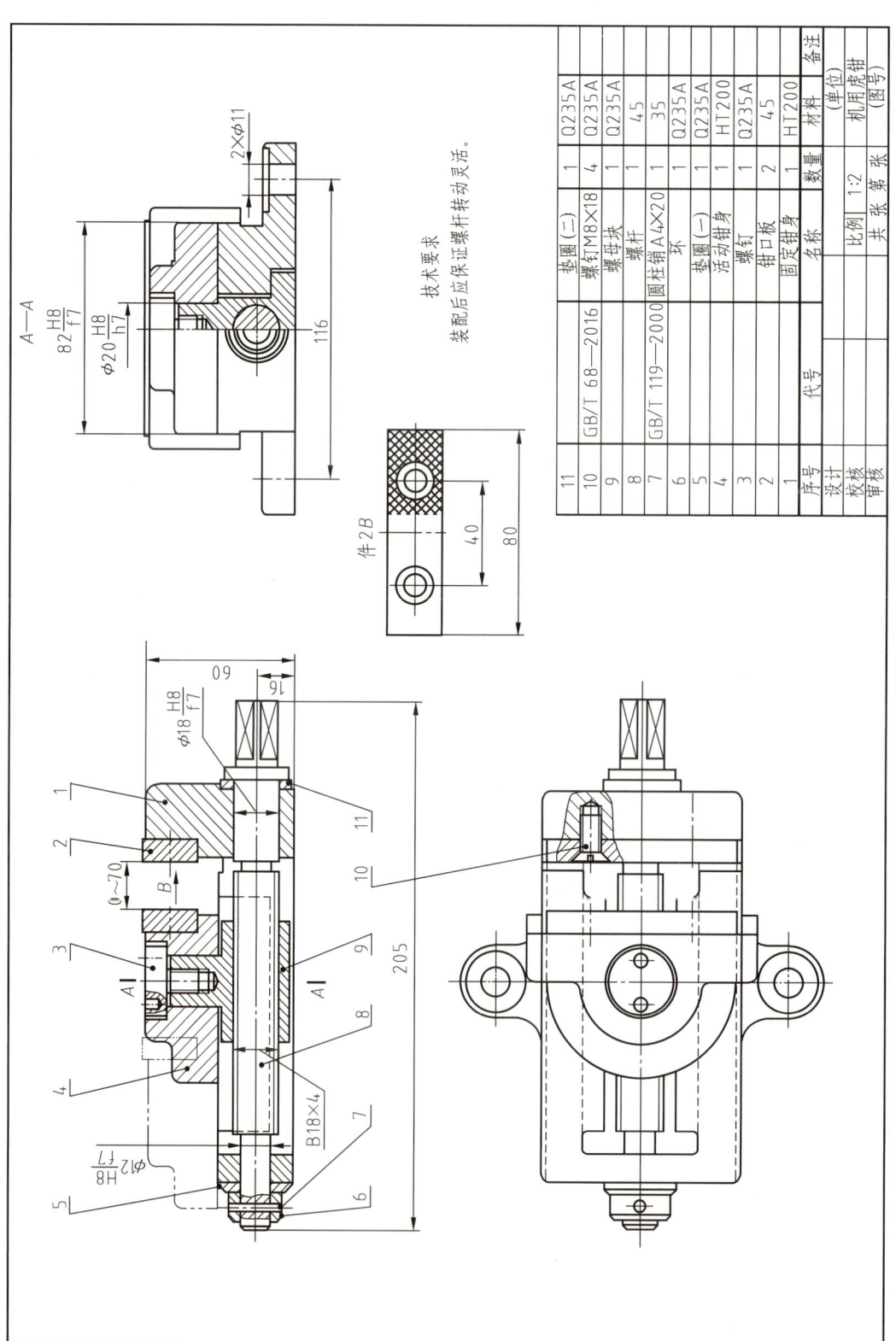

图 10-31 机用虎钳装配图

把垫圈 11 套入螺杆 8 的轴肩处，把螺杆 8 装入固定钳身 1 的孔中，同时使螺杆 8 与螺母块 9 旋合→垫圈 5→环 6→打入圆柱销 7。

6. 分析尺寸和技术要求

（1）规格尺寸　0~70，表示了机用虎钳所能夹持工件的厚度范围。

（2）装配尺寸

1）φ18H8/f7 与 φ12H8/f7，表示螺杆两端的轴颈与固定钳身 1 两孔的装配要求为基孔制的间隙配合，能实现旋转运动。

2）82H8/f7 表示活动钳身的导槽结构与固定钳身导边的装配要求为基孔制的间隙配合，使活动钳身能沿固定钳身 1 的导边滑移。

3）φ20H8/h7 表示螺母块 9 和活动钳身 4 的装配要求为最小间隙为零的间隙配合，使螺母可以轻松放入活动钳身的孔中。

（3）安装尺寸　2×φ11、116，表示机用虎钳安装到机床上时，安装孔的定形、定位尺寸。

（4）外形尺寸　205、(116+2 个圆弧半径)、60 反映装配体的整体大小。

（5）其他尺寸　件 2B 向视图上的 40 表示两螺钉的中心距，80 表示了件 2 的宽度。

7. 分析零件形状，归纳总结

通过上述的分析，可对机用虎钳的主体结构和零件主体形状和作用获得初步了解，但对一些零件的结构形状尚需进一步分析，如固定钳身的完整结构形状，还要再通过主、俯、左视图的投影分析，才能完整、清晰地想象出来（详细过程见下一课题）。

最后综合想象出图 10-32 所示机用虎钳的立体形状。

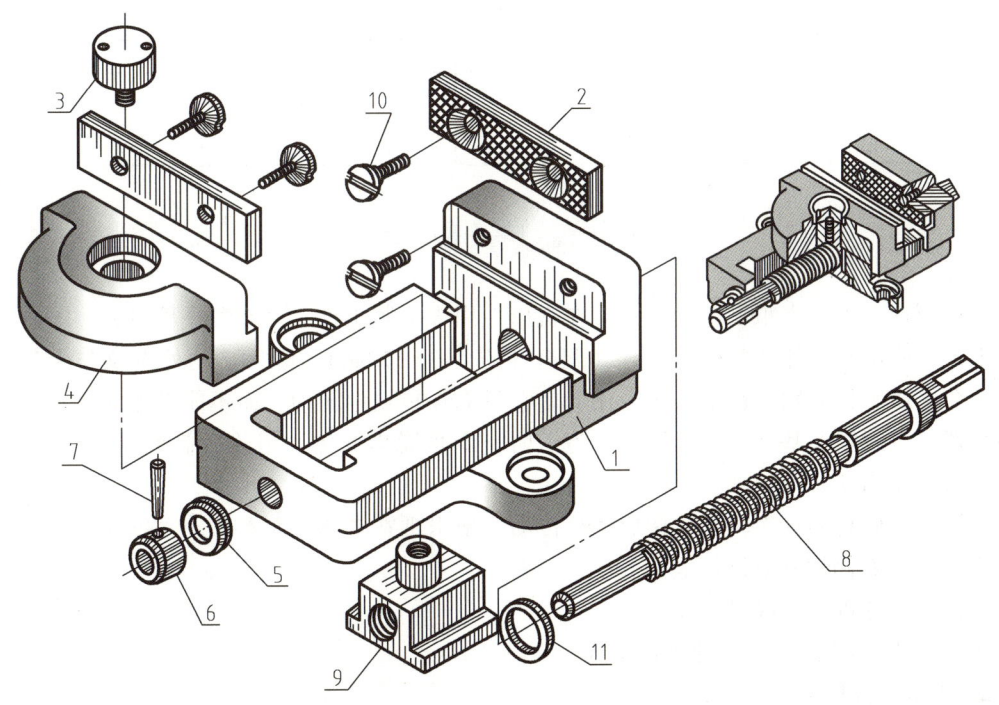

图 10-32　机用虎钳的立体形状

课后思考

1) 识读装配图的基本要求是什么？
2) 识读图 10-33 所示的夹紧卡爪装配图。

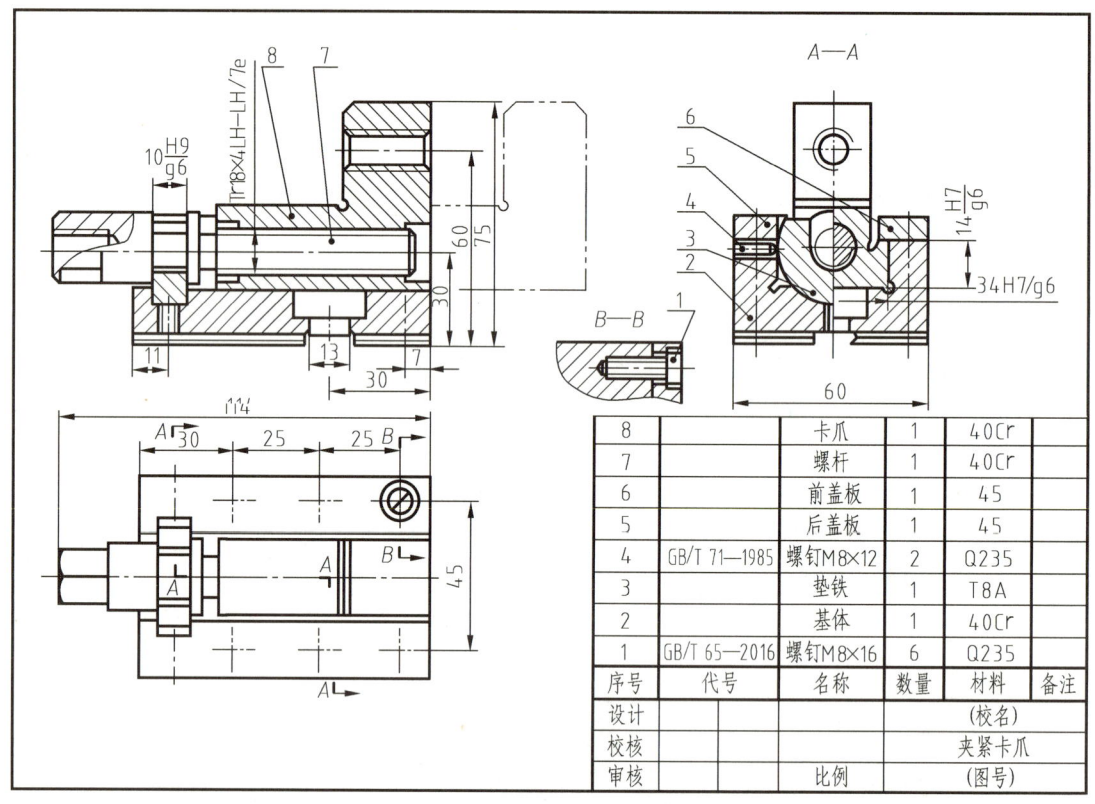

图 10-33 夹紧卡爪装配图

工作原理：夹紧卡爪是组合夹具，在机床上用来夹紧工件，由 8 种零件组成。

卡爪 8 底部与基体 2 凹槽相配合（配合性质为 34H7/g6）。螺杆 7 的外螺纹与卡爪的内螺纹旋合，而螺杆的轴颈被垫铁 3 卡住，使它只能在垫铁中转动，而不能沿轴向移动。垫铁用两个螺钉 4 固定在基体的弧形槽内。为了防止卡爪脱出基体，用前后盖板 5、6 通过 6 个螺钉 1 与基体相连。

当用扳手旋转螺杆 7 时，靠梯形螺纹传动，使卡爪在基体内左右移动，以便夹紧或松开工件（主视图右侧用双点画线表示）。

经过上述分析后完成以下填空：

① 该装配体共由_____种零件组成。
② 基体的材料是_____。
③ 装配体左视图是采用_____个平行的剖切面剖切得到的全剖视图。
④ B—B 局部剖视表达了件_____与件_____是_____连接。

⑤ 件2和件3是通过_____连接，起到固定作用的。
⑥ 图样中34H7/g6表示件_____与件_____之间是基_____制_____配合。
⑦ 卡爪通过螺杆转动实现左右移动，传动螺纹的类型为_____螺纹。
⑧ 装配体主视图中的双点画线画法是_____。
⑨ 装配体的总长为_____，总宽为_____，总高为_____。

课题六　由装配图拆画零件图

机器或部件在设计过程中，通常是根据使用要求先画装配图，以确定工作性能和主要结构，再由装配图画出各个零件图。机器或部件维修时，如果其中某个零件损坏，也要将该零件拆画出来，再重新加工修配。

由装配图拆画零件图的过程简称"拆画"。拆画前，必须全面看懂装配图，分析清楚零件间的装配关系、各个零件的主要结构，因此拆画零件图应在读懂装配图的前提下进行。

相关知识

在课题五的基础上，以拆画机用虎钳的螺母块零件图为例，说明拆画的方法和步骤。

一、想象拆画零件的结构形状

拆画零件图时，必须先根据装配图想象要拆画零件的结构形状。想象时，应用如下方法。

1）在装配图中确定出同一零件的投影范围。确定时，根据剖面线的方向、密度和"三等"关系进行，如图10-34a所示。

2）分离出螺母块的图形，并补画被遮挡的图线。拆掉螺钉3、活动钳身4和螺杆8，分离出螺母块的图形，并补画被螺钉、活动钳身和螺杆8遮挡的图线，如图10-34b所示。

3）根据分离并补画出来的视图，进行投影关系的分析，想象螺母块的立体形状，如图10-34c所示。

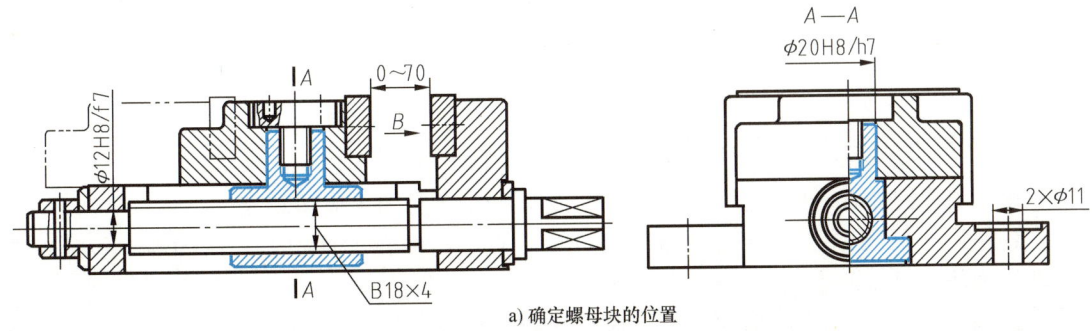

a) 确定螺母块的位置

图10-34　确定螺母块的形状

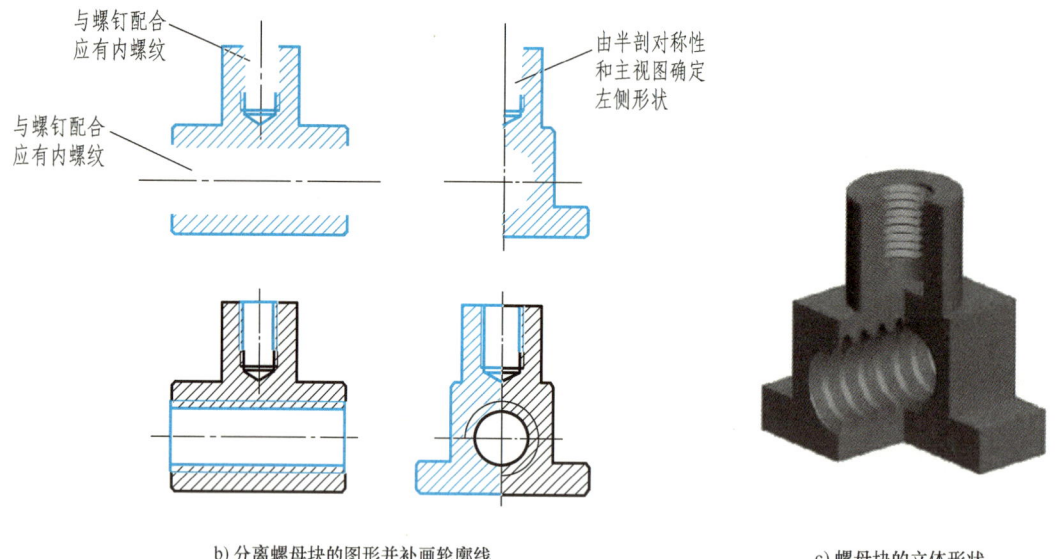

b) 分离螺母块的图形并补画轮廓线

c) 螺母块的立体形状

图 10-34 确定螺母块的形状（续）

二、确定表达方案

装配图的表达方案是从整个装配体来考虑的，往往无法符合每一个零件的表示需要。因此，拆画零件图时，选定视图方案应根据零件自身结构特点重新考虑，不能机械地照抄装配图上的视图方案。

从图 10-34c 中可以看出螺母块底部由等长的两长方体叠加而成，左右表面均共面，最上端为圆柱，顶部有不通的螺纹孔，中间有左右相通的螺纹孔，根据其结构特点，选择与装配图相同的放置位置和投射方向；为了表示内部螺纹孔的形状，采用全剖的主视图和半剖的左视图；为表示两长方体及圆柱的前后位置关系，增加了俯视图的外形图，具体图形如图 10-35 所示。

三、补全零件次要结构和工艺结构

装配图主要表示的是总体结构，对零件的次要结构，并不一定都表示完全，所以拆画零件图时，应根据零件的作用和加工要求予以补充。例如螺母块上端圆柱的倒角 $C2$ 及内螺纹孔口的倒角 $C1$。

四、补标所缺的尺寸

由于装配图一般只标注五类尺寸，因此在拆画的零件图中应予补充。

1) 抄注。装配图上已注出的重要尺寸，应直接抄注在零件图上。例如螺母块 $\phi20h7$，并转换为偏差值 $\phi20_{-0.021}^{0}$。

2) 查找。零件标准结构的尺寸数值应从明细栏或有关标准查得，如图 10-35 中所示的左右相通螺纹孔的尺寸 $B18\times4$、螺母块顶部螺纹孔的尺寸 $M10\times1$ 和深度尺寸可查阅螺纹的相关标准得到。

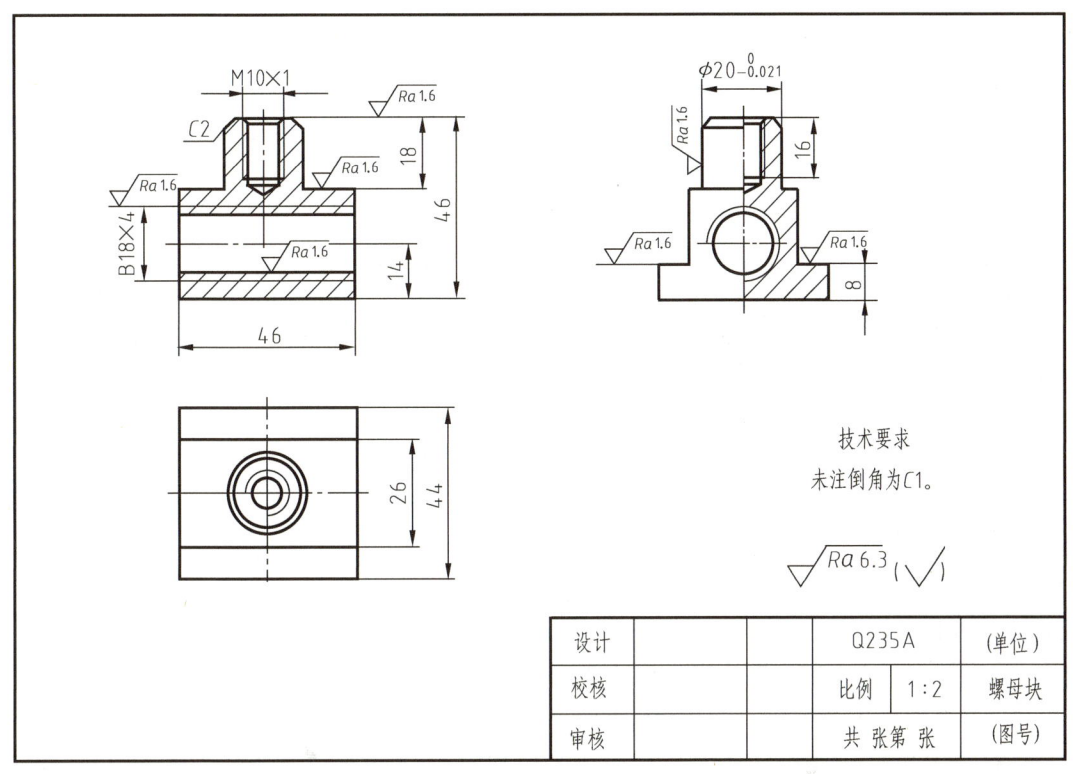

图 10-35　螺母块零件图

3）计算。需要计算确定的尺寸，应由计算而定，如装配图上的齿轮分度圆和齿顶圆的直径等尺寸。

4）量取。在装配图上没有标出的其他尺寸，按图中量得尺寸乘以比例，所得数值取整数，如图 10-35 中所示的 46mm、14mm、18mm、44mm、26mm、8mm 等尺寸。

5）协调。有装配关系和相对位置关系的尺寸，在相关的零件图上要协调一致。

五、确定零件图上的技术要求

根据零件表面作用及与其他零件的关系，采用类比法参考同类产品图样、资料来确定技术要求。螺母块圆柱的外表面及两长方体的上表面的表面结构要求较高，所以轮廓算术平均偏差数值均取 $1.6\mu m$，如图 10-35 所示。

拆画螺母块的零件图如图 10-35 所示。

课后思考

1）由装配图拆画零件图时，零件图的表达方案能照搬装配图中的表达方法吗？

2）试拆画图 10-33 中螺杆的零件图。

3）试拆画图 10-31 中活动钳身的零件图。

单 元 总 结

装配图是表达机器或部件的图样，常用来表示机器或部件的工作原理、零件间的装配关系和相对位置，结构形状和技术要求，以指导机器或部件的装配、检验、调试、安装、维修等。因此，装配图是机械制造、使用、维修及进行技术交流的重要技术文件。

通过本单元的学习，要求理解装配图的作用、组成部分、尺寸标注、零部件序号、明细栏、标题栏等知识。能根据装配图了解装配体的性能、用途、工作原理，也要清楚装配体各零件间的装配关系和拆卸关系。

同时，要掌握装配图中的规定画法和特殊画法，明确绘制装配图时主视图和其他视图的选择原则：主视图一般按装配体的工作位置选择；一般通过装配干线的轴线把装配体剖开，根据未表达出的装配关系、工作原理、零件结构确定其他视图。绘制装配图的具体步骤为：确定图幅，布置视图，绘制各视图底稿，最终检查，完成装配图。

另外，还要能按要求拆画其中某个零件图，这是本单元的难点所在。拆画零件图要注意以下几点：

1）根据零件的结构形状，按零件的视图选择原则重新确定零件表达方案，不能照搬装配图中的表达方法。

2）在零件图上要详细画出零件形状和工艺结构，并加以标准化。

3）要补齐零件图的尺寸，并达到正确、完整、清晰、合理的要求。

4）要根据零件表面作用、要求以及与其他零件的关系，应用类比法并参考同类产品图样来确定技术要求。

附 录

附表1 普通螺纹牙型、直径与螺距（摘自 GB/T 192—2003、GB/T 193—2003）

（单位：mm）

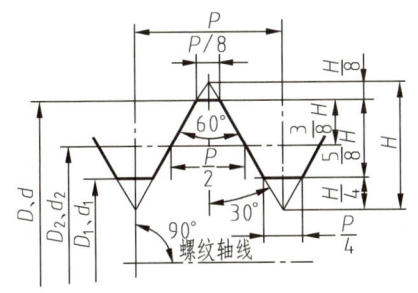

D——内螺纹基本大径（公称直径）
d——外螺纹基本大径（公称直径）
D_2——螺纹基本中径
d_2——外螺纹基本中径
D_1——内螺纹基本小径
d_1——外螺纹基本小径
P——螺距
H——原始三角形高度

标记示例：
M10-6g（粗牙普通外螺纹、公称直径 $d=10$mm、中径及顶径公差带均为6g、中等旋合长度、右旋）
M10×1-6H-LH（细牙普通内螺纹、公称直径 $D=10$mm、螺距 $P=1$mm、中径及顶径公差带均为6H、中等旋合长度、左旋）

公称直径 D、d			螺距 P	
第一系列	第二系列	第三系列	粗牙	细牙
4	3.5		0.7	0.5
5			0.8	0.5
		5.5		
6			1	0.75
8			1	0.75
	7		1.25	1、0.75
		9	1.25	1、0.75
10			1.5	1.25、1、0.75
		11	1.5	1.5、1、0.75
12			1.75	1.25、1
	14		2	1.5、1.25、1
		15		1.5、1
16			2	1.5、1
		17		1.5、1
	18		2.5	2、1.5、1
20			2.5	2、1.5、1
	22		2.5	
24			3	2、1.5、1
		25		1.5
		26		1.5
	27		3	2、1.5、1
		28		2、1.5、1
30			3.5	(3)、2、1.5、1
		32		2、1.5
	33		3.5	(3)、2、1.5
		35		1.5
36			4	3、2、1.5
		38		1.5
	39			3、2、1.5

注：M14×1.25仅用于发动机的火花塞；M35×1.5仅用于轴承的锁紧螺母。

附表 2　六角头螺栓　　　　　　　　　　（单位：mm）

六角头螺栓　C 级（摘自 GB/T 5780—2016）

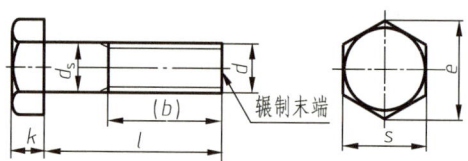

标记示例：

螺栓　GB/T 5780　M20×100

（螺纹规格 d = M20、公称长度 l = 100mm、右旋、性能等级为 4.8 级、表面不经处理、产品等级为 C 级的六角头螺栓）

六角头螺栓　全螺纹　C 级（摘自 GB/T 5781—2016）

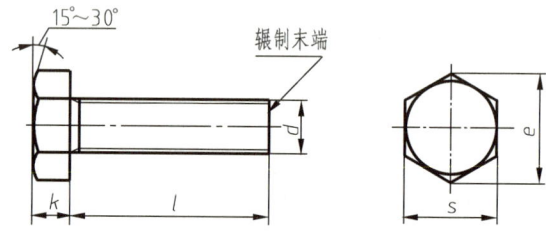

标记示例：

螺栓　GB/T 5781　M12×80

（螺纹规格 d = M12、公称长度 l = 80mm、右旋、性能等级为 4.8 级、表面不经处理、全螺纹、产品等级为 C 级的六角头螺栓）

螺纹规格 d		M5	M6	M8	M10	M12	M16	M20	M24	M30	M36	M42	M48
b 参考	$l \leq 125$	16	18	22	26	30	38	40	54	66	78	—	—
	$125 < l \leq 200$	—	—	28	32	36	44	52	60	72	84	96	108
	$l > 200$	—	—	—	—	—	57	65	73	85	97	109	121
k 公称		3.5	4.0	5.3	6.4	7.5	10	12.5	15	18.7	22.5	26	30
s_{max}		8	10	13	16	18	24	30	36	46	55	65	75
e_{min}		8.63	10.89	14.2	17.59	19.85	26.17	32.95	39.55	50.85	60.79	71.3	82.6
$d_{s max}$		5.48	6.48	8.58	10.58	12.7	16.7	20.84	24.8	30.84	37.0	43	49.0
l 范围	GB/T 5780—2016	25~50	30~60	40~80	45~100	55~120	65~160	80~200	100~240	120~300	140~360	180~420	200~480
	GB/T 5781—2016	10~50	12~60	16~80	20~100	25~120	30~160	40~200	50~240	60~300	70~360	80~420	100~480
l 系列		10、12、16、20~65（5 进位）、70~160（10 进位）、180~500（20 进位）											

注：1. 末端按 GB/T 2—2001 规定。

　　2. 螺纹公差：8g。机械性能等级：4.6、4.8（$d \leq 39$mm）。产品等级：C 级。

附表3　1型六角螺母　　　　　　　　　　（单位：mm）

1型六角螺母(摘自 GB/T 6170—2015)

1型六角螺母　细牙(摘自 GB/T 6171—2016)

1型六角螺母　C级(摘自 GB/T 41—2016)

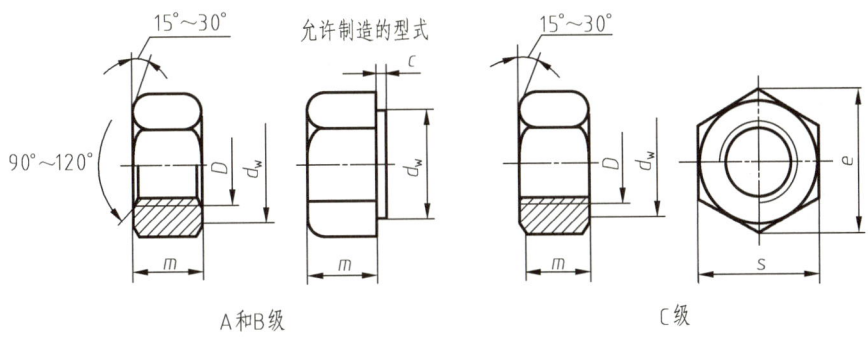

A和B级　　　　　　　　　　C级

标记示例：
螺母　GB/T 41　M12
(螺纹规格 D=M12、性能等级为5级、表面不经处理、产品等级为C级的1型六角螺母)
螺母　GB/T 6171　M24×2
(螺纹规格 D=M24×2、性能等级为10级、表面不经处理、产品等级为B级、细牙螺纹的1型六角螺母)

螺纹规格	D	M4	M5	M6	M8	M10	M12	M16	M20	M24	M30	M36	M42	M48
	$D×P$	—	—	—	M8×1	M10×1	M12×1.5	M16×1.5	M20×1.5	M24×2	M30×2	M36×3	M42×3	M48×3
c_{max}		0.4	0.5			0.6			0.8				1	
s_{max}		7	8	10	13	16	18	24	30	36	46	55	65	75
e_{min}	A、B级	7.66	8.79	11.05	14.38	17.77	20.03	26.75	32.95	39.55	50.85	60.79	71.3	82.6
	C级	—	8.63	10.89	14.2	17.59	19.85	26.17						
m_{max}	A、B级	3.2	4.7	5.2	6.8	8.4	10.8	14.8	18	21.5	25.6	31	34	38
	C级	—	5.6	6.4	7.9	9.5	12.2	15.9	19	22.3	26.4	31.9	34.9	38.9
$d_{w\ min}$	A、B级	5.9	6.9	8.9	11.6	14.6	16.6	22.5	27.7	33.3	42.8	51.1	60	69.5
	C级	—	6.7	8.7	11.5	14.5	16.5	22						

注：1. P—螺距。
　　2. A级用于 D≤M16 的螺母；B级用于 D>M16 的螺母；C级用于 D≥M5 的螺母。
　　3. 螺纹公差：A、B级为6H，C级为7H。机械性能等级：A、B级为6、8、10级，C级为5级。

附表 4　双头螺柱（摘自 GB/T 897~900—1988）　　　（单位：mm）

$b_m=1d$（GB/T 897—1988）　　$b_m=1.25d$（GB/T 898—1988）　　$b_m=1.5d$（GB/T 899—1988）　　$b_m=2d$（GB/T 900—1988）

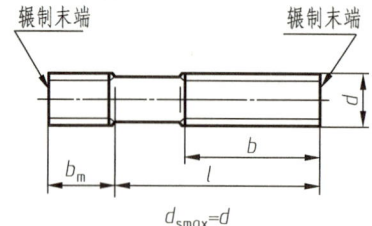
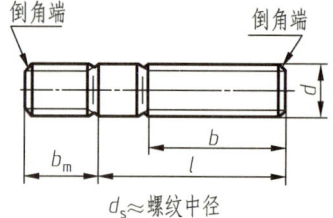

标记示例：
螺柱　GB/T 900　M10×50
（两端均为粗牙普通螺纹、$d=10$mm、$l=50$mm、性能等级为 4.8 级、表面不经处理、B 型、$b_m=2d$ 的双头螺柱）
螺柱　GB/T 900　AM10-M10×1×50
（旋入机体一端为粗牙普通螺纹、旋螺母端为螺距 $P=1$mm 的细牙普通螺纹、$d=10$mm、$l=50$mm、性能等级为 4.8 级、表面不经处理、A 型、$b_m=2d$ 的双头螺柱）

螺纹规格 d	b_m（旋入机体一端长度）				l/b（双头螺柱长度/旋螺母一端长度）				
	GB/T 897	GB/T 898	GB/T 899	GB/T 900					
M4	—	—	6	8	$\frac{16\sim22}{8}$	$\frac{25\sim40}{14}$			
M5	5	6	8	10	$\frac{16\sim22}{10}$	$\frac{25\sim50}{16}$			
M6	6	8	10	12	$\frac{20\sim22}{10}$	$\frac{25\sim30}{14}$	$\frac{32\sim75}{18}$		
M8	8	10	12	16	$\frac{20\sim22}{12}$	$\frac{25\sim30}{16}$	$\frac{32\sim90}{22}$		
M10	10	12	15	20	$\frac{25\sim28}{14}$	$\frac{30\sim38}{16}$	$\frac{40\sim120}{26}$	$\frac{130}{32}$	
M12	12	15	18	24	$\frac{25\sim30}{16}$	$\frac{32\sim40}{20}$	$\frac{45\sim120}{30}$	$\frac{130\sim180}{36}$	
M16	16	20	24	32	$\frac{30\sim38}{20}$	$\frac{40\sim55}{30}$	$\frac{60\sim120}{38}$	$\frac{130\sim200}{44}$	
M20	20	25	30	40	$\frac{35\sim40}{25}$	$\frac{45\sim65}{35}$	$\frac{70\sim120}{46}$	$\frac{130\sim200}{52}$	
(M24)	24	30	36	48	$\frac{45\sim50}{30}$	$\frac{55\sim75}{45}$	$\frac{80\sim120}{54}$	$\frac{130\sim200}{60}$	
(M30)	30	38	45	60	$\frac{60\sim65}{40}$	$\frac{70\sim90}{50}$	$\frac{95\sim120}{66}$	$\frac{130\sim200}{72}$	$\frac{210\sim250}{85}$
M36	36	45	54	72	$\frac{65\sim75}{45}$	$\frac{80\sim110}{60}$	$\frac{120}{78}$	$\frac{130\sim200}{84}$	$\frac{210\sim300}{97}$
M42	42	52	63	84	$\frac{70\sim80}{50}$	$\frac{85\sim110}{70}$	$\frac{120}{90}$	$\frac{130\sim200}{96}$	$\frac{210\sim300}{109}$
M48	48	60	72	96	$\frac{80\sim90}{60}$	$\frac{95\sim110}{80}$	$\frac{120}{102}$	$\frac{130\sim200}{108}$	$\frac{210\sim300}{121}$
l 系列	12、(14)、16、(18)、20、(22)、25、(28)、30、(32)、35、(38)、40、45、50、55、60、(65)、70、(75)、80、(85)、90、(95)、100~260（10 进位）、280、300								

注：1. 尽可能不采用括号内的规格。末端按 GB/T 2—2001 规定。
　　2. $b_m=1d$，一般用于钢对钢；$b_m=(1.25\sim1.5)d$，一般用于钢对铸铁；$b_m=2d$，一般用于钢对铝合金。

附表 5 螺钉（一）

（单位：mm）

开槽盘头螺钉（摘自 GB/T 67—2016）　开槽沉头螺钉（摘自 GB/T 68—2016）　开槽半沉头螺钉（摘自 GB/T 69—2016）

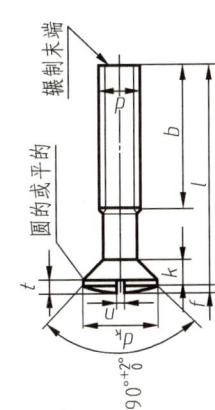

标记示例：

螺钉　GB/T 67　M5×60

（螺纹规格 d=M5，l=60mm，性能等级为 4.8 级、表面不经处理的 A 级开槽盘头螺钉）

（无螺纹部分杆径 ≈ 中径或=螺纹大径）

螺纹规格 d	P	b_{min}	r_f GB/T 69	n 公称	f GB/T 69	k_{max} GB/T 67	k_{max} GB/T 68 GB/T 69	$d_{k max}$ GB/T 67	$d_{k max}$ GB/T 68 GB/T 69	t_{min} GB/T 67	t_{min} GB/T 68	t_{min} GB/T 69	$l_{范围}$ GB/T 67	$l_{范围}$ GB/T 68	$l_{范围}$ GB/T 69	全螺纹时最大长度 GB/T 67	全螺纹时最大长度 GB/T 68	全螺纹时最大长度 GB/T 69
M2	0.4	25	4	0.5	0.5	1.3	1.2	4	3.8	0.5	0.4	0.8	2.5~20	3~20		30		
M3	0.5	25	6	0.8	0.7	1.8	1.65	5.6	5.5	0.7	0.6	1.2	4~30	5~30		30		
M4	0.7		9.5	1.2	1	2.4	2.7	8	8.4	1	1.1	1.6	5~40	6~40		30		
M5	0.8			1.2	1.2	3	3.3	9.5	9.3	1.2	1.2	2	6~50	8~50		30		
M6	1	38	12	1.6	1.4	3.6	3.3	12	11.3	1.4	1.2	2.4	8~60	8~60			40	
M8	1.25		16.5	2	2	4.8	4.65	16	15.8	1.9	1.8	3.2			10~80			45
M10	1.5		19.5	2.5	2.3	6	5	20	18.3	2.4	2	3.8			10~80			45
l 系列	2、2.5、3、4、5、6、8、10、12、(14)、16、20~50（5 进位）、(55)、60、(65)、70、(75)、80																	

注：螺纹公差为 6g；机械性能等级为 4.8、5.8；产品等级为 A 级。

附表6 螺钉(二) （单位：mm）

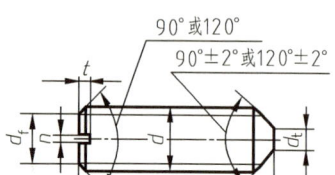

开槽锥端紧定螺钉
（摘自 GB/T 71—1985）

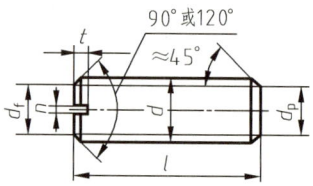

开槽平端紧定螺钉
（摘自 GB/T 73—2017）

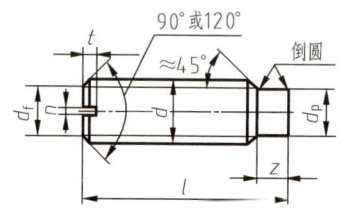

开槽长圆柱端紧定螺钉
（摘自 GB/T 75—1985）

标记示例：
螺钉 GB/T 71 M5×20
（螺纹规格 d = M5、l = 20mm、性能等级为 14H 级、表面氧化的开槽锥端紧定螺钉）

螺纹规格 d	P	d_f	$d_{t\max}$	$d_{p\max}$	$n_{公称}$	$t_{\max}$	$z_{\max}$	l 范围		
								GB/T 71	GB/T 73	GB/T 75
M2	0.4	螺纹小径	0.2	1	0.25	0.84	1.25	3~10	2~10	3~10
M3	0.5		0.3	2	0.4	1.05	1.75	4~16	3~16	5~16
M4	0.7		0.4	2.5	0.6	1.42	2.25	6~20	4~20	6~20
M5	0.8		0.5	3.5	0.8	1.63	2.75	8~25	5~25	8~25
M6	1		1.5	4	1	2	3.25	8~30	6~30	8~30
M8	1.25		2	5.5	1.2	2.5	4.3	10~40	8~40	10~40
M10	1.5		2.5	7	1.6	3	5.3	12~50	10~50	12~50
M12	1.75		3	8.5	2	3.6	6.3	14~60	12~60	14~60
l 系列	2、2.5、3、4、5、6、8、10、12、(14)、16、20、25、30、35、40、45、50、(55)、60									

注：螺纹公差为 6g；机械性能等级为 14H、22H；产品等级为 A 级。

附表7 内六角圆柱头螺钉（摘自 GB/T 70.1—2008） （单位：mm）

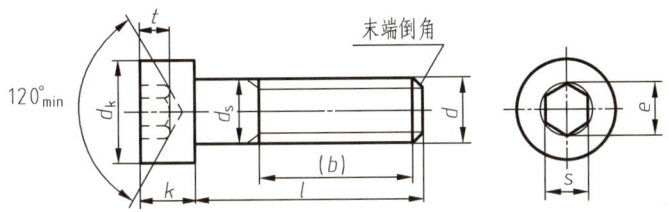

标记示例：

螺钉 GB/T 70.1 M5×20

（螺纹规格：d=M5、公称长度 l=20mm、性能等级为8.8级、表面氧化的A级内六角圆柱头螺钉）

螺纹规格 d		M4	M5	M6	M8	M10	M12	(M14)	M16	M20	M24	M30	M36
螺距 P		0.7	0.8	1	1.25	1.5	1.75	2	2	2.5	3	3.5	4
$b_{参考}$		20	22	24	28	32	36	40	44	52	60	72	84
$d_{k\max}$	光滑头部	7	8.5	10	13	16	18	21	24	30	36	45	54
	滚花头部	7.22	8.72	10.22	13.27	16.27	18.27	21.33	24.33	30.33	36.39	45.39	54.46
$k_{\max}$		4	5	6	8	10	12	14	16	20	24	30	36
$t_{\min}$		2	2.5	3	4	5	6	7	8	10	12	15.5	19
$s_{公称}$		3	4	5	6	8	10	12	14	17	19	22	27
$e_{\min}$		3.443	4.583	5.723	6.683	9.149	11.429	13.716	15.996	19.437	21.734	25.154	30.854
$d_{s\max}$		4	5	6	8	10	12	14	16	20	24	30	36
$l_{范围}$		6~40	8~50	10~60	12~80	16~100	20~120	25~140	25~160	30~200	40~200	45~200	55~200
全螺纹时最大长度		25	25	30	35	40	45	55	55	65	80	90	100
$l_{系列}$		6、8、10、12、(14)、(16)、20~50(5进位)、(55)、60、(65)、70~160(10进位)、180、200											

注：1. 尽可能不采用括号内的规格。末端按 GB/T 2—2001 规定。

2. 机械性能等级：8.8、10.9、12.9。

3. 螺纹公差：机械性能等级8.8级和10.9级时为6g，12.9时为5g6g。

4. 产品等级：A。

附表 8　垫圈　　　　　　　　　　　　　　　（单位：mm）

小垫圈　A 级（摘自 GB/T 848—2002）
平垫圈　A 级（摘自 GB/T 97.1—2002）
平垫圈　倒角型　A 级（摘自 GB/T 97.2—2002）
平垫圈　C 级（摘自 GB/T 95—2002）
大垫圈　A 级（摘自 GB/T 96.1—2002）
特大垫圈　C 级（摘自 GB/T 5287—2002）

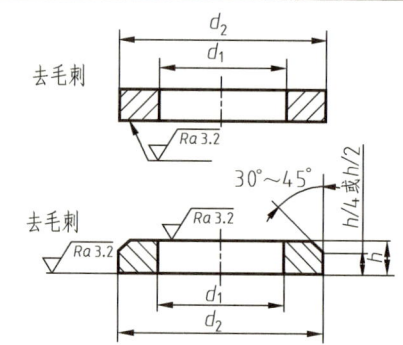

标记示例：
垫圈　GB/T 95　8
（标准系列、公称尺寸 $d=8$mm、性能等级为 100HV 级、不经表面处理、产品等级为 C 级的平垫圈）
垫圈　GB/T 97.2　8
（标准系列、公称尺寸 $d=8$mm、由钢制造的硬度等级为 200HV 级、产品等级为 A 级、倒角型平垫圈）

公称尺寸（螺纹规格）d	标准系列 GB/T 95—2002（C 级）			标准系列 GB/T 97.1—2002（A 级）			标准系列 GB/T 97.2—2002（A 级）			特大系列 GB/T 5287—2002（C 级）			大系列 GB/T 96.1—2002（A 级）			小系列 GB/T 848—2002（A 级）		
	d_{1min}	d_{2max}	h	d_{1min}	d_{2max}	h	d_{1min}	d_{2max}	h	d_{1min}	d_{2max}	h	d_{1min}	d_{2max}	h	d_{1min}	d_{2max}	h
4	4.5	9	0.8	4.3	9	0.8	—	—	—	—	—	—	4.3	12	1	4.3	8	0.5
5	5.5	10	1	5.3	10	1	5.3	10	1	6.5	18	2	5.3	15	1	5.3	9	1
6	6.6	12	1.6	6.4	12	1.6	6.4	12	1.6	6.6	22	2	6.4	18	1.6	6.4	11	1.6
8	9	16	1.6	8.4	16	1.6	8.4	16	1.6	9	28	3	8.4	24	2	8.4	15	1.6
10	11	20	2	10.5	20	2	10.5	20	2	11	34	3	10.5	30	2.5	10.5	18	1.6
12	13.5	24	2.5	13	24	2.5	13	24	2.5	13.5	44	4	13	37	2.5	13	20	2
14	15.5	28	2.5	15	28	2.5	15	28	2.5	15.5	50	4	15	44	3	15	24	2.3
16	17.5	30	3	17	30	3	17	30	3	17.5	56	5	17	50	3	17	28	2.3
20	22	37	3	21	37	3	21	37	3	22	72	5	21	60	4	21	34	3
24	26	44	4	25	44	4	25	44	4	26	85	6	25	72	5	25	39	4
30	33	56	4	31	56	4	31	56	4	33	105	6	33	92	6	31	50	4
36	39	66	5	37	66	5	37	66	5	39	125	8	39	110	8	37	60	5
42	45	78	8	—	—	—	—	—	—	—	—	—	—	—	—	—	—	—
48	52	92	8	—	—	—	—	—	—	—	—	—	—	—	—	—	—	—

注：1. A 级适用于精装配系列，C 级适用于中等装配系列。
　　2. C 级垫圈没有 $Ra3.2\mu m$ 和去毛刺的要求。
　　3. GB/T 848—2002 主要用于圆柱头螺钉，其他用于标准的六角头螺栓、螺母和螺钉。

附表9 标准型弹簧垫圈（摘自 GB/T 93—1987）　　　　　　　　　（单位：mm）

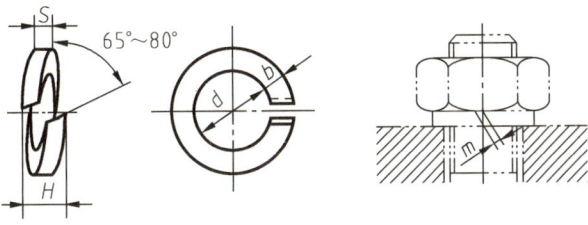

标记示例：
垫圈 GB/T 93 10
（规格 10mm、材料为 65Mn、表面氧化的标准型弹簧垫圈）

规格 （螺纹大径）	4	5	6	8	10	12	16	20	24	30	36	42	48
d_{min}	4.1	5.1	6.1	8.1	10.2	12.2	16.2	20.2	24.5	30.5	36.5	42.5	48.5
$S=b_{公称}$	1.1	1.3	1.6	2.1	2.6	3.1	4.1	5	6	7.5	9	10.5	12
$m \leqslant$	0.55	0.65	0.8	1.05	1.3	1.55	2.05	2.5	3	3.75	4.5	5.25	6
H_{max}	2.75	3.25	4	5.25	6.5	7.75	10.25	12.5	15	18.75	22.5	26.25	30

注：m 应大于零。

附表10 圆柱销（不淬硬钢和奥氏体不锈钢）（摘自 GB/T 119.1—2000）
　　　　　　　　　　　　　　　　　　　　　　　　　　　　（单位：mm）

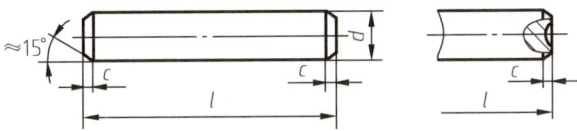

标记示例：
销 GB/T 119.1 6 m6×30
（公称直径 $d=6mm$、公差为 m6、公称长度 $l=30mm$、不经表面处理的圆柱销）
标记示例：
销 GB/T 119.1 10 m6×30-A1
（公称直径 $d=10mm$、公差为 m6、公称长度 $l=30mm$、材料为 A1 组奥氏体不锈钢、表面简单处理的圆柱销）

d（公称） m6/h8	2	3	4	5	6	8	10	12	16	20	25
$c \approx$	0.35	0.5	0.63	0.8	1.2	1.6	2	2.5	3	3.5	4
$l_{范围}$	6~20	8~30	8~40	10~50	12~60	14~80	18~95	22~140	26~180	35~200	50~200
$l_{系列}$ （公称）	2、3、4、5、6~32（2 进位）、35~100（5 进位）、120~200（按 20 递增）										

附表 11　圆锥销（摘自 GB/T 117—2000）　　　　　（单位：mm）

A型(磨削)

B型(切削或冷镦)

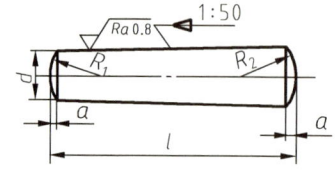

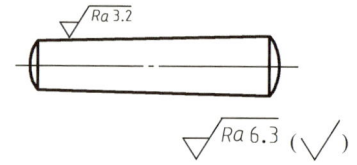

标记示例：

销　GB/T 117　10×60

（公称直径 $d=10$mm、长度 $l=60$mm、材料为 35 钢、热处理硬度 28~38HRC、表面氧化处理的 A 型圆锥销）

$d_{公称}$	2	2.5	3	4	5	6	8	10	12	16	20	25
$a≈$	0.25	0.3	0.4	0.5	0.63	0.8	1.0	1.2	1.6	2.0	2.5	3.0
$l_{范围}$	10~35	10~35	12~45	14~55	18~60	22~90	22~120	26~160	32~180	40~200	45~200	50~200
$l_{系列}$	2、3、4、5、6~32(2 进位)、35~100(5 进位)、120~200(20 进位)											

附表 12　开口销（摘自 GB/T 91—2000）　　　　　（单位：mm）

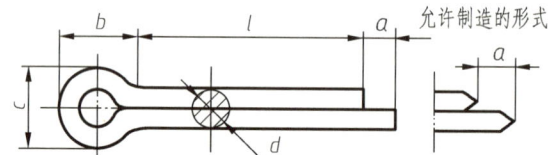

标记示例：

销　GB/T 91　5×50

（公称直径 $d=5$mm、公称长度 $l=50$mm、材料为 Q215 或 Q235、不经表面处理的开口销）

d	公称	0.8	1	1.2	1.6	2	2.5	3.2	4	5	6.3	8	10	13
	max	0.7	0.9	1	1.4	1.8	2.3	2.9	3.7	4.6	5.9	7.5	9.5	12.4
	min	0.6	0.8	0.9	1.3	1.7	2.1	2.7	3.5	4.4	5.7	7.3	9.3	12.1
c_{max}		1.4	1.8	2	2.8	3.6	4.6	5.8	7.4	9.2	11.8	15	19	24.8
b		2.4	3	3	3.2	4	5	6.4	8	10	12.6	16	20	26
a_{max}		1.6			2.5				3.2			4			6.3
$l_{范围}$		5~16	6~20	8~25	8~32	10~40	12~50	14~63	18~80	22~100	32~125	40~160	45~200	71~250
$l_{系列}$		4、5、……、200											

注：销孔的公称直径等于 $d_{公称}$，$d_{min}≤d≤d_{max}$。

附表 13 普通型平键及键槽各部分尺寸（摘自 GB/T 1095—2003、GB/T 1096—2003）

（单位：mm）

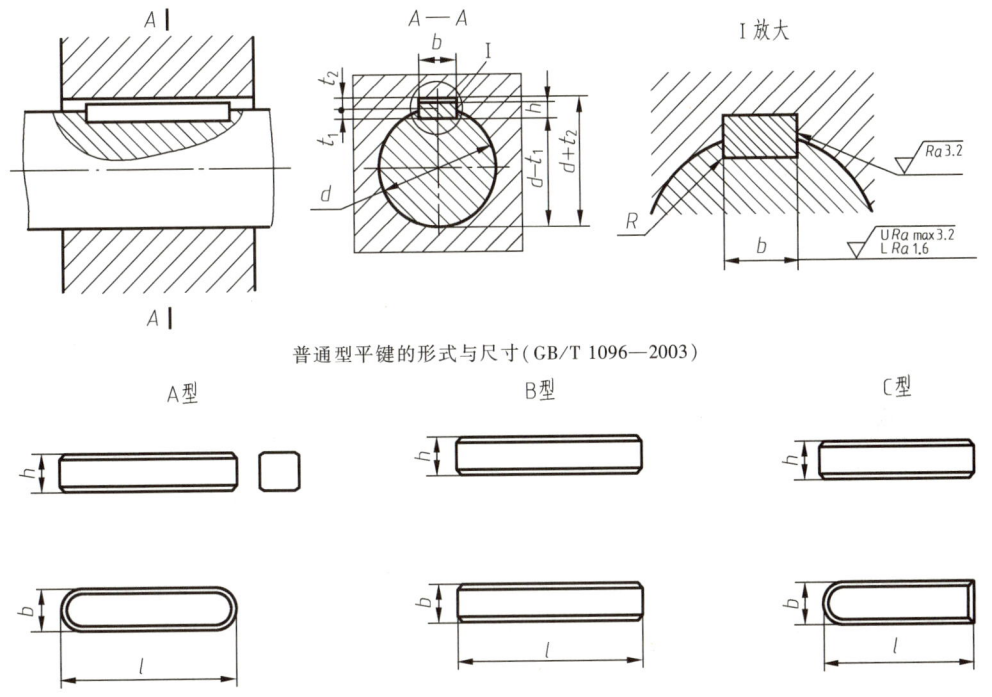

标记示例：
GB/T 1096 键 16×10×100（普通 A 型平键、$b=16mm$、$h=10mm$、$L=100mm$）
GB/T 1096 键 B16×10×100（普通 B 型平键、$b=16mm$、$h=10mm$、$L=100mm$）
GB/T 1096 键 C16×10×100（普通 C 型平键、$b=16mm$、$h=10mm$、$L=100mm$）

键			键槽									半径 R	
键尺寸 $b×h$	长度 L	基本尺寸 b	宽度 b						深度				
			极限偏差						轴 t_1		毂 t_2		
			松连接		正常连接		紧密连接		基本尺寸	极限偏差	基本尺寸	极限偏差	
			轴 H9	毂 D10	轴 N9	毂 JS9	轴和毂 P9						min	max
4×4	8~45	4	+0.030 0	+0.078 +0.030	0 −0.030	±0.015	−0.012 −0.042		2.5	+0.1 0	1.8	+0.1 0	0.08	0.16
5×5	10~56	5							3.0		2.3			
6×6	14~70	6							3.5		2.8		0.16	0.25
8×7	18~90	8	+0.036 0	+0.098 +0.040	0 −0.036	±0.018	−0.015 −0.051		4.0		3.3			
10×8	22~110	10							5.0		3.3			
12×8	28~140	12	+0.043 0	+0.120 +0.050	0 −0.043	±0.0215	−0.018 −0.061		5.0	+0.2 0	3.3	+0.2 0	0.25	0.40
14×9	36~160	14							5.5		3.8			
16×10	45~180	16							6.0		4.3			
18×11	50~200	18							7.0		4.4			
20×12	56~220	20	+0.052 0	+0.149 +0.065	0 −0.052	±0.026	−0.022 −0.074		7.5		4.9		0.40	0.60
22×14	63~250	22							9.0		5.4			
25×14	70~280	25							9.0		5.4			
28×16	80~320	28							10.0		6.4			

注：L系列为 6~22（2 进位）、25、28、32、36、40、45、50、56、63、70、80、90、100、110、125、140、160、180、200、220、250、280、320、360、400、450、500。

附表 14 滚动轴承　　（单位：mm）

深沟球轴承（摘自 GB/T 276—2013）	圆锥滚子轴承（摘自 GB/T 297—2015）	推力球轴承（摘自 GB/T 301—2015）
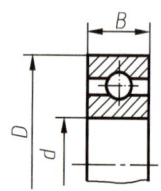	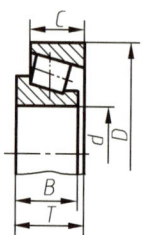	

标记示例：

滚动轴承　6310　GB/T 276—2013

标记示例：

滚动轴承　30212　GB/T 297—2015

标记示例：

滚动轴承　51305　GB/T 301—2015

轴承型号	尺寸			轴承型号	尺寸					轴承型号	尺寸			
	d	D	B		d	D	B	C	T		d	D	T	D_1
尺寸系列[(0)2]				尺寸系列[02]						尺寸系列[12]				
6202	15	35	11	30203	17	40	12	11	13.25	51202	15	32	12	17
6203	17	40	12	30204	20	47	14	12	15.25	51203	17	35	12	19
6204	20	47	14	30205	25	52	15	13	16.25	51204	20	40	14	22
6205	25	52	15	30206	30	62	16	14	17.25	51205	25	47	15	27
6206	30	62	16	30207	35	72	17	15	18.25	51206	30	52	16	32
6207	35	72	17	30208	40	80	18	16	19.75	51207	35	62	18	37
6208	40	80	18	30209	45	85	19	16	20.75	51208	40	68	19	42
6209	45	85	19	30210	50	90	20	17	21.75	51209	45	73	20	47
6210	50	90	20	30211	55	100	21	18	22.75	51210	50	78	22	52
6211	55	100	21	30212	60	110	22	19	23.75	51211	55	90	25	57
6212	60	110	22	30213	65	120	23	20	24.75	51212	60	95	26	62
尺寸系列[(0)3]				尺寸系列[03]						尺寸系列[13]				
6302	15	42	13	30302	15	42	13	11	14.25	51304	20	47	18	22
6303	17	47	14	30303	17	47	14	12	15.25	51305	25	52	18	27
6304	20	52	15	30304	20	52	15	13	16.25	51306	30	60	21	32
6305	25	62	17	30305	25	62	17	15	18.25	51307	35	68	24	37
6306	30	72	19	30306	30	72	19	16	20.75	51308	40	78	26	42
6307	35	80	21	30307	35	80	21	18	22.75	51309	45	85	28	47
6308	40	90	23	30308	40	90	23	20	25.25	51310	50	95	31	52
6309	45	100	25	30309	45	100	25	22	27.25	51311	55	105	35	57
6310	50	110	27	30310	50	110	27	23	29.25	51312	60	110	35	62
6311	55	120	29	30311	55	120	29	25	31.50	51313	65	115	36	67
6312	60	130	31	30312	60	130	31	26	33.50	51314	70	125	40	72

注：圆括号中的尺寸系列代号在轴承代号中省略。

附表 15　标准公差数值（摘自 GB/T 1800.1—2009）

公称尺寸 /mm		标准公差等级																
		IT1	IT2	IT3	IT4	IT5	IT6	IT7	IT8	IT9	IT10	IT11	IT12	IT13	IT14	IT15	IT16	IT17	IT18
大于	至	μm											mm						
—	3	0.8	1.2	2	3	4	6	10	14	25	40	60	0.1	0.14	0.25	0.4	0.6	1	1.4
3	6	1	1.5	2.5	4	5	8	12	18	30	48	75	0.12	0.18	0.3	0.48	0.75	1.2	1.8
6	10	1	1.5	2.5	4	6	9	15	22	36	58	90	0.15	0.22	0.36	0.58	0.9	1.5	2.2
10	18	1.2	2	3	5	8	11	18	27	43	70	110	0.18	0.27	0.43	0.7	1.1	1.8	2.7
18	30	1.5	2.5	4	6	9	13	21	33	52	84	130	0.21	0.33	0.52	0.84	1.3	2.1	3.3
30	50	1.5	2.5	4	7	11	16	25	39	62	100	160	0.25	0.39	0.62	1	1.6	2.5	3.9
50	80	2	3	5	8	13	19	30	46	74	120	190	0.3	0.46	0.74	1.2	1.9	3	4.6
80	120	2.5	4	6	10	15	22	35	54	87	140	220	0.35	0.54	0.87	1.4	2.2	3.5	5.4
120	180	3.5	5	8	12	18	25	40	63	100	160	250	0.4	0.63	1	1.6	2.5	4	6.3
180	250	4.5	7	10	14	20	29	46	72	115	185	290	0.46	0.72	1.15	1.85	2.9	4.6	7.2
250	315	6	8	12	16	23	32	52	81	130	210	320	0.52	0.81	1.3	2.1	3.2	5.2	8.1
315	400	7	9	13	18	25	36	57	89	140	230	360	0.57	0.89	1.4	2.3	3.6	5.7	8.9
400	500	8	10	15	20	27	40	63	97	155	250	400	0.63	0.97	1.55	2.5	4	6.3	9.7
500	630	9	11	16	22	32	44	70	110	175	280	440	0.7	1.1	1.75	2.8	4.4	7	11
630	800	10	13	18	25	36	50	80	125	200	320	500	0.8	1.25	2	3.2	5	8	12.5
800	1000	11	15	21	28	40	56	90	140	230	360	560	0.9	1.4	2.3	3.6	5.6	9	14
1000	1250	13	18	24	33	47	66	105	165	260	420	660	1.05	1.65	2.6	4.2	6.6	10.5	16.5
1250	1600	15	21	29	39	55	78	125	195	310	500	780	1.25	1.95	3.1	5	7.8	12.5	19.5
1600	2000	18	25	35	46	65	92	150	230	370	600	920	1.5	2.3	3.7	6	9.2	15	23
2000	2500	22	30	41	55	78	110	175	280	440	700	1100	1.75	2.8	4.4	7	11	17.5	28
2500	3150	26	36	50	68	96	135	210	330	540	860	1350	2.1	3.3	5.4	8.6	13.5	21	33

注：1. 公称尺寸大于 500 的 IT1 至 IT5 的标准公差数值为试行的。

　　2. 公称尺寸小于或等于 1 时，无 IT14 至 IT18。

附表 16　轴的基本偏差

公称尺寸/mm		上极限偏差(es)										基　本　偏			
		所有标准公差等级										IT5 和 IT6	IT7	IT8	IT4 至 IT7
大于	至	a	b	c	cd	d	e	ef	f	fg	g	h	js	j		
—	3	-270	-140	-60	-34	-20	-14	-10	-6	-4	-2	0		-2	-4	-6	0
3	6	-270	-140	-70	-46	-30	-20	-14	-10	-6	-4	0		-2	-4	—	+1
6	10	-280	-150	-80	-56	-40	-25	-18	-13	-8	-5	0		-2	-5	—	+1
10	14	-290	-150	-95	—	-50	-32	—	-16	—	-6	0		-3	-6	—	+1
14	18																
18	24	-300	-160	-110	—	-65	-40	—	-20	—	-7	0	偏差=±(ITn)/2,式中 ITn 是 IT 值数	-4	-8	—	+2
24	30																
30	40	-310	-170	-120	—	-80	-50	—	-25	—	-9	0		-5	-10	—	+2
40	50	-320	-180	-130													
50	65	-340	-190	-140	—	-100	-60	—	-30	—	-10	0		-7	-12	—	+2
65	80	-360	-200	-150													
80	100	-380	-220	-170	—	-120	-72	—	-36	—	-12	0		-9	-15	—	+3
100	120	-410	-240	-180													
120	140	-460	-260	-200	—	-145	-85	—	-43	—	-14	0		-11	-18	—	+3
140	160	-520	-280	-210													
160	180	-580	-310	-230													
180	200	-660	-340	-240	—	-170	-100	—	-50	—	-15	0		-13	-21	—	+4
200	225	-740	-380	-260													
225	250	-820	-420	-280													
250	280	-920	-480	-300	—	-190	-110	—	-56	—	-17	0		-16	-26	—	+4
280	315	-1050	-540	-330													
315	355	-1200	-600	-360	—	-210	-125	—	-62	—	-18	0		-18	-28	—	+4
355	400	-1350	-680	-400													
400	450	-1500	-760	-440	—	-230	-135	—	-68	—	-20	0		-20	-32	—	+5
450	500	-1650	-840	-480													

注：1. 公称尺寸小于或等于 1 时，基本偏差 a 和 b 均不采用。
　　2. 公差带 js7 至 js11，若 ITn 值是奇数，则取极限偏差=±(ITn-1)/2。

数值（摘自 GB/T 1800.1—2009）   （单位：μm）

差数值														
≤IT3 / >IT7			下极限偏差（ei）											
			所有标准公差等级											
k	m	n	p	r	s	t	u	v	x	y	z	za	zb	zc
0	+2	+4	+6	+10	+14	—	+18	—	+20	—	+26	+32	+40	+60
0	+4	+8	+12	+15	+19	—	+23	—	+28	—	+35	+42	+50	+80
0	+6	+10	+15	+19	+23	—	+28	—	+34	—	+42	+52	+67	+97
0	+7	+12	+18	+23	+28	—	+33	—	+40	—	+50	+64	+90	+130
0	+7	+12	+18	+23	+28	—	+33	+39	+45	—	+60	+77	+108	+150
0	+8	+15	+22	+28	+35	—	+41	+47	+54	+63	+73	+98	+136	+188
0	+8	+15	+22	+28	+35	+41	+48	+55	+64	+75	+88	+118	+160	+218
0	+9	+17	+26	+34	+43	+48	+60	+68	+80	+94	+112	+148	+200	+274
0	+9	+17	+26	+34	+43	+54	+70	+81	+97	+114	+136	+180	+242	+325
0	+11	+20	+32	+41	+53	+66	+87	+102	+122	+144	+172	+226	+300	+405
0	+11	+20	+32	+43	+59	+75	+102	+120	+146	+174	+210	+274	+360	+480
0	+13	+23	+37	+51	+71	+91	+124	+146	+178	+214	+258	+335	+445	+585
0	+13	+23	+37	+54	+79	+104	+144	+172	+210	+254	+310	+400	+525	+690
0	+15	+27	+43	+63	+92	+122	+170	+202	+248	+300	+365	+470	+620	+800
0	+15	+27	+43	+65	+100	+134	+190	+228	+280	+340	+415	+535	+700	+900
0	+15	+27	+43	+68	+108	+146	+210	+252	+310	+380	+465	+600	+780	+1000
0	+17	+31	+50	+77	+122	+166	+236	+284	+350	+425	+520	+670	+880	+1150
0	+17	+31	+50	+80	+130	+180	+258	+310	+385	+470	+575	+740	+960	+1250
0	+17	+31	+50	+84	+140	+196	+284	+340	+425	+520	+640	+820	+1050	+1350
0	+20	+34	+56	+94	+158	+218	+315	+385	+475	+580	+710	+920	+1200	+1550
0	+20	+34	+56	+98	+170	+240	+350	+425	+525	+650	+790	+1000	+1300	+1700
0	+21	+37	+62	+108	+190	+268	+390	+475	+590	+730	+900	+1150	+1500	+1900
0	+21	+37	+62	+114	+208	+294	+435	+530	+660	+820	+1000	+1300	+1650	+2100
0	+23	+40	+68	+126	+232	+330	+490	+595	+740	+920	+1100	+1450	+1850	+2400
0	+23	+40	+68	+132	+252	+360	+540	+660	+820	+1000	+1250	+1600	+2100	+2600

附表 17　孔的基本偏差数值

公称尺寸/mm		下极限偏差(EI)										基本偏差						
		所有标准公差等级										IT6	IT7	IT8	≤IT8	>IT8	≤IT8	>IT8	≤IT8	>IT8
大于	至	A	B	C	CD	D	E	EF	F	FG	G	H	JS	J			K		M		N	
—	3	+270	+140	+60	+34	+20	+14	+10	+6	+4	+2	0		+2	+4	+6	0	0	−2	−2	−4	−4
3	6	+270	+140	+70	+46	+30	+20	+14	+10	+6	+4	0		+5	+6	+10	−1+Δ	—	−4+Δ	−4	−8+Δ	0
6	10	+280	+150	+80	+56	+40	+25	+18	+13	+8	+5	0		+5	+8	+12	−1+Δ	—	−6+Δ	−6	−10+Δ	0
10	14	+290	+150	+95	—	+50	+32	—	+16	—	+6	0		+6	+10	+15	−1+Δ	—	−7+Δ	−7	−12+Δ	0
14	18																					
18	24	+300	+160	+110	—	+65	+40	—	+20	—	+7	0		+8	+12	+20	−2+Δ	—	−8+Δ	−8	−15+Δ	0
24	30																					
30	40	+310	+170	+120	—	+80	+50	—	+25	—	+9	0		+10	+14	+24	−2+Δ	—	−9+Δ	−9	−17+Δ	0
40	50	+320	+180	+130																		
50	65	+340	+190	+140	—	+100	+60	—	+30	—	+10	0	偏差=±(ITn)/2,式中ITn是IT值数	+13	+18	+28	−2+Δ	—	−11+Δ	−11	−20+Δ	0
65	80	+360	+200	+150																		
80	100	+380	+220	+170	—	+120	+72	—	+36	—	+12	0		+16	+22	+34	−3+Δ	—	−13+Δ	−13	−23+Δ	0
100	120	+410	+240	+180																		
120	140	+460	+260	+200	—	+145	+85	—	+43	—	+14	0		+18	+26	+41	−3+Δ	—	−15+Δ	−15	−27+Δ	0
140	160	+520	+280	+210																		
160	180	+580	+310	+230																		
180	200	+660	+340	+240	—	+170	+100	—	+50	—	+15	0		+22	+30	+47	−4+Δ	—	−17+Δ	−17	−31+Δ	0
200	225	+740	+380	+260																		
225	250	+820	+420	+280																		
250	280	+920	+480	+300	—	+190	+110	—	+56	—	+17	0		+25	+36	+55	−4+Δ	—	−20+Δ	−20	−34+Δ	0
280	315	+1050	+540	+330																		
315	355	+1200	+600	+360	—	+210	+125	—	+62	—	+18	0		+29	+39	+60	−4+Δ	—	−21+Δ	−21	−37+Δ	0
355	400	+1350	+680	+400																		
400	450	+1500	+760	+440	—	+230	+135	—	+68	—	+20	0		+33	+43	+66	−5+Δ	—	−23+Δ	−23	−40+Δ	0
450	500	+1650	+840	+480																		

注：1. 公称尺寸小于或等于1时，基本偏差A和B及大于IT8的N均不采用。
　　2. 公差带JS7至JS11，若ITn值数是奇数，则取极限偏差=±(ITn−1)/2。
　　3. 对小于或等于IT8的K、M、N和小于或等于IT7的P至ZC，所需Δ值从表内右侧选取。例如：18~30段的K7：
　　4. 特殊情况：250~315段的M6，ES=−9μm（代替−11μm）。

（摘自 GB/T 1800.1—2009）　　　　　　　　　　　　　　　　　　　　　　　　　　　　（单位：μm）

数　值												Δ 值					
上极限偏差(ES)																	
≤IT7	标准公差等级大于IT7											标准公差等级					
P 至 ZC	P	R	S	T	U	V	X	Y	Z	ZA	ZB	ZC	IT3	IT4	IT5	IT6	IT7	IT8
在大于IT7的相应数值上增加一个Δ值	−6	−10	−14	—	−18	—	−20	—	−26	−32	−40	−60	0	0	0	0	0	0
	−12	−15	−19	—	−23	—	−28	—	−35	−42	−50	−80	1	1.5	1	3	4	6
	−15	−19	−23	—	−28	—	−34	—	−42	−52	−67	−97	1	1.5	2	3	6	7
	−18	−23	−28	—	−33	—	−40	—	−50	−64	−90	−130	1	2	3	3	7	9
						−39	−45	—	−60	−77	−108	−150						
	−22	−28	−35	—	−41	−47	−54	−63	−73	−98	−136	−188	1.5	2	3	4	8	12
				−41	−48	−55	−64	−75	−88	−118	−160	−218						
	−26	−34	−43	−48	−60	−68	−80	−94	−112	−148	−200	−274	1.5	3	4	5	9	14
				−54	−70	−81	−97	−114	−136	−180	−242	−325						
	−32	−41	−53	−66	−87	−102	−122	−144	−172	−226	−300	−405	2	3	5	6	11	16
		−43	−59	−75	−102	−120	−146	−174	−210	−274	−360	−480						
	−37	−51	−71	−91	−124	−146	−178	−214	−258	−335	−445	−585	2	4	5	7	13	19
		−54	−79	−104	−144	−172	−210	−254	−310	−400	−525	−690						
	−43	−63	−92	−122	−170	−202	−248	−300	−365	−470	−620	−800	3	4	6	7	15	23
		−65	−100	−134	−190	−228	−280	−340	−415	−535	−700	−900						
		−68	−108	−146	−210	−252	−310	−380	−465	−600	−780	−1000						
	−50	−77	−122	−166	−236	−284	−350	−425	−520	−670	−880	−1150	3	4	6	9	17	26
		−80	−130	−180	−258	−310	−385	−470	−575	−740	−960	−1250						
		−84	−140	−196	−284	−340	−425	−520	−640	−820	−1050	−1350						
	−56	−94	−158	−218	−315	−385	−475	−580	−710	−920	−1200	−1550	4	4	7	9	20	29
		−98	−170	−240	−350	−425	−525	−650	−790	−1000	−1300	−1700						
	−62	−108	−190	−268	−390	−475	−590	−730	−900	−1150	−1500	−1900	4	5	7	11	21	32
		−114	−208	−294	−435	−530	−660	−820	−1000	−1300	−1650	−2100						
	−68	−126	−232	−330	−490	−595	−740	−920	−1100	−1450	−1850	−2400	5	5	7	13	23	34
		−132	−252	−360	−540	−660	−820	−1000	−1250	−1600	−2100	−2600						

Δ=8μm，所以 ES=(−2+8)μm=+6μm；18～30 段的 S6：Δ=4μm，所以 ES=(−35+4)μm=−31μm。

附表 18　基孔制优先、常用配合（GB/T 1801—2009）

基准孔	轴																			
	a	b	c	d	e	f	g	h	js	k	m	n	p	r	s	t	u	v	x	y	z
	间隙配合								过渡配合				过盈配合								
H6						$\frac{H6}{f5}$	$\frac{H6}{g5}$	$\frac{H6}{h5}$	$\frac{H6}{js5}$	$\frac{H6}{k5}$	$\frac{H6}{m5}$	$\frac{H6}{n5}$	$\frac{H6}{p5}$	$\frac{H6}{r5}$	$\frac{H6}{s5}$	$\frac{H6}{t5}$					
H7						$\frac{H7}{f6}$	$\frac{H7}{g6}$	$\frac{H7}{h6}$	$\frac{H7}{js6}$	$\frac{H7}{k6}$	$\frac{H7}{m6}$	$\frac{H7}{n6}$	$\frac{H7}{p6}$	$\frac{H7}{r6}$	$\frac{H7}{s6}$	$\frac{H7}{t6}$	$\frac{H7}{u6}$	$\frac{H7}{v6}$	$\frac{H7}{x6}$	$\frac{H7}{y6}$	$\frac{H7}{z6}$
H8					$\frac{H8}{e7}$	$\frac{H8}{f7}$	$\frac{H8}{g7}$	$\frac{H8}{h7}$	$\frac{H8}{js7}$	$\frac{H8}{k7}$	$\frac{H8}{m7}$	$\frac{H8}{n7}$	$\frac{H8}{p7}$	$\frac{H8}{r7}$	$\frac{H8}{s7}$	$\frac{H8}{t7}$	$\frac{H8}{u7}$				
				$\frac{H8}{d8}$	$\frac{H8}{e8}$	$\frac{H8}{f8}$		$\frac{H8}{h8}$													
H9			$\frac{H9}{c9}$	$\frac{H9}{d9}$	$\frac{H9}{e9}$	$\frac{H9}{f9}$		$\frac{H9}{h9}$													
H10			$\frac{H10}{c10}$	$\frac{H10}{d10}$				$\frac{H10}{h10}$													
H11	$\frac{H11}{a11}$	$\frac{H11}{b11}$	$\frac{H11}{c11}$	$\frac{H11}{d11}$				$\frac{H11}{h11}$													
H12		$\frac{H12}{b12}$						$\frac{H12}{h12}$													

注：1. $\frac{H6}{n5}$、$\frac{H7}{p6}$ 在公称尺寸小于或等于 3mm 和 $\frac{H8}{r7}$ 在小于或等于 100mm 时，为过渡配合。
2. 方框中的配合为优先配合。

附表 19　基轴制优先、常用配合（GB/T 1801—2009）

基准轴	孔																			
	A	B	C	D	E	F	G	H	JS	K	M	N	P	R	S	T	U	V	X	Y	Z
	间隙配合								过渡配合				过盈配合								
h5						$\frac{F6}{h5}$	$\frac{G6}{h5}$	$\frac{H6}{h5}$	$\frac{JS6}{h5}$	$\frac{K6}{h5}$	$\frac{M6}{h5}$	$\frac{N6}{h5}$	$\frac{P6}{h5}$	$\frac{R6}{h5}$	$\frac{S6}{h5}$	$\frac{T6}{h5}$					
h6						$\frac{F7}{h6}$	$\frac{G7}{h6}$	$\frac{H7}{h6}$	$\frac{JS7}{h6}$	$\frac{K7}{h6}$	$\frac{M7}{h6}$	$\frac{N7}{h6}$	$\frac{P7}{h6}$	$\frac{R7}{h6}$	$\frac{S7}{h6}$	$\frac{T7}{h6}$	$\frac{U7}{h6}$				
h7					$\frac{E8}{h7}$	$\frac{F8}{h7}$		$\frac{H8}{h7}$	$\frac{JS8}{h7}$	$\frac{K8}{h7}$	$\frac{M8}{h7}$	$\frac{N8}{h7}$									
h8				$\frac{D8}{h8}$	$\frac{E8}{h8}$	$\frac{F8}{h8}$		$\frac{H8}{h8}$													
h9				$\frac{D9}{h9}$	$\frac{E9}{h9}$	$\frac{F9}{h9}$		$\frac{H9}{h9}$													
h10				$\frac{D10}{h10}$				$\frac{H10}{h10}$													
h11	$\frac{A11}{h11}$	$\frac{B11}{h11}$	$\frac{C11}{h11}$	$\frac{D11}{h11}$				$\frac{H11}{h11}$													
h12		$\frac{B12}{h12}$						$\frac{H12}{h12}$													

参 考 文 献

[1] 王幼龙. 机械制图 [M]. 4版. 北京：高等教育出版社，2013.
[2] 钱可强. 机械制图 [M]. 5版. 北京：中国劳动社会保障出版社，2007.
[3] 王其昌，翁民玲. 机械制图 [M]. 4版. 北京：人民邮电出版社，2014.
[4] 柳阳明，丁同梅. 机械制图 [M]. 2版. 北京：人民邮电出版社，2015.
[5] 刘锁林. 机械制图 [M]. 北京：中国铁道出版社，2010.